普通高等学校公共基础类“互联网+”规划教材

大学物理实验教程

大学物理实验教研组　编

本书资源使用说明

北京邮电大学出版社
·北京·

内容简介

全书共分为7章：第1章为测量误差与数据处理，第2章为物理实验的基本知识与仪器介绍，第3章为基础物理实验，第4章为综合性物理实验，第5章为设计性物理实验，第6章为近代物理实验，第7章为虚拟仿真物理实验。其中，设计性物理实验融合了教学改革经验，结合现有硬件条件，改革创新了实验教学方法，丰富拓展了实验教学资源，从根本上提升了实验项目的层次与水平，可以增强学生的自主实验意识，培养学生的科研创新能力；虚拟仿真物理实验给学生带来身临其境的感觉，最大程度地激发学生的学习兴趣，可以使学生学会自主获得知识，增进对专业知识的理解，便于提升专业能力。

图书在版编目（CIP）数据

大学物理实验教程 / 大学物理实验教研组编 . -- 北京：北京邮电大学出版社，2023.9（2024.3 重印）

ISBN 978-7-5635-6998-4

Ⅰ. ①大…　Ⅱ. ①大…　Ⅲ. ①物理学—实验—高等学校—教材　Ⅳ. ① O4-33

中国国家版本馆 CIP 数据核字（2023）第 150374 号

策划编辑：康启明　　**责任编辑**：康启明　　**封面设计**：赫　健

出版发行：北京邮电大学出版社
社　　址：北京市海淀区西土城路 10 号（100876）
电话传真：010-82333010 62282185（发行部）　010-82333009　62283578（传真）
网　　址：www.buptpress3.com
电子信箱：buptpress3@163.com
经　　销：各地新华书店
印　　刷：三河市骏杰印刷有限公司
开　　本：787 mm×1 092 mm 1/16
印　　张：21.5
字　　数：548 千字
版　　次：2023 年 9 月第 1 版
印　　次：2024 年 3 月第 2 次印刷

ISBN 978-7-5635-6998-4　　定价：64.80 元

前言 PREFACE

本书依据教育部高等学校物理学与天文学教学指导委员会物理基础课程教学指导分委员会编制的《理工科类大学物理实验课程教学基本要求》及理工科类专业人才培养方案要求编写而成，结合现有设备及资源，确定物理实验教材章节目录；突出基础理论、体现学科交叉、密切联系科技前沿、展示现代应用，充分挖掘物理实验设计思想，做到从不同专业、不同学生角度审视现有实验项目和实验方法，合理取舍，提炼教材特色。编者立足于信息技术与教育教学深度融合大环境下的新型教学培养模式，将二十大精神融入本书，凝练物理实验中蕴藏的思政育人元素，实现思政育人元素与教材内容的有机融合，强化本书在坚定理想信念、厚植爱国主义情怀、提升职业素养等方面的铸魂育人功能，注重培养学生的科学素养和人文教育，使本书尽可能满足大学物理实验课程的教学需要，提高其普适性。

本书注重实践性，突显"理工科"人才培养的特色，以学生学习的积极性和主动性为前提，通过增加虚拟仿真等实验的方式对教学内容进行合理的、科学的整合，突出重难点，使学生学习有侧重点。本书不拘泥于传统的纸质形式，充分利用信息化技术手段，整合互联网的课程资源，关注现代学生学习方式特征，创新教材体验模式，实现"纸质 + 线上教育"的深度结合。突破传统教材图文表现方式单一的问题，在每个关键知识点旁通过二维码的形式嵌入相关实验讲解视频或通过扫描图片获取 AR 动画等资源，丰富实验教材的内容与表现方式，给传统的纸质化教材增添线上要素。学生可以通过扫描二维码获取丰富的与对应知识点相关的资料，作为对应知识点的拓展与延伸。这种方法增强了教学的可操作性并丰富了教学形式，更能够激发学生的学习兴趣，提高教学效率，大大促进了混合教学、翻转课堂等教学模式的实施。

本书共分为 7 章，遵循由浅及深的综合训练的原则，逐步强化对知识的灵活运用能力。本书将实验内容划分为测量误差与数据处理（第 1 章）、物理实验的基本知识与仪器介绍（第 2 章）、基础物理实验（第 3 章）、综合性物理实验（第 4 章）、设计性物理实验（第 5 章）、近代物理实验（第 6 章）、虚拟仿真物理实验（第 7 章）。其中，设计性物理实验融合了教学改革经验，结合现有硬件条件，改革创新了实验教学方法，丰富拓展了实验教学资源，从根本上提升了实验项目的层次与水平，可以增强学生的自主实验意识，培养学生的科研创新能力；虚拟仿真物理实验给学生带来身临其境的感觉，最大程度地激发学生的学习兴趣，可以使学生学会自主获得知识，增进对专业知识的理解，便于提升专业能力。

本书的编写凝聚了众多教师的实验教学改革成果的结晶。孙士帅负责全书的审稿和统稿工作；于丹、张斯文编写了第 1 章；孙士帅编写了绪论、第 2 章；孙士帅、张斯文、于丹、刘丽丽、田竹、于文惠、李晓兰、戴光、杜剑宇编写了第 3 章到第 6 章；孙士帅、刘洋、陈思璇、刘占栋编写了第 7 章。吕江为教材编写提供了大量素材并提出许多宝贵意见。同时，本书编写过程中参考了许多院校的有关教材，在此一并表示衷心的感谢。

由于编者水平有限，书中难免存在缺点和错误，敬请读者批评指正。

编　者

2023 年 4 月

目录 CONTENTS

绪　论

物理学是一门研究自然现象的学科，它不仅涉及宏观世界中的物理现象，还涉及微观世界中的物理现象。物理学的研究范围非常广泛，包括力学、电学、热学、光学、声学、量子物理学等。在学习物理学的过程中，学生需要掌握一定的理论知识，同时还需要进行实验操作，以验证理论知识的正确性。大学物理实验是一门系统讲授物理实验方法和训练实验基本技能的重要基础课程。通过物理实验的学习不仅可以加深对物理理论的理解，更重要的是可以使学生在基本实验知识、实验方法和技能等方面得到较为系统、严格的训练。换言之，物理实验课是大学学习或从事科学实验的起点。同时，在培养科技工作者的良好科学素质及科学世界观方面，物理实验课也起着不可替代的作用。高校理工科学生学好物理实验课是十分必要的。

一、物理实验课的目标

教育部高等学校物理学与天文学教学指导委员会物理基础课程教学指导分委员会编制的《理工科类大学物理实验课程教学基本要求》中明确指出："物理实验课是高等学校理工科类对学生进行科学实验基本训练的必修基础课程，是本科生接受系统实验方法和实验技能训练的开端。"本课程要达成的目标如下所示。

1. 知识目标

通过对实验现象的观测、分析和物理量的测量，学习物理实验基本知识和技能，学习运用理论指导实验，分析和解决实验中遇到的问题，并从实际应用中加深对理论知识的理解。通过对实验背景、实验设计思想等调查研究掌握最新的科技动态，了解物理学知识在推动自然科学及工程技术领域的作用。

2. 能力目标

正确使用仪器及辅助设备，独立完成实验内容，撰写合格的实验报告；能够融合实验原理、设计思想、实验方法及相关的理论知识对实验结果进行分析、判断、归纳与综合；掌握通过实验进行物理现象和物理规律研究的基本方法，具有初步的分析与研究的能力；能够在实验中发现问题、分析问题，通过团队合作或自主思考学习解决问题的科学方法，逐步提高综合运用所学知识和技能解决实际问题的能力。

3. 素质及德育目标

提高科学素养，培养理论联系实际和实事求是的科学作风、认真严谨的科学态度、积极主动的探索精神，以及遵纪守法、团结协作、爱护公共财产的优良品德，树立科学的唯物主义世界观、方法论和认识论。

二、物理实验课的主要环节

为达到物理实验课的目标，学生应重视物理实验教学的三个主要环节。

1. 实验预习

课前要仔细阅读实验教材、相关的背景资料，并可通过仿真实验等手段弄清实验所依据的原理、仪器的使用方法、实验方法、实验条件及实验关键步骤等，撰写预习报告。有些实验还要求学生课前自拟实验方案，自己设计线路图或光路图，自拟数据表格等。因此，实验预习是实验过程是否顺利的关键环节。

2. 实验操作

实验操作是整个物理实验课的核心。学生进入实验室后应遵守实验室规则，用一个准科学工作者的标准要求自己。实验前先阅读仪器说明书，了解仪器的使用方法、仪器的工作环境条件，然后进行仪器、仪表的安装与调整。仪器布置有条有理，注意安全操作，注意细心观察实验现象，认真钻研和探索实验中遇到的问题。如遇到问题，应视为学习的机遇，冷静地分析和处理。仪器发生故障时，请示指导教师，在教师的指导下学习排除故障的方法。

要把着重点放在培养实践能力上，而不是测出几组实验数据就算完成任务。对实验数据要严肃对待，对所得实验结果与理论预期是否一致做出粗略判断。注意纠正自己的不良习惯，从一开始就不断培养良好的科学作风。

离开实验室前，必须把实验数据交指导教师审阅签字，整理还原仪器后方可离开实验室。

3. 实验报告

实验报告是实验的结果及总结，主要是在预习报告的基础上完成实验数据处理和小结讨论工作。实验后要及时对实验数据进行处理。如果原始记录删改较多，应加以整理，对重要的数据要重新列表。数据处理过程包括计算、作图和误差分析等。计算要有计算式或计算举例，代入的数据都要有依据，既便于其他人看懂，又便于自己检查。作图要按作图规则进行，图线要规整、平滑、美观。数据处理后应给出实验结果和实验结论。实验报告应字迹清楚、文字通顺、图表正确、数据完备、结果明确、有独到的见解。

实验报告内容包括如下几方面。

(1)实验名称。

(2)实验目的。

(3)实验仪器。

(4)实验原理。简要阐述实验原理(包括电路图、光路图或实验装置示意图)及测量中依据的主要公式，公式中各物理量的含义及单位，公式成立所应满足的实验条件等。切忌照抄。

(5)实验步骤。重点写“做什么，怎么做”和实验注意事项。

(6)数据表格与数据处理。记录中应有仪器编号、规格及完整的实验数据，要完成计算、曲线图、误差分析，最后写明实验结果。

(7)小结或讨论。内容不限，可以是对实验中现象的分析，对实验关键问题的研究体会，实验的收获和建议或者解答相应的思考题。

三、实验室规则

(1)学生必须提前十分钟按顺序进入实验室，同时带上预习报告和记录实验数据的表格，经指导教师检查同意后方可开始实验。因故不能到课者，须向指导教师请假，经准许后方可安排补做实验。

(2)按照指定编组就座，不得随意动用其他组的仪器及与本实验无关的其他仪器。

(3)严禁在实验室内大声喧哗、吸烟、随地吐痰、吃零食和乱涂乱画等，确保实验环境安静、整洁。

(4)实验过程中须注意安全，如仪器发生故障，应立即切断电源，并报告指导教师及时处理。

(5)爱护仪器和其他实验室设施，节约用水、用电和实验材料等，公用工具使用完后应及时放回原处。严禁私自将公共物品拿出实验室，恶意损害仪器应照价赔偿。

(6)实验完毕应将仪器整理还原，将台面和附近实验区收拾整齐，经指导教师确认测量数据和仪器还原情况并签字后，方能离开实验室。

(7)实验报告应在实验后一周内交到实验室指定地点。

第 1 章　测量误差与数据处理

物理实验的目的是探寻和验证物理规律，而许多物理规律是用物理量之间的定量关系来表述的。在物理实验中可以获得大量的测量数据，这些数据必须经过认真、正确、有效的处理，才能得出合理的结论，从而把感性认识上升为理性认识，形成或验证物理规律。所以，数据处理是物理实验中一项极为重要的工作。本章将介绍一些基本的数据处理知识，包括测量与误差、有效数字、不确定度评定及常用的数据处理方法等。

1.1　测量与误差

测量与误差

1.1.1　测量

进行物理实验时，不仅要对物理现象进行定性的观测和研究，更重要的是对所观测到的物理现象进行定量的测量，得出物理量之间的关系，表明物理性质，得出物理规律。

测量就是将待测物理量和选作标准单位的同物理量之间比较得出其倍数的过程。显然，该倍数称为待测物理量的数值，选择的计量标准称为单位。因此，**一个物理量的测量值应由数值和单位两部分组成。**

1. 直接测量和间接测量

根据测量方式的不同，物理量的测量可分为**直接测量**和**间接测量**。直接由仪器获取物理量数值的测量称为直接测量，相应的物理量称为直接测量量。例如，用米尺测量长度、用温度计测量温度、用电压表测量电压等。但是更多的物理量是无法通过仪器直接获取的，而是要通过待测量量和若干个直接测量量之间的函数关系求出，这样的测量称为间接测量，相应的物理量称为间接测量量。例如，测量钢柱的密度 ρ 时，钢柱的高度 h 和直径 D 是直接测量量，密度 ρ 是间接测量量；用单摆测量重力加速度 g 时，周期 T 和摆长 l 是直接测量量，加速度 g 是间接测量量。

需要指出的是，直接测量和间接测量并非绝对，通常与仪器的选择有关。随着科学技术的发展以及测试手段的不断更新，更多的间接测量将转化为直接测量。

2. 等精度测量和非等精度测量

根据测量条件的不同，物理量的测量可分为**等精度测量**和**非等精度测量**。在测量的过程中，每次测量的条件都相同，并且没有根据判断哪一次测量更为精确，这样的一系列测量称为等精度测量，反之称为非等精度测量。

在测量的过程中，要保证测量条件始终不变是十分困难的。例如，测量的环境、测量者、测量方法和测量仪器等，若其中一个条件改变了，等精度测量就变成了非等精度测量。非等精度测量的数据处理很困难，因此在某些条件变化对测量结果的影响不大时，可视该测量为等精度测量。

1.1.2　真值及测量误差

1. 真值

在观测一个物理量时，其在客观世界具有的真实大小，称为**真值**。真值是一个理想概念，通常是一个未知量，一般用近似真值来代替。人们归纳出了以下几种近似真值。

(1)理论真值。如理论设计值、公理值、理论公式计算值。

(2)计量约定值。如国际计量大会规定的各种基本单位值和基本常量。

(3)标准器件值。将高等级仪表的测量结果作为低等级测量结果的近似真值。

(4)算术平均值。当测量次数趋于无穷时，算术平均值趋于真值。因此，多次测量结果的平均值可作为近似真值。

某些特殊情况下的真值是可知的。例如，三角形的内角和为 180°，圆的周角为 360°等。

2. 测量误差

测量的目的是得到真值，但测量总是依据一定的理论和方法，在一定的环境中，由一定的人员使用一定的仪器进行的，在实验测量过程中，由于受到测量方法、测量条件、测量人员的水平和测量仪器等多种因素的限制和影响，测量结果与客观存在的真值不可能完全相同，导致所测得的值只能是该物理量的近似值。也就是说，任何一种测量结果的测量值与客观存在的真值之间，总会或多或少地存在一定的差值，这种差值称为该测量值的**测量误差**，即测量值的**绝对误差**，简称**误差**。设某个物理量的测量值为 x ，真值为 A ，则测量的绝对误差为

$$\Delta = x - A \tag{1.1.1}$$

式中，Δ 是测量值偏离真值的大小与方向，其直接反映的是测量结果的可靠性。能够指出的是，误差存在于一切测量之中，而且贯穿测量过程。每使用一种仪器进行测量都会引入误差。测量所根据的方法和理论越多、使用的仪器越复杂、所经历的时间越长，引入误差的机会就越多。因此，实验应该根据要求和误差限度来制定或选择合理的方案和仪器。但也要避免测量中某个环节盲目追求不切实际的高指标，这样做既不符合现代信息论的基本思想，又增大了测量的代价。一个优秀的实验工作者，应该是在一定的要求下，以最小的代价来取得最佳的结果，要做到既保证必要的实验精确度又合理地节省人力与物力。

1.1.3　误差分类

误差的产生原因是多方面的。根据误差的性质和来源，可将误差分为三类：系统误差、随机误差和过失误差。现分别对它们做必要的介绍。

1. 系统误差

在相同条件下对同一物理量进行多次测量，其误差总是使测量结果向一个方向偏离，其数值是一定的或按某种规律变化的，这种误差称为**系统误差**。系统误差的来源多种多样，如仪器零点未校准、仪器的缺陷、实验公式理论的近似、实验者的不良习惯等。系统误差有定值性、积累性、周期性等特点，使得系统误差可确定、有规律、可修正。

但是系统误差的发现和估计并非易事，这是因为在同一条件下进行多次重复测量并不

一定能发现系统误差的存在，也就不能借此来消除它的影响。而且在具体的测量中，系统误差往往和其他误差并存，这给系统误差的判断带来了很大困难。能否识别和判断系统误差在很大程度上取决于实验者的经验和判断力。系统误差一经发现，就可采取相应的措施对其进行修正或消除。

从系统误差的特点可以看出，在实验中增加测量次数并不能减小系统误差的影响。要减小或消除这种影响，一方面应考虑设计实验时采用的实验方式和方法是否完善，并对使用的公式进行修正；另一方面在实验时应对所使用的仪器仪表进行校准。

2. **随机误差**

在等精度测量条件下，对同一物理量进行多次测量，其误差的绝对值时大时小，其误差的符号时正时负，既不可预料也不可控制，呈现一种随机性，这种误差称为**随机误差**。

随机或不确定的因素所引起的每一次测量值无规律的涨落，都服从一定的统计分布规律。在常见的一般性测量中，测量值基本上服从正态分布，因此可以用统计学的方法处理随机误差。

以测量值 x 为横坐标，以误差出现的概率密度 $f(x)$ 为纵坐标，则多次测量结果的偶然误差概率密度可用图 1.1.1 所示的正态分布曲线表示。从图 1.1.1 可以看出，测量值在 $x=\mu$ 处的密度最大，相应的横坐标 μ 表示测量次数 $n\to\infty$ 时的测量平均值。图 1.1.1 中 σ 为正态分布的标准偏差，是表征测量量分散性的参数。当曲线与 x 轴之间的总面积为 1 时，介于横坐标上任意两点之间的面积可用来表示此范围内的概率。由此曲线可得出随机误差的特点，如下所示。

(1)误差的绝对值不会超过某一个最大值 $\Delta_{\max}$ ——有界性。

(2)绝对值小的误差出现的概率大，绝对值大的误差出现的概率小——单峰性。

(3)绝对值相同的正、负误差出现的概率相等——对称性。

(4)随机误差的算术平均值随测量次数的增加而减小——抵偿性。

由此可见，虽然随机误差因不可预知而无法避免，但可以通过多次测量，利用其统计规律来达到补偿的效果，找到真值的最佳近似值。

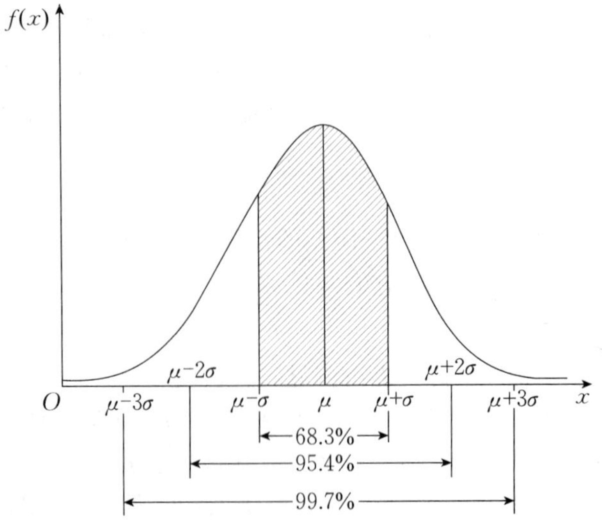

图 1.1.1 正态分布曲线

需要指出的是，系统误差和随机误差并不存在真正的界限。因为二者产生的根源是一致的，故这两种误差在一定条件下是可以相互转化的。掌握了误差相互转化的特点，可将系统误差转化为随机误差，用数据统计的方法减小误差的影响；或将随机误差转化为系统误差，用修正的方法来减小误差的影响。

3. 过失误差

过失误差主要是由于测量人员的粗心大意，仪器设备的不完善，实验环境和测量条件发生变化造成的异常值。某值一经发现并判断证实为过失误差，应马上予以剔除。

判断异常值的简单方法是“3σ 推测”。由图 1.1.1 可知，任意一个测量值的误差落在 $[-\sigma, \sigma]$ 区间上的可能性是 68.3%；误差落在 $[-2\sigma, 2\sigma]$ 区间上的可能性是 95.4%；误差落在 $[-3\sigma, 3\sigma]$ 区间上的可能性是 99.7%；对于误差大于 3σ 的测量，出现的可能性只有 0.3%。因此一般将 3σ 称为极限误差，在测量次数不甚多时，误差不会超过此区间。当某次测量值的误差大于 3σ 时，即使找不到理由说明它是测错的数据，也应将其当成异常值剔除，这个过程一直进行到所有单次测量值的误差均小于 3σ 为止。另外，还有肖维勒准则、格拉布斯准则等其他更为精确的判断异常值的准则。在本书的实验中，判断异常值用 3σ 作为标准即可。

1.1.4 精度、准确度、精密度和精确度的概念

测量结果和真值的接近程度用精度表示。精度高表示误差小，精度低表示误差大。

评价测量结果常用准确度、精密度和精确度三个概念。如图 1.1.2 所示，以射击打靶的弹着点分布为例，说明三个概念的含义。结果比较接近客观实际的测量准确度高；结果彼此相近的测量精密度高；结果既准确又精密的测量精确度高。

在评估测量结果的优劣时，通常把系统误差小的评为准确度高，把随机误差小的评为精密度高，而把这两种误差都小的评为精确度高。

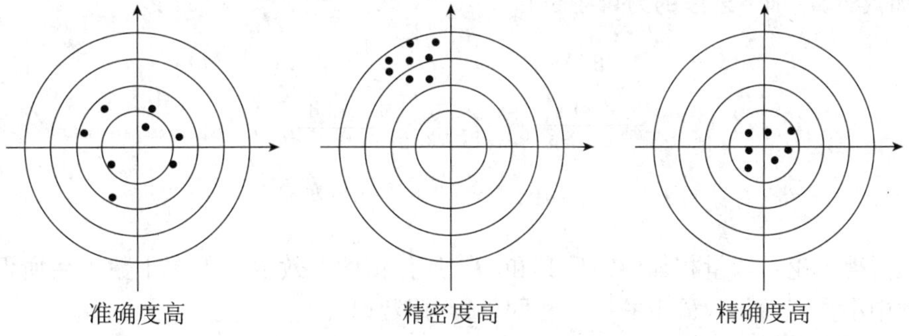

图 1.1.2 准确度、精密度和精确度示意图

1.2 有效数字及其运算规则

有效数字

在物理量的测量过程中，要记录很多数据。记录时应取几位数，计算后应保留几位数，这些是非常重要的问题。

1.2.1 有效数字

在一组数字中，如果只有最末位数字是不确定的，而其余数字均为准确的，则称这组数字为**有效数字**。在直接测量中，由精度确定其有效数字应取到哪一位。例如，用米尺测量长度，其精度为 1 mm，所以可疑数字在 0.1 mm 这一位上；用螺旋测微器测量长度，其精度为 0.01 mm，所以可疑数字在 0.001 mm 这一位上。可以看出，有效数字不仅表示了数值的大小，还说明了测量仪器的精度。

一个物理量的数值和数学上的数字有着不同的含义。在数学上 1.25 mm=1.250 mm，但在物理量的测量中，1.25 mm≠1.250 mm。因为前者有三位有效数字，它表明在 0.01 mm 这一位上的数字是不确定的，而后者有四位有效数字，它表明在 0.001 mm 这一位上的数字是不确定的，显然，这两个数字的意义完全不同。在这里，小数点后面的零是有意义的，不能任意舍取。而且，在单位换算时也不能改变有效数字的位数，应运用科学记数法把各个单位用 10 的不同次幂表示。例如，$1.0\ \text{kg}=1.0\times10^{3}\ \text{g}=1.0\times10^{6}\ \text{mg}$。

直接测量时必须正确读取有效数字。一般来说，必须读取到仪器最小分度值的下一位，有些情况，可估读到仪器最小分度值的1/5或1/2。在最小分度值为2个、3个或5个单位(电工仪表和天平常有这种情况)时，估读位就是最小分度位；游标类仪器不估读，也就是只读取到最小分度位上；数字式仪表和步进式仪表(电阻箱、电容箱等)不估读，其显示值的末位数字就是可疑的。

1.2.2 有效数字的运算

在物理实验的测量中，大部分属于间接测量，必须经过数学运算才能得出间接测量值。运算结果的有效数字位数少算了则会带来附加误差，多算了则没有必要。引入有效数字的运算规则的目的是简化运算过程。

有效数字运算结果的取位原则是**运算结果只保留一位可疑数字**。

1. 加减运算(加下划线的为可疑位)

$$
\begin{array}{r}
6.27\underline{8}\\
+\ 21.\underline{3}\\
\hline
27.\underline{578}
\end{array}
\qquad\qquad
\begin{array}{r}
12.\underline{6}\\
-\ 4.3\underline{8}\\
\hline
8.\underline{22}
\end{array}
$$

应写为 27.$\underline{6}$　　　　应写为 8.$\underline{2}$

由此可得结论：诸量相加(减)后其和(差)所保留的有效数字，在小数点后所保留的位数与诸数中小数点后位数最少的一个相同，即“尾数取齐”。

2. 乘除运算

$$
\begin{array}{r}
4.17\underline{8}\\
\times\quad 10.\underline{1}\\
\hline
\underline{4178}\\
41\,7\underline{8}\quad\\
\hline
42.\underline{1978}
\end{array}
\qquad\qquad
\begin{array}{r}
41\\
10\underline{1}\,\big)\,417\underline{8}\\
40\underline{4}\\
\hline
1\underline{38}\\
10\underline{1}\\
\hline
\underline{37}
\end{array}
$$

应写为 42.2　　　　应写为 41.$\underline{4}$

由此可得结论：诸量相乘(除)后其积(商)所保留的有效数字，只需与诸量中有效数字位数最少的一个相同，即“位数取齐”。

3. 乘方、开方运算

所得最终结果的有效数字的位数与其底数的有效数字的位数相同。

4. 对数运算

对数运算后的尾数的有效数字的位数与真数有效数字的位数相同。例如，

$$\ln 56.7=4.038,\ \lg 6.78=0.831,\ \lg 1938=3.2874$$

5. 指数运算

指数运算后的有效数字位数与指数的小数点后的位数相同。例如，

$$10^{0.0030}=1.008$$

6. 三角函数运算

三角函数运算后的有效数字的位数与角度有效数字的位数相同。例如，

$$\sin 30°00'=0.5000,\ \cos 20°16'=0.9381$$

7. 其他

在运算过程中，会遇到一些表示数目的非测量值，例如，倍数、测量次数、物体的个数等，它们不参与有效数字的运算；还会遇到一些常量，例如，光速 c 、重力加速度 g 、元电荷 e 等，一般将它们多取一位，运算结果仍与原来的有效数字的位数相同。

1.2.3　有效数字的舍入规则

在有效数字的运算过程中，经常会遇到尾数的取舍问题。“四舍五入”的规则会使“入”的概率大于“舍”的概率，结果将会偏大。为此，引入“四舍六入五凑偶”的运算规则：以保留数字的末位为单位，小于 5 时则舍，大于 5 时则入，恰为 5 时则保留数字的末位凑成偶数。这种舍入规则考虑到“舍”和“入”的机会均等，例如，下列一组数字均保留三位有效数字：

$$1.254\rightarrow1.25,\quad 1.258\rightarrow1.26,\quad 1.255\rightarrow1.26,\quad 1.245\rightarrow1.24$$

对于中间运算，可多保留两位存疑数字，以避免舍入误差因计算而增大。

1.3　不确定度及测量结果的表示

不确定度

1.3.1　不确定度评定的意义

测量的结果不可能是绝对准确的，必然存在不确定成分。20 世纪 70 年代以来，各国科学家开始用不确定度来评价测量的结果。1993 年，国际标准化组织(ISO)和国际纯物理与应用物理联合会(IUPAP)等七个国际权威组织联合发布了《测量不确定度表示指南》(以下简称《指南》)，为世界各国不确定度的统一奠定了基础。20 世纪 90 年代，中国计量科学研究院以《指南》为依据起草了我国的《测量不确定度评定与表示》，该规范于 1999 年正式发布与实施。

随着科学技术的发展，国际技术交流和合作越来越广泛，这对测量数据的准确性和可

靠性提出了更高的要求，测量数据的质量须在国际上得到评价和承认。此外，通过对不确定度进行分析，可不断改进实验的仪器设备、方法和手段，促使测量结果更加完善。因此，测量不确定度是专业技术人员必须掌握的技能。

1. 不确定度的定义

不确定度是被测量量的真值在某个量值范围内的一个评定，是表征测量结果具有分散性的一个参数。标准不确定度是指以"标准偏差"表示的测量不确定度的估计值，记为 u 。

在测量方法正确的情况下，不确定度越小，表示测量结果的可靠性越好，使用价值就越高；反之，不确定度越大，表示测量结果的可靠性越差，使用价值就越低。

2. 不确定度与误差的关系

不确定度和误差是两个不同的概念。前者是在后者的理论基础上发展起来的，它们都是由于测量过程的不完善引起的。不确定度用于给出具体数值或进行定量运算分析的场合，误差用于定性描述理论和概念的场合。

1.3.2 不确定度的分类

测量结果的不确定度来源于若干种因素，这些因素对测量结果形成若干个不确定度分量。按照评定方法，不确定分量可分为两类：在同一条件下多次测量，即由一系列观测结果的统计分析来评定的不确定度，称为 A 类不确定度，常记为 u_A ；由非统计分析评定的不确定度，称为 B类不确定度，常记为 u_B 。

1. A 类不确定度

在相同条件下，对某物理量 x 进行 n 次独立的测量，得到的测量列为 x_1，x_2，x_3，…，x_n ，于是平均值为

$$\bar{x}=\frac{1}{n}\sum_{i=1}^{n}x_i \tag{1.3.1}$$

式中，$\bar{x}$ 是一个随机变量，它根据不同的测量列和测量次数随机变化。对某一个确定的测量列来说，可认为它是真值。测量列中任意测量值的不确定度为

$$u_A(x)=t\sqrt{\frac{\sum_{i=1}^{n}(x_i-\bar{x})^2}{n-1}} \tag{1.3.2}$$

式中，$x_i-\bar{x}$ 的数值大小反映了测量列的分散程度，也反映了测量列中任意一个测量值与真值的接近程度。

为了反映不确定度随不同测量列的分散程度，也为了反映其偏离真值的大小，测量列的不确定度为

$$u_A(\bar{x})=t\sqrt{\frac{\sum_{i=1}^{n}(x_i-\bar{x})^2}{n(n-1)}} \tag{1.3.3}$$

该值比测量列中任意一个测量值的不确定度都小，也更接近于真值。式(1.3.3)中，t 称为 t 因子，它与测量次数和置信概率有关[置信概率是指真值落在 $\bar{x}\pm u_A(\bar{x})$ 范围内的概率]。t 因子的数值可以根据测量次数和置信概率查找专门的数据表得到。当测量次数较少或置

信概率较高时，$t>1$；当测量次数 $n\geqslant 10$ 且置信概率为 68.3%时，$t\approx 1$。表 1.3.1 给出了不同置信概率 P 和测量次数 n 下的 t 因子。

表 1.3.1　不同置信概率 P 和测量次数 n 下的 t 因子

测量次数 n	3	4	5	6	7	8	9	10	15	20	30	∞
$P=0.683$	1.32	1.20	1.14	1.11	1.09	1.08	1.07	1.06	1.05	1.03	1.02	1.00
$P=0.950$	4.30	3.18	2.78	2.57	2.45	2.37	2.31	2.26	2.15	2.09	2.05	1.96
$P=0.990$	9.93	5.84	4.60	4.03	3.71	3.50	3.36	3.25	2.98	2.86	2.76	2.58

2. B 类不确定度

由非统计分析评定的 B 类不确定度包括测量不确定度 u_{B1} 和仪器不确定度 u_{B2}。

测量不确定度 u_{B1} 是由估读引起的，通常取仪器最小分度值 d 的 1/10，有些情况下也可取 d 的 1/5 或 1/2，甚至更大。

仪器不确定度 u_{B2} 由仪器本身的特性决定，定义为

$$u_{B2}(x)=a/c \tag{1.3.4}$$

式中，a 为仪器说明书上所标明的“最大允许误差”或“不确定度限值”；c 为一个与仪器不确定度的概率分布特性有关的常量，称为置信因子。仪器不确定度 u_{B2} 的概率分布通常有正态分布、均匀分布、三角形分布、反正弦分布和两点分布等。对于正态分布、均匀分布和三角形分布，置信因子 c 分别取 3、$\sqrt{3}$ 、$\sqrt{6}$ 。如果仪器说明书只给出了不确定度限值(即最大误差)，却没有给出关于不确定度概率分布的信息，则一般可按均匀分布处理，即

$$u_{B2}(x)=a/\sqrt{3} \tag{1.3.5}$$

如果仪器说明书没有直接给出其不确定度限值 a ，但给出了仪器的准确度等级，则其不确定度限值 $a=$ 量程×仪器级别/100。表 1.3.2 给出了实验室常用仪器的最大允许误差。

表 1.3.2　实验室常用仪器的最大允许误差

仪器(量具)名称	最大允许误差	备注
米尺	0.5 mm	最小分度值的 1/2
游标卡尺	0.02 mm(1/50 分度) 0.05 mm(1/20 分度)	最小分度值
螺旋测微器	0.002 mm(0 级) 0.004 mm(1 级)	量程为 25 mm 的螺旋测微器
物理天平	0.05 g	天平的感量
普通温度计	1 ℃	最小分度值
指针式电表	$k\%\cdot A_m$	k 为电表精度等级，A_m 为电表量程
计时仪器	0.1 s	机械秒表，取最小分度值
	$(0.01+5.8\times10^{-6}t)$s	电子秒表，t 为计时时间
	0.1 ms、1 ms 和 10 ms	数字毫秒计，取时基值
数字式仪表	$k\%\cdot N_x+n$ 字	k 为精度等级，N_x 为测量值，n 取最小量化单位的整数倍

1.3.3 不确定度的评定和测量量的结果表示

1. 多次直接测量量的不确定度评定

在相同条件下，进行多次测量时，待测量 x 的标准不确定度由 A 类不确定度和仪器不确定度 u_{B2} 合成而得，即

$$u(x)=\sqrt{u_{A}^{2}(x)+u_{B2}^{2}(x)} \tag{1.3.6}$$

2. 单次直接测量量的不确定度评定

对待测量 x 进行单次测量时，有

$$u(x)=\sqrt{u_{B1}^{2}(x)+u_{B2}^{2}(x)} \tag{1.3.7}$$

3. 间接测量量的不确定度评定

若间接测量量的函数 $y=f(x_1, x_2, \cdots, x_n)$，且各直接测量量 x_i 之间相互独立，则 y 的不确定度 $u(y)$ 的计算公式为

$$u(y)=\sqrt{\left(\frac{\partial f}{\partial x_1}\right)^2 u^2(x_1)+\left(\frac{\partial f}{\partial x_2}\right)^2 u^2(x_2)+\cdots+\left(\frac{\partial f}{\partial x_n}\right)^2 u^2(x_n)} \tag{1.3.8}$$

间接测量量的相对不确定度的计算公式为

$$\frac{u(y)}{y}=\sqrt{\left(\frac{\partial \ln f}{\partial x_1}\right)^2 u^2(x_1)+\left(\frac{\partial \ln f}{\partial x_2}\right)^2 u^2(x_2)+\cdots+\left(\frac{\partial \ln f}{\partial x_n}\right)^2 u^2(x_n)} \tag{1.3.9}$$

这里需要特别说明的是，若间接测量量的函数形式以加减运算为主，先用式(1.3.8)求出不确定度 $u(y)$，再用式(1.3.9)求出相对不确定度 $u(y)/y$ 比较简便；而对于以乘除运算为主的函数形式，则先用式(1.3.9)求出相对不确定度 $u(y)/y$，再求不确定度 $u(y)$ 比较简便。表 1.3.3 给出了几种常用函数的不确定度(或相对不确定度)传递公式。

表 1.3.3 几种常用函数的不确定度(或相对不确定度)传递公式

函数形式	不确定度(或相对不确定度)传递公式
$y=x_1 \pm x_2$	$u(y)=\sqrt{u^2(x_1)+u^2(x_2)}$
$y=x_1 \cdot x_2$	$\frac{u(y)}{y}=\sqrt{\left[\frac{u(x_1)}{x_1}\right]^2+\left[\frac{u(x_2)}{x_2}\right]^2}$
$y=\frac{x_1}{x_2}$	$\frac{u(y)}{y}=\sqrt{\left[\frac{u(x_1)}{x_1}\right]^2+\left[\frac{u(x_2)}{x_2}\right]^2}$
$y=\frac{x_1^m \cdot x_2^n}{x_3^p}$	$\frac{u(y)}{y}=\sqrt{\left[m\frac{u(x_1)}{x_1}\right]^2+\left[n\frac{u(x_2)}{x_2}\right]^2+\left[p\frac{u(x_3)}{x_3}\right]^2}$
$y=kx$	$u(y)=ku(x)$
$y=k\sqrt{x}$	$\frac{u(y)}{y}=\frac{1}{2}\frac{u(x)}{x}$
$y=\sin x$	$u(y)=\lvert\cos x\rvert \cdot u(x)$
$y=\ln x$	$u(y)=\frac{u(x)}{x}$

4. 直接测量量的结果表示

因为不确定度 u 表示的是某一个待测量 x 的真值在一定的置信概率下可能存在的范围，所以测量结果表示为 $\bar{x} \pm u(x)$，这是不确定度的绝对表示法，它反映的是测量结果的可靠程度。为了能够反映不确定度与测量结果的相对大小，测量结果还可用相对不确定度表示为 $\frac{u(x)}{\bar{x}} \times 100\%$。总之，对物理量 x 进行直接测量，其测量结果的表达式为

$$\begin{cases} x = \bar{x} \pm u(x) \\ u_r = \dfrac{u(x)}{\bar{x}} \times 100\% \end{cases}$$

5. 间接测量量的结果表示

间接测量量的结果表示与直接测量量的结果表示形式相同，即表示为

$$\begin{cases} y = \bar{y} \pm u(y) \\ u_r = \dfrac{u(y)}{\bar{y}} \times 100\% \end{cases}$$

获取间接测量量的结果表示形式采用的具体步骤如下：

(1)求出各直接测量量的算术平均值；

(2)求出间接测量量的平均值；

(3)求出各直接测量量的不确定度；

(4)由式(1.3.8)或式(1.3.9)求出间接测量量的不确定度；

(5)写出间接测量量的结果表示形式。

需要特别说明的是最终结果的不确定度的有效数字问题。因为不确定度表示的是测量结果的不确定性，保留太多的有效数字没有意义，所以**最终结果的不确定度只需保留一位有效数字，而且为了提高置信度，在保留最终结果不确定度的有效数字时，无论后一位的数值多大，一律进位**，而为了避免误差积累，中间计算过程的不确定度应多保留几位。另外，还需注意测量结果的末位有效数字应与最终结果的不确定度的有效数字对齐(四舍六入五凑偶)。例如：当 $x = 3.548\ 25$ m 时，

若 $u(x) = 0.000\ \underline{3}$ m，则 $x = 3.548\ \underline{2}$ m；

若 $u(x) = 0.00\underline{2}$ m，则 $x = 3.54\underline{8}$ m；

若 $u(x) = 0.0\underline{5}$ m，则 $x = 3.5\underline{5}$ m；

若 $u(x) = 0.\underline{1}$ m，则 $x = 3.\underline{5}$ m。

例　用天平(精度为 0.01 g，不确定度限值为 0.02 g)测得圆柱体的质量为 $m = 80.36$ g；用钢尺(精度为 0.1 cm，不确定度限值为 0.05 cm)测得该圆柱体的高度为 $h = 15.32$ cm；用游标卡尺(精度为 0.002 cm，不确定度限值为 0.002 cm)测量该圆柱体的直径 D，其数据如表 1.3.4 所示。

表 1.3.4　圆柱体的直径 D 测量数据

次数	1	2	3	4	5	6	7	8	9	10
D/cm	2.014	2.020	2.016	2.020	2.018	2.018	2.020	2.022	2.016	2.020

试根据以上数据，计算圆柱体的密度及其不确定度。

解：①圆柱体的质量 $m=80.36\ \text{g}$，高度 $h=15.32\ \text{cm}$。

圆柱体直径的平均值 $\bar{D}=\frac{1}{10}\sum_{i=1}^{10}D_i=2.018\,4\ \text{cm}$。

圆柱体的密度 $\bar{\rho}=\frac{4m}{\pi\bar{D}^2h}=\frac{4\times 80.36}{\pi\times(2.018\,4)^2\times 15.32}\text{g/cm}^3=1.639\ \text{g/cm}^3$。

②求圆柱体质量 m 的不确定度 $u(m)$。

由天平的精度，得 m 的测量不确定度 $u_{\text{B1}}(m)=0.01\ \text{g}$。

由天平的不确定限值，得 m 的仪器不确定度 $u_{\text{B2}}(m)=\frac{a}{\sqrt{3}}=\frac{0.02}{\sqrt{3}}\ \text{g}$。

所以 m 的不确定度为

$$u(m)=\sqrt{u_{\text{B1}}^2(m)+u_{\text{B2}}^2(m)}=\sqrt{(0.01)^2+\left(\frac{0.02}{\sqrt{3}}\right)^2}\ \text{g}=0.015\ \text{g}$$

③求圆柱体高度 h 的不确定度 $u(h)$。

由钢尺的精度，得 h 的测量不确定度 $u_{\text{B1}}(h)=0.05\ \text{cm}$。

由钢尺的不确定度限值，得 h 的仪器不确定度 $u_{\text{B2}}(h)=\frac{a}{\sqrt{3}}=\frac{0.05}{\sqrt{3}}\ \text{cm}$。

所以 h 的不确定度为

$$u(h)=\sqrt{u_{\text{B1}}^2(h)+u_{\text{B2}}^2(h)}=\sqrt{(0.05)^2+\left(\frac{0.05}{\sqrt{3}}\right)^2}\ \text{cm}=0.058\ \text{cm}$$

④求圆柱体直径 D 的不确定度 $u(\bar{D})$。

取置信概率 $P=68.3\%$，因为测量次数 $n=10$，所以 t 因子取 $t\approx 1$，则 D 的 A 类不确定度为

$$u_{\text{A}}(\bar{D})=t\sqrt{\frac{\sum_{i=1}^{n}(D_i-\bar{D})^2}{n(n-1)}}=\sqrt{\frac{\sum_{i=1}^{10}(D_i-\bar{D})^2}{10\times(10-1)}}=0.000\,78\ \text{cm}$$

因为游标卡尺的不确定度限值为 0.002 cm，所以 D 的仪器不确定度为

$$u_{\text{B2}}(\bar{D})=\frac{a}{\sqrt{3}}=\frac{0.002}{\sqrt{3}}\ \text{cm}$$

则 D 的不确定度为

$$u(\bar{D})=\sqrt{u_{\text{A}}^2(\bar{D})+u_{\text{B2}}^2(\bar{D})}=\sqrt{(0.000\,78)^2+\left(\frac{0.002}{\sqrt{3}}\right)^2}\ \text{cm}=0.001\,4\ \text{cm}$$

⑤求圆柱体密度 $\bar{\rho}$ 的不确定度 $u(\bar{\rho})$。

$\bar{\rho}$ 的相对不确定度为

$$u_{\text{r}}=\frac{u(\bar{\rho})}{\bar{\rho}}=\sqrt{\left[\frac{u(m)}{m}\right]^2+\left[2\frac{u(\bar{D})}{\bar{D}}\right]^2+\left[\frac{u(h)}{h}\right]^2}=0.4\%$$

则 $\bar{\rho}$ 的不确定度 $u(\bar{\rho}) = 0.4\% \times \bar{\rho} = 0.4\% \times 1.639\ \text{g/cm}^3 = 0.007\ \text{g/cm}^3$。

密度的测量结果表示为

$$\rho = \bar{\rho} \pm u(\bar{\rho}) = (1.639 \pm 0.007)\text{g/cm}^3 = (1.639 \pm 0.007) \times 10^3\ \text{kg/m}^3$$

$$u_r = \frac{u(\bar{\rho})}{\bar{\rho}} = 0.4\%$$

6. 不确定度与实验设计

不确定度的评定除了可以对测量结果的可靠程度进行定量评价，还对实验方案的设计、仪器的选择等具有重要的指导作用。分析各直接测量量的不确定度对间接测量量不确定度的影响，为合理设计实验方案和选择合适的仪器提供依据。

在实验方案的设计中，通常会对间接测量量的不确定度有一定要求。当其要求确定后，才可以对各直接测量量的不确定度进行分配。在实际问题的讨论中，通常假设各直接测量量的不确定度对间接测量量的影响是均等的。例如，用单摆测当地的重力加速度 g 实验中，已知摆长 $l \approx 100\ \text{cm}$，摆动周期 $T \approx 2\ \text{s}$，重力加速度表达式为 $g = 4\pi^2 l/T^2$，若要求测量结果的相对不确定度 $u(g)/g \leqslant 0.2\%$，则应按下述分析选择测量仪器。

根据其相对不确定度为

$$\frac{u(g)}{g} = \sqrt{\left[\frac{u(l)}{l}\right]^2 + \left[2\frac{u(T)}{T}\right]^2} \leqslant 0.2\%$$

将间接测量量的不确定度平均分配给各直接测量量，即

$$\sqrt{\left[\frac{u(l)}{l}\right]^2} \leqslant 0.1\%, \qquad \sqrt{\left[2\frac{u(T)}{T}\right]^2} \leqslant 0.1\%$$

代入已知条件，得

$$u(l) \leqslant 0.1\ \text{cm}, \quad u(T) \leqslant 0.001\ \text{s}$$

由此可知，对于摆长，因为 $u(l) \leqslant 0.1\ \text{cm}$，所以用最小分度值为 0.1 cm 的米尺即可满足要求；而对于周期 T，因为 $u(T) \leqslant 0.001\ \text{s}$，若只测量一个周期则需要用数字毫秒计，若选用秒表则需通过连续测量 n 个周期来满足要求。设 n 个周期所用时间为 t，由 $t = nT$ 可得

$$\left[\frac{u(t)}{t}\right]^2 = \left[\frac{u(T)}{T}\right]^2, \qquad u(t) = \sqrt{\left[\frac{u(T)}{T}\right]^2 \cdot (nT)^2}$$

若 $n = 100$，则 $u(t) = 0.1\ \text{s}$。由此可知，用最小分度值为 0.1 s 的秒表测量时，连续测量 100 个周期也可以满足实验要求。

总之，不确定度的评定不仅对实验结果的可靠性分析具有重要的意义，还可用于指导实验设计和仪器选择。通过合理的实验设计，即使不选用高精度的仪器也可以达到实验要求。此外，在满足测量不确定度要求的条件下，尽量选用精度较低的仪器，因为精度高的仪器一般造价高、操作复杂，并且对实验环境等方面的要求也相对较高。

1.4　数据处理的基本方法

数据处理

进行科学实验的目的是找出事物的内在规律，检验某种理论的正确性，为今后的实验工作提供依据等，因而对测量所得的大量数据资料必须进行正确有效的处理。数据处理是

把获得的实验数据通过整理、计算、作图、分析等方式进行加工，最后得出结论的过程。常用的数据处理方法有列表法、作图法、逐差法、最小二乘法等。

1.4.1 列表法

将数据列表表示既简单明了，又能表示出有关物理量之间的对应关系，也有助于检验结果、发现问题，减少错误。列表法的基本要求如下。

(1)简单明了，便于看出有关物理量之间的关系和处理数据。

(2)必须交代清楚表中各符号所表示的物理量的意义。

(3)标明单位。

(4)表中的数据要正确反映测量结果的有效数字。

(5)写明表的标题，必要时加上相关说明。

例如，伏安法测电阻的实验数据如表 1.4.1 所示。

表 1.4.1 伏安法测电阻的实验数据

U/V	0.50	1.00	1.50	2.00	2.50	3.00
$I_{升}$/mA	5.0	9.9	15.0	20.0	24.9	29.9
$I_{降}$/mA	5.0	10.0	14.9	20.0	25.1	29.9
$\overline{I}$/mA	5.0	10.0	15.0	20.0	25.0	29.9

从表 1.4.1 中可以看出，两个变量 U 和 I 之间呈线性关系。

1.4.2 作图法

通过作图，可以形象直观地表示物理量之间的变化关系并找出内在规律，还可以从图上通过斜率、截距，以及使用内插、外推、叠加、相减、求微商、求积分、求极值、求渐近线等方法去寻求某些物理量数值。作图法可以发现并减小误差或发现错误等，但是由于图纸的局限性及连线时有相当大的主观性，因此作图法仅仅是一种粗略的数据处理方法。作图法的基本要求如下。

(1)选用合适的坐标纸。根据作图参量的性质，选用直角坐标纸、双对数坐标纸、单对数坐标纸或其他坐标纸。以横坐标为自变量，纵坐标为因变量。坐标纸的大小应根据测得数据的大小、有效数字的多少及结果的需要来判定。

(2)画出坐标轴的方向，标明其所代表的物理量、单位、主要分度，写出图的名称。

(3)适当选取坐标的起点，使图形比较对称地充满整个坐标纸。坐标的起点不一定是坐标原点，可以用低于原始数据最小值的某一个整数作为坐标分度的起点，用高于测量数据的最大值的某一个整数作为终点。

(4)数据点应该用大小适当的明显标志，例如，⊕、⊙、△等，数据点应在标志符号的中心。同一张图上的多条曲线应采用不同的标志，并分别说明每种标志的含义。**注意不可用“•”**，因为连线时会把点盖住。

(5)拟合直线或曲线时，线条一定要均匀、光滑。要做到图线两侧的实验点与图线的距离最为接近且大体分布均匀。

(6)在图纸的空白处写上实验名称、图名、绘制者、日期和测试条件等。

(7)坐标变换。在物理实验中，物理量之间的关系并非都是线性的，用曲线表现这些非线性函数之间的关系，不仅不易作图，而且难以看出物理量之间的关系。通过坐标变换，可以把图线线性化，便于研究问题。例如，以等温过程气体压强与体积的关系式 $pV=C$ 作 p-V 图，显示是一条曲线，但作 p-$1/V$ 图，显示就是一条直线；再如，弦线中波长的表达式 $\lambda=(1/f)\cdot\sqrt{T/\rho}$ ，显示了波长 λ 与绳子张力 T 的关系，取对数后表达式变为 $\lg\lambda=\frac{1}{2}\lg T-\frac{1}{2}\lg\rho-\lg f$ ，则 $\lg\lambda$ 和 $\lg T$ 呈线性关系，这时用双对数坐标纸作图就会非常方便。

1.4.3　逐差法

当两个物理量之间存在线性关系，且自变量为等间距变化时，用逐差法处理数据会有独特的优势。例如，测量弹簧的刚度系数时，弹簧的原长为 x_0，每次加上相同的砝码，连续加五次，测得相应的弹簧长度为 x_1，x_2，…，x_5，如果用逐次相减的方法求弹簧的伸长量，则有

$$\begin{aligned}\Delta x&=\frac{1}{5}[(x_1-x_0)+(x_2-x_1)+(x_3-x_2)+(x_4-x_3)+(x_5-x_4)]\\&=\frac{1}{5}(x_5-x_0)\end{aligned}$$

可见，中间数据全部被消掉，只用到了始、末两个数据，无法达到通过多次测量以减小随机误差的目的，这是不可取的。

这种情况应该使用逐差法处理数据。**逐差法就是把实验得到的偶数组数据前、后对称分成两组，然后对应项分别相减。**

用逐差法处理上述弹簧的问题，则有

$$\Delta x=\frac{1}{3}\times\frac{1}{3}[(x_3-x_0)+(x_4-x_1)+(x_5-x_2)]$$

可以看出，用逐差法处理数据具有充分利用数据、减小随机误差等优点。另外，在逐次相减的过程中，可以及时发现数据差错和数据规律。

在某些情况下，根据需要也可以做二次逐差、三次逐差，即对自变量 x 的平方、立方逐差，例如，牛顿环实验中对干涉圆环弦长的平方逐差。

1.4.4　最小二乘法

若两物理量 x、y 满足线性关系，并由实验等精度地测得一组数据$[x_i,\ y_i](i=1,\ 2,\ \cdots,\ n)$，如何作出一条能符合所得数据的最佳直线，以反映上述两变量之间的线性关系呢？作图法在人工拟合直线时有一定的主观性，为了克服这一缺点，在数据统计中研究直线拟合问题时，通常使用最小二乘法(线性回归法)处理数据。

最小二乘法的原理：若能找到一条最佳的拟合直线，那么直线上各相应点的值与测量值之差的平方和在所有拟合直线中应是最小的。

设 y 和 x 两个物理量的函数关系式为

$$y=a_0+a_1x \tag{1.4.1}$$

式中，a_0、a_1 是两个待定参数。因为自变量只有 x，故可进行一元线性回归。直线拟合的任务就是用数学分析的方法从这些观测量中求出一个误差最小的经验公式，按照这一经验

公式作出的图线虽然不一定通过所有实验点，但它是以最接近这些实验点的方式平滑地穿越它们。

测量总伴随着误差，将 y 的偏差记为 ε，则

$$S=\sum_{i=1}^{n}\varepsilon_i^2=\sum_{i=1}^{n}(y_i-a_0-a_1x_i)^2 \tag{1.4.2}$$

为使 $\sum\limits_{i=1}^{n}\varepsilon_i^2$ 最小，应使 $\dfrac{\partial S}{\partial a_0}=0$，$\dfrac{\partial S}{\partial a_1}=0$，$\dfrac{\partial^2 S}{\partial a_0^2}>0$，$\dfrac{\partial^2 S}{\partial a_1^2}>0$，可得

$$\begin{cases}\dfrac{\partial S}{\partial a_0}=-2\sum\limits_{i=1}^{n}(y_i-a_0-a_1x_i)=0\\ \dfrac{\partial S}{\partial a_1}=-2\sum\limits_{i=1}^{n}[(y_i-a_0-a_1x_i)x_i]=0\end{cases}$$

即

$$\begin{cases}\sum\limits_{i=1}^{n}y_i-na_0-a_1\sum\limits_{i=1}^{n}x_i=0\\ \sum\limits_{i=1}^{n}x_iy_i-a_0\sum\limits_{i=1}^{n}x_i-a_1\sum\limits_{i=1}^{n}x_i^2=0\end{cases} \tag{1.4.3}$$

令 $\bar{x}$ 表示 x 的平均值，即 $\bar{x}=\dfrac{1}{n}\sum\limits_{i=1}^{n}x_i$；$\bar{y}$ 表示 y 的平均值，即 $\bar{y}=\dfrac{1}{n}\sum\limits_{i=1}^{n}y_i$；$\overline{x^2}$ 表示 x^2 的平均值，即 $\overline{x^2}=\dfrac{1}{n}\sum\limits_{i=1}^{n}x_i^2$；$\overline{xy}$ 表示 xy 的平均值，即 $\overline{xy}=\dfrac{1}{n}\sum\limits_{i=1}^{n}x_iy_i$，则由式(1.4.3)得

$$\begin{cases}a_0=\bar{y}-a_1\bar{x}\\ a_1=\dfrac{\overline{xy}-\bar{x}\cdot\bar{y}}{\overline{x^2}-(\bar{x})^2}\end{cases} \tag{1.4.4}$$

将 a_0、a_1 代入直线方程，即得最佳经验公式。为了判断拟合结果是否合理，在求出 a_0、a_1 后，还需要计算出其相关系数 r。r 的定义为

$$r=\frac{\overline{xy}-\bar{x}\cdot\bar{y}}{\sqrt{[\overline{x^2}-(\bar{x})^2][\overline{y^2}-(\bar{y})^2]}} \tag{1.4.5}$$

相关系数 r 的值在 -1 和 $+1$ 之间，表示数据点接近直线的程度。r 的值接近 -1 或 $+1$，说明实验数据点落在直线附近，线性相关性好；r 的值接近 0，说明实验数据点对求得的直线是分散的，用线性回归法不妥，必须用其他函数重新定义。

需要指出：在物理实验中，相当多的情况是所测量的两个物理量之间的关系符合某种曲线方程，而非线性方程。这时可对曲线方程作一些变换，引入新的变量，将曲线拟合转化为直线拟合。最小二乘法处理数据的优点在于理论上比较严格，在函数式确定后结果是唯一的。

实验数据处理基本技能　　物理学常用数表

【习　题】

1. 判断下列情况下产生的误差属于随机误差还是系统误差。

(1)仪表的零点未校准；

(2)电表的接入误差；

(3)视差；

(4)电源电压不稳定引起的测量值起伏；

(5)天平不等臂。

2. 指出下列各测量量的有效数字，并说明测量所选用的仪器及其精度。

(1) 63.74 cm；　(2)0.302 cm；　(3)0.010 0 cm；　(4)1.000 0 kg；

(5) 1.35 ℃；　(6)12.6 s；　(7)0.203 0 s；　(8)1.530×10^{-3} m。

3. 根据有效数字运算法则计算下列算式。

(1) 107.50−2.5；　(2)273.5÷0.1；　(3)1.50÷0.500−2.97；

(4) $\dfrac{92.5+7.5}{40.0-2.0}$；　(5) $\dfrac{38.5\times(16.0-14.4)}{(108.0-3.0)(1.0-0.1)}$；

(6) $V=\dfrac{\pi d^2 h}{4}$，已知 $h=0.005$ m，$d=13.984\times10^{-3}$ m。

4. 改正下列表达式中的错误。

(1) $L=(10.800\pm0.2)$cm；

(2) $d=(12.435\pm0.02)$cm；

(3) $h=(27.3\times10^4\pm2\ 000)$km；

(4) $R=6\ 371$ km$=6\ 371\ 000$ m$=637\ 100\ 000$ cm；

(5) $\theta=60^\circ\pm2'$。

5. 进行单位变换。

(1)将 $L=(4.25\pm0.05)$cm 的单位变换成 μm、m、km。

(2)将 $m=(1.750\pm0.001)$kg 的单位变换成 g、mg。

6. 已知周期 $T=(1.236\pm0.001)$s，计算角频率 ω 的测量结果，并对其进行不确定度的计算，写出标准式。

7. 利用单摆测重力加速度 g，当摆角 $\theta<5^\circ$时，$T=2\pi\sqrt{\dfrac{L}{g}}$，摆长 $L=(97.69\pm0.02)$cm，周期 $T=(1.984\pm0.002)$s，求 g，并对 g 的不确定度进行评价。

8. 一金属丝的线长度 L 在不同温度时的数值如下：

t/℃	10.0	15.0	20.0	25.0	30.0	35.0	40.0	45.0
L/mm	1.003	1.005	1.008	1.010	1.014	1.016	1.018	1.021

设 $L=L_0(1+\alpha t)$，其中，α 为线膨胀系数，分别用逐差法和最小二乘法求 α。

第 2 章　物理实验的基本知识与仪器介绍

2.1　物理实验的基本知识

物理实验是以一定的物理现象、物理规律和物理原理为依据，以实验技术、实验装置为基础，确立合适的物理模型，研究各物理量之间关系的科学实验。它的理论建立在实验观测的基础上，而实验观测离不开物理量的测量。学习大学物理实验，可以使学生掌握基本物理量的测量方法；了解常用的物理实验方法，并逐步学会使用比较法、补偿法、平衡法、放大法、模拟法等在近代科学研究和工程技术中广泛应用的物理测量技术；了解实验室常用仪器如长度测量仪器、质量测量仪器、时间测量仪器、温度测量仪器、电源、电表、变阻器、电桥、示波器、信号发生器、分光仪和光源等的性能，并能够正确使用；掌握常用的实验操作技术，如零位调整、水平/竖直调整、光路共轴调整、消除视差调整、逐次逼近调整、根据给定的电路图正确接线、简单的电路故障检查与排除，以及在近代科学研究与工程技术中广泛应用的其他仪器的正确调节。

下面分别根据测量学和物理学对测量技术的分类加以简述，重点介绍物理测量技术。

- 测量方法
  - 测量与被测量是否存在函数关系
    - 直接测量
    - 间接测量
  - 测量能否直接利用或借助标准量
    - 直接比较测量
    - 微差比较测量
  - 测量器具测头与工件表面接触与否
    - 接触测量
    - 非接触测量
  - 被测量是否随时间变化
    - 静态测量
    - 动态测量
  - 测量在加工过程后或加工过程中
    - 被动测量
    - 主动测量
  - 测量环境条件是否变化
    - 等精度测量
    - 非等精度测量

- 物理测量技术
  - 比较法
    - 直接比较法
    - 间接比较法
      - 直读法
      - 零示法
      - 变换法和替代法
  - 补偿法
  - 平衡法
  - 放大法
    - 累计放大法
    - 机械放大法
    - 电磁放大法
    - 光学放大法
      - 视角放大法
      - 角放大法
  - 模拟法
    - 物理模拟法
    - 数学模拟法
  - 振动与波动法
    - 振动法
    - 李萨如图形法
    - 共振法
    - 驻波法
    - 相位比较法
  - 光学实验法
    - 自准直法
    - 物距像距法(公式法)
    - 共轭法(位移法)
    - 干涉法
    - 衍射法
    - 光谱法
    - 光测法
  - 非电量的电测法
    - 热-电转换法
    - 压-电转换法
    - 磁-电转换法
    - 光-电转换法
  - 流体静力学称衡法

2.1.1　比较法

比较法是测量方法中非常基本且常用的方法之一，就是将待测量量与一个选定单位的同类量(称为标准量)进行比较，其倍数即为该待测量量的测量值。比较法分为直接比较法和间接比较法，二者介绍如下。

1. 直接比较法

一个待测物理量与已知其值的同类物理量相比较而直接获取量值的方法，称为直接比较计量，也称为直接比较法。直接比较法有如下特点。

(1)同量纲性。待测量量与标准量的量纲相同。例如，用米尺测量某物体的长度，同为长度的量纲。

(2)直接可比性。待测量量与标准量直接进行比较，从而获得待测量的值。例如，用天平称量物体的质量，当天平平衡时，砝码的示数就是待测量量的值。

(3)同时性。待测量量与标准量的比较是同时发生的，没有时间的超前与滞后。例如，用秒表测量某过程的时间，当过程开始时，启动秒表；当过程结束时，停止秒表。此时指针指示的值即为该过程所经历的时间。

直接比较法的测量精度，受到测量仪器和量具自身精度的局限。欲提高测量精度则必须提高量具的精度，为此就需要不同的标准件。例如，用于长度测量的量块，用于质量测量的高精度砝码等。

2. 间接比较法

由于多数物理量无法进行直接比较测量，但通常可以借助一个中间量或将待测量量进行某种变换来间接实现比较测量，因此需设法将被测量量转变为另一种能与已知标准量直接比较的物理量，这种转变必须服从一定的单值函数关系。例如，磁电式电流表是利用通电线圈在磁场中受到的磁力矩与游丝的扭力矩平衡时，电流强度 I 与电流表指针的偏转角 θ 成正比制成的。通过电流表指针的偏转角 θ 的间接比较，可测出电路中的电流强度 I；再如，用弹簧的形变测力、用水银的热膨胀测温度等，都属于间接比较。

有些比较要借助或简或繁的仪器设备，经过或简或繁的操作才能完成，此类仪器设备称为比较系统。天平、电桥、电位差计等均是常用的比较系统。为了进行比较，常用以下方法。

(1)直读法。

用米尺测长度、电流表测电流强度、电子秒表测时间等，都是由标度尺示值或数字显示窗示值直接读出被测值，这类方法称为直读法。直读法操作简便，但有时测量准确度偏低。

(2)零示法。

用天平称衡物体质量时要求天平指针指零，用平衡电桥测量电阻时要求桥路中检流计指针指零，这种以示零器指零作为比较系统平衡的判据以及测量依据的方法，称为零示法(或零位法)。零示法操作手续较烦琐，但由于人眼判断指针与刻线重合的能力比判断指针与刻线相差多少的能力强，所以零示法精确度较高，测量精密度也较高。

(3)交换法和替代法。

用天平称衡物体质量时，第一次称衡在左盘放置被测物体，第二次称衡在右盘放置被测物体，取两次称衡结果的几何平均值作为被测物体的质量，类似的测量方法称为交换法或复称法。通过交换法可以消除天平两臂的实际长度不对称所带来的测量误差。

用平衡电桥测量电阻时，先接入待测电阻，调节电桥平衡，再用可调电阻箱替换待测电阻，并保持其他条件不变，调节电阻箱重新使电桥平衡，此时电阻箱示值即为被测电阻的电阻值，类似的测量方法称为替代法或复测法。通过替代法可以消除实验仪器的部分系统不完全对称所带来的测量误差。

交换法和替代法常被用来消除系统误差，以提高测量的准确度。

2.1.2　补偿法

测量过程是通过实验仪器来检测待测系统真实参量的过程，采用的实验方法和检测手段应以不改变(或尽量少改变)待测系统的原有状态为原则。当待测系统受到某一作用时会产生某种效应，在受到另一同类作用时，又产生了一种新效应，两种效应互相抵消，系统回到初始状态，称为补偿。换言之，根据某一测量原理，在提供一种可调的标准量来抵消待测量所显现的作用的条件下，对待测量量进行测量的方法称为补偿法。补偿法往往与平衡法、比较法结合使用。例如，原处于平衡状态的天平，在左盘上放上重物后，由于重物的重力作用，天平臂发生倾斜；当在右盘放上与重物同质量的砝码后，由于砝码的重力作用，天平臂发生反向倾斜，最终又回到平衡状态。这是砝码的重力补偿了重物的重力的结果。常用的电学测量仪器——电位差计，也是基于补偿法设计的。

2.1.3　平衡法

平衡状态是物理学的一个重要概念，因为在平衡状态下，许多非常复杂的物理现象可以比较简单地描述，一些复杂的函数关系也可以变得比较简明，从而容易实现定量地测量和定性地分析。

利用平衡状态测量待测物理量的方法称为平衡法。例如，利用等臂天平称衡时，当天平指针处在刻度尺的“0”位或左右等幅摆动时，天平达到平衡。已知砝码和待测物体所受的重力对天平支点的力矩相等，由于左、右力臂相等，且又处于同一重力场中，所以待测物体的质量和砝码的质量相等。

2.1.4　放大法

物理实验中常常会遇到微小量，这些微小量用常规的仪器进行测量时会带来很大的误差，甚至无法进行测量。如果能将这些微小量按照一定的规律加以放大，就可以达到既能测量又能减小误差的目的。把待测物理量按一定的规律加以放大，再进行测量的方法称为放大法。放大有两类含义，一类是将被测对象放大，另一类是将读数机构的读数细分，它们都能使测量精密度提高。

1. 累计放大法

在待测物理量能够简单重叠的条件下，将它扩大若干倍，再进行测量的方法称为累计放大法。例如，欲测量均匀细丝的直径，可在一根光滑的圆柱体上密绕 100 匝，测出其密绕的长度 l，则细丝的直径为 $l/100$；又如，在三线扭摆法测转动惯量的实验中，用秒表测量三线扭摆的周期时，测出 50 次扭转周期的总时间 t，则三线扭摆的一次扭转周期为 $t/50$。

累计放大法的优点是在不改变待测量量性质的情况下，将待测量量扩大若干倍后进行测量，从而增加测量结果的有效数字的位数，减小测量值的相对误差，提高测量的精度。

在使用累计放大法时，要注意两点：一是在扩大过程中待测量量不能发生变化；二是在扩大过程中应避免因工作疏忽而引入新的误差(如细丝密绕时，确保接触紧密，避免出现间隙)。

2. 机械放大法

利用机械部件之间的几何关系，使标准单位量在测量过程中得到放大的方法称为机械放大法。利用机械放大法可以提高测量仪器的分辨率，增加测量结果的有效数字的位数。例如，利用丝杠鼓轮与蜗杆蜗轮制成的螺旋测微器和迈克耳孙干涉仪的读数细分机构，可把读数细分到0.01 mm和0.000 1 mm，读数精度大为提高；又如，在分光计读数盘的设计中，为了提高仪器的测量精度，采用两种方法：一是增大刻度盘的半径，因为刻度盘的半径越大，仪器的分辨率会越高；二是应用游标的读数原理，增设游标读数装置。

3. 电磁放大法

要对微弱的电信号(如电流、电压或功率)进行有效的观察和测量，常借助电子学中的放大线路。例如，光电效应法测普朗克常量实验，就是将微弱的光电流通过微电流测量放大器放大后进行测量的；又如，在示波器的使用中，利用示波管将电信号放大，使电信号不仅能被定性地观察而且能被定量地测量。

4. 光学放大法

在物理实验中，光学放大法是常用的基本测量方法之一。由于光学放大法具有稳定性好、受环境干扰小的特点，被广泛应用到各个科技领域中。光学放大法分为视角放大法和角放大法，二者介绍如下。

(1)视角放大法。

视角放大是使待测物通过光学仪器形成放大的像，便于观察判别。由于人眼分辨率的限制，当物对眼睛的张角小于0.001 57弧度时，人眼将不能分辨物的细节，只能将物视作一点。利用放大镜、显微镜、望远镜的视角放大作用，可增大物对眼的视角，使人眼能看清物体，提高测量精密度。如果再配合读数细分机构，测量精密度将更高。光学仪器中的测微目镜、读数显微镜就体现了这种原理。

(2)角放大法。

角放大法也称为光杠杆法，利用它，不仅可以测量长度的微小变化，也可以测量角度的微小变化。该法通过测量放大后的物理量，间接测得本身较小的物理量。根据光的反射定律，若入射于平面镜的光线方向不变，当平面镜转过α时，反射光线将相对原反射方向转过2α，每反射一次便将变化的角度放大一倍且光线相当于一个无质量的长指针，能扫过标度尺的很多刻度。由此构成的镜尺结构，可使微小转角放大显示。直流复射式检流计就是一个典型的例子。所谓“复射”，是指这种检流计作为“光指针”的光线不止一次反射后投影到标度尺上，从而达到延长“光指针”长度，放大线圈偏转角度，提高灵敏度的目的；又如，在拉伸法测定金属丝的杨氏模量的实验中，金属丝在受到应力后长度发生了微小变化，利用光杠杆法的放大作用实现了对金属丝的微小伸长量的测量。

2.1.5 模拟法

实验是在人工控制的条件下，使某种现象反复重演所进行的观察与研究。但通常情况下，现场测试是很难实现的。例如，要设计一项港口工程，应当对所设计的工程现场进行实地的详细测试，但有时是无法办到的。模拟法为这类实验提供了理论上的依据和切实可行的方法。

不直接研究某物理现象或过程本身，而用与该物理现象或过程相似的模型进行研究的方法称为模拟法。换言之，模拟就是用对某种模型的观察、研究来代替对实际对象的分析。模拟法的优点是可以用一种较易观察和处理的物理现象来模拟另一种难以观察、实验的物理现象。

模拟法是以相似理论为基础，设计与待测原型(待测物、待测现象等)在物理原理或数学原理上相似的模型，然后通过对模型的测量，间接测得研究原型的性质及其规律的方法。模拟法可分为物理模拟法和数学模拟法，二者介绍如下。

1. 物理模拟法

保持同一物理本质的模拟方法称为物理模拟法。例如，用风洞(高速气流装置)中的飞机模型模拟飞机在大气中的飞行，用流槽模型预演河流的冲击作用等，均属于物理模拟。

利用物理上的相似性原理，满足几何相似和力学相似条件的方法称为相似性模拟。模型与原型按比例进行缩小(或放大)，这是物理模拟法的重要条件。只有满足客体(实验条件)和主体(样品或模型)都与原型保持严格的性质相似、形状相似及过程(特征点)相似，物理模型才能成立。

2. 数学模拟法

两个不同本质的物理现象和过程依赖于数学形式的相似而进行的模拟方法，称为数学模拟法。

在实验中用模拟法描绘静电场时，用稳恒电流场来模拟静电场就是数学模拟的一个典型例子。如大家所知，直接对静电场进行测量是十分困难的，因为任何测试仪器引入静电场中，都将明显地改变静电场的原有状态。由于反映稳恒电流场性质的场方程与反映静电场性质的场方程是相似的，所以可以用稳恒电流场来模拟静电场。如果稳恒电流场的空间电极形状和边界条件(由电极表面、导电微晶和空气分界面组成)与待研究的静电场相同，则可通过测定稳恒电流场的分布来确定静电场的分布。

在计算机技术迅速发展的今天，采用必要的数学模型把一个物理系统用一个计算机程序来代替，从而在计算机上进行仿真实验，这种方法称为计算机模拟法。

2.1.6　振动与波动法

1. 振动法

振动是一种基本运动形式，许多物理量均可作为某振动系统的振动参量。只要测出振动系统的振动参量，利用被测量量与参量的关系就可得到被测量量。利用三线摆测转动惯量就是振动法的应用之一。

2. 李萨如图形法

李萨如图形是法国科学家 J. 李萨如(J. Lissajous)在 1875 年发现的，它是指相互垂直的两个振动，当频率成简单整数比时所得的有一定规律的合振动轨迹曲线，具有稳定性、封闭性等特征。利用李萨如图形可以检测两个相同频率信号的相位差，李萨如图形法在力学、电磁学、光学等领域应用广泛。

3. 共振法

一个振动系统受到另一个系统周期性的激励，若激励系统的激励频率与振动系统的固有频率相同，则振动系统将获得最多的激励能量，此现象称为共振。共振存在于许多领域(如机械振动、电磁振荡等)，共振频率往往与系统的一些重要物理特性(如压力)有关，而频率的测量可以达到很高的准确度，因此共振法在频率和物理量的转换测量中有着重要应用。

4. 驻波法

驻波是入射波与反射波叠加的结果，机械波、电磁波均可产生驻波。由于驻波有着稳定的振幅分布，测量比较容易，故常用驻波法测量波的波长。如果同时测量出频率，则可求出波的传播速度。

5. 相位比较法

波的传播就是相位的传播。在传播方向上两个相邻同相点的距离是一个波长，可通过比较相位的变化测量出波的波长。驻波法和相位比较法在声速的测量实验中将会被用到。

2.1.7 光学实验法

1. 自准直法

如果在透镜的一个焦平面处放置一个光屏(发光物体)，在透镜的另一侧任意距离放置一个平面镜。调整光路后，发光物体的光透过透镜成平行光，由平面镜反射后再次透过透镜成像于光屏上(发光物体平面上)，此时可见一个等大、倒立的实像。

因此在不知道透镜的焦距时，可以在放置好透镜与平面镜后，前后移动光屏，直到在光屏上观察到一个清晰、倒立的实像，此时，透镜光心与光屏的距离即是透镜的焦距。

2. 物距像距法(公式法)

物距像距法是把光源、透镜和光屏都放在光具座(光学平台)上，当成清晰像后，测量光源与透镜光心的距离(物距) u ，以及透镜光心与光屏的距离(像距) v ，再代入透镜成像公式 $\frac{1}{u}+\frac{1}{v}=\frac{1}{f}$ 中，即可计算透镜的焦距。

3. 共轭法(位移法)

把光源和光屏都固定在光具座上，再把凸透镜放在中间，左右移动透镜位置，使光屏上出现两次清晰的像，记录先后两次透镜的位置，即可测得透镜的焦距，这种方法就是共轭法。使用共轭法的优点是它不需要准确测量透镜光心的位置，只需要准确测定透镜移动的距离。同时，在测量过程中透镜的位置稍有移动，图像清晰度就会有明显变化，因此该方法测量的精确度较高。

4. 干涉法

在精密测量中，以光的干涉原理为基础，通过测量明、暗交替干涉条纹的间距，可实现对微小长度、微小角度、透镜曲率、光波波长等的测量。双棱镜干涉测波长、等厚干涉、迈克耳孙干涉仪测波长及波长差等实验都是典型的干涉法测量实验。

5. 衍射法

在光场中放置一个线度与入射光波长相当的障碍物(如狭缝、细丝、小孔、光栅等)，在其后方将出现衍射条纹。通过对衍射条纹进行测量与分析，可测量障碍物的大小。利用X射线在晶体中的衍射，可进行物质结构分析。

6. 光谱法

利用分光元件(棱镜或光栅)，将发光物体发出的光分解为独立的按波长大小排列的光谱。收集这些光谱的波长、强度等参量，可以获取物质组分的信息。

7. 光测法

用单色性好、强度高、稳定性好的激光作为光源，再利用声光效应、电光效应、磁光效应等物理效应，可将某些需精确测量的物理量转换为光学量测量。光测法已发展为非常重要的测量方法之一。

2.1.8 非电量的电测法

根据物理量之间的各种效应和定量的函数关系，通过对有关物理量的测量求出待测物理量的方法称为转换法。其中，利用各种参量变换及其变化的相互关系来测量某一物理量的方法，称为参量换测法。参量换测法是一种常用的测量方法，该方法几乎遍及整个物理实验领域。其中，能量换测法是通过能量变换器将一种形式的运动变换成另一种形式的运动的测量方法。能量换测法的种类很多，下面仅介绍几种比较典型的能量换测法，即非电量的电测法。

1. 热-电转换法

热-电转换测量是热学量和电学量之间的转换测量。温度和电压的转换可用热电偶来实现。热电偶是根据温差电现象将两种不同的导体焊接后形成回路制成的。若热电偶两个接头的温度不同，则回路中产生电动势，称为温差热电势。温差热电势与材料的性质及两接头的温度差有关，若测出此电动势，并已知一端的温度(如把此端置于冰水中)，便可推知另一端的温度，这就是热电偶温度计的测温原理。

2. 压-电转换法

压-电转换测量是压力和电学量之间的转换测量。话筒就可以实现压-电转换。话筒把声波的压力变化作用于某些能产生压电效应的材料上，实现压力与电压之间的相互转换。当沿着一定方向对某些电介质材料进行施力而使其产生形变时，该材料内部产生极化现象，同时在它的两个表面上产生符号相反的电荷，形成电势差，其大小与受力有关。当外力撤销后，材料又重新恢复不带电状态，当作用力的方向改变时，电荷的极性也随之改变，这种现象称为正压电效应；当在电介质的极化方向上施加电场时，会引起电介质变形，电场去掉后，电介质的变形随之消失，这种现象称逆压电效应。正压电效应常可用来测力与压强的大小，例如，对压-电传感器施以声压会输出交变电压，通过测量电压的相应参量而获得声波的信息。

3. 磁-电转换法

磁-电转换测量是磁学量与电学量之间的转换测量。磁感应强度是不易直接测量的，利用磁-电转换测量后，测量变得简便、快速。进行磁感应强度和电压的转换可通过霍尔元件实现。霍尔元件是半导体材料制成的片状物，可用于测量磁感应强度。把霍尔元件垂直放置于 z 轴方向的磁场中，沿 x 轴方向通以电流，在 y 轴方向上将有异号电荷积累，形成电势差，其大小和方向与材料、电流大小及磁感应强度有关。该效应称为霍尔效应。

4. 光-电转换法

光-电转换测量是光学量和电学量之间的转换测量。实现光-电转换的器件很多，例如光电管、光电倍增管、光电池、光敏电阻、光电二极管、光电晶体三极管等。利用光电效应制造的光电管、光电倍增管可测定相对光强；光敏电阻则是根据有些材料的电阻率因照射光强的不同而改变的性能制成的，因而可用它测量光束中谱线的光强；光电池受到光照后会产生与光强有一定关系的电动势，可通过测量电势来测量入射光线的相对光强；光电二极管、光电晶体三极管等器件多用于电路控制中。

2.1.9 流体静力学称衡法

对于液体或形状不规则的固体，其体积无法用长度测量时，可采用流体静力学称衡法。用改测质量的方法来测定其体积，从而求出密度，还可提高测量的准确度。

2.2 基础实验仪器介绍

物理量是通过描述自然规律的方程或定义新的物理量的方程而相互关联的，因此，物理量之间存在密切的联系。只需选出一些最基本的物理量作为基本量，其余的物理量可由基本量推导得到，称为导出物理量，简称导出量。国际单位制中共有 7 个基本单位与 2 个辅助单位，以及从 7 个基本单位推导出的 19 个常见单位。本节将介绍一些基本物理量的测量仪器及物理实验中的常用仪器。

2.2.1 长度测量

长度是物理实验中的一个基本的物理量。历史上曾经用铂铱合金米原器作为 1 m 的标准，后又改用^{86}Kr 原子 $2P_{10}$ 至 $5d_5$ 能级间跃迁光辐射在真空中波长的 1 650 763.73 倍作为 1 m 的标准。1983 年，国际计量大会上重新定义真空中光速的 1/299 792 458 为 1 m。在物理实验中，测量长度的主要设备有米尺、游标卡尺和螺旋测微器，其具体使用方法详见实验 3.1。

2.2.2 质量测量

国际单位制中质量的单位是 kg(千克)，现在 1 kg 的国际标准依然是 1999 年国际计量大会所确认的由铂铱合金制成的国际千克原器。在物理实验中，常用的测量质量的仪器是物理天平及电子天平。天平的使用方法及注意事项详见实验 3.7。

2.2.3 时间测量

时间和空间是物质存在的基本形式。时间是表征物质运动持续性的物理量，具有连续性、单向性和序列性。在国际单位制中，时间的单位是 s(秒)，以铯-133 原子基态的两个超精细能级之间跃迁所对应辐射的 9 192 631 770 个周期的持续时间为 1 s。在时间计量中，按测量内容可分为时段测量和时刻测量。例如，机械秒表是用来测量时段的仪器，而时钟是用来测量时刻的仪器。

在物理实验中，常用的计时仪有机械秒表和数字秒表。

1. 机械秒表

机械秒表简称秒表，它分为单针秒表和双针秒表两种。单针秒表只能测量一个过程所经历的时段，双针秒表可以分别测量两个同时开始但不同时结束的过程所经历的时段。机械秒表是由频率较低的机械振荡系统，锚式操纵调速器，操纵秒表启动、制动和指针回零的控制机构(包括按钮、发条和齿轮)等机械零件组成的。一般机械秒表的表盘最小分度值为 0.1 s 或 0.2 s，测量范围是 0～15 min 或 0～30 min。有的机械秒表还有暂停按钮，用来累积计时。机械秒表的外形如图 2.2.1 所示。机械秒表的使用方法如下。

图 2.2.1　机械秒表的外形

使用前须先检查发条的松紧程度，如发现发条松动，应上紧发条，但不宜过紧。秒表的最上端是控制按钮，按一下开始计时，再按一下停止计时，这时秒表指示的时间为终止时刻到起始时刻的时间差，记下时段后再按一下，指针复位至零点。

秒表工作时的准确与否对计时影响很大，所以在实验前，必须用高精度计时仪器(如数字毫秒仪)对秒表进行校准。使用秒表进行计时测量所产生的误差分以下两种情况。

(1)短时间测量(几十秒以内)。其误差主要来源于启动、制动停表时的操作误差，其值约为 0.2 s，有时还会更大。

(2)长时间测量。测量误差除了操作误差，还有秒表本身的仪器误差。

2. 数字秒表

数字秒表分为电子秒表和数字毫秒仪两种。

电子秒表由电子元件组成，利用石英振荡器的振荡频率作为时间基准，用液晶显示器显示时间。电子秒表的功能比机械秒表多，除显示分、秒外，还能显示日期、星期，具有 1/100 s 计数功能，可连续累计时间 59 min 59.99 s，其外形如图 2.2.2 所示。电子秒表有三个按钮，S_1 为调整按钮，S_2 为变换按钮，S_3 为秒表按钮。平时电子秒表正常显示的计时状态为“时、分、秒”，电子秒表在计时显示的情况下，连续按 S_3 约 2 s，即可呈现秒表功能。此时按一下 S_1，即可开始自动计秒；当再次按下 S_1 时秒表停止，这时液晶屏显示的时段便是测量的时间间隔。若需要恢复到平时的计时状态，再持续按 S_3 约 2 s 即可。

图 2.2.2　电子秒表的外形

数字毫秒仪又称为电子计时器，是一种利用数码管显示数字的计时仪器，它可以测量的最小时间间隔是 0.1 ms(或 0.01 ms)，最大量程为 100 s。数字毫秒仪的计数原理是利用石英晶体振荡产生的 10 kHz 电脉冲，两个脉冲之间的时间间隔即为 0.1 ms。脉冲信号在开始计数和停止计数的时间间隔内推动计数器计数。一个脉冲计一个数，从开始计数到停止计数这一段时间通过计数器所计的数字直接由数码管显示出来。

数字毫秒仪的种类很多，因此控制面板各异，但其工作原理基本相同。图 2.2.3 即为一种常见的数字毫秒仪面板布置图。图 2.2.3 中“机控”挡、“光控”挡指的是控制计数器的

“计”和“停”的方法。光控又分为一次挡光计时 A 和二次挡光计时 B。一次挡光计时记录的遮光时间是光电二极管接收的光照被遮挡的时间；二次挡光计时记录的是两个遮光信号的间隔时间。

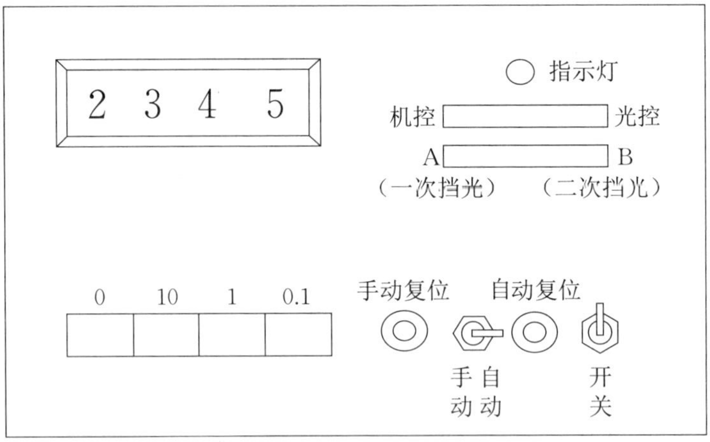

图 2.2.3 数字毫秒仪面板布置图

“自动复位”和“手动复位”是控制数码管显示数字恢复为零的方式。在自动复位的情况下，还可用“复位延时”旋钮调节数字显示时间的长短。为了便于测量各种时间范围，一般仪器上具有三种时基选择，即 0.1 ms、1 ms 和 10 ms 三挡。例如，图 2.2.3 中显示的数字为 2345，当时基选择开关在 0.1 ms 挡时为 0.234 5 s，在 1 ms 挡时为 2.345 s，在 10 ms 挡时为 23.45 s。

2.2.4 温度测量

温度是表征物质热运动的一个状态参数，它描述了物质的冷热程度。国际单位制的温度采用热力学温标，其单位是开尔文，简称开，符号为 K，其定义是 1 K 等于水的三相点（水、水蒸气、冰平衡共存的状态）热力学温度的 1/273.16。日常生活中常用的摄氏温标 t（单位为℃）定义为

$$t = T - 273.16 \tag{2.2.1}$$

式中，T 为热力学温度。用来测量物体温度的仪器称为温度计，在物理实验中，常用的温度计有液体温度计、气体温度计、热电偶温度计和电阻温度计等。

液体温度计的测温物质为某种液体（如水银、酒精等），将液体装在细而均匀的毛细玻璃管中，用体积随温度的变化来标示温度。这类温度计存在测温范围窄，玻璃热迟滞的缺点。气体温度计的测温物质是气体（如氢气、二氧化碳等）。气体温度计分为定容气体温度计和定压气体温度计两种，前一种保持体积不变，用压强随温度的变化来标示温度；后一种保持压强不变，用体积随温度的变化来标示温度。热电偶温度计利用温差热电势来标示温度，让两种不同的金属端点相连，当两个端点处于不同温度时，回路中会产生电动势，即温差热电势。热电偶温度计测量范围广，从 −200 ℃到 2 000 ℃均可测量。常用的热电偶温度计有铜-康铜热电偶温度计、康铜-铁热电偶温度计、铂-铂铑合金热电偶温度计，前两种温度计在温度不太高时使用。电阻温度计用某种导体作为测温物质，根据导体的电

阻随温度的变化来标示温度，测量精度较高。利用电阻温度计和热电偶温度计可以准确地判断和测量温度，它们常被设计成数字显示而非指针显示，这类温度计称为数字温度计。

2.2.5　直流电源

直流电源是实验室常用的供电装置，它将电网的220 V交流电经变压、整流、滤波及稳压后以直流电压或电流的形式输出。实验室常用的直流电源有晶体管直流稳压电源、干电池和直流稳流电源。

1. 晶体管直流稳压电源

该电源电压稳定，内阻小，使用方便。稳压电源有单路输出、双路输出及多路输出几种。多路输出电源可以输出几路独立的电压，也可以将两路或多路输出串、并联。

直流稳压电源面板上一般有电源开关、输出电压调节旋钮(有的分为细调和粗调)、仪表监视选择开关和输出端子(正极、负极和接地端)等。仪表监视选择开关表示电压表或电流表，用以监视输出的电压或电流。对于多路输出，可通过多个电压表或电流表，分别监视不同路的电压或电流。有的直流稳压电源设有短路保护装置，当输出的电流过大或短路时自动切断电源，外电路正常时才可以恢复工作(有的电源需要关闭开关后再重新打开)。

直流稳压电源的主要参数有输出电压范围、最大工作电流、电压稳定度、负载稳定度等。典型的直流稳压电源的外形如图2.2.4所示。

2. 干电池

该电源电压稳定，内阻小，但容量(一般以Ah计算)有限，要注意经常更换。

3. 直流稳流电源

该电源在一定的负载阻值范围内能输出一定的恒定电流，电流大小连续可调。稳流电源也有仪表监视输出。

一些电源同时具有稳压和稳流功能，称为稳压稳流电源，其外形如图2.2.5所示。

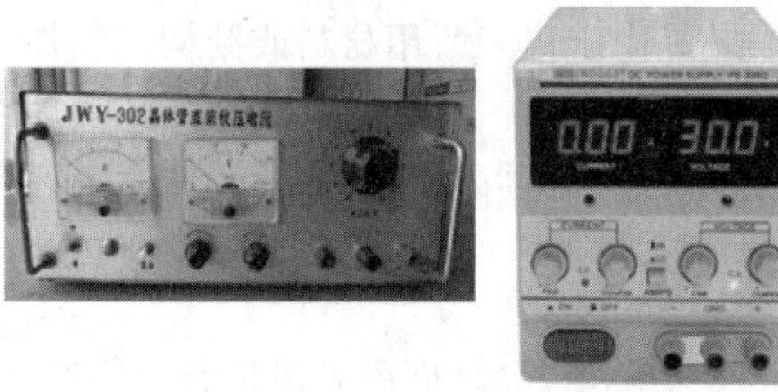

图2.2.4　直流稳压电源的外形

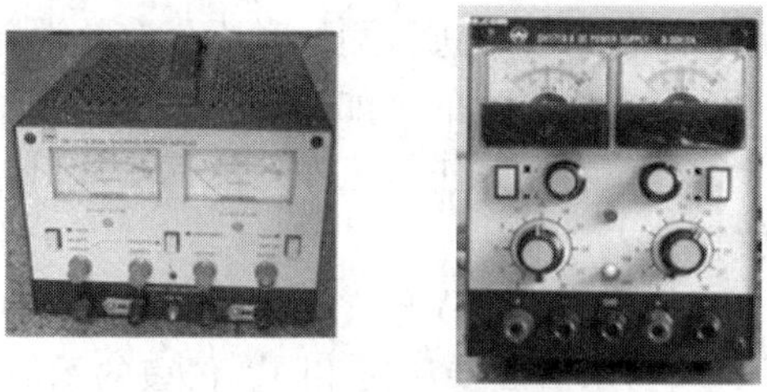

图2.2.5　稳压稳流电源的外形

选用电源时应注意以下几点。

(1)输出电压应和需求相符合。

(2)选用的电流或负载电阻要在电源的额定值内，若电流过载，电源会因急剧发热而发生损坏。

(3)使用稳压电源时要防止短路，使用稳流电源时要防止外电路开路。

2.2.6 电表

1. 指针式电表

指针式电表常用于测量电压、电流、电阻、功率、电能等电学量。电表品种规格繁多，按电流种类可分为直流表、交流表及交直流两用表；按被测量量可分为电压表、电流表、欧姆表、万用表等；按量程大小可分为微安表、毫安表、安培表等；按工作原理可分为磁电式、电磁式、电动式、整流式、感应式、热电式、静电式等。实验室用的电表大部分是磁电式电表，其内部构造如图 2.2.6 所示。永久磁铁的两极上连着极掌，圆柱形铁芯置于其中，极掌和铁芯间空隙的磁场增强，该磁场的磁场线以圆柱的轴为中心呈均匀辐射状。在铁芯和极掌之间的空隙中放有长方形线圈，线圈上固定一根指针，当有电流通过时，线圈因受到电磁力矩的作用而偏转，直到与游丝的扭转力矩平衡。线圈偏转角度的大小 α 与所通入的电流 I 成正比，即

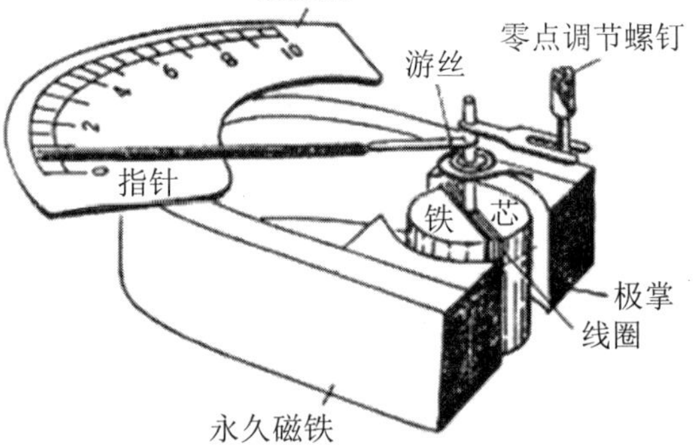

图 2.2.6 磁电式电表的内部构造

$$\alpha = \frac{BINA}{D} = SI \tag{2.2.2}$$

式中，B 为极掌和圆柱形铁芯之间空隙的磁感应强度；N 为线圈的匝数；A 为线圈面积；D 为游丝或张丝的反作用系数；$S = \frac{BNA}{D}$ 为磁电式电表的灵敏度。对某一固定表头来说，S 是一个常量。当用表头测量直流电压或电流时，刻度盘的刻度是均匀的。

表头的测量误差分为两类：一类是基本误差，又称为仪表的最大允许误差，即仪表在正常工作条件下进行测量时所具有的误差，基本误差是由于仪表所用材料或结构、制作上的不完善而产生的，如刻度盘的刻度不均匀，动圈转轴受到摩擦力等；另一类是附加误差，即仪表在非正常工作条件下测量引起的误差，如使用前未调零，仪表未按规定方向摆放等。

仪表的常见误差表达方式有以下三种。

(1)示值误差和误差限。仪表的示值 X_i 与被测量实际值 X_0 之间的差值称为示值误差，记为

$$\Delta = X_i - X_0 \tag{2.2.3}$$

由于实际值(或真值) X_0 是未知的，所以 X_0 理解为更高准确度等级的仪表或其他更精确方法测量的数值。一般取仪表某挡位中最大的示值误差 Δ_m 为该挡位的误差限。仪表的误差限一般就是仪表的最大允许误差或仪表的不准确度。

(2)相对误差。仪表的示值误差 Δ 与被测量实际值 X_0 之间的比值称为相对误差，通常用百分数 β 表示，即

$$\beta = \frac{\Delta}{X_0} \times 100\% \tag{2.2.4}$$

(3)引用误差。对于同一个仪表，其最大允许误差近似等于某一常量，对于不同的测量结果，示值绝对误差起伏不大，因此，测量仪表的准确度通常都用引用误差表示，记为

$$\beta_{\mathrm{m}}=\frac{\Delta}{X_{\mathrm{m}}}\times 100\% \tag{2.2.5}$$

根据标称误差(电表的读数与准确值的差异，包括电表在构造上各种不完善因素引入的误差)的大小$\left(\pm K\%=\frac{\Delta_{\mathrm{m}}}{X_{\mathrm{m}}}\times 100\%\right)$，电表分为若干准确度等级。例如，标称误差为 0.5%，则此电表就是 0.5 级表。电表准确度等级通常在表盘上标明。国家标准规定，电表一般分为 7 个等级，即 0.1、0.2、0.5、1.0、1.5、2.5、5.0 级。在标准条件下，用仪表进行测量时，可以根据仪表准确度等级来估计测量结果的误差，即

$$\Delta_{\mathrm{m}}=\pm K\%\cdot X_{\mathrm{m}} \tag{2.2.6}$$

仪表读数的有效位数由测量结果的误差限决定，一般仪表的分度都与其准确度等级适应。对于同等级多挡位的仪表，有时需要在分度值所在数位进行估读，根据指针宽度和分格大小估读到分度值的 1/2、1/5 或 1/10。

使用电表的注意事项如下。

(1)量程的选择：根据待测量的大小，选择合适的量程。量程太小，电表两端过大的电压会损坏电表；量程太大，指针偏转角度太小，读数不准确。使电表的指针偏转到满刻度的 2/3 左右为宜。为了保证安全，可先选用最大的量程进行测量，若不合适，则调换量程。

(2)极性：直流电表指针的偏转方向与通过电流的方向有关。“+”端表示电流输入端，“−”端表示电流输出端。连接线路时，要特别小心，不要把极性接反，以免损坏电表。

(3)电表的连接法：安培计用来测量电路中的电流，应串联在电路中；伏特计用来测量电路两端的电压，必须并联在被测电路的两端。

(4)视差：为了减少视差，读数时，必须使视线垂直于刻线表面。精密电表的指针下面有反射镜，读数时应使视线、指针及指针的像在一条直线上。

下面介绍几种常用的指针式电表。

(1)指针式检流计。

指针式检流计主要用于检测小电流或小电位差，它的特点是指针零点在刻度盘的中央，可以检测出不同方向的直流电流。使用时，常串联一个小电阻，以免过大的电流损坏检流计。指针式检流计的主要参数如下。

①电流常量 K：每偏转一小格所代表的电流值。一般为 $10^{-9}\sim10^{-6}$ A/格。

②内阻：约 100 Ω。

(2)伏特计。

伏特计是测量电路中两点之间电压的仪器，其主要参数如下。

①量程：指针偏转满刻度时的电压值。如伏特计一般有两个量程，分别为 1.5 V 和 3 V。第一个量程表示在仪器两端加上 1.5 V 的电压时指针偏转满刻度；第二个量程表示在仪器两端加上 3 V 的电压时指针偏转满刻度。

②内阻：电表两端之间的电阻。对于多量程的伏特计，如 1.5 V 和 3 V 两个量程的伏特计，当其内阻分别为 1 500 Ω 和 3 000 Ω 时，各量程的灵敏度相同，都是 1 000 $\Omega\cdot\mathrm{V}^{-1}$，所以伏特计的内阻一般可利用灵敏度计算，计算伏特计某一量程的内阻的公式为

$$内阻=量程\times灵敏度 \tag{2.2.7}$$

(3)直流安培计(毫安计、微安计)

安培计是用来测量电路中电流大小的仪器，其主要参数如下。

①量程：指针偏转满刻度时的电流值。安培计(毫安计、微安计)有单量程和多量程两种。

②内阻：安培计的内阻一般都在 0.1 Ω 以下，毫安计的内阻在几欧姆到 100 Ω 之间，微安计的内阻在 500 Ω 到 2 000 Ω 之间。

2. **数字式电表**

随着集成电路的飞速发展和微处理器的广泛应用，传统的指针式电表逐渐被数字式电表替代，在大学物理实验中也越来越多地应用数字式电表，如数字万用表、数字电压表、数字检流计等。数字式电表具有准确度高、测量灵敏度高、输入阻抗高、测量简单的特点。数字式电表的显示位数、误差等内容参见实验 3.14 数字万用表的使用。

2.2.7 电阻箱

电阻箱是由几个低温度系数、高精度的锰铜线绕制的电阻相互串联，并装在盒子内而制成的，电阻箱上一般有 6 个旋钮或 4 个旋钮，通过旋转旋钮可以得到不同的电阻值。如图 2.2.7 所示，当"×10 000"挡的旋钮指 2 时表示电阻值为 20 000 Ω，当"×1 000"挡的旋钮指 3 时表示电阻值为 3 000 Ω，当"×100"挡的旋钮指 6 时表示电阻值为 600 Ω，当"×10"挡的旋钮指 0 时表示电阻值为 0 Ω，当"×1"挡的旋钮指 2 时表示电阻值为 2 Ω，当"×0.1"挡的旋转指 6 时表示电阻值为 0.6 Ω，这时电阻箱的电阻为 23 602.6 Ω。

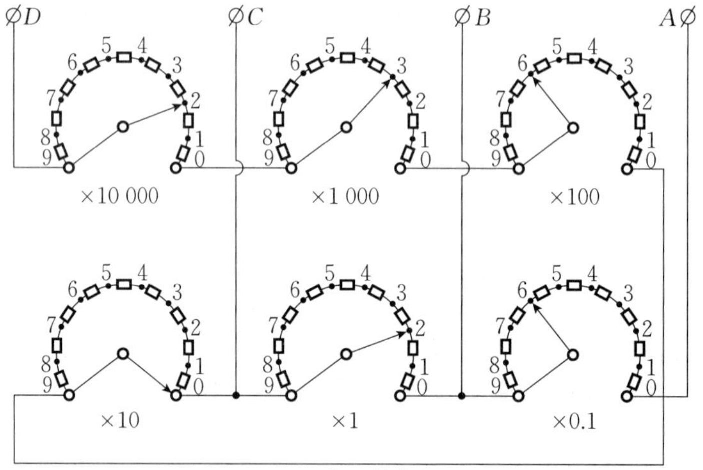

图 2.2.7 电阻箱内部结构

电阻箱的参数如下。

①电阻。即最大电阻值，图 2.2.7 所示电阻箱的总电阻为 99 999.9 Ω。

②额定功率。通常电阻箱的额定功率为 0.25 W。由 $I=\sqrt{W/R}$ 可计算出电阻值为 R 时的额定电流。例如，对于电阻值 $R=1\ 000\ \Omega$ 的电阻，额定电流为 $I=\sqrt{\dfrac{0.25}{1\ 000}}\ \text{A}=0.016\ \text{A}$。显然，电阻值越大的挡，额定电流越小。要注意电流过大会使电阻发热，导致

电阻值不准，甚至烧毁电阻箱。

③等级。电阻箱根据其标称误差的大小分为若干等级，一般为 0.02、0.05、0.1、0.2 等，它表示电阻值的百分误差。例如，0.1 级电阻箱，表示电阻值的百分误差为 0.1%。如果测量的电阻值为 666.0 Ω，则该电阻值由标称误差引起的误差为(666.0×0.1%) Ω≈0.7 Ω。电阻箱的等级不同，允许的接触电阻的标准也不同。对于 0.1 级电阻箱，规定每个旋钮的接触电阻值不得大于 0.002 Ω。当电阻值较大时，它带来的误差很小；当电阻值较小时，误差就较大。例如，六旋钮电阻箱，当电阻值为 0.5 Ω 时，接触电阻所带来的相对误差为 $\frac{6\times 0.002\ \Omega}{0.5\ \Omega}=2.4\%$。

标称误差和接触电阻误差引起的误差之和就是电阻箱的总误差。电阻箱应经常擦洗，否则其接触电阻会远远超过允许值。

2.2.8　滑动变阻器

滑动变阻器用以控制电路中的电流和电压，图 2.2.8 为滑动变阻器的示意图。电阻丝均匀密绕在绝缘瓷管上，两端分别与固定在瓷管上的接线柱 A、B 连接。电阻丝外部涂有绝缘材料，使线圈之间彼此绝缘。瓷管上方装有一根金属棒，一端与接线柱 C 连接。金属棒上套有滑动接触器，滑动接触器紧压在电阻丝上，刮掉线圈与滑动接触器接触处的绝缘材料，通过调节滑动接触器即可改变 A、C 和 B、C 之间的电阻。

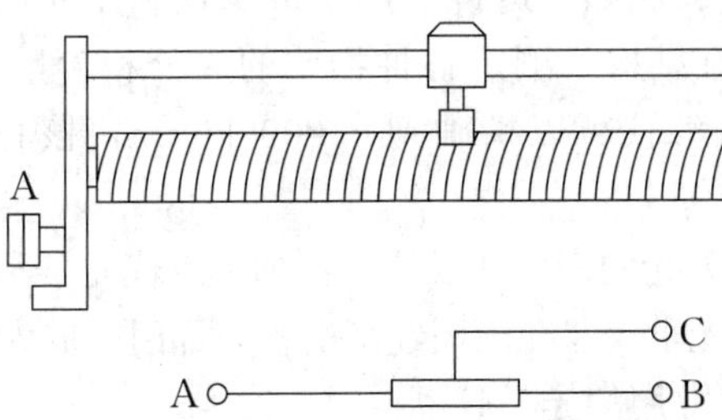

图 2.2.8　滑动变阻器的示意图

滑动变阻器的主要参数是电阻值和额定电流。电阻值即 A、B 之间的电阻的大小，它是固定不变的；额定电流即滑动变阻器允许通过的最大电流。

滑动变阻器的连接方法有如下两种。

(1)限流电路。如图 2.2.9 所示，不使用 A 端，当调节滑动接触器 C 时，回路中电阻变化，从而改变回路中的电流。通过调节滑动接触器 C，可使回路中的电流由最小值增大到最大值。

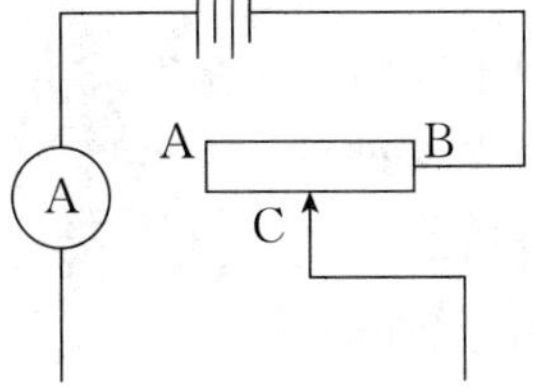

图 2.2.9　限流电路示意图

为保证安全，接通电源前应使滑动接触器 C 置于 A 端的位置上，这样 B、C 之间电阻值最大，回路中电流最小，再缓慢调节滑动接触器 C，减小 B、C 之间的电阻值，使回路中的电流增至所需要的数值。

(2)分压电路。如图 2.2.10 所示，将滑动变阻器两端 A、B 分别与电源 E 的两极相连，滑动接触器 C 和 A 端将滑动变阻器 AC 段电压引出。

分压电路接通电源前应使滑动接触器 C 处于 A 端的位置上，这样分压电路电压最小，再缓慢调节滑动接触器，得到需要的电压值。

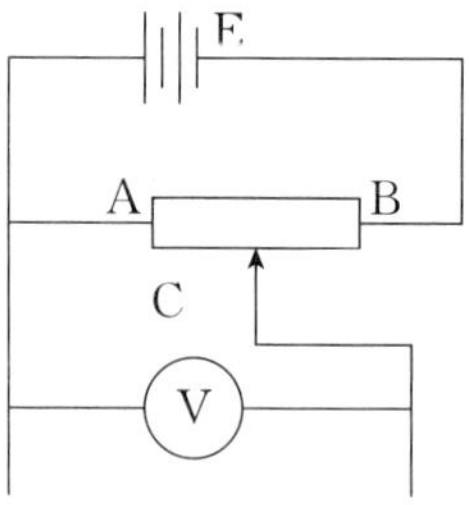

图 2.2.10 分压电路示意图

2.2.9 光学仪器

光学仪器的应用十分广泛。例如，透镜可用于成像，利用光谱仪(包括狭缝和光栅等元件)可研究原子、分子的精细结构，测定各种物质的成分和含量等。光学仪器是比较精密的仪器，例如，迈克耳孙干涉仪可以精确到 0.000 1 mm，核心部分是它的光学元件，如各种透镜、反射镜、分划板等。

特别是随着相干光源——激光的产生和发展，再加上近代光学和电子技术的密切配合以及在材料和工艺上的革新等，光学仪器在国民经济的各个部门中成为了不可缺少的工具。

下面介绍光学实验中一些常用的光学仪器。

1. 凸透镜、凹透镜

透镜是光学仪器中最基本的设备，是由透明物质(玻璃、水晶等)制成的一种光学元件，如图 2.2.11 所示。透镜是折射镜，其折射面由两个球面组成或由一个球面和一个平面组成。

透镜一般分为凸透镜和凹透镜。按照光学玻璃加工磨制成的形状，透镜又分为平凸透镜、平凹透镜、双凸透镜、双凹透镜、凸凹透镜、非球面透镜、柱面透镜等。

图 2.2.11 透镜

选择透镜时，首先要考虑其使用的波长范围，对于不同范围的波长要选用不同材料的光学透镜；其次要根据需要选择光学玻璃的折射率以及透镜的焦距。使用透镜时，切忌用手触摸其光学面，用手拿光学元件时，只能触摸其磨砂面。

2. 双棱镜

双棱镜的外形如图 2.2.12 所示。将一块平玻璃板的上表面加工成两个楔形，两端与棱脊垂直，楔角较小(一般小于 1°)，可以看作由两个折射角很小的直角棱镜组成。

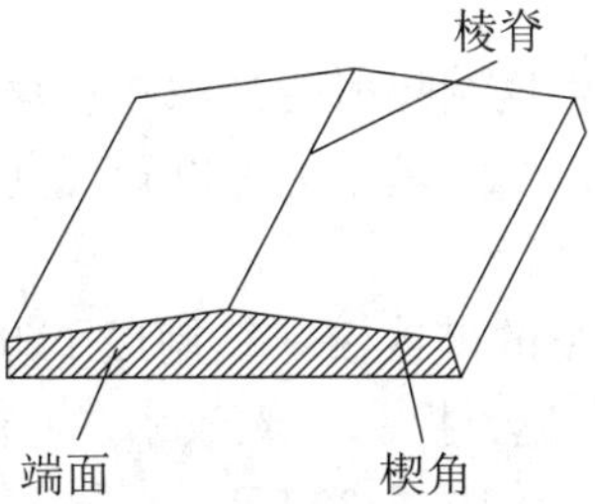

图 2.2.12　双棱镜的外形

1818 年，A. 菲涅耳(A. Fresnel)在建立较严密的光干涉理论的同时，利用双棱镜等仪器组成的实验装置观察到了双光束干涉现象，该现象证明了光的波动性质，为波动光学奠定了坚实的基础。利用双棱镜干涉实验，可以测定光的波长。

3. 光栅

光栅和棱镜一样，是重要的分光光学元件，已广泛应用在单色仪、摄谱仪等光学仪器中。

光栅是由大量平行等间距的相同的单缝构成的光学元件，实用的光栅是由平行刻槽代替单缝的，每一个刻槽都有相同的确定的截面形状，成为一组由极小的狭缝组成的反射光隙或透射光隙。

光栅按用途分为衍射光栅和计量光栅；按形状分为平面光栅与凹面光栅；按工作方式分为透射光栅和反射光栅(在反射光栅中刻槽做成阶梯形状的称为阶梯光栅)；按制作方法分为刻划光栅(用机械式光栅刻制机或用干涉控制的光栅刻制机制成)、复制光栅(用真空镀膜或用塑造拓印法制成)、全息光栅(用全息照相方法制成)。

图 2.2.13　光栅的衍射

实验中常用透射光栅观察光的衍射现象，如图 2.2.13 所示。

4. 狭缝

狭缝是光谱仪的主要部件之一，是一种基本的光学元件，为一条宽窄可调、狭窄细长的缝隙，如图 2.2.14 所示。狭缝按数量分为单缝、双缝等；按是否可调分为固定狭缝、单边可调的非对称狭缝以及双边可调的对称狭缝。光经光谱仪色散分光后的每条谱线都是入射狭缝的像。进入单色仪和从单色仪出射的光强均可通过狭缝宽度调节。现代光谱仪中狭缝与光栅的转动耦合在一起，可自动调节。

图 2.2.14　狭缝

摄谱仪仅有入射狭缝，而单色仪有入射、出射两条狭缝。

对于光学狭缝，严禁狭缝过于紧闭，否则会造成刀刃口互相挤压而受损。若狭缝处需要清洁，可将狭缝调到适当宽度，用折叠好的软白纸在狭缝内由上而下滑动一次，切不可往复滑动。

5. 白炽灯

白炽灯是通过加热钨丝而产生连续辐射的光源。它发出的光线一般分布在近红外、整个可见光范围以及部分紫外线。白炽灯基本上可以看成点光源，放置在凸透镜焦平面上发出的光通过凸透镜后成为近似的平行光。

如果在白炽灯灯泡内加入微量的碘或溴，就制成了碘钨灯或溴钨灯(统称为金属卤素灯)。金属卤素灯可以增加工作电流、提高发光效率，并能延长使用寿命。金属卤素灯一般在 12～24 V 电压下工作，功率为 100～300 W。

6. 汞灯

汞灯又称水银灯，是一种气体放电光源(见图 2.2.15)，发光物质是水银蒸气，放电的状态是电弧放电，稳定后发出橙绿色光，其光谱在可见光范围内有几条分离的强谱线。汞灯可分为低压汞灯、高压汞灯和超高压汞灯三种。低压汞灯的气压为 1.33～13.3 Pa，高压汞灯的气压为 3.03×10^4～3.02×10^5 Pa，超高压汞灯的气压在 3.03×10^5 Pa 以上。这里所说的气压是指光源稳定工作时灯管内所含水银蒸气的气压。

图 2.2.15 汞灯

在常温时要有很高的电压才能把汞灯点燃，因此灯管内充有辅助气体(如氖)。通电时辅助气体首先被电离，开始放电，灯管温度得以升高，随后才能产生水银蒸气的弧光放电。弧光放电的伏安特性有负阻现象，要求电路中接入一定的阻抗来镇流，否则电流越来越大，会把灯丝烧坏。现在一般在 220 V 电源与灯管的电路中串入一个扼流圈来镇流。

汞灯在点燃后若突然断电，这时灯管的温度仍然很高，此时立刻接通电源常常不能点燃，应等灯管温度下降，水银蒸气的气压降低到一定程度才能被点燃，一般需要等待 10 min。国产的汞灯工作电流为 1.2 A。汞灯辐射紫外线较强，为防止眼睛受伤，一般不要直接注视汞灯。

7. 钠灯

钠灯是另外一种气体发光光源，是将金属钠封闭在特制玻璃泡内，玻璃泡内充以辅助气体氩，发光过程类似汞灯。钠灯在通电 15 min 后可发出强黄光，常称为钠黄线。它的光谱在可见光范围内有两条强谱线(波长分别为 589.592 nm 和 588.995 nm)，因此它是比较好的单色光源，常作为测定折射率的标准波长，实验中一般取 589.3 nm 作为钠灯发出的光的波长。钠作为难熔金属，温度低时蒸气压很低，工作时蒸气压约为 10^{-3} Pa，灯泡两端电压约为 20 V，电流为 1.0～1.3 A。与汞灯一样，在 220 V 电源与电路中串入扼流圈来镇流，国产钠灯和国产低压汞灯的扼流圈可通用。

8. 激光器

激光器是 20 世纪 60 年代发展起来的一种新型光源。与普通光源相比，它具有单色性好、发光强度大、相干性好、方向性强(几乎是平行光)等优点，如图 2.2.16 所示。

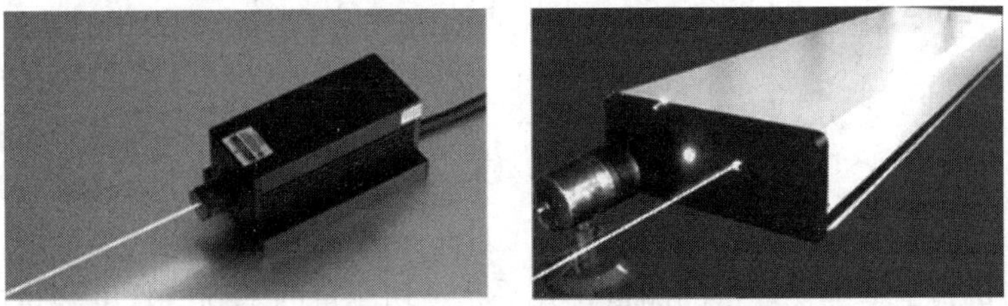

图 2.2.16　激光器

实验室常用的 He－Ne 激光器由激光工作物质(He、Ne 混合气体)、激励装置和光学谐振腔三部分组成。光电管内的 He、Ne 混合气体在直流高压激励作用下，产生受激辐射，形成波长为 632.8 nm 的红色激光，经光学谐振腔(由激光器两端的两个反射镜构成)加强到一定程度后，从光学谐振腔的一块反射镜发射出去。

He－Ne 激光器需要专门的电源供电，电极上加有高达数千伏的直流电压，使用时务必注意安全，以防触电；使用之前，应注意激光器正、负极是否连接正确，正、负极连接错误会造成阴极溅射，影响激光器两端反射镜的质量。由于激光管射出的激光束能量集中，未充分扩散的激光可造成人眼视网膜的永久损伤，所以切勿迎着激光束直接观看激光。

随着半导体物理学的迅速发展，半导体激光器应运而生。由于其具有体积小、重量轻、可靠性高、转换效率高、功耗低、驱动电源简单、能直接调制、结构简单、价格低廉、使用安全等特点，现已得到广泛应用。目前市场上的半导体激光器波段有 370 nm、390 nm、405 nm、430 nm、480 nm、635 nm、650 nm、670 nm、780 nm、808 nm、850 nm、980 nm、1 310 nm、1 550 nm 等。

在光学实验中，可以利用各种光学元件将激光器射出的激光束进行分束、扩束或改变激光束的方向，以满足实验的不同要求。

仪器调整与操作技术　　实验基本操作规则　　电子仪器使用和维修的基本常识

第3章 基础物理实验

实验3.1 长度测量

长度的测量属于基本物理量的测量，几乎是一切测量的基础。长度测量的方法和测量工具按测量精度的要求不尽相同。在力学实验中，较常用的测量长度的量具是米尺、游标卡尺和螺旋测微器等。

【实验目的】

(1)学习米尺、游标卡尺、螺旋测微器的原理及正确使用方法。

(2)学习运用误差知识，合理选择测量仪器。

(3)掌握不确定度和有效数字的概念，学会正确记录和处理数据。

【实验原理】

表征测量长度的仪器的规格主要有量程和分度值。量程是指仪器能准确测量的范围；分度值是指仪器所标识的最小分(刻)度单位，分度值的大小反映了仪器的精密程度。

1. 米尺

米尺是最简单和最常用的长度测量仪器。米尺的分度值是1 mm，即只能准确地读到毫米位，毫米位以下的是估计值。当测量不太长的物体时，米尺的仪器误差一般可取分度值的一半，即最大估计误差不会超过0.5 mm。

2. 游标卡尺

游标卡尺(简称卡尺)是由主尺(相当于米尺)和附加在主尺上的能沿主尺滑动的副尺(游标尺)构成的。利用游标尺可以把主尺估计的那一位准确地读出来，因此它比米尺的精度要高。如图3.1.1所示，主尺D与测量爪A、A′相连，游标尺E与测量爪B、B′及深度尺C相连。测量爪A、B用来测量内径，测量爪A′、B′用来测量外径或厚度，深度尺C用来测量槽(孔)的深度。

游标卡尺读数原理如图3.1.2所示。设主尺的分度值为a，将游标尺分成n个分度，分度值为b，使游标尺上n个分度的长度与主尺的$(n-1)$个分度的长度相等，则有

$$nb=(n-1)a \tag{3.1.1}$$

若主尺与游标尺的分度值之差用ξ表示，则有

$$\xi=a-b=\frac{a}{n} \tag{3.1.2}$$

ξ是游标尺准确读数的最小单位。游标卡尺读数采用的方法称为视差法。

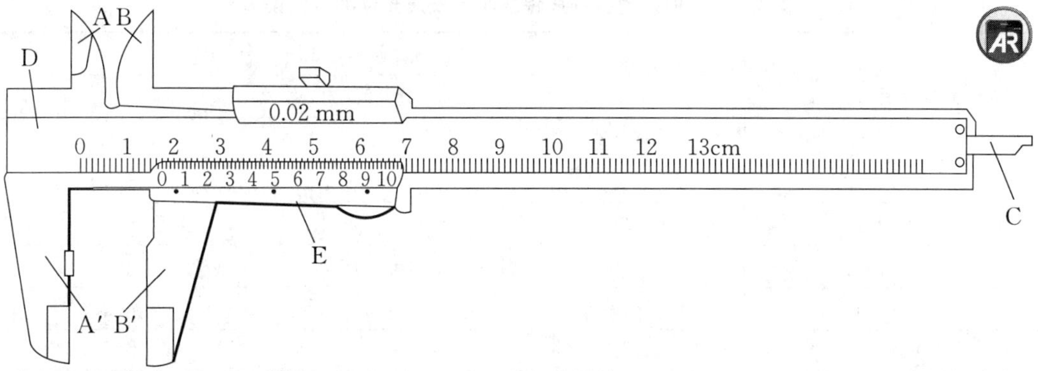

图 3.1.1　游标卡尺

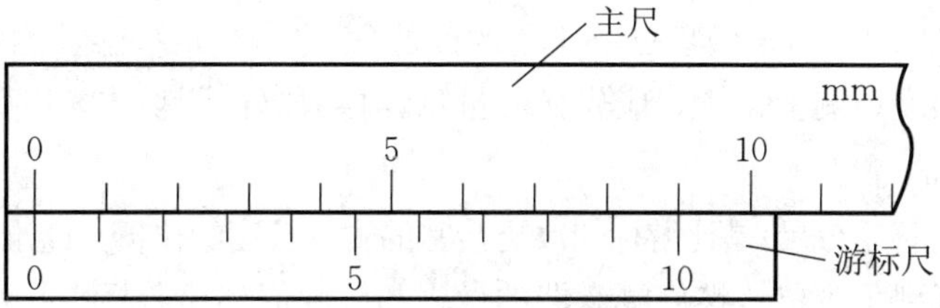

图 3.1.2　游标卡尺读数原理

如图 3.1.3 所示，$n=10$ 的游标卡尺称为“十分度游标卡尺”，十分度游标卡尺的 $\xi=(1/10)\mathrm{mm}=0.1\ \mathrm{mm}$。如果游标尺上的第 m 条刻线与主尺上的某一条刻线重合，则读数的小数部分为($\xi\times m$)。如图 3.1.3 中 $m=5$，读为 0.5 mm(即 0.1 mm×5)。整个读数为整数部分加小数部分。如果不能准确判断相邻两条刻线中哪一条更接近或更重合，就认为是前一条刻线重合(注意用游标卡尺测量长度时不估读)。

$n=20$ 的游标卡尺称为“二十分度游标卡尺”，$\xi=(1/20)\ \mathrm{mm}=0.05\ \mathrm{mm}$；$n=50$ 的游标卡尺称为“五十分度游标卡尺”，$\xi=(1/50)\ \mathrm{mm}=0.02\ \mathrm{mm}$。

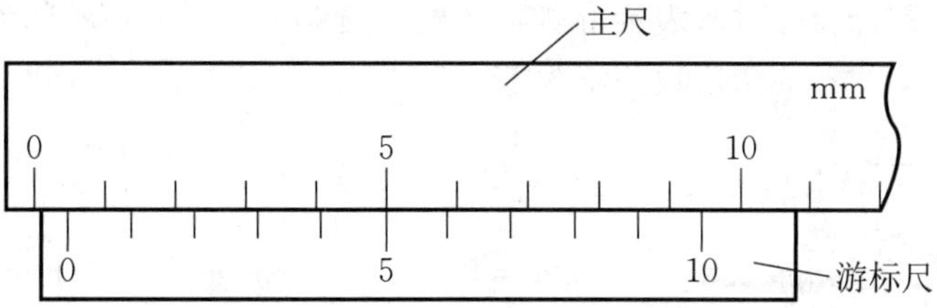

图 3.1.3　十分度游标卡尺示意图

综上所述，无论多少分度的游标卡尺，其读数方法都如下。

先读出游标尺的零刻线前主尺的毫米刻度数(即整数部分)，再看游标尺上第几(m)条刻线与主尺的某条刻线对齐(或最接近对齐)，然后用 $\xi\times m$ 的数值(小数部分)加到主尺读数(整数部分)上，所得结果即为测量的长度。表 3.1.1 列出了规定的各种量程的游标卡尺允许的示值误差。

表 3.1.1 规定的各种量程的游标卡尺允许的示值误差

测量范围/mm	示值误差/mm		
	分度值/mm		
	0.02	0.05	0.1
0～300	±0.02	±0.05	±0.1
300～500	±0.04	±0.05	±0.1
500～700	±0.05	±0.075	±0.1
700～900	±0.06	±0.10	±0.15
900～1 000	±0.07	±0.125	±0.15

使用游标卡尺时，应先把测量爪 A、B 合拢，检查游标尺的零刻线是否与主尺的零刻线重合，如果不重合，应记下零点读数 L_0(L_0 可正可负)，并在数据处理时加以修正，即测量值 $L=L_1-L_0$(L_1 为未做零点修正前的读数)；当测量爪接触被测物体时，切忌用力过大而引入测量误差；测量完毕，应先松开量爪，再取出被测物体，以免测量爪磨损。

3. **螺旋测微器**

螺旋测微器(也称千分尺)是比游标卡尺更精密的测量长度的仪器，能准确地读到 0.01 mm(百分位)，可估读到千分位。螺旋测微器的量程和分度值都比游标卡尺小，故常被用来测量数值不大、精度要求较高的长度量。

螺旋测微器的结构如图 3.1.4 所示，它由弓形架 G、固定套筒 D、测量螺杆 A 与微分筒 E 构成。固定套筒 D 的尾部附有棘轮 F，与测量螺杆 A 和螺旋柄连接，转动棘轮 F 可带动测量螺杆 A 前进或后退。微分筒 E 沿圆周划有 50 个等分的刻度线。当微分筒 E 旋转一周，即旋转 50 个等分格时，测量螺杆 A 沿轴线移动一个螺距，通常螺距为 0.5 mm，所以微分筒 E 旋转一个等分格时，测量螺杆 A 沿轴线位移为(0.5/50)mm=0.01 mm，故可估计到千分位。

固定套筒 D 中央沿轴线方向上有一条刻度线称为准线，上方有毫米刻度，下方有半毫米刻度，这是主尺。当测量螺杆 A 与测砧 B 密合时，校准螺旋测微器，使微分筒 E 的零刻线与准线的零点重合。此时，表示待测物体的长度为 0.000 mm，称为初读数。有时由于调整不当，螺旋测微器的初读数并不为零。

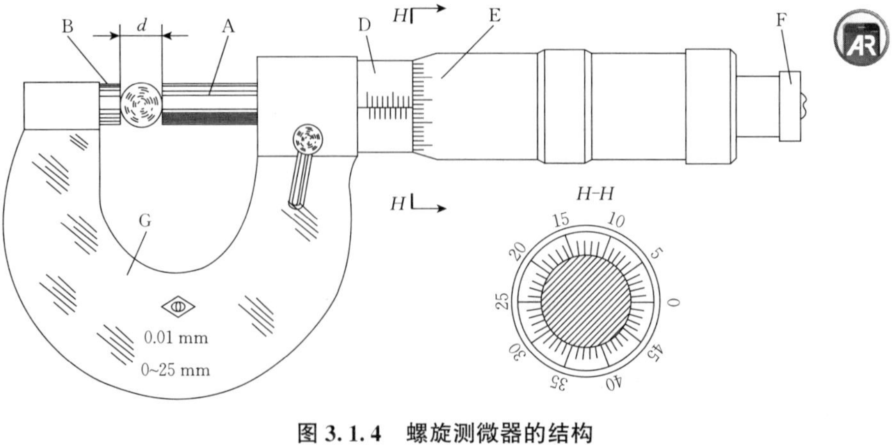

图 3.1.4 螺旋测微器的结构

下面介绍螺旋测微器的读数方法。测量前对仪器进行零点校准，记下初读数。若初读数不为零，如图 3.1.5 所示，则表示仪器有零点误差(系统误差)，数据处理时应从测量读数中减去初读数(注意初读数的正负)。

转动棘轮 F 使测量螺杆 A 后退，在测砧 B 和测量螺杆 A 间放待测物体，然后再转动棘轮 F，旋进测量螺杆 A，测量螺杆 A 接近待测物体时，应缓慢转动棘轮 F，当听到"喀、喀"的响声时，即可读数。物体长度 d 可由固定套筒 D 和微分筒 E 读出。0.5 mm 以上的部分由固定套筒 D 上的主尺读出，0.5 mm 以下的部分由微分筒 E 周边的刻度数读出。如图 3.1.6(a)所示的读数为 6.452 mm，其中 0.002 mm 是估计的；图 3.1.6(b)所示的读数为 6.952 mm，其中 0.002 mm 是估计的。

使用螺旋测微器时，要在测量前反复核对零点读数并记录，因为要用其对测量数据做零点校正；测量螺杆 A 接近待测物体时，应缓慢转动棘轮 F，当听到"喀、喀"的响声时，即可停止并读数，以免损坏仪器；测量完成后应将测量螺杆 A 退离测砧，以免受热膨胀时损坏仪器。

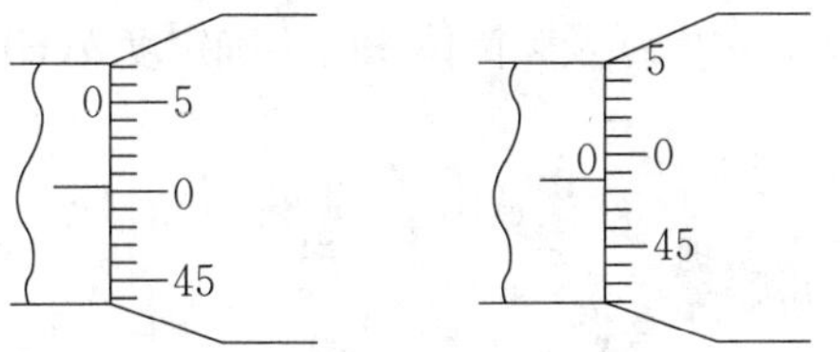

图 3.1.5　螺旋测微器零点读数示意图

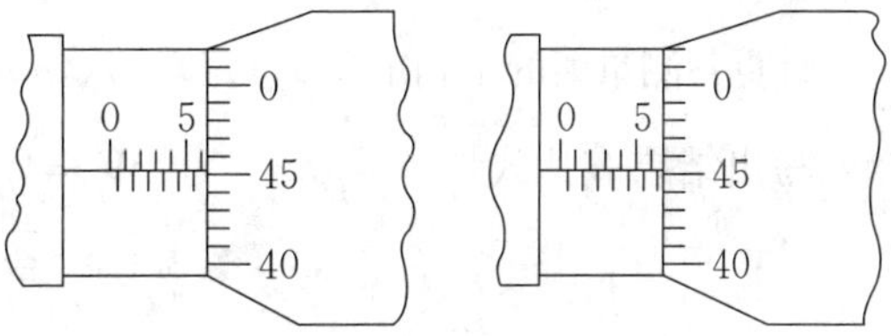

图 3.1.6　螺旋测微器读数示意图

【实验仪器】

米尺、游标卡尺、螺旋测微器、圆筒、金属棒。

【实验内容和步骤】

(1)熟悉米尺、游标卡尺、螺旋测微器的使用方法。在表 3.1.2 中记录仪器的有关数据。

(2)用游标卡尺测量圆筒的体积。

测量圆筒的内径 d、外径 D、高 H 及圆筒深度 h。每个量都测量 6 次，数据填入表 3.1.3 中。

(3)用螺旋测微器测量金属棒的截面积。

测量金属棒的直径，在不同的位置测量 6 次，数据填入表 3.1.4 中。

【数据处理】

表 3.1.2　仪器数据记录

仪器名称	量程	分度值	仪器误差	零点读数
米尺				
游标卡尺				
螺旋测微器				

表 3.1.3 圆筒的测量数据

单位：10^{-3} m

次数	H	h	D	d
1				
2				
3				
4				
5				
6				
平均值				

计算圆筒的体积： $\bar{V} = \bar{V}_1 - \bar{V}_2 = \frac{\pi}{4}(\bar{D}^2\bar{H} - \bar{d}^2\bar{h})$

计算各测量值的不确定度 $u_A(H)$、$u_A(h)$、$u_A(D)$、$u_A(d)$ 及圆筒体积的不确定度 $u(\bar{V})$。

写出结果表达式： $V = \bar{V} \pm u(\bar{V})$

表 3.1.4 金属棒的测量数据

单位：10^{-3} m

次数	1	2	3	4	5	6
D						
$\bar{D}$						

计算铜丝的截面积： $\bar{S} = \pi\bar{D}^2/4$

计算直径的不确定度 $u_A(D)$ 及铜丝截面积的不确定度 $u(S)$。

写出结果表达式： $S = \bar{S} \pm u(\bar{S})$

【思考题】

(1)如何使用各种长度测量仪器?

(2)如何根据不确定度的要求，合理地选用长度测量仪器?

实验 3.2 用拉伸法测定金属丝的杨氏模量

杨氏模量是描述金属材料抵抗形变能力的物理量，由于形变量一般很小，常用的长度测量仪器难以测准，因此本实验采用光杠杆放大原理进行测量。光杠杆放大原理已经被广泛地应用于各种灵敏度高的仪器上(如冲击电流计、光点式检流计等)，常被作为测量微小的长度变化的方法。

用拉伸法测定金属丝的杨氏模量

【实验目的】

(1)测定金属丝的杨氏模量。

(2)学会用光杠杆法测量微小的长度变化。

(3)熟悉用逐差法处理数据。

【实验原理】

金属丝在弹性限度内，单位截面积上的作用力 F/S 与它的相对形变量 $\Delta L/L$ 的比值称为杨氏模量，记为

$$Y=\frac{F/S}{\Delta L/L}=\frac{FL}{S\Delta L} \tag{3.2.1}$$

可见测定杨氏模量的关键是对形变量 ΔL 的测量。

图 3.2.1 为杨氏模量测量示意图，其中左侧为杨氏模量伸长仪，右侧为望远镜标尺组合。被测金属丝夹持在 d、d′之间。d 是一个可在平台中心圆孔内上下移动的圆柱形的夹持件，金属丝下端为施加外力的砝码。在平台上放置一个有三足尖的反射镜 M(光杠杆)，它的后足尖位于夹持件 d 上，而两前足尖置于平台的沟槽内，两前足尖的连线与后足尖的距离为杆长，记为 b。当加减砝码时，金属丝产生形变，即可改变反射镜 M 的倾角。

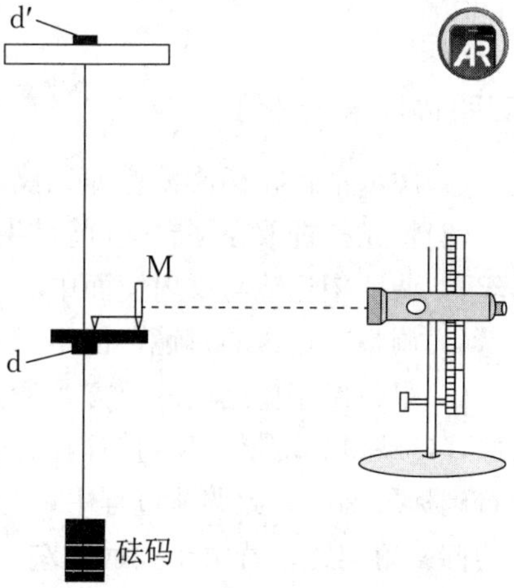

图 3.2.1　杨氏模量测量示意图

如图 3.2.2 所示，左侧为光杠杆，右侧为望远镜标尺组合。将反射镜 M 的角度及望远镜的位置调整好，然后调节望远镜焦距，直到从右侧望远镜中可以看到直尺 n_2 处的反射像；加砝码后，由于金属丝被拉长产生形变，导致光杠杆的后足尖下降一段距离 ΔL（即金属丝的伸长量)，同时镜面转过微小角度 θ，此时从望远镜中能看到直尺 n_1 处的反射像。

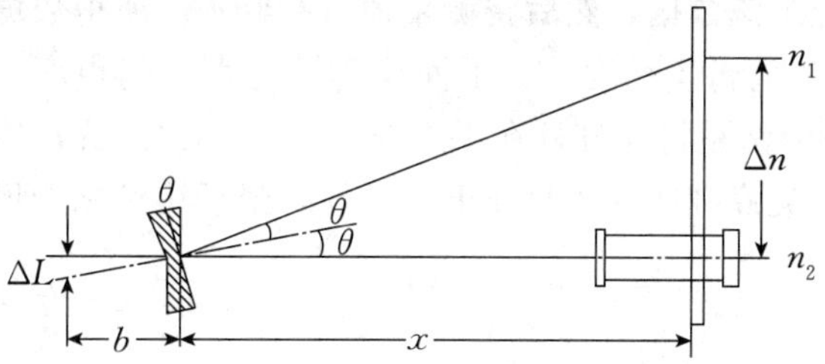

图 3.2.2　光杠杆放大原理示意图

由几何关系可得

$$\theta \approx \tan\theta \approx \frac{\Delta L}{b}$$

$$2\theta \approx \tan 2\theta = \frac{|n_2-n_1|}{x}=\frac{\Delta n}{x}$$

即
$$\Delta L=\frac{b}{2x}\Delta n$$

式中，x 为镜尺距离。将其代入式(3.2.1)，并考虑到金属丝截面积 $S=\frac{\pi}{4}D^2$(D 为直径)，得出

$$Y=\frac{8Lx}{\pi D^2 b}\cdot\frac{F}{\Delta n} \tag{3.2.2}$$

如果长度单位采用 m(米)，力的单位采用 N(牛顿)，则 Y 的单位为 Pa(帕斯卡)。

【实验仪器】

杨氏模量测定仪(包含杨氏模量伸长仪和望远镜标尺组合)、螺旋测微器、米尺、游标卡尺。

【实验内容和步骤】

(1)用水平仪将杨氏模量伸长仪调成铅直。

(2)将光杠杆放在平台上(前足尖置于沟槽内，后足尖放在夹持件 d 上，但不能触碰金属丝)，调节望远镜与反射镜面中心大致等高。

(3)调整望远镜的目镜，使十字叉丝显示清晰，再转动镜筒将叉丝调成横平竖直。

(4)眼睛位于望远镜的上方，通过目镜上方缺口对齐准星；然后看反射镜内有无标尺的像，使缺口、准星、反射镜内的标尺像在一条直线上；调节焦距旋钮直至在望远镜目镜中看到标尺刻度。此调节过程中，若由于高度有偏差导致观察不到标尺，可以调节目镜下方的仰俯角螺钉；若由于望远镜左、右位置偏差导致观察不到标尺，此时可以左、右轻移望远镜。通过以上调节，直至在望远镜目镜当中看到清晰的标尺刻度，方可记录数据。

(5)将标尺像调节清晰并确定好初始位置，然后加、减砝码(以 2 kg 为间隔)，在表 3.2.1 中记下相应的标尺读数 n_i 。

(6)用螺旋测微器在金属丝的不同位置上测量直径 6 次，求平均值 $\overline{D}$ 。若螺旋测微器存在零点读数，则先记录该数据，然后将测量值进行修正。所得数据填入表 3.2.2 中。

(7)用米尺测量待测金属丝长度 L、平面反射镜与直尺间距离 x，用游标卡尺测量光杠杆杆长 b。具体测量方法是将光杠杆在纸上压出三足尖的位置，然后把两个前足尖痕迹连成一条直线，过后足尖痕迹在这条直线上作垂线，最后用游标卡尺测量垂线段的长度。

【数据处理】

表 3.2.1 杨氏模量测量数据表

i	1	2	3	4	5	6
m/kg	0	2	4	6	8	10
增加砝码 n_{i+}						
减少砝码 n_{i-}						
平均值 $n_i=\frac{n_{i+}+n_{i-}}{2}$						

表 3.2.2　金属丝直径测量数据表

零点读数：_______$\times 10^{-3}$ m

测量次数	1	2	3	4	5	6
直径测量值/10^{-3} m						
修正值/10^{-3} m						
平均值/10^{-3} m	$\overline{D}=$					

$L=$__________m；$x=$__________m；$b=$__________m。

(1)用逐差法求出 Δn 。

(2)求杨氏模量 $\overline{Y}=\dfrac{8Lx}{\pi \overline{D}^2 b}\cdot\dfrac{F}{\Delta n}$ 。

(3)求不确定度 $u(\overline{D})$ 、$u(\Delta n)$ 、$u(L)$ 、$u(x)$ 、$u(b)$ 、$u(F)$ ，以及杨氏模量 Y 的不确定度 $u(\overline{Y})$ 。

(4)写出测量结果 $Y=\overline{Y}\pm u(\overline{Y})$ 。

(5)金属丝的杨氏模量参考值为 $Y_0=2.2\times 10^{11}\ \mathrm{N/m^2}$，将实验值与 Y_0 进行比较。

【思考题】

(1) 金属丝直径 D 的数据处理能否采用逐差法？

(2) 如何由公式 $\Delta L=\dfrac{b}{2x}\cdot\Delta n$ 得出使用的光杠杆法的放大倍数？

实验 3.3　金属线膨胀系数的测量

金属线膨胀系数的测量：背景与原理

大部分物质都具有热胀冷缩的特性，在一维情况下，固体受热后长度增加的现象称为线膨胀。在相同条件下，不同材料的线膨胀的程度不同，因此引入线膨胀系数来表征物质的膨胀特性。在道路、桥梁、建筑等工程设计，精密仪器仪表设计，材料的焊接、加工等各种领域，都必须充分考虑物质的膨胀特性。

【实验目的】

(1)学习测量金属的线膨胀系数的原理和方法。

(2)学会使用千分表。

【实验原理】

大部分固体物质在温度升高时，其长度会增加。当温度变化范围不大时，固体的伸长量 ΔL ，与温度变化量 Δt 及固体的长度 L_0 成正比，即

$$\Delta L=\alpha L_0\Delta t \tag{3.3.1}$$

式中，比例系数 α 称为固体的线膨胀系数。由式(3.3.1)知

$$\alpha = \frac{\Delta L}{L_0} \cdot \frac{1}{\Delta t} \tag{3.3.2}$$

由此可知，α 的物理意义是当温度升高 1 ℃时，固体增加的长度与原长度之比。大多数金属的线膨胀系数为$(0.8 \sim 2.5) \times 10^{-5}$/℃。

线膨胀系数是与温度有关的物理量。当 Δt 很小时，由式(3.3.2)测得的 α 称为固体在温度为 t_0 时的微分线膨胀系数；当 Δt 是一个不太大的变化区间时，可以近似认为 α 是不变的，由式(3.3.2)测得的 α 称为固体在 $t_0 \sim t_1$ 温度范围内的线膨胀系数。

为了控制待测金属的温度，一般把待测金属做成空心金属棒，通过控制水温来控制待测金属的温度。测量线膨胀系数的主要问题是如何测伸长量 ΔL 。我们先粗略估算一下 ΔL 的大小，若 $L_0 = 250$ mm，温度变化约 10 ℃，金属的 α 数量级为 10^{-5}(/℃)，则估算出 $\Delta L = 0.025$ mm。对于如此微小的伸长量，用普通量具(如钢尺或游标卡尺)是测不准的，可使用千分表、读数显微镜等测量，或采用光杠杆法、光学干涉法等方式测量。因此，在实验中将待测的空心金属棒一端固定，另外一端接触千分表(分度值为 0.001 mm)来测量微小的伸长量，如图 3.3.1 所示。

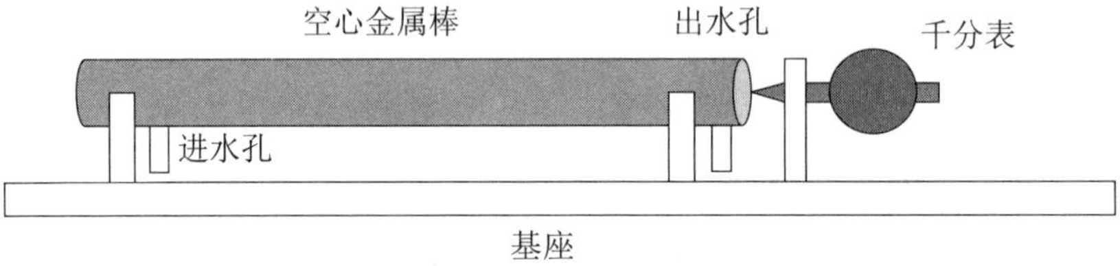

图 3.3.1　金属线膨胀系数的测量示意图

千分表是用于精密测量位移量的量具，它利用齿条-齿轮传动机构将线位移转变为角位移，由表针的角度改变量读出线位移量。大表针转动 1 圈(小表针转动 1 格)，代表线位移 0.2 mm，分度值为 0.001 mm。图 3.3.2 为千分表表盘示意图，图中的读数为 0.168 8 mm。

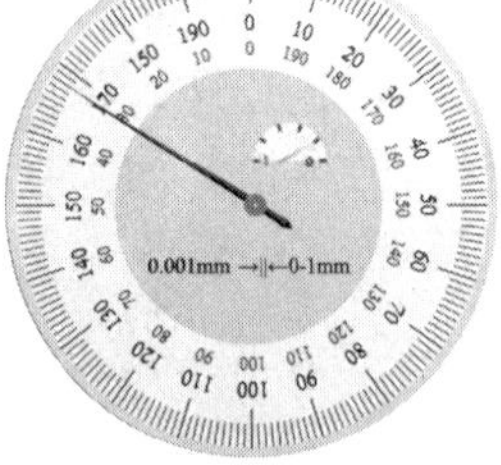

图 3.3.2　千分表表盘示意图

【实验仪器】

金属线膨胀实验仪(含千分表)。

金属线膨胀系数的测量：仪器与步骤

【实验内容和步骤】

1. 检查仪器前面的水位管，将水箱的水加至水位上限处

加水前，须确认放水孔开关处于关闭状态。平常加水应从仪器顶部的注水孔注入。水

箱排空后第 1 次加水，应该用软管从出水孔将水经水泵加入水箱，以便排出水泵内的空气，避免水泵空转(无循环水流出)或发出嗡鸣声。

注意：通电前，应保证水位指示在水位上限，若水位指示低于水位下限，则严禁开启电源，必须先加水至水位上限；建议使用软水，否则请在每次实验完成后，将水完全排出，避免产生水垢。

2. 调整千分表

为保证千分表与试件充分接触，实验开始前需要调整千分表与试件的触点，使其有一定的读数。

3. 测量线膨胀系数

实验开始前检查空心金属棒是否固定良好，千分表安装位置是否合适。一旦开始升温，避免再触动实验仪。为保证实验安全，温控仪最高设置温度为 60 ℃。

若测量 n 个温度点，则每次升温范围为 $\Delta T = (60\ ℃ - 室温)/n$。为减小系统误差，将第 1 次达到平衡状态时的温度及千分表读数分别当作 T_0、X_0。温度的设定值每次提高 ΔT，在每次达到平衡状态后，记录当前温度 T 和千分表读数 X，填入表 3.3.1 中。

温控实验仪使用方法如下。

通过显示屏显示操作菜单，选择工作方式，输入序号及室温并设定温度。使用◀和▶键选择项目，如第一屏的“进行实验”“查看数据”，第二屏的“序号”“室温”等；使用▲和▼键设置参数；按确认键进入下一屏；按启控键开始升温；按停控键(与启控键为同一键)停止；按返回键返回上一屏。

进入测量界面后，屏幕上方的数据栏从左至右依次显示序号、设定温度、初始温度 T_0、当前温度 T 、当前功率 P 、调节时间 t 等参数。在图形区中，横坐标代表时间，纵坐标代表温度(功率)，并可用 ▲ 和 ▼ 键改变温度坐标值。仪器每隔 15 s 采集 1 次温度及加热功率值，并将采得的数据标示在图上。温度达到设定值并保持 2 min 温度波动小于 0.1 ℃后，仪器自动判定达到平衡，并在图形区右侧显示过渡时间 t_s 、动态偏差 σ 、静态偏差 e ，此时方可读数(千分表读数 X 和当前温度 T)。

【数据处理】

表 3.3.1　数据记录表

次数	0	1	2	3	4	5	6	7
设定温度/℃								
温度/℃	$T_0 =$							
千分表读数/mm	$X_0 =$							
$\Delta T_i = T_i - T_0$ /℃	—							
$\Delta L_i = X_i - X_0$ /mm	—							

用线性回归法或作图法求出 ΔL_i - ΔT_i 直线的斜率 K，则可求出固体线膨胀系数

$$\alpha = \frac{K}{L_0}$$

已知固体样品为紫铜，其长度约为 500 mm，在 25 ℃时的线膨胀系数约为 1.66×10^{-5}/℃。

【思考题】

(1) 为什么要在温度和千分表稳定的时候才能读数?

(2) 为什么被测物体与千分表探头需保持在同一直线上?

(3) 两根材料相同，粗细、长度不同的金属棒，在同样的温度变化范围内，它们的线膨胀系数是否相同?

实验 3.4 用拉脱法测量液体的表面张力系数

液体与气体接触的表面存在一个薄层，称为表面层。表面层内的分子比液体内部的分子稀疏，其分子间的距离比液体内部分子间的距离大，分子间的相互作用表现为张力。这种出现在液体表面的张力称为表面张力，它使得液体的表面犹如张紧的弹性薄膜，具有收缩的趋势。在日常生活和自然现象中，表面张力的应用广泛存在，如润湿现象、毛细管现象及泡沫的形成等。在工业生产和科学研究中也常常涉及液体的表面张力现象，如化工生产中液体的传输过程、药物制备过程，以及生物工程研究领域中关于动、植物体内液体的运动与平衡等问题。因此科学地认识和利用表面张力现象，有着极其深远的意义。液面单位长度上的表面张力，称为液体的表面张力系数，是液体的固有属性，其国际单位制单位为 N/m(牛顿/米)。表面张力系数与液体的温度、成分、密度以及是否易于蒸发有关，同时还与相邻物质的化学性质以及相邻物质中所含的杂质密切相关。测定液体表面张力系数的方法通常有拉脱法、毛细管升高法和液滴测重法等。本实验采用拉脱法测量液体的表面张力系数。

【实验目的】

(1)观察拉脱法测量液体表面张力系数时发生的物理现象。

(2)掌握用拉脱法测量室温下液体的表面张力系数的原理和方法。

(3)掌握焦利氏秤的使用方法。

【实验原理】

液体分子间有相互吸引的力存在，液体内部每个分子都被周围其他分子所包围，分子所受的作用力的合力为零。而在液体表层厚度约 10^{-10} m 内的分子所处的条件与液体内部不同，液体表面上方接触的是气体分子，下方接触的是液体分子。气体分子密度远远小于液体分子密度，因此液面每个分子受到向外的引力比向内的引力要小得多，所受到的合力不为零。合力的方向垂直于液面并指向液体内部，使液体表面收缩，直至达到动态平衡。因此，在宏观上，液体表面好像一张拉紧的橡皮膜，具有尽量缩小其表面积的趋势。这种垂直于液体表面的、具有收缩性的力称为表面张力。

表面张力从性质上看，类似于固体内部的拉伸应力，只是这种应力存在于极薄的表面层内，且不是由于弹性形变引起的。设想在液面上画一条长为 l 的线段，则表面张力就表现为线段两旁的液面以一定的拉力 $\boldsymbol{F}$ 相互作用。拉力 $\boldsymbol{F}$ 存在于表面层内，方向恒与线段垂直，大小与 l 成正比。

如图 3.4.1 所示，将金属线框浸入液体中后，慢慢地将其拉出液面，则在金属线框下带起一层水膜。当液膜即将被拉断时，诸力平衡的条件为

$$F = W + 2\sigma l \tag{3.4.1}$$

式中，比例系数 σ 称为液体的表面张力系数，它表示单位长度线段两侧液体的相互作用力；F 为向上的拉力的大小；W 为金属线框和它所黏附的液体的总重力的大小。因为液膜有前后两面，所以表面张力为 $2\sigma l$ 。

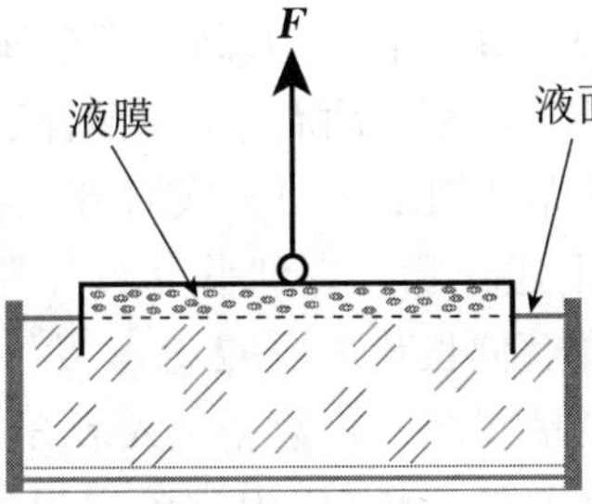

图 3.4.1 实验示意图

由式(3.4.1)可得液体的表面张力系数为

$$\sigma = \frac{F - W}{2l} \tag{3.4.2}$$

【实验仪器】

焦利氏秤(含玻璃皿、弹簧等)、砝码、待测液体、温度计、游标卡尺、酒精灯等。

焦利氏秤的结构如图 3.4.2 所示。它是弹簧秤的一种，各部件装在一个可以进行水平调节的三足座上。在竖直的套筒 A 的顶部装有准确度为 0.1 mm 的游标 V，套筒 A 内插有带毫米刻度尺的铜管 B；利用升降旋钮 E，通过里面的滑轮、链条可以调节铜管 B 在套筒中的升降；螺钉 C 用来固定弹簧 D，弹簧 D 下挂有指标镜 N，并穿过指标管 M；I 为砝码盘，P 为金属线框，通过旋钮 S 可调节平台 H 的高度。

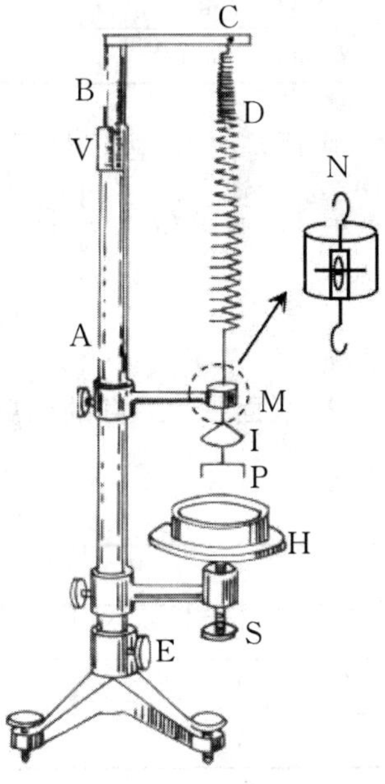

图 3.4.2 焦利氏秤的结构

【实验内容和步骤】

1. 记录实验前的室温 T_1

用温度计测量室温并记录。

2. 测量弹簧的刚度系数 k

(1)如图 3.4.2 所示，挂好弹簧 D、指标管 M 和砝码盘 I。然后调节三足座上的水平调节螺钉，使指标镜 N 处于垂直位置。转动升降旋钮 E，使指标管 M 上的水平线、指标镜 N 上的刻线和水平刻线在镜内的像(线)三者对齐(以下简称三线对齐)，读出标尺示值 h_0。

(2)依次将 0.5 g 的砝码加在砝码盘上，转动升降旋钮 E，重新调整为三线对齐，分

别记下标尺示值 h_1、h_2、h_3、…、h_7，记入表 3.4.1 中。用逐差法求出弹簧的刚度系数。

3. **液体表面张力的测量**

(1)将盛有液体的玻璃皿置于平台 H 上。将用酒精灯烧过的干净金属线框挂在指标镜 N 下端的小钩上，转动升降旋钮 E 使金属框靠近液面，调整为三线对齐，记下标尺示值 L_0。

(2)转动平台 H 下端的旋钮 S，使平台 H 升高。将金属线框竖直完全浸入液体且恰好没入液面下，调节旋钮 S，使平台 H 缓慢下降。由于液体表面张力作用在金属线框上，指标镜 N 也随之下降，这时调节升降旋钮 E，使三线对齐。再次将平台 H 下降一点，调整升降旋钮 E，使三线对齐。重复上述步骤，直到平台 H 下降至金属线框脱离液面为止。记下此时标尺示值 L_i，由此得出弹簧伸长量 $L_i - L_0$。

(3)重复步骤(1)和(2)，共测量 3 次，将数据记入表 3.4.2 中。

(4)用游标卡尺测出金属线框的长度 l（或由实验室提供此值），并记录实验后的室温 T_2，由 $T = (T_1 + T_2)/2$ 计算出液体的平均温度。

【数据处理】

1. **刚度系数的测量**

表 3.4.1 刚度系数的测量

次数 i	0	1	2	3	4	5	6	7
$m_i/(10^{-3}\ \text{kg})$	0.0	0.5	1.0	1.5	2.0	2.5	3.0	3.5
$h_i/(10^{-3}\ \text{m})$								

用逐差法求出弹簧的刚度系数：

$$\overline{\Delta h} = \frac{1}{4}[(h_4 - h_0) + (h_5 - h_1) + (h_6 - h_2) + (h_7 - h_3)]$$

$$k = \frac{0.002g}{\overline{\Delta h}}(\text{N} \cdot \text{m}^{-1}),\ g = 9.8\ \text{N/kg}$$

2. **表面张力系数的测量**

表 3.4.2 表面张力系数的测量

$l =$ ________ mm; $T = (T_1 + T_2)/2 =$ ________ ℃

次数 i	L_0/mm	L_i/mm	$L_i - L_0$/mm
1			
2			
3			

计算弹簧的平均伸长量 $\overline{L_i - L_0}$，求出 $F - W = \bar{k}\,\overline{L_i - L_0}$，将以上数据代入式(3.4.2)，计算 $\bar{\sigma}$。

【思考题】

(1)试用作图法求 k 。

(2)在本实验中为何测量 $F-W$ ，而不是分别测量 F 和 W ？如果分别测量 F 和 W ，应如何进行？

实验 3.5　刚体转动实验

刚体转动实验

关于刚体转动的一个重要物理量是转动惯量，它是表征转动物体惯性大小的物理量。在许多研究领域和工业设计中都要考虑物体转动惯量的大小。因此，测定物体的转动惯量具有重要的实际意义。

对于形状比较规则的物体，可用数学方法计算出它的转动惯量；但对于形状比较复杂的物体，一般需用实验方法进行测定。测定转动惯量的方法很多，本实验利用刚体转动实验仪测量给定物体的转动惯量，并由此验证转动定律及平行轴定理。

【实验目的】

(1)测量给定系统的转动惯量。

(2)验证转动定律及平行轴定理。

【实验原理】

图 3.5.1 为刚体转动示意图。塔轮 A 是由不同半径的圆盘组合而成的，半径分别为 1.00 cm、1.50 cm、2.00 cm、2.50 cm 和 3.00 cm。塔轮 A 两边对称伸出两根有等分刻度的均匀细圆柱形连杆 B。连杆两端各有一个可移动的圆柱形重锤(质量为 m_0)。它们一起组成一个可绕轴 OO' 转动的刚体系统。塔轮 A 上绕一细线，跨过滑轮 C，细线的另一端挂有砝码，当砝码下落时通过细线对系统施以力矩。滑轮 C 的高低可由固定螺钉 D 调整，以使细线与转动轴保持垂直。滑轮架 E 上的标记 F 可用来判断砝码起始位置，螺旋扳手 H 用来固定滑轮架 E。可调节三个底脚螺钉 S_1、S_2、S_3 使轴 OO' 铅直；可通过螺钉 G 来调节轴 OO' 的松紧程度。

根据转动定律，当刚体绕固定轴转动时，有

$$M=I\beta \tag{3.5.1}$$

所以，如果能测出系统的合外力矩大小 M 和转动时的角加速度 β，则转动惯量可由式(3.5.1)求出。系统的合外力矩由细线施于塔轮上的力矩 $\boldsymbol{M}=\boldsymbol{r}\times\boldsymbol{T}$($\boldsymbol{r}$ 为塔轮半径，$\boldsymbol{T}$ 为细线的张力)和轴处的摩擦力矩 $\boldsymbol{M}_\mu$ 组成。如果选前者的方向为正，则 $\boldsymbol{M}$ 的大小为

$$M=rT\sin\theta-M_\mu \tag{3.5.2}$$

当调节绳子的方向，使它与塔轮的半径相垂直时，有 $\sin\theta=1$，因此可得

$$M=rT-M_\mu \tag{3.5.3}$$

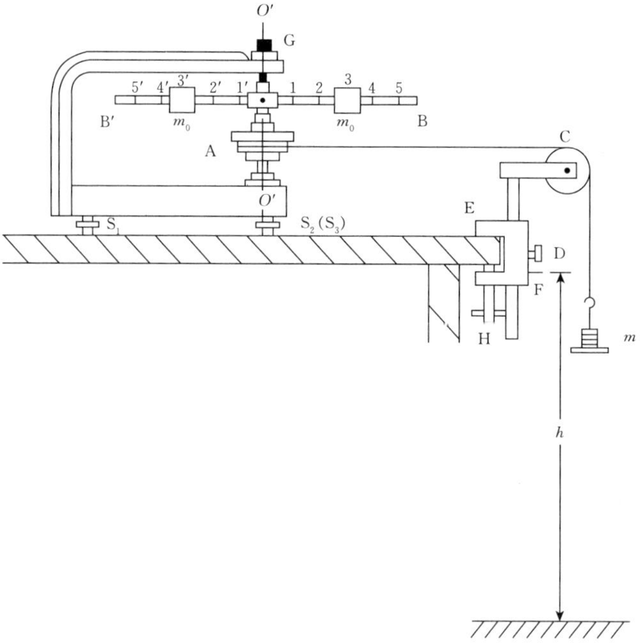

图 3.5.1 刚体转动示意图

细线的张力可用下述方法求得。若略去滑轮及绳子的质量，并认为绳子是不可伸长的，砝码 m 将以加速度 a 下落。根据牛顿第二定律可得到

$$T = m(g - a) \tag{3.5.4}$$

式中，g 为重力加速度；m 为砝码的质量。若砝码在高度为 h 的地方从静止开始下落，到达地面所用的时间为 t ，则有

$$h = \frac{1}{2}at^2 \tag{3.5.5}$$

由于塔轮 A 转动时边缘的切向加速度大小和砝码下落时的加速度 a 大小相等，故

$$a = r\beta \tag{3.5.6}$$

由以上关系式，可得系统受到的合外力矩大小为

$$M = m(g - a)r - M_\mu = \frac{2hI}{rt^2} \tag{3.5.7}$$

实验中，若保持 $a \ll g$ ，则式(3.5.7)可化简为

$$mgr = \frac{2hI}{rt^2} + M_\mu \tag{3.5.8}$$

如果将轴的松紧度调整合适，可认为 $M_\mu \ll mgr$ ，可将 M_μ 略去，则有

$$mgr = \frac{2hI}{rt^2} \tag{3.5.9}$$

利用式(3.4.8)或式(3.4.9)，就可以求得系统的转动惯量 I ，并能验证转动定律及平行轴定理。

下面分别讨论几种情况。

(1) 式(3.4.8)改写成如下形式：

$$m=\frac{2hI}{gr^2t^2}+\frac{M_\mu}{gr}=K_1\frac{1}{t^2}+C_1 \tag{3.5.10}$$

式中，$K_1=\dfrac{2hI}{gr^2}$；$C_1=\dfrac{M_\mu}{gr}$。由式(3.5.10)可知，m 与 t^2 成反比。实验中保持 r、h 及 I 不变，并设 M_μ 也不变。通过改变 m 测出相应的下落时间 t，在坐标纸上作 $m-(1/t^2)$ 关系曲线，如果得到一条直线，则由实验结果可证明转动定律成立。由斜率 K_1 可求得 I，由截距 C_1 可求得 M_μ。

(2)实验中，若保持 r、h 及 m 不变，对称地改变两个圆柱形重锤(质量为 m_0)的质心到轴 OO' 的距离 x，由刚体转动惯量的平行轴定理可知，整个转动系统对 OO' 轴的转动惯量为

$$I=I_0+I'_0+2m_0x^2 \tag{3.5.11}$$

式中，I_0 为连杆和塔轮绕 OO' 轴的转动惯量；I'_0 为两个圆柱形重锤绕过其质心且平行于 OO' 轴的轴的转动惯量。将式(3.5.11)代入式(3.5.9)得

$$t^2=\frac{4m_0h}{mgr^2}x^2+\frac{2h(I_0+I'_0)}{mgr^2}=K_2x^2+C_2 \tag{3.5.12}$$

式中，$K_2=\dfrac{4m_0h}{mgr^2}$；$C_2=\dfrac{2h(I_0+I'_0)}{mgr^2}$。

若考虑 M_μ 存在，并设其为不变量，可将式(3.5.11)代入式(3.5.8)，则有

$$t^2=K'_2x^2+C'_2 \tag{3.5.13}$$

式中，$K'_2=\dfrac{4m_0h}{r(mgr-M_\mu)}$；$C'_2=\dfrac{2h(I_0+I'_0)}{r(mgr-M_\mu)}$。

在坐标纸上作 t^2-x^2 关系曲线即可验证平行轴定理。

【实验仪器】

刚体转动实验仪、米尺、秒表、电子天平。

【实验内容和步骤】

(1)安装实验装置，调整座架水平，适当调节螺钉使转动系统灵活，固定好重锤，调节滑轮的高度等。

(2)验证转动定律：取塔轮半径 $r=2.50$ cm，将两个圆柱形重锤分别置于(5，5′)位置，设定 m(包括砝码托的质量)依次为 10 g、20 g、30 g、40 g、50 g，用秒表测量从标记 F 处开始下落到地面所需的时间 t，对每个 m 测量 3 次时间 t 并求平均值。将数据填入表 3.5.1 中。注意：当 m 较小时，由于摩擦力矩的影响较大，故测出的 t 的重复性较差；随着 m 的等量增大，t 是逐渐减小的，而且减小量也越来越小。

(3)验证平行轴定理：选取塔轮半径 $r=2.50$ cm，m(包括砝码托的质量)为 20 g，对称地改变两个圆柱形重锤的位置，使其分别位于(1，1′)、(2，2′)、(3，3′)、(4，4′)、(5，5′)处，测出相应的时间 t。将数据填入表 3.5.2 中。

【数据处理】

表 3.5.1 验证转动定律数据表

$r = 2.50$ cm；圆柱形重锤位于(5，5′)位置；$h =$ ______ cm

t/s	m/g				
	10.00	20.00	30.00	40.00	50.00
t_1					
t_2					
t_3					
$\frac{1}{t^2}/\mathrm{s}^{-2}$					

由实验结果作出 $m-(1/t^2)$ 关系曲线，求出转动惯量 I 及摩擦力矩 M_μ 。

表 3.5.2 验证平行轴定理数据表

$m = 20$ g；$h =$ ______ cm

圆柱形重锤位置	(1，1′)	(2，2′)	(3，3′)	(4，4′)	(5，5′)
x /cm					
t/s					
x^2 /cm^2					
t^2 /s^2					

观察转动惯量与质量分布的关系，作出 t^2-x^2 关系曲线，写出实验结论。

【思考题】

(1)实验中如何保证 $a \ll g$ 的条件，这一条件会对结果产生什么影响？
(2)实验中如果用胶木圆柱体代替重锤，所得数据会如何变化？

实验 3.6 固定均匀弦振动实验

在自然界中，振动现象是广泛存在的。广义地说，任何一个物理量在某个定值附近往复变化都可称为振动。振动是产生波动的根源，波动是振动的传播。波动有自己的特征，首先它具有一定的传播速度，且伴随着能量的传播；另外，波动还具有反射、折射、干涉和衍射现象。本实验研究波的干涉现象的特例——驻波。固定均匀弦振动的传播，实际上是两个振幅相同的相干波在同一直线上沿相反方向传播的叠加，在一定条件下便可形成驻波。驻波在声学、无线电、雷达和激光等领域中都有重要的应用，可用它测量波长和确定振动系统的频率。

【实验目的】

(1)了解固定均匀弦振动传播的规律。

(2)观察固定均匀弦振动传播时形成驻波的波形。

(3)测定均匀弦线上的横波传播速度。

【实验原理】

设一条均匀弦线(下称弦线)，一端由劈尖A支住，另一端由劈尖B支住。扰动弦线，引起弦线上质点的振动，于是波动就由A点沿弦线朝B点方向传播，称为入射波，再由B点沿弦线朝A点反向传播，称为反射波。一列持续的入射波与其反射波在同一弦线上沿相反方向传播时，将会相互干涉。当移动劈尖B到适当位置时，弦线上的波就会形成驻波，这时弦线上的波被分成了几段，且每段波两端的点始终静止不动，而中间的点振幅最大。这些始终静止的点称为波节，这些振幅最大的点称为波腹。

驻波的形成如图3.6.1所示。设图3.6.1中的两列波是沿x轴相向传播的振幅相同、频率相等的简谐波。向右传播的波用细实线表示，向左传播的波用虚线表示，它们的合成波是驻波，用粗实线表示。由图3.6.1可见，两个相邻波节间或两个相邻波腹间的距离都等于半个波长，这可从波动方程推导出来。

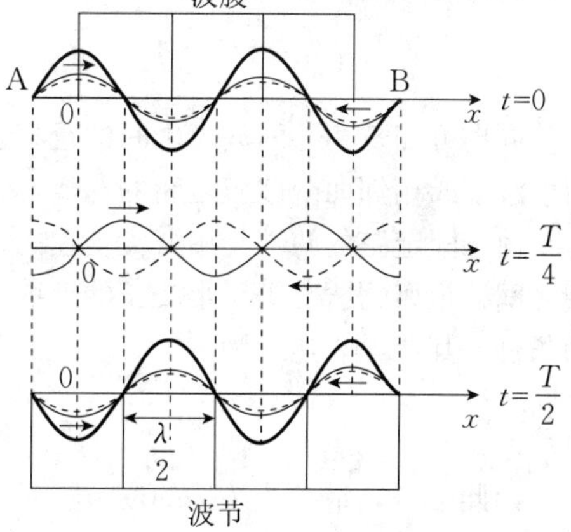

图3.6.1 驻波形成示意图

下面用简谐波表达式对驻波进行定量描述。设沿x轴正方向传播的波为入射波，沿x轴负方向传播的波为反射波，取它们的振动相位始终相同的点为坐标原点，且在$x=0$处振动质点向上达到最大位移时开始计时，则它们的波动方程分别为

$$\begin{aligned} Y_1 &= A\cos 2\pi\left(ft-\frac{x}{\lambda}\right) \\ Y_2 &= A\cos 2\pi\left(ft+\frac{x}{\lambda}\right) \end{aligned} \tag{3.6.1}$$

式中，A为简谐波的振幅；f为频率；λ为波长；x为弦线上质点的坐标位置。

两波叠加后的合成波为驻波，其波动方程为

$$Y=Y_1+Y_2=2A\cos 2\pi\left(\frac{x}{\lambda}\right)\cos 2\pi ft \tag{3.6.2}$$

由式(3.6.1)可知，入射波与反射波合成后，弦上各点都在以同一频率做简谐振动，它们的振幅为$\left|2A\cos 2\pi\left(\frac{x}{\lambda}\right)\right|$，即驻波的振幅与时间$t$无关，而与质点的位置$x$有关(见图3.6.1)。

因为在波节处振幅为零，即

$$\left|\cos 2\pi\left(\frac{x}{\lambda}\right)\right|=0$$

$$2\pi\left(\frac{x}{\lambda}\right)=(2K+1)\frac{\pi}{2}\qquad (K=0,1,2,\cdots)$$

所以可得波节的位置为

$$x=(2K+1)\frac{\lambda}{4} \tag{3.6.3}$$

而相邻两波节之间的距离为

$$x_{k+1}-x_k=\frac{\lambda}{2} \tag{3.6.4}$$

又因为波腹处的质点振幅为最大，即

$$\left|\cos 2\pi\frac{x}{\lambda}\right|=1$$

$$2\pi\frac{x}{\lambda}=K\pi \quad (K=0,1,2,\cdots)$$

所以可得波腹的位置为

$$x=K\frac{\lambda}{2} \tag{3.6.5}$$

同理可知，相邻两波腹之间的距离也是半个波长。因此在驻波实验中，只要测得相邻两个波节或相邻两个波腹之间的距离，就能确定该波的波长。

由于固定弦的两端是用劈尖支住的，故两端点必为波节，所以只有当弦线的两个固定端之间的距离(弦长)等于半波长的整数倍时，才能形成驻波。这就是均匀弦振动产生驻波的条件，其数学表达式为

$$l=n\frac{\lambda}{2} \quad (n=0,1,2,\cdots)$$

由此可得，沿弦线传播的横波波长为

$$\lambda=\frac{2l}{n} \tag{3.6.6}$$

式中，n 为弦线上驻波的波段数，即半波数。

波动理论指出，弦线中横波的传播速度为

$$v=\sqrt{\frac{T}{\rho}} \tag{3.6.7}$$

式中，T 为弦线中的张力；ρ 为线密度，即单位长度的质量。

根据波速、频率及波长的普遍关系式 $v=f\lambda$ ，将式(3.6.6)代入其中可得

$$v=f\frac{2l}{n} \tag{3.6.8}$$

由式(3.6.7)和式(3.6.8)可得

$$f=\frac{n}{2l}\sqrt{\frac{T}{\rho}} \quad (n=0,1,2,\cdots) \tag{3.6.9}$$

由式(3.6.9)可知，当给定 T 、ρ 、l 时，频率 f 只有在满足该式所示的关系时才能在弦线上形成驻波。同理，当用外力(如金属弦线上的交变电流在磁场中受到交变安培力的作用)去驱动弦线振动时，外力的频率必须与这些频率一致，才会促使弦线振动形成驻波。

【实验仪器】

固定均匀弦振动实验装置(含砝码)。

实验装置如图 3.6.2 所示。实验时，将香蕉插头座 1、6 上的导线与弦线连接，构成通电回路，然后接通电源，通有电流的金属弦线就会在磁场的作用下发生振动。根据需要，可以旋转频率调节旋钮 4 改变变频器输出的电流频率。移动磁钢 5，使弦振动调整到最佳状态(弦振动的振动面与磁场方向垂直)。调节劈尖 A、B 之间的位置可以改变弦长。

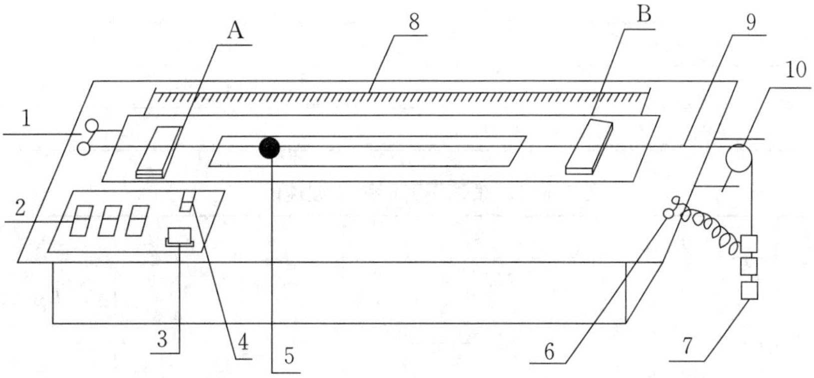

1、6—香蕉插头座(接弦线)；2—频率显示；3—电源开关；4—频率调节旋钮；
5—磁钢；7—砝码；8—米尺；9—弦线；10—滑轮及托架；A、B—两个劈尖(滑块)。

图 3.6.2　固定均匀弦振动实验装置

【实验内容和步骤】

1. 测定弦线的线密度 ρ

选取频率 $f = 100$ Hz，张力 $\boldsymbol{T}$ 由一定数量的砝码挂在弦线的一端产生。调节劈尖 A、B 之间的距离，使弦线上依次出现单段、两段及三段驻波。记录相应的弦长 l_i，填入表 3.6.1 中，由式(3.6.9)计算出 $\rho_i(i = 1, 2, 3)$，求出平均值 $\bar{\rho}$。在调节劈尖以调整驻波时，磁钢应在两劈尖之间，且不能处于波节位置。要等波形稳定后，再记录数据。

2. 在频率 f 一定的条件下，改变张力 T 的大小，测量弦线上横波的传播速度 v_f

选取频率 $f=75$ Hz，张力 $\boldsymbol{T}$ 仍由砝码挂在弦线的一端产生。以一定数量的砝码(质量为 m_0)为起点，依次增加一片砝码(增加后的总质量记为 m_i，$i=1, 2, 3, \cdots$)。改变挂在弦线一端的砝码时，要等波形稳定后再进行测量。在各张力作用下调节弦长 l，使弦上依次出现单段和两段驻波($n=1$ 和 $n=2$)。记录相应的 T、n、l，填入表 3.6.2 中。由式(3.6.8)计算弦上横波的波速 v_f。

3. 在张力 T 一定的条件下，改变频率 f 的大小，测量弦线上横波的传播速度 v_T

将一定数量的砝码挂在弦线一端，选取频率 f 分别为 50 Hz、75 Hz、100 Hz、125 Hz、150 Hz，调节弦长 l，使弦上依次出现单段和两段驻波。记录相应的 f、n、l，填入表 3.6.3 中。由式(3.6.8)计算弦上横波的波速 v_T。

【数据处理】

表 3.6.1 弦线线密度的测量

驻波段	l_A /cm	l_B /cm	$l=l_B-l_A$ /cm	线密度 ρ /(kg/m)
$n=1$				
$n=2$				
$n=3$				

$f=$ ______ Hz　　$T=$ ______ N　　$\bar{\rho}=$ ______ kg/m

表 3.6.2 频率不变时弦中波速的测定

砝码质量 /g	张力 $T=mg$ /N	$n=1$			$n=2$			$\bar{\lambda}$ /cm	$v_f=f\bar{\lambda}$ /(m/s)	$v=\sqrt{\frac{T}{\rho}}$ /(m/s)	$\Delta v=\lvert v-v_f\rvert$ /(m/s)	E /%
		l_{1A} /cm	l_{1B} /cm	l_1 /cm	l_{2A} /cm	l_{2B} /cm	l_2 /cm					
$m_0=$												
$m_1=$												
$m_2=$												
$m_3=$												
$m_4=$												
$m_5=$												

$f=$ ______ Hz　　$\bar{\rho}=$ ______ kg/m

表 3.6.3 张力不变时弦中波速的测定

频率 /Hz	$n=1$			$n=2$			$\bar{\lambda}$ /cm	$v_T=f\bar{\lambda}$ /(m/s)	$v=\sqrt{\frac{T}{\rho}}$ /(m/s)	$\Delta v=\lvert v-v_T\rvert$ /(m/s)	E /%
	l_{1A} /cm	l_{1B} /cm	l_1 /cm	l_{2A} /cm	l_{2B} /cm	l_2 /cm					
50											
75											
100											
125											
150											

$T=$ ______ N　　$\bar{\rho}=$ ______ kg/m

取表 3.6.1 中的数据，根据式(3.6.9)计算出弦线的线密度 ρ_1、ρ_2、ρ_3，求出平均值 $\bar{\rho}$，作为本实验弦线的线密度。表 3.6.2、表 3.6.3 中的 $\bar{\lambda}=\frac{\lambda_1+\lambda_2}{2}$，其中 λ_1 和 λ_2 的值根据式(3.6.6)在 $n=1$ 和 $n=2$ 的情况下计算得到，表中的 $E=\frac{\Delta v}{v}\times 100\%$。按要求完成表

格所有数据计算。

【思考题】

(1)在图 3.6.1 中，除了波节和波腹，驻波还有什么特征？
(2)在本实验中，产生驻波的条件是什么？
(3)来自两个波源的两列波，沿同一直线相向行进时，能否形成驻波？为什么？
(4)若频率 f 固定，设计一个调节砝码质量的驻波实验来测量弦线的线密度。

实验 3.7　密度的测量

密度是物质单位体积内的质量，是物质的特性之一。每种物质都有一定的密度，可以利用密度测定物质的组成以及鉴别物质种类。根据密度的定义，可以计算难以称重的物体质量或形状比较复杂的物体体积。一般来说，不论什么物质，也不管它处在什么状态，随着温度、压力的变化，体积或密度也会发生相应的变化，因此密度的大小与实验所处的温度和气压息息相关。当然，固态或液态物质的密度在温度和压力变化时，只发生很小的改变。因此，本实验在测定固体和液体的密度时，暂不考虑温度和气压对实验结果的影响。

【实验目的】

(1)了解物理天平的工作原理，掌握物理天平的使用方法。
(2)理解用流体静力称衡法测固体和液体的密度的实验原理。

【实验原理】

不同的物质由于成分或组织结构不同而具有不同的密度，即使是相同的物质，由于所处的状态不同也具有不同的密度。物质通常有三态：固态、液态和气态。对不同的状态，我们选择不同的方法测量密度。

若物体的质量为 m ，体积为 V ，则该物质的密度为

$$\rho=\frac{m}{V} \tag{3.7.1}$$

可见，测出物质的质量 m 和体积 V 后，便可间接测得物质的密度。质量 m 可用天平称量。对于外形规则的固体，可测出它的外形尺寸，通过数学计算得到其体积；对于外形不规则的固体，因为计算它的体积比较困难，所以需采用其他方法测其密度。

1. 流体静力称衡法测量不规则固体密度

根据阿基米德原理，物体在液体中所受到的浮力等于物体排开液体的重量。如果待测固体(如钢块)的密度比水的密度大，此时固体可以完全浸入水中，那么将待测固体用天平称量，称得在空气中的相应砝码质量为 m ；待测固体完全浸入但悬浮在水中，称得在水中的相应砝码质量为 m_1，根据阿基米德原理有

$$mg-m_1g=\rho_0Vg \tag{3.7.2}$$

式中，ρ_0 为水的密度；V 为待测固体的体积，即排开水的体积。

将式(3.7.2)代入式(3.7.1)可得

$$\rho = \frac{m}{m - m_1}\rho_0 \tag{3.7.3}$$

若待测固体(如石蜡)密度 $\rho < \rho_0$，物体不能自行浸入水中，需要在式(3.7.3)的基础上，将该物体(石蜡)与前述物体(钢块)拴在一起，分别按图 3.7.1(a)和图 3.7.1(b)进行两次用天平称量，由天平得相应砝码质量分别为 m_3 和 m_4，则

$$\rho' = \frac{m_3 - m_1}{m_3 - m_4}\rho_0 \tag{3.7.4}$$

以上方法适用于浸入液体后其性质不发生变化的固体的测量。

2. **流体静力称衡法测量液体密度**

在上述测量的基础上，将固体放入待测密度为 ρ'' 的液体中称衡，得到相应砝码质量为 m_2，如图 3.7.1 所示，则有

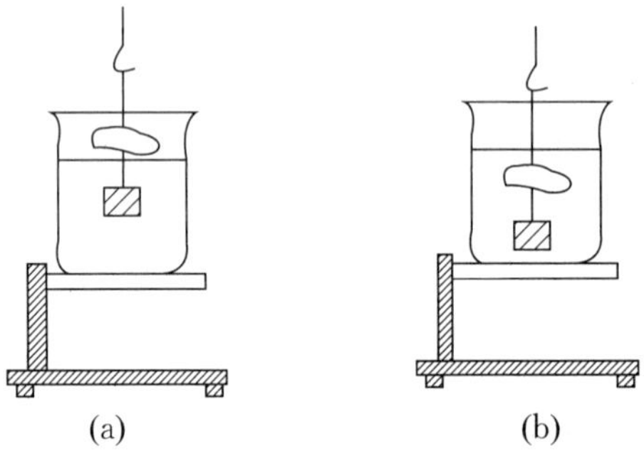

图 3.7.1 流体静力称衡法测量固体密度

$$mg - m_2 g = \rho'' V g \tag{3.7.5}$$

将式(3.7.2)代入式(3.7.5)得待测液体密度为

$$\rho'' = \frac{m - m_2}{m - m_1}\rho_0 \tag{3.7.6}$$

【实验仪器】

物理天平及配套砝码、烧杯、待测固体、石蜡、钢块、待测液体、蒸馏水、线绳等。

1. **物理天平的结构**

物理天平(下称天平)的结构如图 3.7.2 所示，天平的横梁上装有三个刀口，中间刀口安置在支柱顶端的玛瑙刀垫上，作为横梁的支点，两侧刀口上各悬挂一个秤盘。横梁下面装有读数指针，当横梁摆动时，指针尖端就在支柱下方的标尺前摆动。支柱下端的制动旋钮可以使横梁上升或下降，横梁下降时，制动架就会把它托住，以保护刀口。横梁两端的两个平衡螺母在天平空载时可以用来调节平衡。

每台物理天平都配有一套砝码。因为 1 g 以下的砝码太小，用起来很不方便，所以在横梁上附有可以移动的游码。支柱左边的托盘可以托住不被称量的物体。

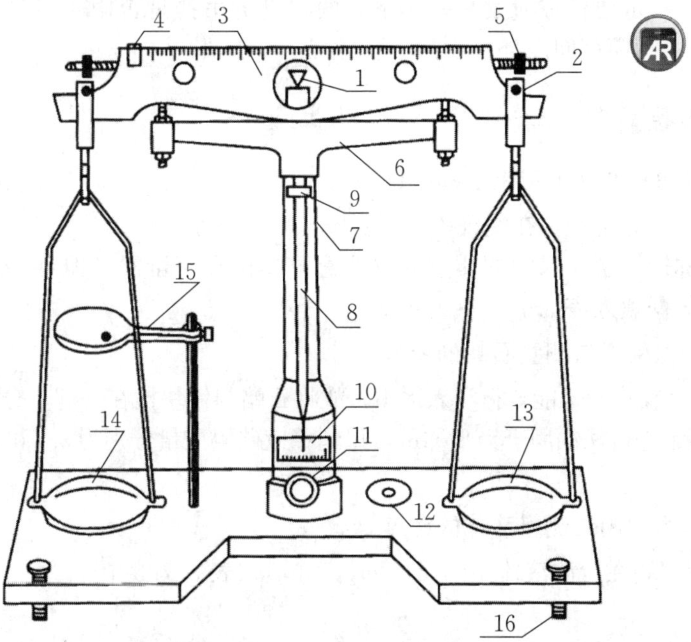

1—主刀口；2—边刀；3—横梁；4—游码；5—平衡螺母；6—制动架；
7—支柱；8—指针；9—重心调节螺钉；10—标尺；11—制动旋钮；12—水准器；
13—砝码托盘；14—载物托盘；15—托盘；16—底脚螺钉。

图 3.7.2　物理天平的结构

2. 物理天平的操作步骤

(1)调水平：调整天平的底脚螺钉，使底盘上圆形水准器的气泡处于中心位置(或者将铅锤和底盘上的准针对正)，以保证天平的支柱垂直、刀垫水平。

(2)调零点：先观察各部位放置是否正确，如托盘是否挂在刀口上。然后要调准零点，即先将游码置于横梁左端零线处，启动天平(即支起横梁)，观察指针是否停在零位处(或左右小幅度摆动不超过一分格时，摆动是否等偏)。若不平衡，先制动天平，再调节平衡螺母，反复数次，使横梁成水平状态，制动后待用。

(3)称衡：将待测物体放在载物托盘，用镊子夹取砝码放在砝码托盘，增减砝码(包括游码)，使天平平衡。

(4)读数：将制动旋钮向左旋动，放下横梁制动天平，记下砝码和游码读数。

(5)复原：把待测物体从载物托盘中取出，用镊子将砝码取回放入盒中，游码放回零位，最后把两秤盘的吊挂摘离边刀的刀口，将天平完全复原。

3. 使用物理天平须遵守规则

(1)天平的负载不能超过其最大称量范围。

(2)在调节天平、取放物体、取放砝码(包括游码)以及不使用天平时，都必须将天平制动，以免损坏刀口。只有在判断天平是否平衡时才能启动天平。天平启动、制动时动作要轻，制动时最好在天平指针接近标尺的中线刻度时进行。

(3)待测物体和砝码要放在秤盘正中。砝码不许用手直接拿取，只准用镊子夹取。称量完毕后，砝码必须放回盒内，不得随意乱放。

(4)称衡后，一定要检查横梁是否落下；两秤盘的吊挂是否摘离刀口，挂于横梁刀口内侧；砝码是否按顺序放回原处。

【实验内容和步骤】

1. 用流体静力称衡法测量钢块的密度

(1)用物理天平称量钢块在空气中的质量 m 。

(2)用天平称量钢块在水中的质量 m_1(注意：物体在完全浸入但悬浮在水中时不要接触杯子)，并将数据填入表 3.7.1 中。

2. 用流体静力称衡法测量石蜡的密度

因为石蜡密度较小，不能自行浸入水中，故将石蜡与钢块拴在一起，分别按图 3.7.1(a)和图 3.7.1(b)所示进行两次用于天平称量，得到相应砝码质量分别为 m_3 和 m_4，并将数据填入表 3.7.2 中。

3. 用流体静力称衡法测量液体的密度

用天平称量钢块在待测液体中的质量 m_2，并填入表 3.7.3 中。

【数据处理】

1. 用流体静力称衡法测量钢块的密度

表 3.7.1 钢块密度的测量

钢块在空气中质量 m	钢块水中质量 m_1	钢块密度 $\rho_{钢}$	不确定度 $\mu_{钢}$

查出室温下纯水的密度 ρ_0，由式(3.7.3)计算出钢块的密度 $\rho_{钢}$，并计算出密度的不确定度。

2. 用流体静力称衡法测量石蜡的密度

表 3.7.2 石蜡密度的测量

石蜡置于水上质量 m_3	石蜡侵入水中质量 m_4	石蜡密度 $\rho_{蜡}$	不确定度 $\mu_{蜡}$

由式(3.7.4)算出石蜡的密度 $\rho_{蜡}$，计算出密度的不确定度。

3. 用流体静力称衡法测量液体的密度

表 3.7.3 待测液体密度的测量

钢块在空气中质量 m	钢块在液体中质量 m_2	待测液体密度 $\rho_{液}$	不确定度 $\mu_{液}$

由式(3.7.6)算出待测液体的密度 $\rho_{液}$，并计算出密度的不确定度。

【思考题】

(1)使用天平进行测量前应先做哪些调节？使用过程中有哪些注意事项？

(2)如何保护天平的刀口？如何消除天平的不等臂误差？

实验 3.8　用电热法测定热功当量

改变物质系统内能的途径有两条：热传递和做功。传递热量与做功之间的等量关系用热功当量表示。用电热法测定热功当量，是将电能转化为热能传递给系统从而引起系统温度变化，通过测量温度变化来计算系统吸热的方法。由于实验过程中系统与外界不能实现完全隔离，与外界的热交换会影响实验结果，因此实验中采用终温修正法来修正散热影响。

【实验目的】

(1)学会用电热法测定热功当量。

(2)学会一种修正散热的方法——终温修正法。

【实验原理】

1. 用电热法测定热功当量

电流 I 在时间 t(单位：s)内通过电热丝，这段时间内电热丝两端的电压为 U，可知电场力做功为

$$A = UIt \tag{3.8.1}$$

这些功全部转化为热量，此热量可以用量热器来测量。设 m_0、c_0 是量热器中水的质量和比热容，m_1、c_1 是量热器内筒的质量和比热容，m_2、c_2 是搅拌器的质量和比热容，m_3、c_3 是加热电阻丝、接线柱等的质量和比热容，V 是温度计浸入水中部分的体积，c_V 是温度计单位体积的热容，T_0 和 T_f 是加热过程中系统的初温和终温。系统在电热丝加热过程中获得的热量为

$$Q = (m_0c_0 + m_1c_1 + m_2c_2 + m_3c_3 + \cdots + c_VV)(T_f - T_0) \tag{3.8.2}$$

如果过程中没有热量损失，则有

$$A = JQ$$

其中

$$J = A/(m_0c_0 + m_1c_1 + m_2c_2 + m_3c_3 + \cdots + c_VV)(T_f - T_0) \tag{3.8.3}$$

称为热功当量，J 的标准值 $J_0 = 4.186\ 8$ J/cal。

2. 终温修正法

实际上，在用电流加热使系统升温的过程中，如果系统温度始终高于环境温度，那么系统是向外散热的，系统由电热丝加热所获得的热量中有一部分将散失掉，因此系统实际达到的终温 T''_{f} 要低于理想无散热时达到的终温 T_{f}。

设由于散热而导致的温度降为 ΔT，则

$$T_{\mathrm{f}} = T''_{\mathrm{f}} + \Delta T \tag{3.8.4}$$

根据牛顿冷却定律可知，若系统与环境之间的温差不大，系统处于自然冷却状态，此时系统的散热制冷速率为

$$v = \frac{\mathrm{d}T}{\mathrm{d}t} = K(T - T_\theta) \tag{3.8.5}$$

式中，T 是系统表面的温度；T_θ 是环境温度；K 为散热系数，在 $T-T_\theta$ 不大时 K 是与系统表面状况及热容有关的常量。对式(3.8.5)积分有

$$\int \frac{\mathrm{d}T}{T-T_\theta}=\int K\,\mathrm{d}t \tag{3.8.6}$$

设环境温度 T_θ 不变，当关掉电源，系统处于自然冷却时开始计时，此时 $t=0$，$T=T'_0$；经一段时间 t(t 以 min 为单位)后系统温度降至 T'_f，由式(3.8.6)可得

$$K=\frac{1}{t}\ln\frac{T'_f-T_\theta}{T'_0-T_\theta} \tag{3.8.7}$$

$K<0$ 说明系统在降温。

假设在加热过程中系统温度是匀速上升的，从 t_0 到 t_f 内系统温度由初温 T_0 变化到终温 T_f，则这段时间的平均温度为

$$\bar{T}=\frac{1}{2}(T_0+T_f) \tag{3.8.8}$$

由式(3.8.5)可求得系统在 t_0 到 t_f 内由于向环境散热而降低的温度为

$$\delta T=\left|K(\bar{T}-T_\theta)(t_f-t_0)\right| \tag{3.8.9}$$

实验中取时间间隔 (t_f-t_0) 为 1 min，记下系统在加热过程中温度 T_0，T_1，T_2，T_3，…，以 $(T_0+T_1)/2$，$(T_1+T_2)/2$，$(T_2+T_3)/2$，…作为第 1 min 内、第 2 min 内、第 3 min 内……系统的平均温度。根据式(3.8.9)求出第 1 min 内、第 2 min 内、第 3 min 内……由于散热而降低的温度 δT_1，δT_2，δT_3，…末了系统由于散热而导致的温度降低量为

$$\Delta T=\sum_i \delta T_i \tag{3.8.10}$$

将 ΔT 代入式(3.8.4)即可求出修正后的终温。

【实验仪器】

量热器、温度计(0 ℃～50 ℃，0.1 ℃)、加热电阻丝、直流稳压电源、电流表、电压表、滑线变阻器、电子天平、秒表和导线等。

实验装置的结构如图 3.8.1 所示：B 是量热器外筒，M 是量热器内筒，C 是绝缘垫圈，D 是绝缘盖，J 是两个铜金属棒，用以引入加热电流，F 是加热电阻丝，G 是搅拌器，H 是温度计，E 是直流稳压电源。使用搅拌器时一定要均匀、缓慢，以免把加热电阻丝碰断。实验结束后，需要将量热器中的水倒出来，搅拌器、接线柱、加热电阻丝裸露放置晾干防止锈蚀。

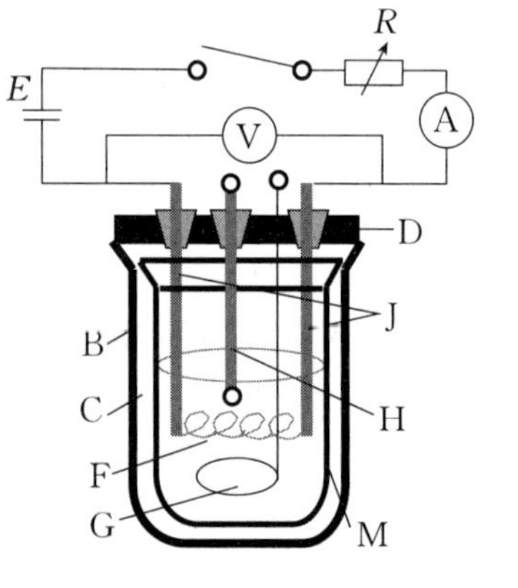

图 3.8.1 实验装置的结构

【实验内容和步骤】

(1)用电子天平称量参与热交换的物体质量 m_0、m_1、m_2、m_3 等。

(2)内筒加入约占筒容积 2/3 的水。

(3)记录室温 T_θ(环境温度)。

(4)根据图 3.8.1 接好线路，调节滑线变阻器和电源电压使电流表读数为 1 A，将数据填入表 3.8.1 中，此时需注意电源电压应由低向高调节，以免损害测量电表表头。

(5)通电加热 16 min，在此期间每隔 1 min 测出系统的温度 T_i，数据填入表 3.8.2 中。

(6)断开电源，系统降温 4 min，测出初温 T'_0 和终温 T'_f，数据填入表 3.8.3 中。

【数据处理】

(1)根据表 3.8.1 和表 3.8.2 中数据，由式(3.8.8)和式(3.8.9)计算出 $\bar{T}$ 及 δT，并填入表 3.8.4 中。

(2)由式(3.8.7)计算出散热系数 K，利用终温修正法求出终温 T_f；由式(3.8.3)计算出热功当量的值，并与标准值 $J_0 = 4.186\ 8$ J/cal 比较。

表 3.8.1　数据表 1

c_0 = ________；c_1 = ________；c_2 = ________；c_3 = ________；c_V = ________

m_0 /g	m_1 /g	m_2 /g	m_3 /g	V /cm^3	U /V	I /A

表 3.8.2　数据表 2

t_i /min	0	1	2	3	4	5	6	7	8	9	10	11	12	13	14	15	16
T_i /℃																	

表 3.8.3　数据表 3

T'_0 = ________℃	T'_f = ________℃

表 3.8.4　数据表 4

T_θ = ____℃

$\bar{T} = \frac{1}{2}(T_i + T_{i+1})$ /℃																
δT /℃																
$\Delta T = \sum_i \delta T_i$ /℃																

【思考题】

(1)本实验是如何修正散热影响的？如果系统的初温 T_0 低于环境温度 T_θ，将如何对实验结果进行修正？

(2)从实验数据说明修正散热的必要性。若不加以修正，将会给实验结果带来多大的误差？

实验 3.9 测定冰的熔化热

在一定压强下某种物质从固态变成液态时的温度称为该压强下物质的熔点，单位质量的某种晶体在相同温度下熔解成液体吸收的热量称为该晶体的熔化热。本实验测定冰的熔化热，由于冰在熔解过程中不可避免地与外界交换热量，从而影响实验结果，因此实验中采用冷热补偿法来粗略地修正散热的影响。

【实验目的】

(1)正确使用量热器及温度计。

(2)测定冰的熔化热。

(3)学会一种粗略修正散热的方法——冷热补偿法。

【实验原理】

设温度 T_0 为本实验条件下冰的熔点，质量为 M 、温度为 T_1 的冰与质量为 m 、温度为 T_2 的水混合，冰全部熔化为水后的平衡温度为 T_3。设量热器的内筒和搅拌器的质量分别为 m_1 和 m_2，比热容分别为 c_1 和 c_2，温度计单位体积的热容为 c_V ，温度计浸入水中部分的体积为 V ，水的比热容为 c_0，冰的比热容为 c_i， 冰的熔化热为 L。(冰的比热容在 -40 ℃～0 ℃时为 1 800 $\mathrm{J \cdot kg^{-1} \cdot K^{-1}}$)由热平衡方程有

$$Mc_i(T_0 - T_1) + ML + Mc_0(T_3 - T_0) = (mc_0 + m_1c_1 + m_2c_2 + Vc_V)(T_2 - T_3)$$

在通常实验条件下，可取冰的熔点 T_0 为 0 ℃，取冰的初始温度 T_1 也为 0 ℃，于是

$$L = \frac{1}{M}(mc_0 + m_1c_1 + m_2c_2 + Vc_V)(T_2 - T_3) - c_0(T_3 - T_0) \tag{3.9.1}$$

以上结论适用于孤立系统。

由于量热器的绝热条件并不完善，系统与环境存在热交换，在测量时需要修正散热的影响，本实验利用冷热补偿法对系统修正散热。

由牛顿冷却定律得

$$\frac{\mathrm{d}Q}{\mathrm{d}t} = -R(T - T_\theta) \tag{3.9.2}$$

式中，T_θ 为环境温度；T 为系统温度；$\frac{\mathrm{d}Q}{\mathrm{d}t}$ 为热交换速率，即单位时间系统与环境交换的热量；R 为一个与系统表面积成正比并随表面辐射本领变化的常量，称为散热系数；负号表示当系统温度高于环境温度时系统向环境散热。

在实验过程中如果恰当地选择系统的初温及终温，使初温高于室温、终温低于室温，即 $T_3 < T_\theta < T_2$，就可以使整个实验过程中系统散热与吸热相互抵消，以达到修正散热的目的。

实验中，刚投入冰块时水温较高，冰的有效面积大，熔化快，水温下降快；随着冰的熔化，水温降低，冰的有效面积变小，熔化变慢，水温下降的速度也随之变慢。量热器中

水温随时间的变化曲线如图 3.9.1 所示。

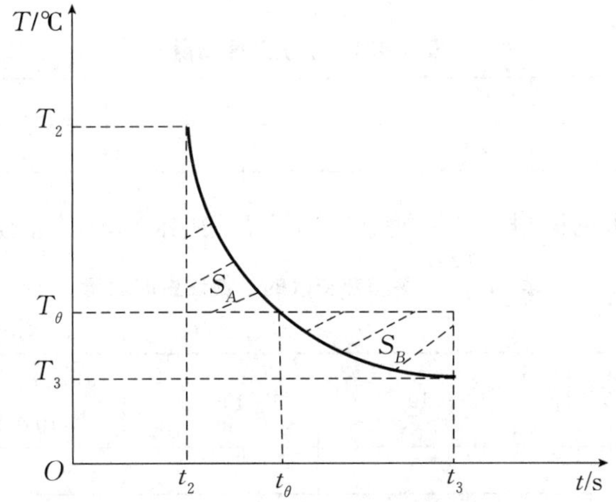

图 3.9.1　量热器中水温随时间的变化曲线

将式(3.9.2)对时间积分，可得系统与外界交换的热量为

$$Q=-R\int_{t_2}^{t_3}[T(t)-T_\theta]\,\mathrm{d}t=-R\int_{t_2}^{t_\theta}[T(t)-T_\theta]\,\mathrm{d}t-R\int_{t_\theta}^{t_3}[T(t)-T_\theta]\,\mathrm{d}t=-RS_A+RS_B$$

式中，S_A 、S_B 为图 3.9.1 中阴影的面积。当 $S_A=S_B$ 时，$Q=0$，系统与外界交换的热量为零。实验过程中只要选取适当的测量参数 m 、M 、T_2，使 $S_A\approx S_B$ ，就可以消除散热的影响使系统近似为一个孤立系统。

【实验仪器】

量热器、物理天平、水银温度计(0.0 ℃～50.0 ℃)或数字温度计、烧杯、冰、秒表等。

【实验内容和步骤】

(1)量热器中加温水，控制水温比环境温度高出 10 ℃～15 ℃，水的体积约为量热器内筒体积的 2/3。

(2)称出量热器内筒与水的总质量，再称出搅拌器的质量，估计温度计浸入水中的体积 V 。

(3)测出环境温度 T_θ 和系统(水)的初温 T_2。

(4)为修正散热，需要进行多次实验。选取适当质量($M_{冰}$)的冰块并不断搅拌，每隔 15 s 读取一次温度值，数据记录到草稿纸上，并画出 $T-t$ 图(见图 3.9.1)。比较图 3.9.1 中阴影面积，调整初始温度以及冰块的质量，使得阴影面积 S_A 和 S_B 大致相等。将最终的数据记录到表 3.9.1 中。

(5)通过天平测得量热器的内筒和搅拌器的质量分别为 m_1、m_2，冰的质量可在其他测量结束后用冰完全熔化后的水的质量减去未加冰时水的质量求得，将以上数据填入表 3.9.2 中。

【数据处理】

表 3.9.1　系统温度测量

$T_2=$	$T_\theta=$	$T_3=$
$t_2=$	$t_\theta=$	$t_3=$

将表 3.9.1 中的数据绘制于坐标纸上，绘制 $T-t$ 图，并比较阴影面积。

表 3.9.2　参与热交换的各物理量的测量

$c_0=$ ________；$c_1=$ ________；$c_2=$ ________；$c_i=$ ________；$c_V=$ ________

$m/10^{-3}$ kg	$m_1/10^{-3}$ kg	$m_2/10^{-3}$ kg	$V/10^{-3}$ m^3	$m+m_1+M$ $/10^{-3}$ kg	$M/10^{-3}$ kg

量热器的内筒和搅拌器的比热容分别为 c_1、c_2，温度计单位体积的热容为 c_V，水的比热容为 c_0，冰的比热容为 c_i，以上数据可通过查阅本书二维码获得。利用公式 $L=\frac{1}{M}(mc_0+m_1c_1+m_2c_2+Vc_V)(T_2-T_3)-c_0(T_3-T_0)$，计算出冰的熔化热。

【思考题】

(1)若粗测后发现面积 $S_A<S_B$，则说明了什么，应怎样改变条件重做？

(2)系统初温 T_2 及冰的质量 M 应何时测量，采取什么方法测量？

(3)如何根据系统温度的变化推断冰已全部熔化？终温 T_3 是如何确定的？作图时对应终温的时刻 t_3 应如何确定？

实验 3.10　准稳态法测量比热和热导率

准稳态法测量比热和热导率

本实验内容属于热物理学的内容，热传导是热传递三种基本方式(热传导、热对流和热辐射)之一，而衡量物质热传导特性的重要参数是物质的比热[容]和热导率。

比热是单位质量物质的热容量。单位质量的某种物质，在某一过程中升高(或降低)单位温度时所吸收(或放出)的热量，称为这种物质的比热，单位为 J/(kg·K)。

热导率定义为单位温度梯度下每个单位时间内由单位面积传递的热量，单位为 W/(m·K)。它表征物体导热能力的大小。

以往测量比热和热导率的方法大都采用稳态法。使用稳态法要求温度和热流量均要稳定，但在实验中实现这样的条件比较困难，因而导致测量的重复性、稳定性和一致性很差，结果误差较大。为了克服稳态法测量的误差，本实验使用了一种新的测量方法——准稳态法，使用准稳态法只要求温差恒定和温升速率恒定，而不必通过长时间的加热达到稳态，就可通过简单计算得到比热和热导率。

【实验目的】

(1)了解准稳态法测量比热和热导率的理论原理。

(2)学习热电偶测量温度的原理和使用方法。

(3)用准稳态法测量不良导体的比热和热导率。

【实验原理】

1. 准稳态法测量比热和热导率的理论原理

如图 3.10.1 所示的理想中的一维无限大导热模型：无限大不良导体平板厚度为 $2R$，初始温度为 t_0，现在平板两侧同时施加均匀的指向中心面的热流密度 q_c，则平板各处的温度 $t(x, \tau)$ 将随加热时间 τ 的变化而变化。

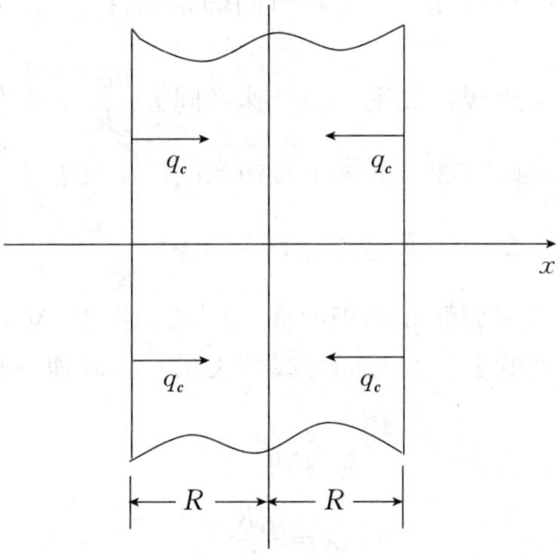

图 3.10.1　理想中的一维无限大导热模型

以试件中心为坐标原点，上述模型的数学描述表示方法如下：

$$\begin{cases} \dfrac{\partial t(x, \tau)}{\partial \tau} = a \dfrac{\partial^2 t(x, \tau)}{\partial x^2} \\ \dfrac{\partial t(R, \tau)}{\partial x} = \dfrac{q_c}{\lambda}, \quad \dfrac{\partial t(0, \tau)}{\partial x} = 0 \\ t(x, 0) = t_0 \end{cases}$$

式中，$a = \dfrac{\lambda}{\rho c}$；$\lambda$ 为材料的热导率；ρ 为材料的密度；c 为材料的比热容。

可以给出此方程的解为(推导过程见拓展)

$$t(x, \tau) = t_0 + \frac{q_c}{\lambda}\left[\frac{a}{R}\tau + \frac{1}{2R}x^2 - \frac{R}{6} + \frac{2R}{\pi^2}\sum_{n=1}^{\infty}\frac{(-1)^{n+1}}{n^2}\cos\frac{n\pi}{R}x \cdot e^{-\frac{an^2\pi^2}{R^2}\tau}\right] \tag{3.10.1}$$

考察 $t(x, \tau)$ 的解析式[式(3.10.1)]可以看到，随着加热时间的增加，样品各处的温度将发生变化，而且我们注意到式(3.10.1)中的级数求和项由于指数衰减的原因，会随加热时间的增加而逐渐变小，直至所占份额可以忽略不计。

定量分析表明当 $\frac{a\tau}{R^2}>0.5$ 以后，上述级数求和项可以忽略。这时式(3.10.1)变成

$$t(x,\tau)=t_0+\frac{q_c}{\lambda}\left(\frac{a\tau}{R}+\frac{x^2}{2R}-\frac{R}{6}\right) \tag{3.10.2}$$

这时，在试件中心面处有 $x=0$，因而有

$$t(0,\tau)=t_0+\frac{q_c}{\lambda}\left(\frac{a\tau}{R}-\frac{R}{6}\right) \tag{3.10.3}$$

在试件加热面处有 $x=R$，因而有

$$t(R,\tau)=t_0+\frac{q_c}{\lambda}\left(\frac{a\tau}{R}+\frac{R}{3}\right) \tag{3.10.4}$$

由式(3.10.3)和(3.10.4)可知，当加热时间满足条件 $\frac{a\tau}{R^2}>0.5$ 时，在试件中心面处和加热面处温度和加热时间成线性关系，温升速率同为 $\frac{aq_c}{\lambda R}$，此值是一个和材料导热性能以及实验条件有关的常量，此时加热面和中心面之间的温度差为

$$\Delta t=t(R,\tau)-t(0,\tau)=\frac{1}{2}\frac{q_cR}{\lambda} \tag{3.10.5}$$

由式(3.10.5)可知，此时加热面和中心面之间的温度差 Δt，与加热时间 τ 没有直接关系，保持恒定；系统各处的温度和时间呈线性关系，温升速率也相同，我们将这种状态称为准稳态。

当系统达到准稳态时，由式(3.10.5)得到

$$\lambda=\frac{q_cR}{2\Delta t} \tag{3.10.6}$$

根据式(3.10.6)，只要测量出进入准稳态后加热面和中心面之间的温度差 Δt，并由实验条件确定相关参量 q_c 和 R，就可以得到待测材料的热导率 λ。

另外，在进入准稳态后，由比热的定义和能量守恒关系，可以得到以下关系式：

$$q_c=c\rho R\frac{\mathrm{d}t}{\mathrm{d}\tau} \tag{3.10.7}$$

比热为

$$c=\frac{q_c}{\rho R\frac{\mathrm{d}t}{\mathrm{d}\tau}} \tag{3.10.8}$$

式中，$\frac{\mathrm{d}t}{\mathrm{d}\tau}$ 为准稳态条件下试样中心面处的温升速率(进入准稳态后各点的温升速率是相同的)。

由以上分析可以得出结论：只要在上述模型中测量出系统进入准稳态后加热面和中心面之间的温度差和中心面处的温升速率，即可由式(3.10.6)和式(3.10.8)得到待测材料的比热和热导率。

2. 热电偶温度传感器原理

热电偶结构简单，具有较高的测量准确度，可测温度范围为－50 ℃～1 600 ℃，在温度测量中应用极为广泛。

热电偶由 A、B 两种不同的导体两端相互紧密地连接在一起，组成一个闭合回路，如图 3.10.2(a)所示。当两个接点温度不等($T>T_0$)时，回路中就会产生电动势，从而形成电流，这一现象称为热电效应，回路中产生的电动势称为热电势。

上述两种不同导体的组合称为热电偶，A、B 两种不同的导体称为热电极。两个接点，一个称为工作端或热端(T)，测量时将它置于被测温度场中；另一个称为自由端或冷端(T_0)，一般要求测量过程中稳定在某一温度。

理论分析和实践证明热电偶的基本定律如下。

热电偶的热电势仅取决于热电偶的材料和两个接点的温度，而与温度沿热电极的分布以及热电极的尺寸与形状无关(热电极的材质要求均匀)。

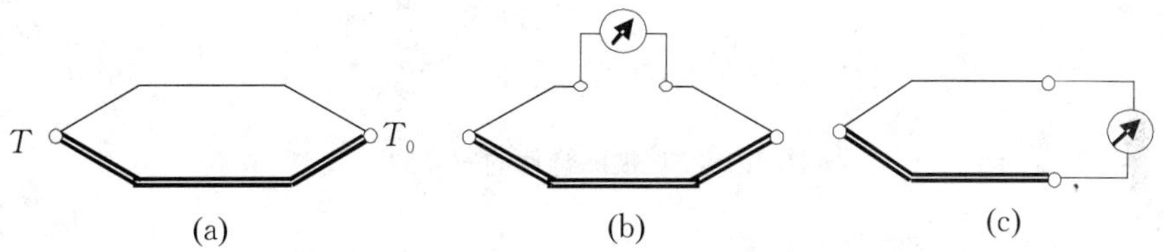

图 3.10.2 热电偶原理及接线示意图

在 A、B 两种不同的导体组成的热电偶回路中接入第三导体 C，只要引入的第三导体两端温度相同，则对回路的总热电势没有影响。在实际测温过程中，需要在回路中接入导线和测量仪表，相当于接入第三导体，常采用图 3.10.2(b)或图 3.10.2 (c)的接法。

热电偶的输出电压与温度并非呈线性关系。对于常用的热电偶，其热电势与温度的关系由热电偶特性分度表给出。测量时，若冷端温度为 0 ℃，由测得的电压，通过对应分度表，即可查得所测的温度值；若冷端温度不为 0 ℃，则通过一定的修正，也可得到温度值。在智能式测量仪表中，将有关参数输入计算程序中，则可将测得的热电势直接转换为温度显示。

【实验仪器】

1. 仪器型号

世纪中科生产的 ZKY-BRDR 型准稳态法比热、热导率测定仪。该仪器包括：1 个实验装置，2 套实验样品(含橡胶和有机玻璃，每套 4 个样品块)，2 块加热板，2 只热电偶，若干导线，1 个保温杯。

2. ZKY-BRDR 型准稳态法比热、热导率测定仪内部结构简介

1)仪器设计考虑

仪器设计必须尽可能满足理论模型。无限大平板条件是无法满足的，实验中需要用有限尺寸的试件来代替。根据实验分析，当试件的横向尺寸大于试件厚度的六倍以上时，可以认为传热方向只在试件的厚度方向进行。

为了精准地确定加热面的热流密度 q_c ，利用超薄型加热器作为热源，其加热功率能

均匀分布在整个加热面上并可精确控制，此外加热器本身的热容可忽略不计。为了在加热器两侧得到相同的热阻，采用四个样品块的配置，如图 3.10.3 所示，可认为热流密度为功率密度的一半。为了精确地测量出温度和温差，将两个分别放置在加热面和中心面中心部位的热电偶作为传感器来测量温差和温升速率。测定仪主要包括主机和实验装置，另有一个保温杯用于保证热电偶的冷端温度在实验中保持一致。

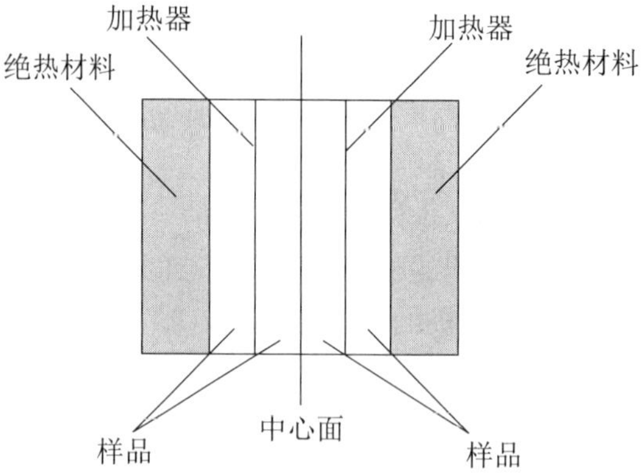

图 3.10.3 被测样件的安装原理

2)仪器主机按键和开关说明

主机是控制整个实验操作并读取实验数据的装置，主机前、后面板示意图分别如图 3.10.4、图 3.10.5 所示。

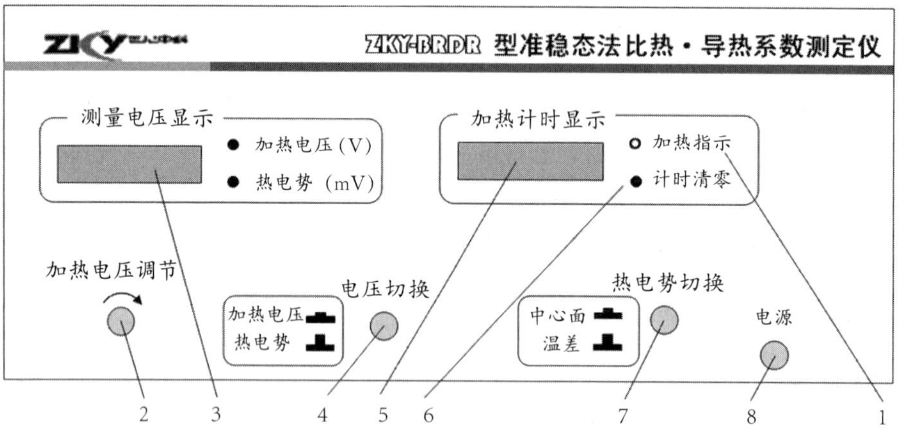

1—加热指示灯：指示“加热控制”开关的状态。亮时表示正在加热，灭时表示加热停止；
2—加热电压调节：调节加热电压的大小(范围：16.00 V～19.99 V)；
3—测量电压显示：显示两个电压，即“加热电压(V)”和“热电势(mV)”；
4—电压切换：在加热电压和热电势之间切换，可以测量相对应的电压数值；
5—加热计时显示：显示加热的时间，前两位表示分，后两位表示秒，最大显示 99：59；
6—计时清零灯：当重置加热时间时，可按此键实现清零；7—热电势切换：在中心面热电势(实际为中心面—室温的温差热电势)和中心面—加热面的温差热电势之间切换，同时用于测量电压显示屏所显示的相应热电势数值；8—电源：打开或关闭实验仪器。

图 3.10.4 主机前面板示意图

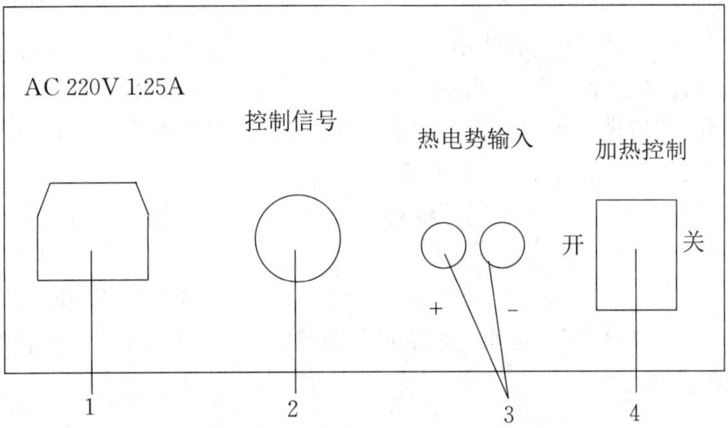

1—电源插座：接 220 V，1.25 A 的交流电源；
2—控制信号：为放大盒及加热薄膜提供工作电压；
3—热电势输入：将传感器感应的热电势输入到主机中；
4—加热控制：控制加热的开关。

图 3.10.5 主机后面板示意图

3)实验装置

如图 3.10.6 所示，该实验装置是安放实验样品和通过热电偶测温并放大感应信号的平台，采用了卧式插拔组合结构，具有直观、稳定，便于操作，易于维护等优点。

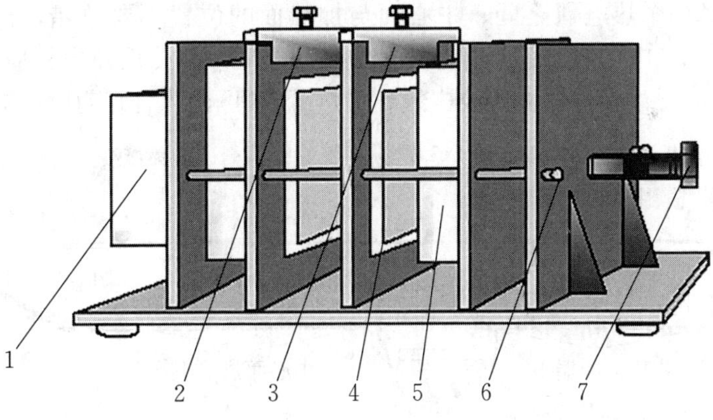

1—放大盒：将热电偶感应的电压信号放大并将此信号输入到主机中；
2—中心面横梁：承载中心面的热电偶；3—加热面横梁：承载加热面的热电偶；
4—加热薄膜：给样品加热；5—隔热层：防止加热样品时散热，从而保证实验精度；
6—螺杆旋钮：推动隔热层压紧或松动实验样品和热电偶；
7—锁定杆：实验时锁定横梁，防止未松动螺杆旋钮而取出热电偶，导致热电偶损坏。

图 3.10.6 实验装置

4)接线原理图及接线说明

实验时，将两只热电偶的热端分别置于样品的加热面和中心面，冷端置于保温杯中，接线原理如图 3.10.7 所示。

放大盒接线区由 2 个“中心面热端＋”，1 个“中心面冷端＋”，1 个“加热面热端＋”，1 个“热电势输出＋”和 1 个“热电势输出－”共 6 个端口组成。其中，2 个“中心面热端＋”相互短接再与横梁的“中心面热端＋”相连；“中心面冷端＋”与保温杯的“中心面冷端＋”相连；“加热面热端＋”与横梁的“加热面热端＋”相连；“热电势输出＋”和“热电势输出－”则分别与主机后面板的“热电势输出＋”和“热电势输入－”相连。

此外，横梁的两个“－”端分别与保温杯上相应的“－”端相连；后面板上的“控制信号”与放大盒侧面的七芯插座相连。

主机前面板上的“热电势切换”开关相当于图 3.10.7 中的“切换”开关，开关在上边闭合时测量的是中心面热电势(中心面-室温的温差热电势)，开关在下边闭合时测量的是加热面-中心面的温差热电势。

【实验内容和步骤】

1. 安装样品并连接各部分接点

连接线路前，请先用万用表检查两个热电偶冷端和热端之间的电阻值大小，一般为 3 Ω～6 Ω，如果偏差大于 1 Ω，则可能是热电偶出现问题，遇到此情况应请指导教师帮助解决。

旋松螺杆旋钮，轻轻拔出左、右两横梁(注意横梁下装有热电偶，不能弄坏，且横梁的左、右位置不能搞错)。戴好手套，以尽量保证四个实验样品初始温度一致。将冷却好的样品放进样品架中。热电偶的测温端应保证置于样品的中心位置，防止由于边缘效应影响测量精度(注意两个热电偶之间、中心面与加热面的位置不要放错，根据图 3.10.7 所示，中心面横梁的热电偶应该放到样品 2 和样品 3 之间，加热面热电偶应该放到样品 3 和样品 4 之间；同时要注意热电偶不要嵌入到加热薄膜里)，然后旋动螺杆旋钮以压紧样品。

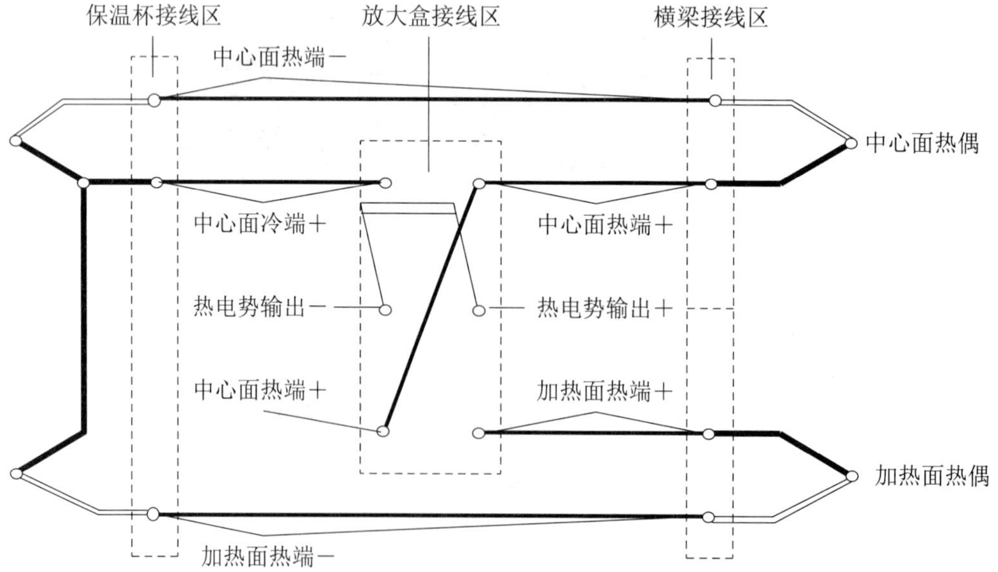

图 3.10.7 接线方法及测量原理图

2. 设定加热电压

检查各部分接线是否有误，同时检查主机后面板上的“加热控制”开关是否关闭(若已开机，可以根据前面板上加热指示灯的亮和不亮来确定，亮表示“加热控制”开关打开，不亮表示“加热控制”开关关闭)，如没有关闭则应立即关闭。

开机后，先让仪器预热 10 min 左右再进行实验。在记录实验数据之前，应该先设定所需要的加热电压，步骤为：先通过主机前面板上的“电压切换”按钮切换到“加热电压”挡位，再由“加热电压调节”旋钮来调节所需要的电压。(参考加热电压为 18 V～19 V)

3. 测定样品的温度差和温升速率

(1)通过主机前面板上的“电压切换”按钮切换到“热电势”挡位，然后通过“热电势切换”按钮切换到“温差”挡位。

(2)如果测量电压显示屏显示的温差绝对值小于 0.004 mV，就可以开始加热，否则应等到显示降到小于 0.004 mV 再加热(如果实验要求精度不高，显示在 0.010 mV 左右也可以，但不能太大，以免降低实验的准确性)。

(3)打开主机后面板上的“加热控制”开关开始加热，并开始记录数据，记入表 3.10.1 中。记录数据时，建议每隔 1 min 分别记录一次中心面热电势(V)和温差热电势(V_t)，这样便于后面的计算。一次实验时间最好在 25 min 之内完成，一般在 15 min 左右为宜。具体的记录数据方法为：读数时，每隔 30 s 切换一次“热电势切换”开关，即先对 V_t 读数，过 0.5 min 后切换按钮对 V 读数，再过 0.5 min 对 V_t 读数……这样能保证 V_t 读数的间隔是 1 min，V 读数的间隔也是 1 min。

当记录完一次数据需要换样品进行下一次实验时，其操作顺序是：关闭“加热控制”开关→关闭电源开关→旋动螺杆旋钮以松动实验样品→取出实验样品→取下热电偶传感器→取出加热薄膜冷却。

注意：在取样品的时候，必须先将中心面横梁热电偶取出，再取出实验样品，最后取出加热面横梁热电偶。严禁以热电偶弯折的方法取出实验样品，这样将会大大减小热电偶的使用寿命。

【数据处理】

将实验过程中记录的温差热电势和中心面热电势记录到表 3.10.1 中。准稳态的判定原则是温差热电势和温升热电势趋于恒定。实验中有机玻璃一般在 8～15 min 后，橡胶一般在 5～12 min 后，处于准稳态状态。有了准稳态时的温差热电势 V_t 值和每分钟温升热电势 ΔV 值，就可以由式(3.10.6)和式(3.10.8)计算出比热和热导率的数值。

式(3.10.6)和式(3.10.8)中各参量：样品厚度 $R=0.010$ m，有机玻璃密度 $\rho=1\ 196\ \text{kg/m}^3$，橡胶密度 $\rho=1\ 374\ \text{kg/m}^3$。

热流密度
$$q_c=\frac{V^2}{2Fr}(\text{W/m}^2)$$

式中，V 为两并联加热器的加热电压；$F=\dfrac{0.09\times0.09}{A}\ \text{m}^2$，为边缘修正后的加热面积；$A$ 为修正系数，对于有机玻璃和橡胶，$A=0.85$；$r=110\ \Omega$，为每个加热器的电阻。

铜-康铜热电偶的热电常量为 0.04 mV/K，即温度每差 1 ℃，温差热电势为 0.04 mV。

据此可将温度差和温升速率的电压值换算为温度值。

$$温度差\ \Delta t=\frac{V_t}{0.04}(\mathrm{K}),\qquad 温升速率\ \frac{\mathrm{d}t}{\mathrm{d}\tau}=\frac{\Delta V}{60\times 0.04}(\mathrm{K/s})$$

表 3.10.1 比热和热导率的测定

时间 τ /min	1	2	3	4	5	6	7	8	9	10	11	12	13	14	15
温差热电势 V_t /mV															
中心面热电势 V /mV															
每分钟温升热电势 $\Delta V=V_{n+1}-V_n$															

【思考题】

讨论本实验误差因素，并说明测量热导率可能偏小的原因。

热传导方程的求解

实验 3.11 电学元件伏安特性的测量

电阻是电学中常用的物理量。为了研究材料的导电性，常通过伏安特性曲线来了解该材料的电压和电流的关系。画出的伏安特性曲线是通过坐标原点直线的元件称为线性元件，画出的伏安特性曲线不是直线的元件称为非线性元件。这两种元件的电阻都可以用伏安法测量。但是由于测量时电表被引入测量电路中，电表内阻必然会影响测量结果，因此需要对测量结果进行必要的修正，以减少系统误差。

电学元件伏安特性的测量

【实验目的】

(1)学习测量电学元件的伏安特性的基本方法。

(2)正确使用电源、电压表和电流表。

(3)测试线性元件和非线性元件的伏安特性。

【实验原理】

1. 电学元件的分类

在电学元件两端加上电压，元件内就会有电流通过。通过元件的电流与电压之间的函数关系称为电学元件的伏安特性，伏安特性可以反映电学元件的导电特性。以电压和电流分别为横坐标和纵坐标作出的曲线为该元件的伏安特性曲线。如图 3.11.1 所示，线性元件的伏安特性曲线为一条直线，表示电压与电流间呈线性关系，这类元件有碳膜电阻、金属膜电阻、线绕电阻等；如图 3.11.2 所示，非线性元件的伏安特性曲线不是直线，这类元件有半导体二极管、稳压管等。

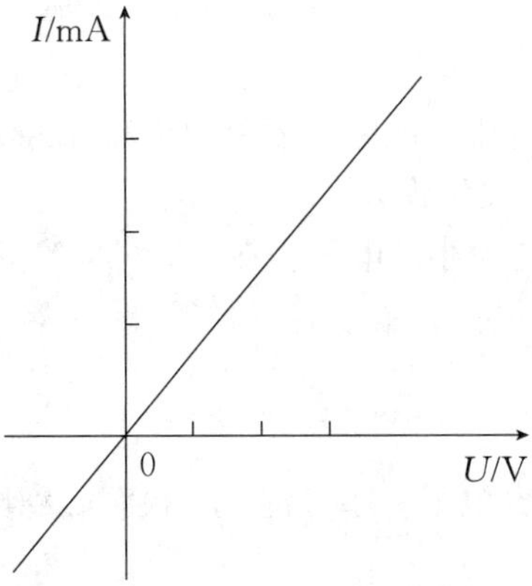

图 3.11.1　线性元件的伏安特性曲线

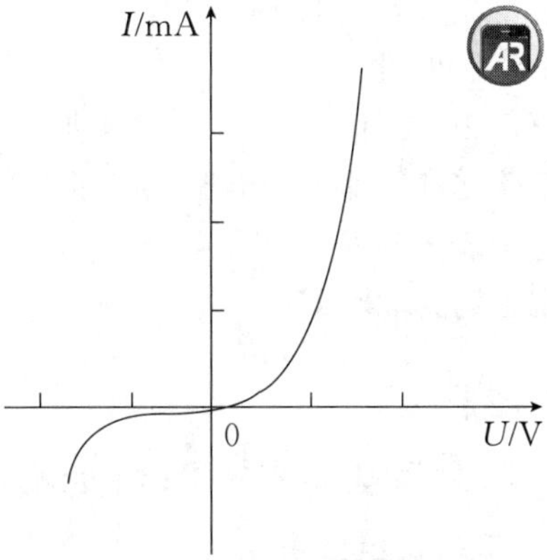

图 3.11.2　非线性元件的伏安特性曲线

2. 实验电路的比较与选择

测量伏安特性的电路如图 3.11.3 和图 3.11.4 所示。

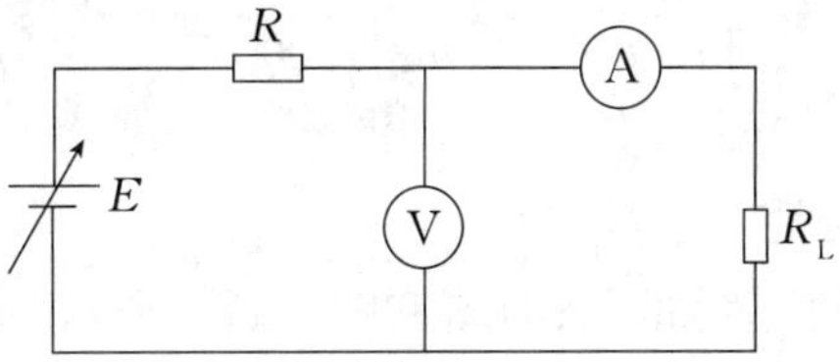

图 3.11.3　电流表内接

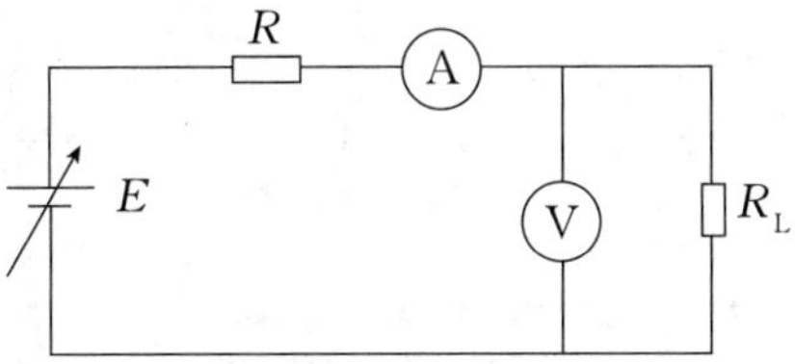

图 3.11.4　电流表外接

图中 E 为可调直流稳压电源，R 为限流电阻，R_L 为被测元件，Ⓥ为三位半数显直流电压表，Ⓐ为三位半数显直流电流表(注意：当测量时电压表或电流表示数显示 1 或 −1 时，表示已超过量程范围，必须扩大量程)。图 3.11.3 所示为电流表内接，图 3.11.4 所示为电流表外接，这两种测量电路都需要同时测量电压和电流，因此都会产生接入误差。现对两种测量电路进行分析。

1)电流表内接

由图 3.11.3 可知，电流表测出流经 R_L 的电流，但电压表测出的是加在 R_L 和电流表两者的电压之和，即由于电流表的接入产生电压的测量误差 U_A。

若电流表内阻 $R_A \ll R_L$，则 $U_A \ll U_L$，误差会比较小。电流表在 200 μA、2 mA、20 mA、200 mA 各挡时所对应的内阻分别为 1 kΩ、100 Ω、10 Ω、1 Ω，可见在 200 mA 挡时，接入电流表产生电压的测量误差 U_A 最小。

2)电流表外接

由图 3.10.4 可知，电压表测出加在 R_L 两端的电压，但电流表测出的是流经 R_L 和电压表的电流之和，即由于电压表的接入产生了电流的测量误差 I_V。

若电压表内阻 $R_V \gg R_L$，则 $I_V \ll I_L$，误差会比较小。电压表在 2 V、20 V 两挡中所对应的内阻均为 220 kΩ。

【实验仪器】

TRM－I 型电阻元件 V－A 特性测量实验仪(包含电阻、小灯泡、二极管、稳压管)。

【实验内容和步骤】

1. 测试金属膜电阻的伏安特性

根据图 3.11.3 和图 3.11.4 分别连接成两种电路。图中 R 为限流电阻，R_L 为被测元件金属膜电阻。

电压表量程置于 20 V，电流表量程置于 20 mA。检查连接正确后，开启并调节直流稳压电源，使电压表指示依次升高为 0.50 V、1.00 V、1.50 V、…、4.00 V，记下相应的电流表读数，填入表 3.11.1 中。

2. 测试小灯泡的伏安特性

测试小灯泡的伏安特性的电路如图 3.11.5 和图 3.11.6 所示。图中限流电阻 R 和金属膜电阻 R_L 并联是为了取得合适的电流数值范围。电压表量程置于 20 V，电流表量程置于 200 mA。

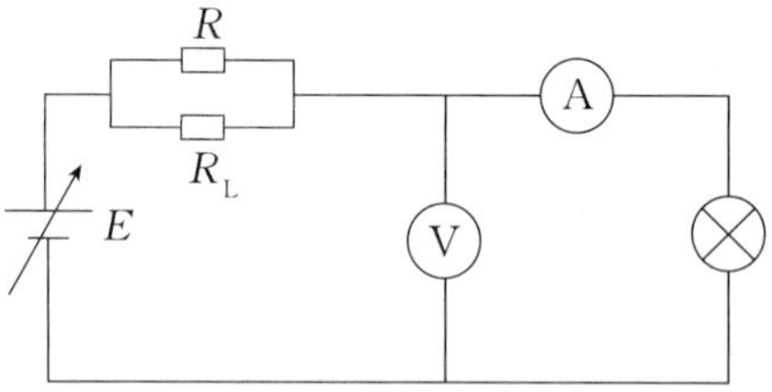

图 3.11.5　内接法

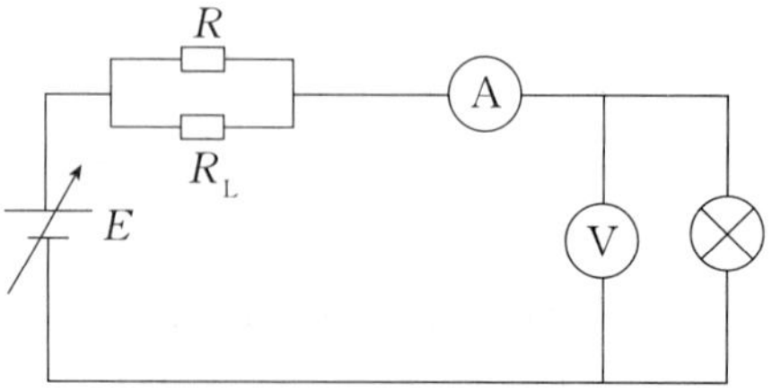

图 3.11.6　外接法

调节稳压电源输出，使电压表示数从 0.1 V，0.2 V，0.3 V…逐渐增大，注意观察小灯泡亮度，记下开始点亮时的电压 V_1 和电流 I_1。此后直流稳压电源每增加 0.5 V 时记一组电压和电流数据(为方便作图，参考电压可从点亮后的整数开始取值)填入表 3.11.2 中，直到电压达到小灯泡的耐压值后不再增加(注意：电压不得超过小灯泡的耐压值)。反向仔细调节稳压电源，在小灯泡快要熄灭时，记下电压 V_2 和电流 I_2，对比点亮电压和熄灭电压是否一致。

3. 测试二极管的正向和反向伏安特性

考虑到二极管导通后电阻值很小，测试二极管的正向伏安特性时采用电流表外接，如图 3.11.7 所示。电压表量程置于 2 V，电流表量程置于 20 mA，逐渐增加稳压电源输出，每次使电压表的读数增加 0.1 V，记下相应的电流表值。当电压增加到 0.6 V 后，电流加速增大出现拐点，此时应减小电压取值间隔，直到电流表超量程时停止测量，测量数据填入表 3.11.3 中。

* 测试二极管反向伏安特性时电流表的内接法如图 3.11.8 所示，电流表量程 200 μA，电压表量程 20 V。将二极管反接，调节稳压电源输出直到 10 V 时停止测量。

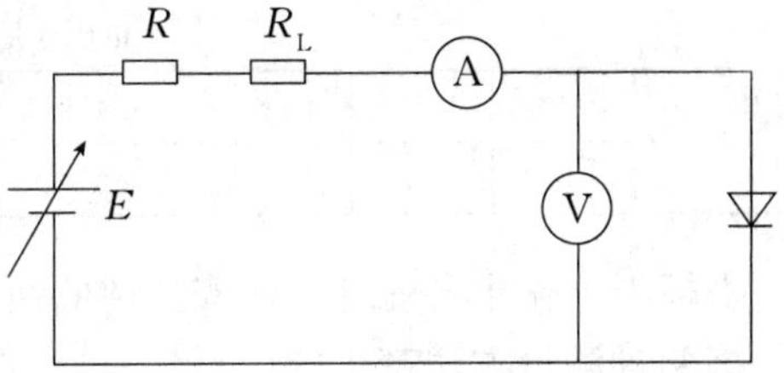

图 3.11.7　二极管正向伏安特性测量

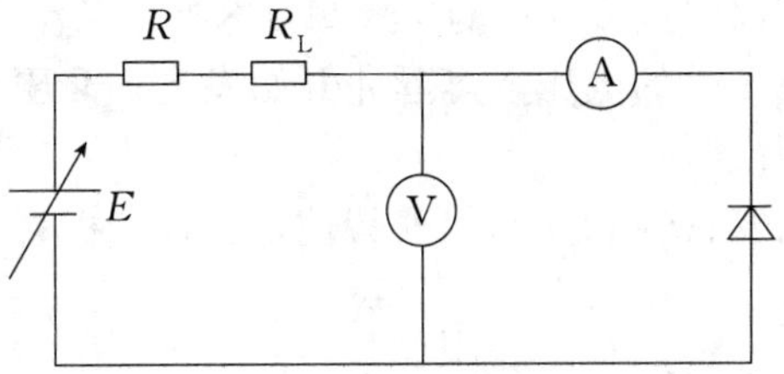

图 3.11.8　二极管反向伏安特性测量

* 4. 测试稳压管的正向和反向伏安特性

测试电路仍采用图 3.11.7 和图 3.11.8 所示的连接方式，测试方法同测试二极管的测试方法。测量正向伏安特性的，电压表量程置于 2 V，电流表量程置于 2 mA；测量反向伏安特性时，稳压管反向连接，电压表量程置于 20 V，电流表量程置于 20 mA，直到电流表超量程时停止测量。

注：* 号内容可视学时选做。

【数据处理】

表 3.11.1 金属膜电阻的伏安特性

电压表量程为 20 V，电流表量程为 20 mA

U/V	0.50	1.00	1.50	2.00	2.50	3.00	3.50	4.00
$I_{内}$/mA								
$I_{外}$/mA								

表 3.11.2 小灯泡的伏安特性

电压表量程为 20 V，电流表量程为 20 mA

内接法 U /V		……	
内接法 I /mA		……	
外接法 U /V		……	
外接法 I /mA		……	

表 3.11.3 二极管的正向伏安特性

电压表量程为 20 V，电流表量程为 20 mA

U /V	0.100	0.200	0.300	0.400	0.500	0.600	0.620	0.640	0.660	0.680	0.700
I /mA											

依照表格数据，在同一坐标纸上作出各元件的伏安特性曲线，对于金属膜电阻由曲线斜率计算电阻，分析内、外接两种测量方法产生的误差。

【思考题】

(1)用伏安法将电流表以内接或外接的方式测量电阻，在什么情况下系统误差较小?

(2)小灯泡导电时，在多大的电压下灯丝才开始发光；升压和降压时，点亮电压和熄灭电压是否一致，如何解释这一现象?

(3)由二极管的正向伏安特性和反向伏安特性，解释二极管的电阻特性，并思考这种特性如何被利用。

实验 3.12 用模拟法测绘静电场

场强和电势是描述静电场的两个基本物理量，二者的空间分布分别采用电场线和等势面来描述。由于带电体的形状比较复杂，其周围静电场的分布情况很难用理论方法进行计算，因此，通常采用实验的方法进行研究。然而在使用静电仪器测量静电场的过程中，常因测量仪器(或其探测头)的介入导致原静电场的分布发生改变，所以采用模拟法，即用恒定电流场模拟静电场的分布。

【实验目的】

(1)学会用模拟法测绘静电场的原理和方法。

(2)了解模拟法的作用和使用条件，加深对电场强度、电场线和电位等基本物理概念的理解。

【实验原理】

模拟法的本质是用一种易于实现、便于测量的物理状态或过程的研究去代替另一种不易实现、不便测量的状态或过程的研究，这种方法在科学实验中应用广泛。

下面以长直同轴圆柱面间的电场分布为例讲解模拟法。

1. 理论依据

1)静电场

图 3.12.1 为一均匀带电的长直同轴圆柱面。内电极 a 是半径为 R_a 的长直导体圆柱，外电极 b 是内半径为 R_b 的同轴长直导体圆筒。设内外电极各带等量异号电荷，两电极之间将产生静电场。两极的电势分别为 $U_a=U_0$ 和 $U_b=0$(接地)。由于对称性，在垂直轴线的任意一个截面内，有均匀分布的辐射状电场线。由电磁学理论可知，均匀带电的长直同轴导体圆柱面之间的电场强度为

$$E=\frac{\lambda}{2\pi\varepsilon r}=k\frac{1}{r} \tag{3.12.1}$$

式中，λ 为导体上电荷线密度；ε 为均匀电介质的介电常量(也称为电容率)；r 为两导体之间任意一点到轴线的距离；$k=\frac{\lambda}{2\pi\varepsilon}$。

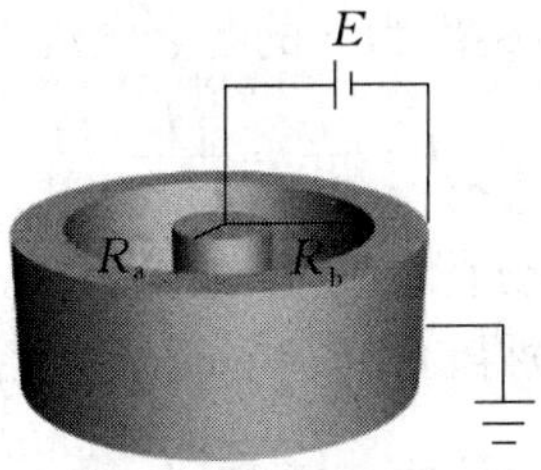

图 3.12.1　均匀带电的长直同轴圆柱面

由电势差的定义，可知两极之间任意一点与外电极之间的电势差

$$U-U_b=\int_r^{R_b}E\,dr=\int_r^{R_b}\frac{\lambda}{2\pi\varepsilon r}dr=\frac{\lambda}{2\pi\varepsilon}\ln\frac{R_b}{r}$$

因为 $U_b=0$，所以到轴线距离为 r 的一点的电势为

$$U=\frac{\lambda}{2\pi\varepsilon}\ln\frac{R_b}{r} \tag{3.12.2}$$

由式(3.12.2)可知 r 相同处电势相等，因此均匀带电的长直同轴圆柱面电场中等势面为一系列同轴圆柱面。

2)恒定电流场(模拟场)

长直同轴圆柱面横断面的二维结构如图 3.12.2 所示。选模拟电极 a 为中心电极，b 为同轴外电极，将其置于导电微晶或导电溶液中。在 a、b 电极之间加上稳恒电压 U_0(中心电极 a 接正极，外电极 b 接负极)，导电介质中就建立起了恒定电流场。由于电极结构对称，

电极间导电介质是均匀的，所以将有恒定电流均匀地沿径向通过，方向从中心电极流向外电极。设距中心 r 处某点 P 的电流密度为 J ，根据欧姆定律的微分形式

$$J=\sigma E$$

可知该点电场强度的大小为

$$E=\frac{J}{\sigma} \tag{3.12.3}$$

式中，σ 为导电介质的电导率；电场方向从中心电极沿径向指向外电极。

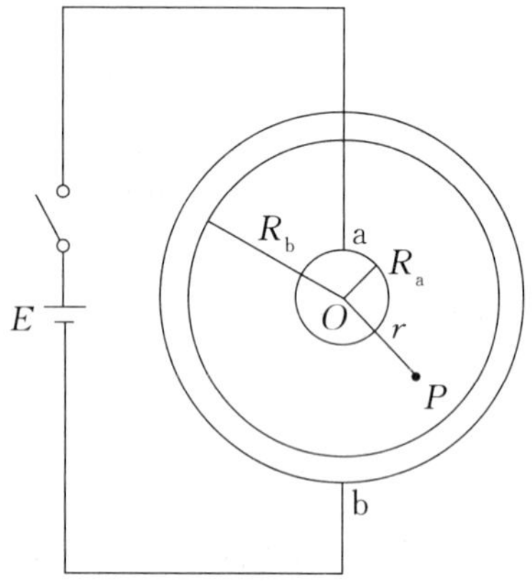

图 3.12.2 长直同轴圆柱面横断面的二维结构

考虑到电极的对称性，与轴线距离为 r 的各点电流密度的大小为

$$J=\frac{I}{S}=\frac{I}{2\pi rd} \tag{3.12.4}$$

式中，d 为薄层介质的厚度；I 为流过薄层介质的电流。

将式(3.12.4)代入式(3.12.3)得

$$E=\frac{I}{2\pi rd\sigma}=k'\frac{1}{r} \tag{3.12.5}$$

其中，$k'=\dfrac{I}{2\pi d\sigma}$ 。

比较式(3.12.1)与式(3.12.5)，不难发现，如果选择适当的电压及导电介质，使得 k' 与 k 成比例，就可以用图 3.12.2 所示的两个电极之间的恒定电流场来模拟长直均匀带电的同轴圆柱面之间的静电场。此恒定电流场中的等势线是一系列同心圆环。

2. 模拟条件

(1)恒定电流场中的电极形状与被模拟静电场中带电体的形状相同。

(2)如果被模拟静电场中的介质均匀分布，则相应的恒定电流场中的导电介质也必须保持均匀分布。

(3)静电场的带电导体是等势体，则相应恒定电流场中作为电极的导体也应该是等势体，这就要求导体电极的电导率远远大于导电介质的电导率，所以导电介质的电导率不宜过大。

3. 测绘方法

场强是矢量，电势是标量，从实验角度测定电势更容易实现，因此可以先测绘等势线，再根据电场线与等势线正交的原则画出电场线，从而形象地反映出电场的分布。

本实验将电源输出端与静电场测绘仪电极相连，电极与导电微晶紧密接触后接通电源，导电微晶上会形成平面电流。将探针与静电场测绘仪电源上的探测端连接，探针固定在导电微晶的某点上，该点的电势值可由表头显示，移动探针可找到电势相同的点，连接这些电势相同的点构成等势线，然后由高电势向低电势方向作电势线的垂线即可得到一系列电场线。这样就可由等势线的间距，电场线的疏密和指向，将抽象的电场形象地反映出来。

【实验仪器】

静电场测绘仪、静电场测绘仪电源、连接线。

本实验选择的导电介质是导电微晶，该介质的均匀性及电导率容易满足实验条件。此外，也可以用按一定比例配制的水(非纯净水)作为导电介质，但缺点是容易锈蚀电极。

【实验内容和步骤】

1. 描绘带电长直同轴圆柱面的等势面及电场线

(1)实验前检查探针是否完好，是否出现弯曲、折断等问题，确保探针与导电微晶良好接触，记录纸保持平整没有褶皱并固定好。测绘等势线前，应首先在导电纸或记录纸上画出所用电极的实际形状、大小和位置。按要求连接好测量电路，检查无误后接通电源。

(2)将坐标纸固定在静电场测绘仪上层的载纸板上，并用磁条压好。探针的下针放入电极内，上针放在坐标纸上准备打孔。如果用水作为导电介质，需要将事先配置好的水注入带同轴圆柱电极板的水槽内，使水恰好浸没电极。

(3)将电源输出电压调整为10.00 V，再将输出与测量开关旋到测量端。

(4)将探针的下针对准内电极中心，上针在坐标纸上打孔。以该点为中心等角度地作八条辐射线，用探针沿着八条辐射线从中心向外的方向移动，找到电势分别为6.00 V、5.00 V、4.00 V、3.00 V、2.00 V、1.00 V的点并打孔；测绘等势线时，在曲线转折处或两条曲线靠近处，应密集取点记录。

(5)取下坐标纸，用直尺或其他方法测出 R_a 和 R_b 的值，以及各等势点到中心点的距离记入表3.12.1中。

(6)参考图3.12.3模拟均匀出带电的长直同轴圆柱面的等势线及电场线。

2. 描绘等量异号点电荷间的等势面及电场线

(1)模拟电极为平行输出线，将10.00 V电压加在平行输出线两电极之间。

(2)将探针的下针对准电极中心，上针在坐标纸上打孔，移动探针位置分别找到电势为8.00 V、6.50 V、5.00 V、3.50 V、2.00 V点并打孔，同一电势值在两电极之间至少找九个点(打点间距不要太密)；

(3)参考图3.12.4模拟出等量异号点电荷之间的等势面及电场线。

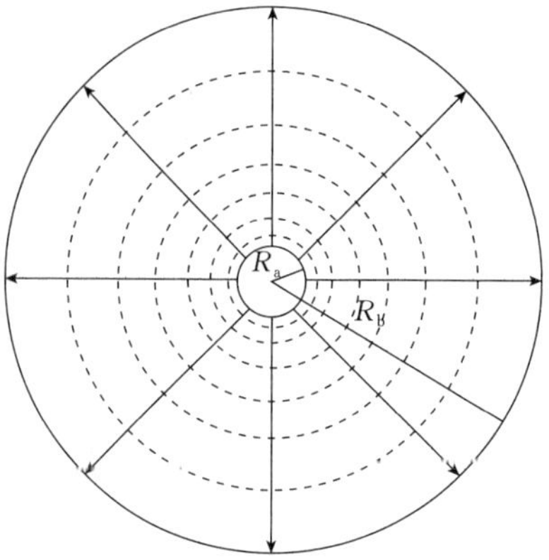

图 3.12.3　均匀带电的长直同轴圆柱面间的等势面及电场线

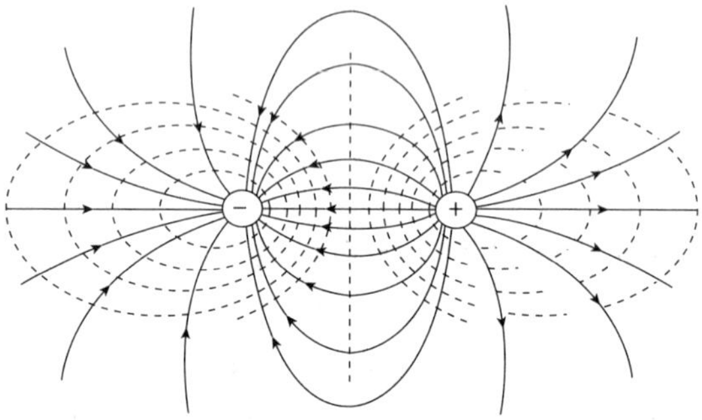

图 3.12.4　等量异号点电荷的等势面及电场线

【数据处理】

表 3.12.1　等势点测量

U/V	r_i/cm								$\bar{r}_i$/cm
	1	2	3	4	5	6	7	8	
6.00									
5.00									
4.00									
3.00									
2.00									
1.00									

【思考题】

(1)根据所得到的电场线和电势线，分析模拟静电场的强度分布。

(2)交换极间电压的正负，所得到的等势线、电场线有何变化?

(3)试分析恒定电流场中电极的形状或者尺寸的变化会使电场分布有什么改变。

实验 3.13　数字示波器的使用

数字示波器的使用

示波器是一种用途十分广泛的电子测量仪器。它能把肉眼看不见的电信号变换成看得见的图像，便于研究各种电现象的变化过程，被誉为“电子工程师的眼睛”。按照结构和性能不同可以将示波器分为普通示波器、多用示波器、多线示波器、多踪示波器、取样示波器、记忆示波器等；按照信号的不同可以将示波器分为模拟示波器、数字示波器。模拟示波器发展较早，技术也非常成熟，其优点主要是带宽大、成本低。随着数字技术的飞速发展，数字示波器进入了人们的视野。数字示波器相较于模拟示波器有更大的优势，不仅具有可存储波形、体积小、功耗低、使用方便等优点，还具有强大的信号实时处理分析功能以及输入输出功能，可以与计算机或其他外设相连实现更复杂的数据运算或分析。随着相关技术的发展，数字示波器的频率范围也越来越大，其使用范围将更为广泛。因此，学习数字示波器的使用具有重要的意义。

【实验目的】

(1)了解示波器的基本结构及工作原理，掌握数字示波器和信号发生器的使用及方法。

(2)掌握示波器观察电信号波形的方法，学会使用示波器测量电压、周期及频率等参量。

(3)通过观测李萨如图形，加深对互相垂直谐振动合成理论的理解，并学会一种测量正弦振动频率的方法。

【实验原理】

数字示波器与模拟示波器的区别在于信号进入示波器后将立刻通过高速 A/D 转换器对模拟信号前端快速采样，存储其数字化信号。并利用数字信号处理技术对所存储的数据进行实时快速处理，得到信号的波形及其参数，并由示波器显示，从而实现模拟示波器功能。数字示波器测量精度高，还可以存储和调用显示特定时刻信号。

1. 数字示波器原理框图

一个典型的数字示波器原理图如图 3.13.1 所示，模拟输入信号先适当地放大或衰减，然后再进行数字化处理。数字化包括“取样”和“量化”两个过程，取样指获得模拟输入信号的离散值，量化指使每个取样的离散值经 A/D 转换成二进制数字。最后，数字化的信号在逻辑控制电路的控制下依次写入存储器中，CPU 从存储器中依次把数字信号读取并在显示屏上显示相应的信号波形。GPIB 为通用接口总线，通过它可以程序控制数字示波器的工作状态，并且使内部存储器和外部存储器数据交换成为可能。

由此可见，数字示波器必须要完成波形的取样、存储和波形的显示，为了满足一般应用的需求，几乎所有微机化的数字示波器都提供了波形的测量与处理功能。

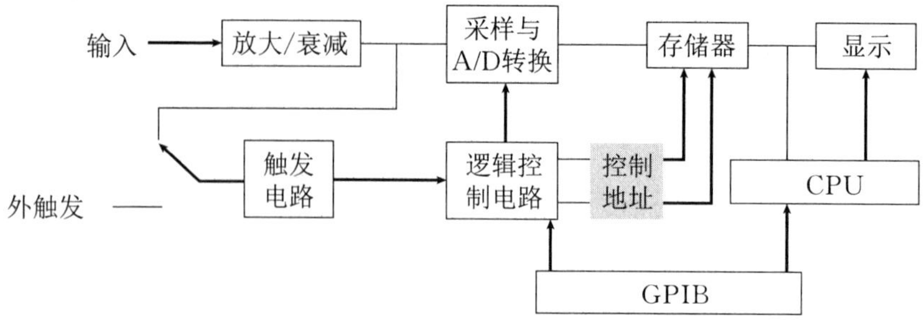

图 3.13.1　典型数字示波器原理图

2. 波形的显示和信号的触发

根据采样定理，只要采样频率大于或等于有效信号最高频率的两倍，采样值就可以包含原始信号的所有信息，被采样的信号就可以不失真地还原成原始信号。示波器屏幕显示的波形由一系列密集的点构成，当在一个周期内采样点数较少时，被观察的信号所呈现的正弦波形就很难辨认，如图 3.13.2(a)所示。为了有效地克服此问题，同时又不降低带宽指标，数字滤波器往往采用插值显示，即在波形上两个测试点数据之间进行估值。估值方式通常有矢量插值法和正弦插值法两种，矢量插值法是用斜率不同的直线段来连接相邻的点，当被测信号的频率小于采样频率的 1/10 时，采用矢量插值法可以得到满意的效果；正弦插值法是以正弦规律用曲线连接各数据点的显示方式，它能显示信号频率小于采样频率的 1/2.5 的被测波形，其能力已接近奈奎斯特极限频率。

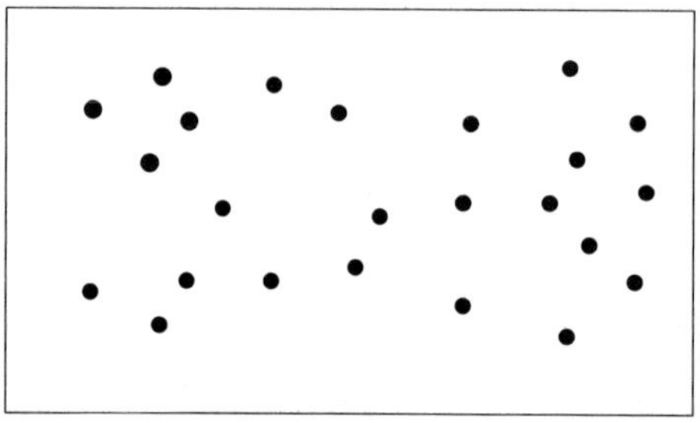

(a)

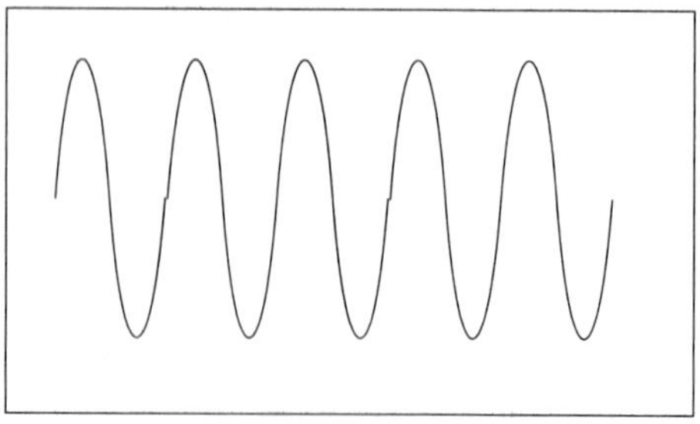

(b)

图 3.13.2　波形的插值显示

为了实时稳定地显示信号波形，示波器必须重复地从存储器中读取数据并显示。此外必须采用触发技术，保证每次显示的曲线和前一次显示的曲线重合，一般的触发方式为：输入信号经放大或衰减后分送至 A/D 转换器的同时也分送至触发电路，触发电路根据一定的触发条件(如信号电压达到某值并处于上升沿)产生触发信号，控制电路一旦接收到来自触发电路的触发信号，就启动一次数据采集与存储器写入循环。

触发决定了示波器何时开始采集数据和显示波形。如果示波器没有触发，示波器可能会采集波形任意一段时间的位置，下一个波形又可能采集到另外一个位置，这样波形显示就是不稳定的；一旦示波器触发，不稳定的显示或黑屏将被转换为有意义的波形。示波器先收集足够的数据用来在触发点的左方画出波形，并在等待触发条件发生的同时连续地采集数据，当检测到触发后，示波器连续地采集足够的数据以在触发点的右方画出波形。

触发可以从多种信源得到，如输入通道、外部触发等。常见的触发类型包括边沿触发和视频触发；常见的触发方式可分为自动触发、正常触发和单次触发。

【实验仪器】

DG1022 型函数发生器、DS1000D 型数字示波器。

【实验内容和步骤】

1. 熟悉数字示波器及多功能函数信号发生器的功能

1)测量电压

把待测信号输入到示波器的 y 轴输入端，调节示波器屏幕显示出正弦波形，如图 3.13.3 所示。调节垂直旋钮，使正弦波图形置于适当位置，按下保存按钮，再按下测量键，记录电压峰峰值 U_{PP} 。

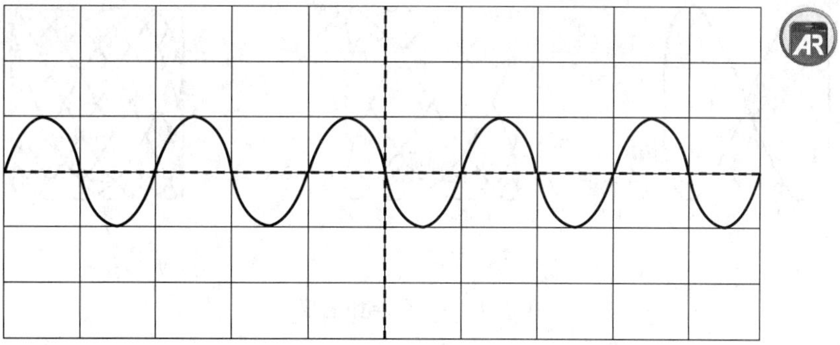

图 3.13.3　正弦波信号

2)测量频率、周期

在步骤 1)的基础上，进一步测量记录信号的频率和周期，填入表 3.13.1 中。

2. 利用李萨如图形测定信号频率

在 x 轴输入端输入正弦信号，频率为 f_x ，在 y 轴输入端输入另一正弦信号，频率为 f_y ，当两者的频率成简单整数倍关系时，示波屏上就显示出稳定的图形，称为李萨如图形。图 3.13.4 描述了李萨如图形的形成原理。图 3.13.5 表示两个相互垂直的电压合成的不同的李萨如图形。其中，前两图为两个相互垂直的正弦波电压合成的李萨如图形，后两图为 x 轴和 y 轴分别为三角波和余弦波信号合成的李萨如图形。若以 n_x 和 n_y 分别表示李萨如图形与外切水平线及外切垂直线的切点数，则其切点与正弦波频率之间有如下关系

$$f_y/f_x = n_x/n_y \tag{3.13.1}$$

若已知 f_x（或 f_y）和从示波屏上读得的 n_x 和 n_y，就可以由式(3.13.1)计算出 f_y（或 f_x），填入表 3.13.2 中。

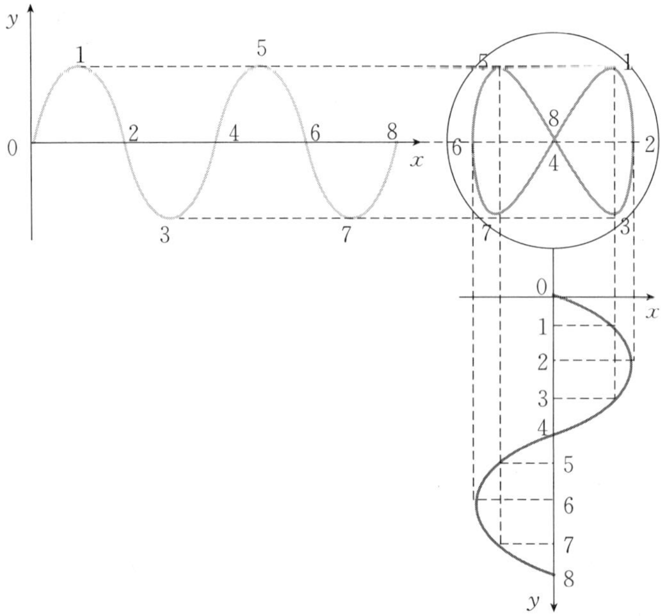

图 3.13.4　李萨如图形的形成原理

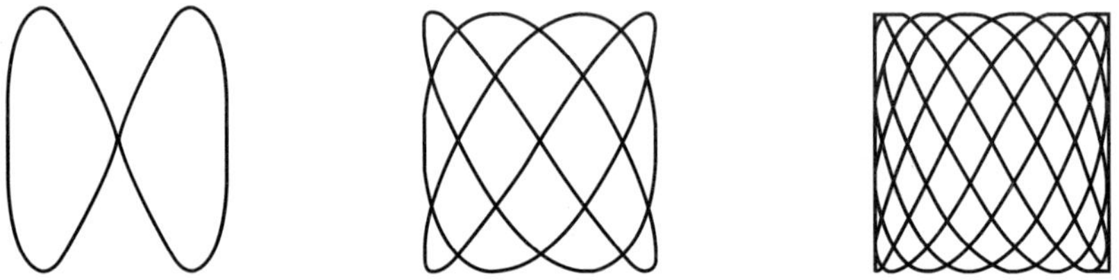

$\frac{f_y}{f_x}=\frac{n_x}{n_y}=\frac{2}{1}$　　$\frac{f_y}{f_x}=\frac{n_x}{n_y}=\frac{4}{3}$　　$\frac{f_y}{f_x}=\frac{n_x}{n_y}=\frac{8}{5}$

图 3.13.5　李萨如图形

具体操作步骤如下所示。

(1)在菜单中设置 X－Y 模式，将 DG1022 型函数发生器一路主信号输出(MAIN)的正弦波频率调整到约 1 kHz，作为已知的 f_x 输入到 CH1 通道。

(2)将其另一路信号作为未知的 f_y 信号输入到 CH2 通道。分别测量 $f_y/f_x=1/1$、1/2、1/3、3/2 的李萨如图形并画在坐标纸上，验证 $f_y/f_x=n_x/n_y$ 关系式的成立。

3. 利用李萨如图形测定两同频率信号之间的相位差

设一信号为 $x=A\sin\omega t$，另一信号为 $y=B\sin(\omega t+\Phi)$，分别输入 x 轴和 y 轴的输入端，在示波屏上显示如图 3.13.6 所示的椭圆，可以由椭圆的性质确定其位相差 Φ。

当 $x=0$ 时，即 $A\sin\omega t=0$ 时，

$$\omega t=n\pi \qquad (n=0,1,2,\cdots)$$

$$y=B\sin(\omega t+\Phi)=B\sin\Phi=\pm b$$

$$\Phi=\sin^{-1}(b/B) \tag{3.13.2}$$

从图 3.13.6 中可测得 $2B$（它是椭圆在 y 轴方向上的最大投影）和 $2b$（它是椭圆在 y 轴上的截距），利用式(3.13.2)即可得出两个相同频率正弦信号的位相差。

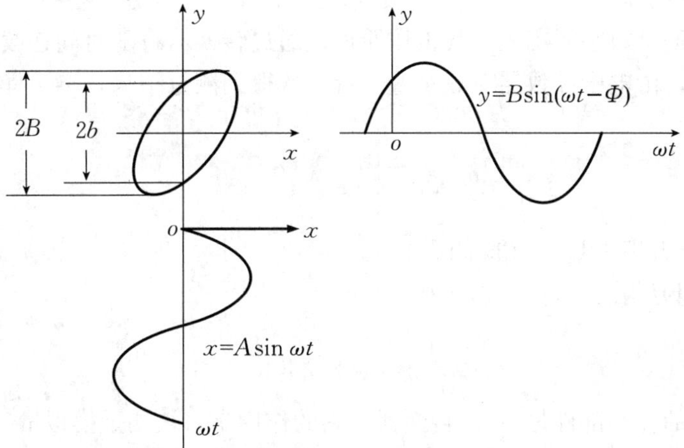

图 3.13.6　频率相同具有相位差的两个信号的合成

【数据处理】

表 3.13.1　数字示波器及信号发生器的基本使用

信号发生器频率/Hz	100	200	500	1000	2000
时基/(ms/cm)					
厘米数/格数					
周期/ms					

表 3.13.2　李萨如图形的观测与分析

f_y/f_x	f_y	f_x	n_x	n_y
1/1				
1/2				
1/3				
3/2				

【思考题】

(1)如何在数字示波器上显示出稳定的李萨如图形？

(2)李萨如图形有什么用处？

实验 3.14 数字万用表的使用

万用表是一种多用途电子测量仪器，一般包含安培计、电压表、欧姆计等功能，有时也称为万用计、多用计、多用电表或三用电表等，其主要功能是对电压、电阻和电流进行测量，常用于物理、电气、电子等测量领域。按显示类型可分为指针万用表和数字万用表，本实验使用的是数字万用表，其工作原理是通过转换器将随时间连续变化的模拟电压量转换成数字量，由电子计数器对数字量进行计数得到测量结果，再由译码显示电路将测量结果显示出来。

【实验目的】

实验背景与原理

（1）了解数字万用表基本功能框图。

（2）学习使用万用表。

【实验原理】

数字万用表的核心部件是 A/D 转换器，它的作用是将被测量模拟量(A)转换成离散形式的数字量(D)，然后通过计数器在显示屏上用数字显示测量的结果，如图 3.14.1 所示。

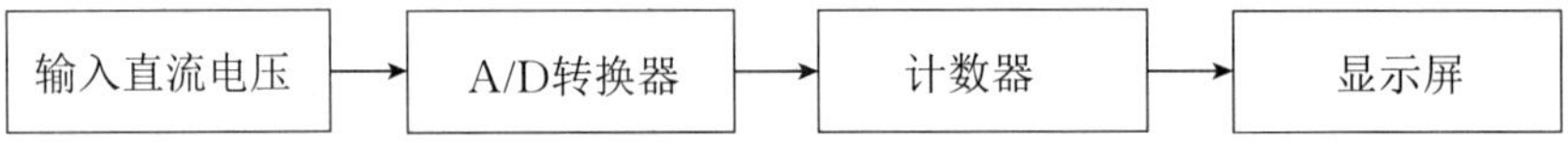

图 3.14.1

数字万用表可以直接测量直流电压，其他的测量都是通过各种转换器转换为直流电压后再进行测量，如，$I-V$ 转换器(直流电流转换成直流电压)；$AC-DC$ 转换器(交流电压转换成直流电压)；$R-V$ 转换器(电阻转换成直流电压)；$i-V$ 转换器(交流电流转换成直流电压)等。数字万用表基本功能的总框图，如图 3.14.2 所示。

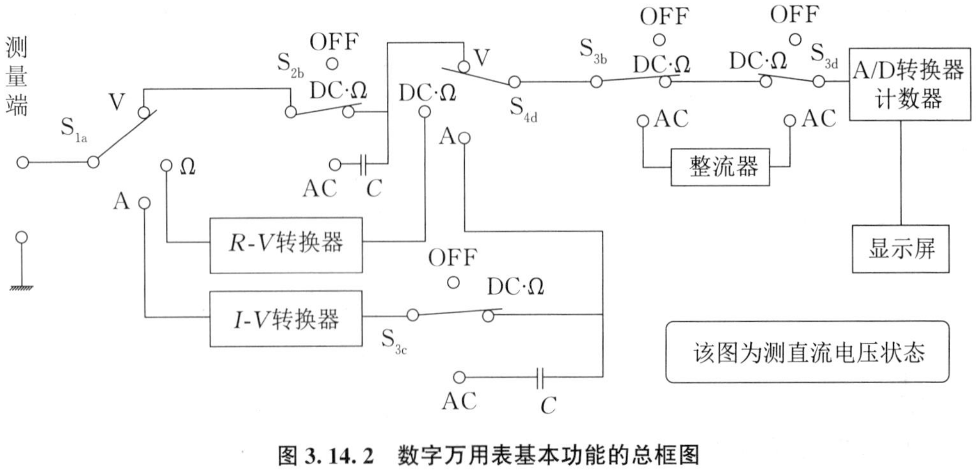

图 3.14.2 数字万用表基本功能的总框图

图3.14.2中开关放置位置是测量直流电压状态。测量交流电压时，将S_{1a}拨至V挡，S_{2b}、S_{3b}、S_{3d}拨至AC挡；测量电阻时，将S_{1a}拨至Ω挡，S_{4d}拨至DC·Ω挡；测量直流电流时，将S_{1a}拨至A挡，S_{3c}拨至DC·Ω挡，S_{4d}拨至A挡；测量交流电流时，将S_{1a}拨至A挡，S_{3c}、S_{3b}、S_{3d}拨至AC挡，S_{4d}拨至A挡。数字万用表还具有自动调零和利用蜂鸣器检查线路的通断功能。数字万用表的技术指标的介绍如下。

1. 准确度

$$准确度=\pm(a\%读数值\pm n个字)$$

式中，$a\%$为读数值综合误差；n为数字化误差，也就是数字万用表的固有误差，它是数字化误差项折合成的末位数字变化量。$a\%$和n个字根据测量挡的变换已经由厂家提供。数字万用表准确度等级直接反映相对误差的大小。例如，相对误差<0.1%就表示准确度为0.1级，以此类推。

2. 显示位数

数字万用表的显示位数一般为3～8位，如3位、3$\frac{1}{2}$位、3$\frac{3}{4}$位……位数的表示规定如下：若最高位只能显示0或1(0也可以消隐)则算为半位，其他位能显示0～9中的所有数字则算为整位。例如，3$\frac{1}{2}$位(读作三位半)数字万用表的最大显示值为1 999，说明显示位数中有3个整数位，1个半位；若最高位只能显示0～2中的数字，则最高位为$\frac{3}{4}$位。因此，3$\frac{3}{4}$位的最大显示值应为2 999。

3. 分辨率

能够读取到的测量值的最小变化量，反映到数字万用表上就是电压最小量程上末位一个字所对应的电压值称为分辨率。分辨率反映出仪器灵敏度的高低。如3$\frac{1}{2}$位数字万用表的电压分辨率可以达到0.1 mV。

4. 保护功能

数字万用表内部具有保护电路，以免误操作时损坏集成电路。常用的保护有过压保护、过流保护及电阻挡保护。

【实验仪器】

数字万用表、直流稳压电源、滑线变阻器、电阻箱、开关、导线等。

万用表使用说明如下所示。

使用前注意测试表笔插孔旁的符号"⚠"，这是警告测试的电压和电流不要超出指示数字。此外，在使用前应先将量程开关置于即将测量的量程挡上，如果不清楚被测量的范围，应先置于最高量程挡并根据实际值逐渐调低。如果显示屏只显示"1"或"0L"，说明被测量量已超过该量程，量程开关需要调高。万用表型号不同，面板也不同，具体使用方法也稍有不同，下面以DT9973型数字万用表为例，介绍万用表的使用方法，该万用表面板示意图如图3.14.3所示。

实验仪器与操作

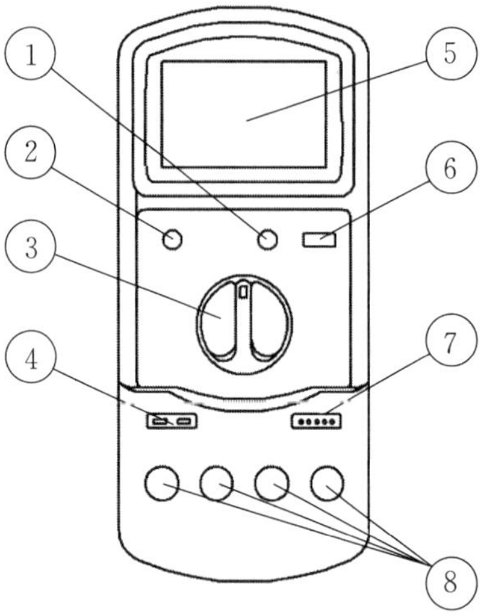

1.背光源开关
2.电源开关
3.量程开关
4.电容测试插口
5.显示屏
6.读数器保持开关
7.三极管hFE测试插口
8.表笔插口

图 3.14.3 DT9973 型数字万用表面板示意图

1. 直流电压测量

(1)将黑表笔插入 COM 插孔，红表笔插入 V/Ω/Hz 插孔。

(2)将量程开关置于$\underset{\overline{---}}{A}$量程范围，表笔并联在被测负载或信号源上，红表笔所接端的极性也将同时显示。

2. 交流电压测量

(1)将黑表笔插入 COM 插孔，红表笔插入 V/Ω/Hz 插孔。

(2)将量程开关置于 $\underset{\sim}{V}$ 量程范围，表笔并联在被测负载或信号源上。

3. 直流电流测量

(1)将黑表笔插入 COM 插孔，当被测电流在小于 200 mA 时将红表笔插入 mA 插孔，如被测电流在 200 mA～10 A 之间时则将红表笔插入 A 插孔。

(2)将量程开关置于$\underset{\overline{---}}{A}$量程范围，万用表串联在被测电路中，仪表在显示电流读数时，红表笔所接端的极性也将同时显示。

4. 交流电流测量

(1)将黑表笔插入 COM 插孔，当被测电流在 200 mA 以下时将红表笔插入 mA 插孔，如被测电流在 200 mA～10 A 之间时则将红表笔插入 A 插孔。

(2)将量程开关置于 $\underset{\sim}{A}$ 量程范围，万用表串联在被测电路中。

5. 电阻测量

(1)将黑表笔插入 COM 插孔，红表笔插入 V/Ω/Hz 插孔。

(2)将量程开关置于 Ω 量程范围，将测试笔跨接到待测电阻上。

(3)检测在线电阻时，务必确认电路已关闭电源同时电容已放电完毕，方可进行测量。

(4)200 Ω 挡有内阻，测量时应从读数中减去。内阻测量方法：将量程开关置于 200 Ω 挡，将表笔插好后，红黑表笔直接短接，待示数稳定后，显示的数值即为内阻。

其余电学量的测量方法详见仪器说明书。

【实验内容和步骤】

实验电路如图 3.14.4 所示。实验要求学生调节电路，使电路满足 $E=6.00$ V、$U_{ac}=4.00$ V、$I_2=30.0$ mA，并测量其余电压、电流、电阻，填入表 3.14.1 中，进行计算，最后对误差来源进行分析。

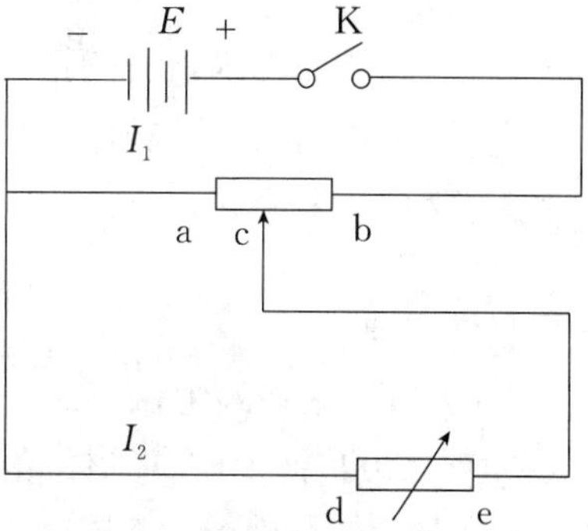

图 3.14.4　实验电路

(1)根据图 3.14.4 连接电路，调节电源电压为 6.00 V。

(2)反复调节滑线变阻器及电阻箱，使 $U_{ac}=4.00$ V、$I_2=30.0$ mA。

(3)测量电压 U_{bc} 、U_{de} 和电流 I_1。

(4)断开所有线路，测量电阻 R_{ab}、R_{ac}、R_{bc}、R_{de}。

(5)依照公式，计算步骤(4)中的四个电阻，并与测量值进行比较。

(6)整理实验仪器。

【数据处理】

表 3.14.1　数字万用表实验数据

$E=6.00$ V	$U_{ac}=4.00$ V	$I_2=30.0$ mA
$U_{bc}=$	$U_{de}=$	$I_1=$
$R_{ab}=$	$R_{ac}=$	$R_{bc}=$
$R_{de}=$	$R_{ac}=\dfrac{U_{ac}}{I_1}=$	$R_{ab}=\dfrac{U_{ac}}{I_1}+\dfrac{U_{bc}}{I_1+I_2}=$
$R_{de}=\dfrac{U_{de}}{I_2}=$	$R_{bc}=\dfrac{U_{bc}}{I_1+I_2}=$	内阻 $r=$

【思考题】

(1)用数字万用表 200 Ω 挡测量低值电阻时，是否应对低值电阻测量结果进行修正？

(2)当数字万用表在欧姆挡(Ω)时，待测线路能否带电？为什么？

实验 3.15　用惠斯通电桥测电阻

电阻是电路的基本元件之一。电阻的测量有多种方法，如伏安法、欧姆表测量电阻、电桥法等。用伏安法测电阻，受所用电表内阻的影响，在测量中往往引入方法误差；用欧姆表测量电阻，虽较方便，但测量精度不高。在精确测量电阻时，常使用电桥进行测量，其中惠斯通电桥适用于测量中值电阻($1\sim10^6$ Ω)。

电桥不仅可以测量电阻，还可以测量许多与电阻有关的电学量和非电学量，且在自动控制技术中也得到了广泛的应用。

【实验目的】

实验背景与原理

(1)掌握用惠斯通电桥测量电阻的原理和方法。

(2)了解电桥的测量精度所依赖的条件。

(3)学会计算电桥误差。

【实验原理】

1. 惠斯通电桥的工作原理

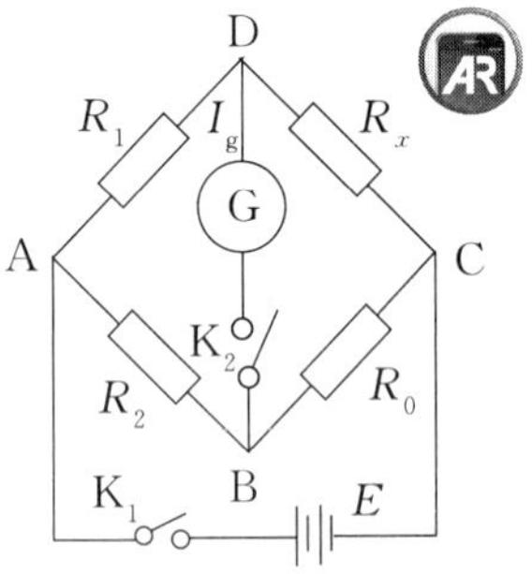

图 3.15.1　惠斯通电桥的工作原理图

惠斯通电桥的工作原理图如图 3.15.1 所示。AB、BC，CD 和 DA 4 条支路分别由 4 个不同电阻组成，称为电桥的四条桥臂。桥臂 CD 接待测电阻 R_x，称为待测臂；桥臂 AD、桥臂 AB 接可调电阻 R_1、R_2，称为比率臂；桥臂 BC 接可调电阻 R_0，称为比较臂。比率臂和比较臂的电阻均为标准电阻。在 BD 对角间连接检流计 G 和开关 K_2，所谓“桥”就是指该支路，它像“桥”一样架在电桥的四个臂上。在 AC 对角间连接电源 E，开关 K_1。当接通 K_1 和 K_2 后，各支路中均有电流流过。检流计支路起到了连通 ABC 和 ADC 两条支路的作用，可直接比较 B、D 两点之间的电位。适当调节各桥臂电阻值，使检流计的电流为零，即 $I_g=0$，这时，B、D 两点电位相等，电桥达到平衡状态。平衡时，根据欧姆定律可知

$$I_1R_1=I_2R_2$$

$$I_1R_x=I_2R_0$$

将上面两式联立，解得

$$R_x=\frac{R_1}{R_2}R_0=kR_0 \tag{3.15.1}$$

式(3.15.1)称为电桥平衡条件，其中 $k=\dfrac{R_1}{R_2}$ 称为比率值。

调节电桥达到平衡的方法有两种：一是取比率值 k 为定值，调节比较臂 R_0；二是保持 R_0 不变，调节 k 的值。后一种调节方法准确度较低，因此，实验时采用第一种调节方法。

用惠斯通电桥测电阻，是将待测电阻和标准电阻相比较来确定待测电阻的电阻值，因为不用电流表和电压表，所以与电表的准确度无关；并且由于标准电阻的准确度较高，因此电桥法测电阻的准确度很高。

将灵敏检流计、电源、开关和 3 个可调的标准电阻箱等组成电桥的元件组装在一个箱子内，即成为便于携带、使用方便的箱式电桥，其中 QJ－23 型电桥是目前应用最广的惠斯通电桥。

2. 电桥灵敏度

用电桥测电阻的关键在于调节电桥平衡，电桥是否平衡是通过观察检流计是否偏转来判断的。在判断检流计是否偏转的过程中存在如下问题：①检流计的灵敏度是有限的；

②检流计指针有一定的宽度；③人眼在读数时存在视觉误差。一般情况下检流计指针偏转小于0.2格(流过检流计的电流小于10^{-7}A)，会误以为检流计指针已指零，从而造成电桥测出的R_x的值与待测电阻的电阻值之间存在误差。检流计偏转0.2格所引起的R_x的测量误差，称为电桥的灵敏阈，用ΔS表示，可以用两步替代来计算其大小。

(1)0.2格偏转无法辨认，可以用较大的偏转来替代。为R_x改变ΔR_x时，检流计会偏转Δn格(2～4格)，由于偏转量较小，此时Δn与改变量ΔR_x成正比，即$\frac{0.2}{\Delta n}=\frac{\Delta S}{\Delta R_x}$，电桥的灵敏阈

$$\Delta S=\frac{0.2}{\Delta n}\Delta R_x \tag{3.15.2}$$

(2)R_x不可变，可以改变R_1、R_2或R_0，为此引入电桥灵敏度的概念，用S表示。其定义如下

$$S=\frac{\Delta n}{\Delta R_i/R_i} \tag{3.15.3}$$

式中，ΔR_i是电桥平衡后R_i的微小改变量；Δn是ΔR_i这个微小改变量所引起的检流计的偏转格数。可以证明，对于由一定的检流计和一定阻值的电阻组成的电桥，无论改变哪一个臂，电桥灵敏度都相同。式(3.15.3)定义的灵敏度是唯一确定的，可得

$$S=\frac{\Delta n}{\Delta R_0/R_0}=\frac{\Delta n}{\Delta R_x/R_x}$$

上式又可写成

$$S=R_0\frac{\Delta n}{\Delta R_0}=R_x\frac{\Delta n}{\Delta R_x} \tag{3.15.4}$$

将式(3.15.2)和式(3.15.4)联立可得

$$\Delta s=\frac{0.2}{\Delta n}\times\Delta R_x=\frac{0.2}{S}\cdot R_x \tag{3.15.5}$$

实验和理论都证明，电桥灵敏度与下列因素有关。

(1)在不超过各臂电阻额定功率的条件下，与电源电动势成正比。

(2)与检流计的电流灵敏度S_i成正比。但是S_i值大，电桥就不易稳定，平衡调节比较困难；S_i值小，测量准确度低。因此，选用适当的灵敏检流计是必要的。

(3)与桥路电阻有关。在检流计电流灵敏度相同的情况下，桥路电阻越小，灵敏度越高；反之越低。

(4)与电源支路的电阻有关。随着电桥逐渐趋于平衡，电源支路的电阻会逐步降到最低。

(5)与检流计和电源所接的位置有关。

(6)与臂的匹配有关。理论计算证明，在$R_1=R_2=R_0=R_x$的情况下，测出的结果最理想。

3. 电桥的允许基本误差

以间接测量的绝对误差(电阻箱引入的误差)Δa作为电桥的允许基本误差，其值为

$$\Delta a=E_r\cdot R_x \tag{3.15.6}$$

$$E_r=\frac{\Delta a}{R_x}=\frac{\varepsilon R_1}{R_1}+\frac{\varepsilon R_2}{R_2}+\frac{\varepsilon R_0}{R_0} \tag{3.15.7}$$

其中，εR_i 是电阻箱的绝对误差。绝对误差计算实例如表 3.15. 所示（ε 为电阻箱的准确度等级）。

表 3.15.1 绝对误差计算实例

电阻箱倍率	×10 000	×1 000	×100	×10	×1	×0.1
ε	0.1	0.1	0.5	1	2	5

例如，当 $R_0=1\ 998.6\Omega$ 时，可得

$\varepsilon R_0=1\ 000\times0.1\%+900\times0.5\%+90\times1\%+8\times2\%+0.6\times5\%=6.59$

R_x 测量结果的绝对误差为 $U(R_x)$

$$U(R_x)=\sqrt{\Delta a^2+\Delta s^2} \tag{3.15.8}$$

【实验仪器】

万用表、检流计、稳压电源、电阻箱、待测电阻、开关、导线等。

实验仪器与操作

【实验内容和步骤】

（1）用万用表粗测待测电阻 R_x（R_{x1} 和 R_{x2}）。

（2）根据图 3.15.1 连接电路，R_1、R_2 和 R_0 都是使用的电阻箱。

（3）电源电压 E 取 3 V，待测电阻取几千欧姆和几百欧姆两种。

（4）根据被测电阻 R_x 的粗测值，适当选取 R_1 和 R_2 的电阻值。

（5）由所取的 R_1 和 R_2 的电阻值及 R_x 的粗测值，根据式(3.15.1)估算出 R_0 的值，然后将 R_0 调节至该电阻值，闭合开关 K_1 和 K_2，调节 R_0 使检流计的指针指在零的位置上，此时电桥处于平衡状态，记录 R_0 的值。（为了保护检流计，接通电源时，应先闭合开关 K_1，再闭合开关 K_2；断开时，应先断开开关 K_2，再断开开关 K_1。电桥达到平衡后，为了更好地判断检流计电流是否为零，应反复开合开关 K_2，细心观察检流计的指针是否摆动。）

（6）测电桥灵敏度。调节 R_0 使电桥达到平衡，记录下 R_0 的值后改变 R_0（增加/减小），使检流计偏转 2 ～ 4 格，记录 ΔR_0 的值和 Δn 的值。

（7）将 R_0、ΔR_0、Δn 等值填入表 3.15.2 和表 3.15.3 中。

（8）由式(3.15.1)、式(3.15.4)～式(3.15.8)分别计算出 $\bar{R}_x$ 、S 、Δs 、Δa 和 $U(R_x)$ ，将这些数值及 $R_x=\bar{R}_x\pm U(R_x)$ 值填入表 3.15.2 和表 3.15.3 中。

【数据处理】

表 3.15.2 待测电阻 R_{x1} 的测量数据

次数	$k=R_1/R_2$	R_0	$\bar{R}_x$	ΔR_0	Δn_1	Δn_2	Δn	S	Δs	Δa	$U(R_x)$	$R_x=\bar{R}_x\pm U(R_x)$
1	100/100											
2	100/1 000											
3	1 000/100											

表 3.15.3　待测电阻 R_{x2} 的测量数据

次数	$k=R_1/R_2$	R_0	R_x	ΔR_0	Δn_1	Δn_2	Δn	S	Δs	Δa	$U(R_x)$	$R_x=\bar{R}_x \pm U(R_x)$
1	100/100											
2	100/1 000											
3	1 000/100											

【思考题】

(1)电阻 R_n 有何作用？它是否会影响电桥的平衡？

(2) $R_1=R_2$，调节电桥平衡，得出 R_{01}；若 R_1 和 R_2 对调后，电桥不再平衡，此时重新调节平衡，得出 R_{02}。试证明，在这种情况下，R_x 的测量值 $R_x=\sqrt{R_{01}\cdot R_{02}}$。

实验 3.16　电表的改装和校准

常用的电流表和电压表都有一个共同的部分，俗称表头，通常是磁电式的微安表。然而，微安表只允许通过微安量级的电流，用来测量很小的电流和电压。因此，如果用其测量较大的电流或电压，就必须对其进行改装，以扩大其量程。根据分压和分流的原理，将表头并联或串联适当电阻值的电阻，改装后的微安表就可以测量较大的电流、电压和电阻等多种用途。

电表的改装与校准

【实验目的】

(1)掌握微安表扩大量程的原理和方法。

(2)学习用比较法校准电表。

【实验原理】

1. 改装微安表为电流表

用于改装的微安表表针偏转到满刻度所对应的最大电流 I_g，称为表头的量程。I_g 越小，表头灵敏度越高。表头内线圈的电阻 R_g 称为表头的内阻。由于表头能测量的电流很小，为了扩大量程，需要在表头上并联一个分流电阻 R_s，如图 3.16.1 所示。当 $R_s < R_g$ 时，被测电流大部分从分流电阻 R_s 流过，而只有少部分的电流通过表头，表头保持原来允许通过的最大电流 I_g。分流电阻 R_s 取值的计算方法如下。

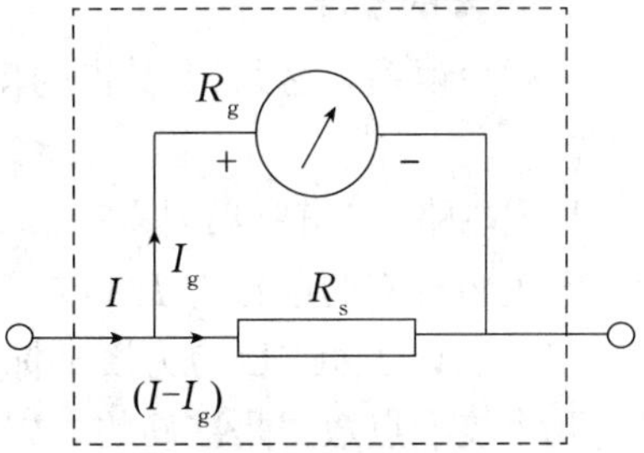

图 3.16.1　改装电流表

设改装后的表头量程为 I，由欧姆定律得

$$I_g R_g=(I-I_g)R_s$$

所以

$$R_s = \frac{I_g R_g}{I - I_g}$$

若将量程扩大 n 倍，即 $I = nI_g$，则

$$R_s = \frac{R_g}{n-1} \tag{3.16.1}$$

表头的 R_g 在改装前需提前测出(本实验中 R_g 值由实验室给出)，I_g 在表盘上已有标注。

由表头和分流电阻 R_s 构成的整体就是改装后的电流表，此时电流表的内阻等于 R_g 和 R_s 并联后的电阻值。显然，选用不同的 R_s 的值，就可以得到不同量程的电流表。

2. 改装微安表为电压表

表头能测量的电压也很小，为了扩大量程，可以在表头上串联一个分压电阻 R_H，如图 3.16.2 所示。当 $R_H > R_g$ 时，被测电压的大部分加在 R_H 上，而表头的两端电压很小(仍保持表头的额定电压)。适当选择 R_H 后，可把表头改装成不同量程的电压表。R_H 取值的计算方法如下。

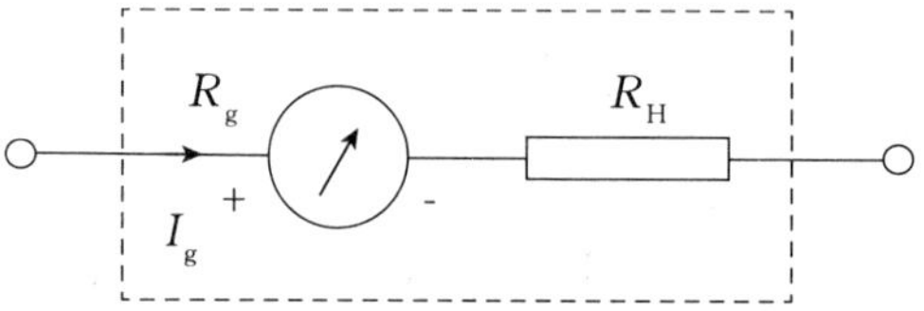

图 3.16.2 改装电压表

设表头的量程为 I_g，内阻为 R_g，改装成电压表后，其最大量程为 U，由欧姆定律得

$$I_g(R_g + R_H) = U$$

所以

$$R_H = \frac{U}{I_g} - R_g \tag{3.16.2}$$

由表头和分压电阻构成的整体就是改装后的电压表，此时电压表的内阻等于($R_g + R_H$)。显然，选用不同的 R_H 的值，就可以得到不同量程的电压表。

3. 电表的校准

为减少误差，必须对改装的电流表或电压表进行校准，并作出校准曲线，其方法如下。

根据电路图 3.16.4 或图 3.16.5 连好电路。如果被校准电表的各个读数为 I_x(或 U_x)，标准电表相对应的读数为 I_s(或 U_s)，则被校准电表的修正值为 $\Delta I_x = I_s - I_x$(或 $\Delta U_x = U_s - U_x$)。以 I_s(或 U_s)为横坐标，以 ΔI_x(或 ΔU_x)为纵坐标，作校准曲线。我们认为测得的几个校准点数据是准确的，以此为依据来确定其他读数时的电流(或电压)真值，即用两个点之间的线性内插法来确定。相邻两校准点之间用直线连接，校准曲线如图 3.16.3 所示。一般标准表的级别要比被校表预定的级别高 1～2 个级别。

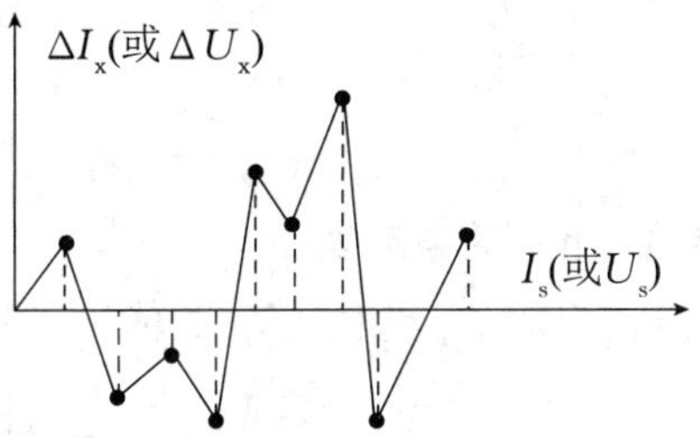

图 3.16.3　校准曲线

【实验仪器】

磁电式微安表(100 μA 表头)、C59 型电压表(0－1.5 V－3 V)、C59 型电流表(1 mA)、电阻箱、滑线变阻器、开关、DH1718 型双路直流稳压电源等。

1. 稳压电源使用说明

本实验所用电源为 DH1718 型双路直流稳压电源，可以同时输出两路电压或电流。电源面板最下方有五个接线柱，分为两组，红色接线柱为正极，黑色接线柱为负极，中间接线柱的作用是接地保护，此接线柱上方白色按钮为开关(扳上去为开，扳下来为关)；开关旁边的旋钮为粗调旋钮，粗调旋钮上方为细调旋钮，两个旋钮配合调节输出电压或电流值；细调旋钮旁边的白色方形按钮为稳压和稳流的转换开关(弹出为稳压，旋进为稳流)；最上方的表头是电压电流的显示，下方读数为电流值，上方读数为电压值。

使用此稳压电源，严禁无休止地转动细调旋钮，应在感觉有阻力后，及时逆向旋转。另外，电源接线柱距离较近，应尽可能地减少接线，避免电源短路。如果发生短路现象，电源将采取自我保护，电流电压值恢复至 0，此时应关闭电源，排除短路故障，再重新打开电源开关即可。

2. 电阻箱、滑线变阻器的使用说明

使用电阻箱时，应保证所有的挡位都能接入电路，即接线时须接最外端的两个接线柱。使用滑动变阻器时，保证其正、负极连线正确，令标尺一侧正对使用者，此时右手下方接线柱为正，左手下方接线柱为负，上面接线柱为滑动端。因本实验电路为分压电路，故应保证电阻箱从滑动端接入，然后连回到滑线变阻器负端。

3. 电表使用说明

本实验中所用电表为 100 μA 表头、1 mA 毫安表、3 V 电压表。

毫安表的量程为 1 mA，刻度盘分为 100 格，每一格是 0.01 mA，这是可以精确读出的，在此基础上，估读到十分之一位，即 0.001 mA。表头改装成毫安表之后，量程也为 1 mA，表盘上同样分为 100 格，估读到十分之一位，也为 0.001 mA。

电压表的量程分为 1.5 V、3 V，本实验将微安表改装成 3 V 的电压表，所以电压表应选用 3 V 量程。电压表刻度盘分为 150 格，每一格是 0.02 V，估读到十分之一位，即 0.002 V，但是因为 0.01 V 已经是估读，所以千分位没有意义，所以只需估读到二分之一位，即 0.01 V。而对于需改装的表头，其刻度盘分为 100 格，每一格是 0.03 V，同样的道理，

估读到三分之一位，即 0.01 V。

【实验内容和步骤】

1. 将 100 μA 的表头改装成 1 mA 的电流表

(1)由式(3.16.1)计算出分流电阻 R_s 的值，R_g 的值由实验室给出。

(2)根据图 3.16.4 连接电路，图中 R_s 、R 都是使用的电阻箱，其中 R 的数值固定为 30 Ω，电源电压设定在 0.5 V 左右。

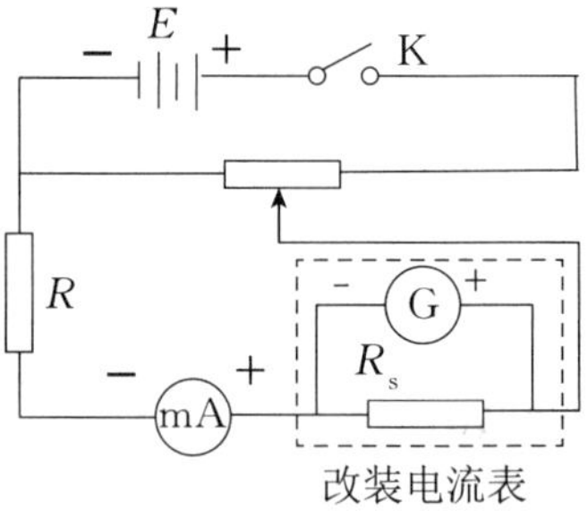

图 3.16.4　校准改装的电流表

(3)调准改装表和标准表的机械零点。

(4)校准量程。调节滑线变阻器，使标准表的指示为满刻度，即 1.000 mA。观察改装表的指示是否满刻度。如果指示不到或超过满刻度，则稍许改变 R_s 值，使其指示恰好在满刻度上，以符合设计值。

(5)校准刻度。调节滑线变阻器，使电流从小到大校准五个点，再从大到小重复一遍。

(6)将测得的 I_x 填入表 3.16.1 中，作 $\Delta I_x - I_s$ 校准曲线图。

2. 将 100 μA 表头改装成 0－3 V 电压表

(1)由式(3.16.2)计算出分压电阻 R_H 的值。

(2)根据图 3.16.5 连接电路。同校准毫安表的实验步骤一样，先调准机械零点，再校准量程和五个刻度。

(3)将测得的 U_x 填入表 3.16.2 中，作 $\Delta U_x - U_s$ 校准曲线图。

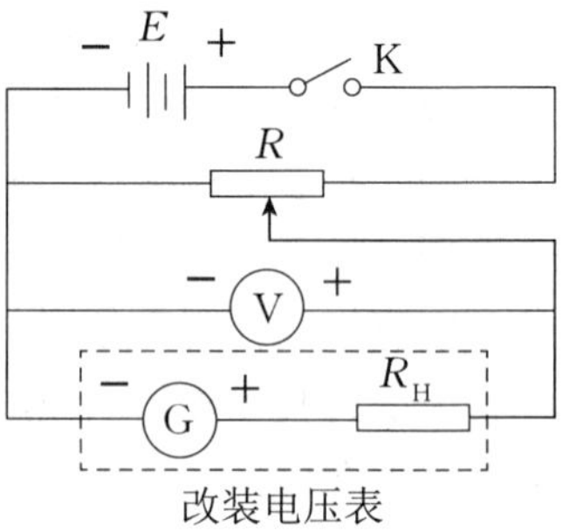

图 3.16.5　校准改装的电压表

实验注意事项如下。

①做扩程实验时，电源电压应控制在 0.5 V 左右，限流电阻 R_0 设置为 30 Ω(如果电源电压太大，将会降低电表的灵敏度，从而影响实验的准确度)，但做改装部分时，电源电压应稍高于 3 V。

②实验使用的电源的正、负极距离较近，实验中应避免直接接触，造成短路。

③电表使用前，应先机械调零。

④本实验中所用毫安表估读到 0.001 mA，微安表改装成毫安表之后也估读到 0.001 mA；电压表估读到 0.01 V，改装的微安表也估读到 0.01 V。

【数据处理】

表 3.16.1　校准改装电流表

R_g = ______ Ω；R_s(理论)＝ ______ Ω；R_s(实验)＝ ______ Ω

I_s/mA	0.000	0.200	0.400	0.600	0.800	1.000
I_x/mA(从小到大)						
I_x/(从大到小)						

续表

I_s /mA	0.000	0.200	0.400	0.600	0.800	1.000
$\bar{I}_x$ /mA						
ΔI_x /mA						

表 3.16.2　校准改装电压表

R_g = ______ Ω; R_H (理论)= ______ Ω; R_H (实验)= ______ Ω

U_s /V	0.00	0.60	1.20	1.80	2.40	3.00
U_x /V(从小到大)						
U_x /V(从大到小)						
$\bar{U}_x$ /V						
ΔU_x /V						

求平均值时，遵循“四舍六入五凑偶”原则，作校准曲线，横轴坐标为 I_s（或 U_s），纵轴坐标为 ΔI_x（或 ΔU_x），并在图上标明各坐标轴所代表的物理量、单位和刻度。最终作出的图线应与图 3.16.3 相似。

【思考题】

(1)校准电流表时，若发现改装表的读数相对于标准表的读数都偏高，试问，要达到标准表的数值，此时改装表的分流电阻应调大还是调小？为什么？

(2)能否把本实验用的表头，改装成 50 μA 的微安表？

实验 3.17　薄透镜焦距的测量

透镜是组成光学仪器的基本元件，而焦距是表征透镜性质的一个重要参数。焦距是薄透镜的光心到焦点的距离，薄透镜的成像位置及性质(大小、虚实)均与焦距有关。了解透镜成像规律，掌握光路调整技术和焦距测量方法，对于使用和设计光学仪器有很大的帮助。本实验介绍了薄透镜焦距的测量方法。

薄透镜焦距的测量

【实验目的】

(1)掌握光学元件的共轴等高调节方法。

(2)学习测量薄透镜焦距的基本方法。

(3)加深对凹凸透镜成像规律的认识。

【实验原理】

1. 薄透镜成像规律

薄透镜是指透镜中心厚度比透镜的焦距或曲率半径小很多的透镜。薄透镜分为两种，凸透镜和凹透镜。凸透镜具有使光束会聚的作用，焦距越短，会聚本领越大；凹透镜具有使光束发散的作用，焦距越短，发散本领越大，如图 3.17.1 所示。

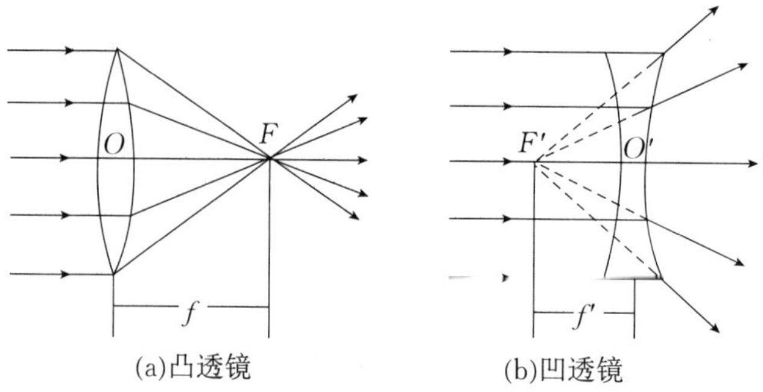

图 3.17.1 薄透镜成像规律

在近轴光线(指通过透镜中心并与主光轴成很小夹角的光束)条件下，薄透镜成像的规律可表示为

$$\frac{1}{u}+\frac{1}{v}=\frac{1}{f} \tag{3.17.1}$$

式中，f 为透镜焦距，凸透镜焦距取正值，凹透镜焦距取负值；u 为物距，恒取正值；v 为像距，其正负由像的虚实来决定。当像为实像时，v 的值为正；当像为虚像时，v 的值为负。

凸透镜成像规律如下。

(1)物距小于焦距，即 $u<f$ 时，在物的同侧成一个放大正立的虚像。

(2)物距大于焦距且小于二倍焦距，即 $f<u<2f$ 时，在透镜另一侧二倍焦距之外成一个放大倒立的实像。

(3)物距大于二倍焦距，即 $u>2f$ 时，在透镜另一侧焦距和二倍焦距之间成一个缩小倒立的实像。

2. 凸透镜焦距的测定

测量凸透镜焦距可使用如下三种方法。

(1)自准直法(平面镜法)。

如图 3.17.2 所示，若物体 AB 处于凸透镜的前焦平面时，物体上各点发出的光线通过凸透镜将变为平行光。此时，物距 u 即等于透镜焦距 f 。若用与主光轴垂直的平面镜将平行光反射回去，再经透镜会聚后将成为一个大小与物体相同的倒立实像 A′B′，A′B′也必定位于原物所处的前焦平面上。测出物体与透镜的距离，即为该透镜的焦距。

(2)物距像距法。

如图 3.17.3 所示，当物体 AB 在有限距离时，物体发出的光线经过凸透镜折射后，将成像在透镜的另一侧，测出物距 u 和像距 v 后，代入式(3.17.1)即可算出透镜的焦距 $f=\dfrac{uv}{u+v}$ 。

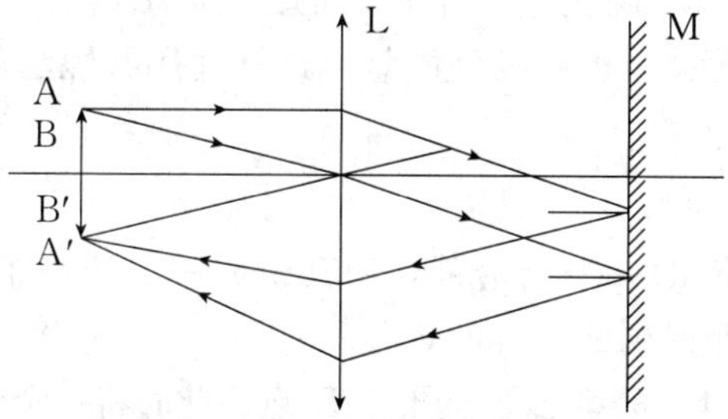

图 3.17.2　自准直法测凸透镜焦距

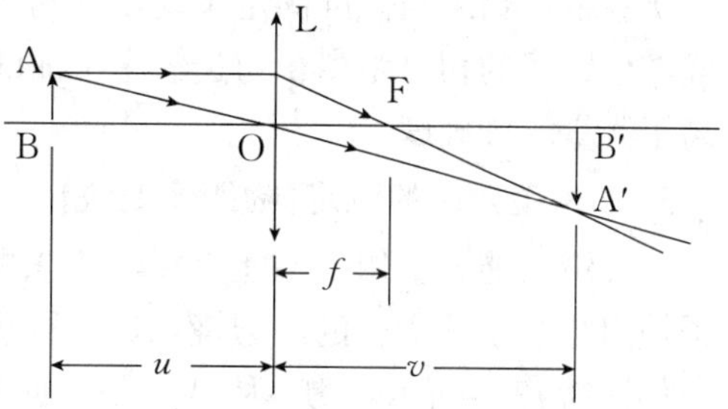

图 3.17.3　物距像距法测凸透镜焦距

(3)共轭法。

本实验采用共轭法，如图 3.17.4 所示，该方法要求物与像屏之间的距离 L 大于 $4f$，沿光轴方向移动透镜，将分别得到一个放大和缩小的倒立实像，设两个透镜中心点 O_1 和点 O_2 之间的距离为 e，根据式(3.17.1)可得

$$\frac{1}{u_1}+\frac{1}{L-u_1}=\frac{1}{f} \tag{3.17.2}$$

$$\frac{1}{u_2}+\frac{1}{L-u_2}=\frac{1}{f} \tag{3.17.3}$$

联立式(3.17.2)和式(3.17.3)可得 $L=u_1+u_2$，结合先后两次成像时凸透镜移动的距离 $e=u_2-u_1$，可得

$$u_1=\frac{L-e}{2}\ ,\ u_2=\frac{L+e}{2}$$

将结果代入式(3.17.2)或式(3.17.3)得

$$f=\frac{L^2-e^2}{4L} \tag{3.17.4}$$

注意采用此方法，L 不可取得太大，否则缩小像过小而不能准确判断成像位置。

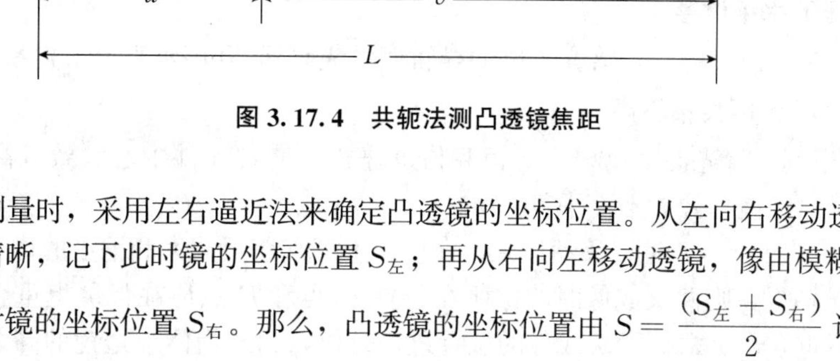

图 3.17.4　共轭法测凸透镜焦距

在实验测量时，采用左右逼近法来确定凸透镜的坐标位置。从左向右移动透镜，像由模糊变得逐渐清晰，记下此时镜的坐标位置 $S_{左}$；再从右向左移动透镜，像由模糊变得逐渐清晰，记下此时镜的坐标位置 $S_{右}$。那么，凸透镜的坐标位置由 $S=\dfrac{(S_{左}+S_{右})}{2}$ 计算得到。

实验中，物屏与像屏固定不动，其间距 L 可以准确测量；而 e 只是透镜在 L_1、L_2 两个成像位置间的相对距离，与透镜主平面的位置无关，也可准确测量，这样使用共轭法就提高了测量的准确度。

3. 凹透镜焦距的测定(物距像距法)

凹透镜只能成虚像，不能直接测出焦距。需借助一个凸透镜，使其组成一个透镜组。该透镜组相当于一个新的凸透镜，通过所测值进而得到凹透镜的焦距。

如图 3.17.5 所示，物体从 A 点发出的光线经过凸透镜 L_1，会聚于 D 点。此时将一个凹透镜 L_2 置于 L_1 和 D 点之间，调节 L_2 的位置(使 L_2 与 D 点之间的距离小于凹透镜焦距)，由于凹透镜具有发散作用，像点将成像于 E 点。如果 A 点是物的位置，则 D 点是通过凸透镜 L_1 所成像的位置，而 E 点是通过 L_1、L_2 透镜组成像的位置，两像均是实像。根据光线传播的可逆性原理，把 E 点看作物，则它通过透镜组 L_1、L_2 成的像一定在 A 点，而它通过 L_2 成的虚像位置一定位于 D 点。依照定义凹透镜的焦距 f 和物距 v 均为负值，即得

$$\frac{1}{u}+\frac{1}{-v}=\frac{1}{f} \quad \rightarrow \quad f=\frac{uv}{v-u} \tag{3.17.5}$$

根据 D 点成像位置 x_1、凹透镜位置 x_2 及像屏位置 x_3，即可确定物距 u 和像距 v 。

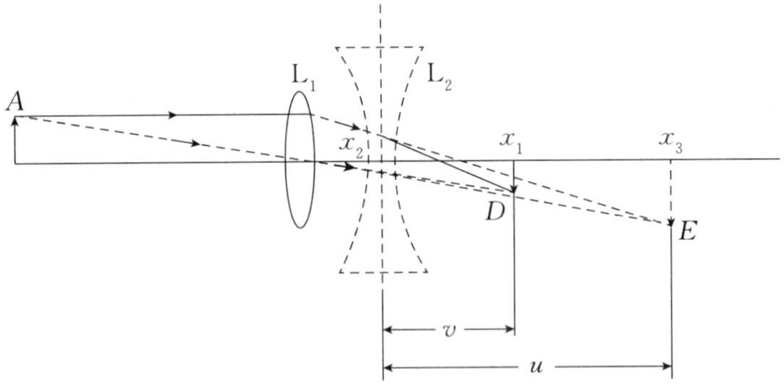

图 3.17.5 物距像距法测凹透镜焦距

【实验仪器】

光具座、照明灯、物屏、凸透镜、凹透镜、像屏等。

【实验内容和步骤】

1. 光具座的水平调整

调整光具座的地脚螺钉，将光具座的导轨调整成水平(利用水平尺来判断)。

2. 调节光学元件共轴等高

(1)目测粗调：将光源、物屏、透镜和像屏靠拢，使各元件中心大致等高在一条直线上，并使物屏、透镜、像屏平面平行。

(2)细调：当 $L>4f$ 时，移动透镜，在像屏上分别获得放大和缩小的像。如果物屏上 A 点位于主光轴上，则两次成像时的像所在位置 D 点和 E 点应在像屏上重合，即均在主光轴上。若不重合，可根据两次成像的位置进行分析，调节物体或透镜的高低及左、右位

置，使经过透镜后两次成像的位置重合，系统即达到共轴等高(即“大像追小像”)。

3. 用共轭法测凸透镜焦距

如图 3.17.4 所示，在满足 $L > 4f$ 时，保持物屏与像屏不动，移动凸透镜，可在像屏上得到放大和缩小的倒立实像。

(1)记下物 S_1、像 S_3 的位置，移动凸透镜，使像屏上出现一个清晰的放大像，记下镜 S_2 的位置(用左右逼近法)。

(2)再次移动凸透镜，使像屏上呈现一个清晰的缩小像，记下此时镜 S_4 的位置(用左右逼近法)。

(3)将数据填入表 3.17.1 中，根据式(3.17.4)计算 f，并算出不确定度 $u(f)$。

4. 用物距像距法测凹透镜焦距

(1)如图 3.17.5 所示，在保证物和凸透镜 L_1 间的距离较大时，在像屏上得到一个清晰的缩小像，记下此时像的位置 x_1。

(2)在 L_1 和像屏之间放上待测凹透镜 L_2，保持 L_1 不动，而移动凹透镜 L_2，并同时向后移动像屏，直到再次得到实像为止。记下此时 L_2 的位置 x_2 及像屏位置 x_3。

(3)将数据填入表 3.17.2 中，根据式(3.17.5)计算 f，并求出不确定度 $u(f)$。

【数据处理】

表 3.17.1　共轭法测凸透镜焦距　单位：mm

物 S_1	镜 S_2			像 S_3	镜 S_4			物像距离 L	两镜距离 e	f
	$S_{2左}$	$S_{2右}$	平均		$S_{4左}$	$S_{4右}$	平均			

计算公式如下：

$$u(f)=\left[\left(\frac{L^2+e^2}{4L^2}\right)^2\cdot u_L^2+\left(\frac{-e}{2L}\right)^2\cdot u_e^2\right]^{\frac{1}{2}}$$

$$f=f\pm u(f)$$

表 3.17.2　物距像距法测凹透镜焦距　单位：mm

x_1	x_2	x_3	$u=\lvert x_3-x_2\rvert$	$v=\lvert x_1-x_2\rvert$	f

计算公式如下：

$$u(f)=\left[\left(\frac{-u^2}{(v-u)^2}\right)^2\cdot u_v^2+\left(\frac{v^2}{(v-u)^2}\right)^2\cdot u_u^2\right]^{\frac{1}{2}}$$

$$f=f\pm u(f)$$

【思考题】

(1)实验中采用共轭法测量凸透镜的焦距的优点是什么？

(2)用共轭法测凸透镜焦距时，为什么要满足 $L > 4f$？

实验 3.18 波尔共振实验

振动是物理学中一种重要的运动，也是自然界最普遍的运动形式之一。振动可分为自由振动(无阻尼振动)、阻尼振动和受迫振动。自由振动是一种理想的振动状态，在工程技术中应用最多的是阻尼振动和受迫振动，以及由受迫振动导致的共振现象。系统受外界激励做受迫振动时，若外界激励的频率接近系统的固有频率，受迫振动的振幅可以达到非常大的值，这种现象称为共振。共振现象一方面表现出较强的破坏性，例如引起机械结构的变形和产生动应力，甚至造成破坏性事故；另一方面有许多实用价值能为我们所用，例如利用机械共振原理制作的地震仪，利用原子、分子共振可以制造日光灯、激光、电子表和原子钟等。

波尔共振实验

受迫振动的振幅-频率特性和相位-频率特性(简称幅频特性和相频特性)可用来表征受迫振动的性质。本实验采用波尔共振仪定量测定机械受迫振动的幅频特性和相频特性，并利用频闪法来测定动态的物理量——相位差。

【实验目的】

(1)观察测量自由振动中振幅与周期的关系。

(2)研究阻尼振动并测量阻尼系数。

(3)观察共振现象，研究波尔共振仪中弹性摆轮受迫振动的幅频特性和相频特性。

(4)学习用频闪法测定运动物体的相位差。

【实验原理】

物体在周期性的外力的持续作用下发生的振动称为受迫振动，这种周期性的外力称为强迫力。如果外力是根据简谐振动的规律进行变化，那么稳定状态时的受迫振动也是简谐振动。此时振幅保持恒定，振幅的大小和强迫力的频率，与原振动系统无阻尼时的固有振动频率和阻尼系数有关。在受迫振动状态下，系统除了受到强迫力的作用，还受到恢复力和阻尼力的作用，所以在稳定状态时物体的位移、速度变化与强迫力变化不是同相位的，即存在一个相位差。当强迫力的频率与系统的固有频率相同时会产生共振，此时振幅最大，相位差为 90°。

本实验采用摆轮在弹性力矩作用下自由摆动的方法，在电磁阻尼力矩作用下做受迫振动来研究受迫振动特性，可直观地显示机械振动中的一些物理现象。

当摆轮受到周期性强迫外力矩 $M=M_0\cos\omega t$ 的作用，并在有空气阻尼和电磁阻尼的媒质中运动时(阻尼力矩为 $-b\dfrac{\mathrm{d}\theta}{\mathrm{d}t}$)其运动方程为

$$J\frac{\mathrm{d}^2\theta}{\mathrm{d}t^2}=-k\theta-b\frac{\mathrm{d}\theta}{\mathrm{d}t}+M_0\cos\omega t \qquad (3.18.1)$$

式中，J 为摆轮的转动惯量；$-k\theta$ 为弹性力矩；M_0 为强迫力矩的幅值；ω 为强迫力的角频

率。令 $\omega_0^2=\dfrac{k}{J}$，$2\beta=\dfrac{b}{J}$，$m=\dfrac{M_0}{J}$，则式(3.18.1)变为

$$\frac{\mathrm{d}^2\theta}{\mathrm{d}t^2}+2\beta\frac{\mathrm{d}\theta}{\mathrm{d}t}+\omega_0^2\theta=m\cos\omega t \tag{3.18.2}$$

当 $m\cos\omega t=0$ 时，式(3.18.2)即为阻尼振动方程。当 $\beta=0$，即在无阻尼情况时，式(3.18.2)变为简谐振动方程，系统的固有频率为 ω_0。式(3.18.2)的通解为

$$\theta=\theta_1 e^{-\beta t}\cos(\omega_f t+\alpha)+\theta_2\cos(\omega t+\phi_0) \tag{3.18.3}$$

由式(3.18.3)可知，受迫振动可分成以下两个部分。

(1) $\theta_1 e^{-\beta t}\cos(\omega_f t+\alpha)$ 表示阻尼振动，该部分和初始条件有关，经过一定时间后衰减消失。

(2) $\theta_2\cos(\omega t+\phi_0)$ 表示简谐振动，该部分说明强迫力矩对摆轮做功，向振动体传送能量，最后达到一个稳定的振动状态。振幅为

$$\theta_2=\frac{m}{\sqrt{(\omega_0^2-\omega^2)^2+4\beta^2\omega^2}} \tag{3.18.4}$$

与强迫力矩之间的相位差为

$$\Phi=\tan^{-1}\frac{2\beta\omega}{\omega_0^2-\omega^2}=\tan^{-1}\frac{\beta T_0^2 T}{\pi(T^2-T_0^2)} \tag{3.18.5}$$

由式(3.18.4)和式(3.18.5)可知，振幅 θ_2 与相位差 Φ 的数值取决于强迫力矩 m、频率 ω、系统的固有频率 ω_0 和阻尼系数 β 四个因素，与振动初始状态无关。

由 $\dfrac{\partial}{\partial\omega}[(\omega_0^2-\omega^2)^2+4\beta^2\omega^2]=0$ 的极值条件可得出，当强迫力的角频率 $\omega=\sqrt{\omega_0^2-2\beta^2}$ 时，会产生共振，θ 有极大值。若共振时角频率和振幅分别用 ω_r、θ_r 表示，则

$$\omega_r=\sqrt{\omega_0^2-2\beta^2} \tag{3.18.6}$$

$$\theta_r=\frac{m}{2\beta\sqrt{\omega_0^2-2\beta^2}} \tag{3.18.7}$$

式(3.18.6)和式(3.18.7)表明，阻尼系数 β 越小，共振时角频率越接近系统的固有频率，振幅 θ_r 也越大。振幅 θ 和相位差 Φ 随频率比 ω/ω_r 变化的曲线称为幅频特性曲线和相频特性曲线，如图 3.18.1 和图 3.18.2 所示(相频特性曲线考虑阻尼系数很小时的情况)。

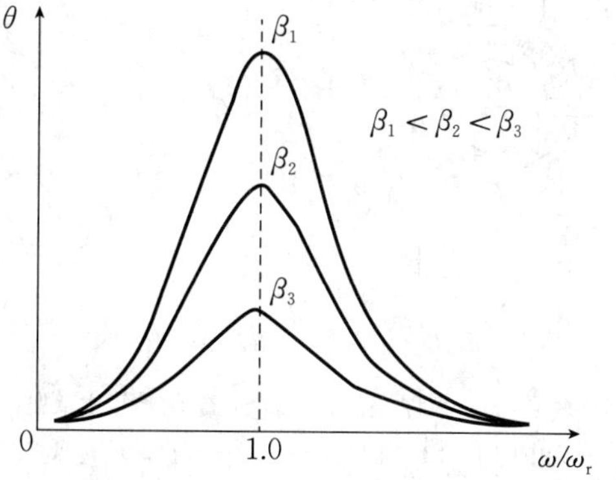

图 3.18.1　幅频特性曲线

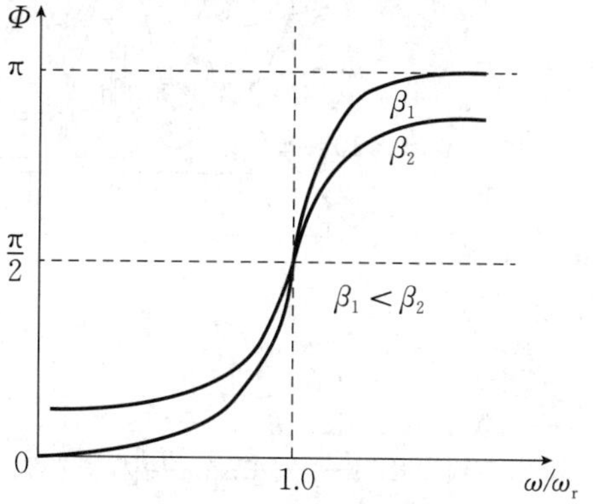

图 3.18.2　相频特性曲线

【实验仪器】

ZKY－BG 型波尔共振仪由振动仪与电器控制箱两部分组成，振动仪部分如图 3.18.3 所示。蜗卷弹簧 B 的一端与安装在支承架上的圆形铜质摆轮 A 的轴相连，另一端可固定在支承架支柱上，在弹性力的作用下，铜质摆轮 A 可绕轴自由往复摆动。在铜质摆轮的外围有一圈槽形缺口，其中一个长凹槽 C 比其他凹槽长出许多，而支承架上对准长凹槽的地方有一个光电门 H，与电器控制箱相连接，用来测量摆轮的振幅角度值和摆轮的振动周期。在支承架下方有一对带有铁芯的阻尼线圈 K，当阻尼线圈中通过直流电流后，恰巧嵌在铁芯的空隙铜质摆轮 A 会受到电磁阻尼力，通过调节电流的大小即可改变阻尼的大小。

在电机轴上装有偏心轮，通过连杆 E 带动铜质摆轮 A 使其做受迫振动，并且在电机轴上装有一起转动的带刻线的有机玻璃转盘 F，从角度盘 G 读出相位差 Φ。调节控制箱上的十圈电机转速调节旋钮，可以精确改变加于电机上的电压，使电机的转速在实验范围(30～45 r/min)内连续可调，并且电路中采用特殊稳速装置以及惯性很小的带有测速发电机的特种电机，所以转速极为稳定。电机的有机玻璃转盘 F 上装有两个挡光片，在角度盘 G 中央上方 90°处也有光电门 I(强迫力矩信号)且与控制箱相连，以测量强迫力矩的周期。

受迫振动时，铜质摆轮与外力矩的相位差是利用小型闪光灯测量的。闪光灯受摆轮信号光电门控制，每当摆轮上长凹槽 C 通过平衡位置时，光电门 H 接收光信号，引起闪光，这一现象称为频闪现象。在稳定情况时，由闪光灯照射下可以看到有机玻璃转盘 F 的指针好像一直“停在”某一刻线处，所以此数值可以很方便地直接读出，误差不大于 2°。闪光灯放置在底座上，如图 3.18.3 所示，切勿拿在手中直接照射刻度盘。铜质摆轮的振幅利用光电门 H 测出铜质摆轮 A 转过的凹槽个数，在控制箱液晶显示器上直接显示出振幅大小，精度为 1°。

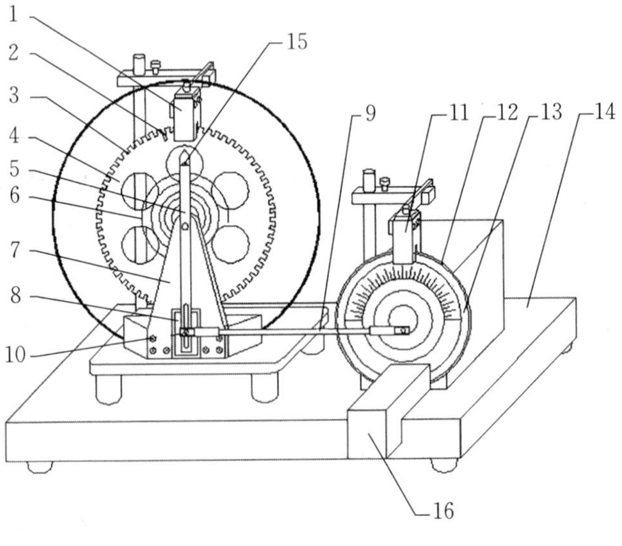

1—光电门 H；2—长凹槽 C；3—短凹槽 D；4—铜质摆轮 A；5—摇杆 M；6—蜗卷弹簧 B；7—支承架；8—阻尼线圈 K；9—连杆 E；10—摇杆调节螺钉；11—光电门 I；12—角度盘 G；13—有机玻璃转盘 F；14—底座；15—弹簧夹持螺钉 L；16—闪光灯。

图 3.18.3　波尔共振仪的振动仪部分

波耳共振仪电器控制箱的前面板如图 3.18.4 所示。

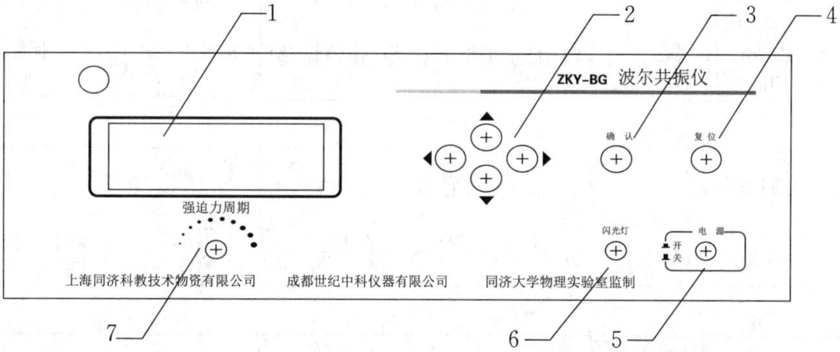

1—液晶显示屏幕；2—方向控制键；3—确认按键；4—复位按键；
5—电源开关；6—闪光灯开关；7—强迫力周期调节电位器。

图 3.18.4　波尔共振仪电器控制箱的前面板示意图

电机转速调节旋钮，系带有刻度的十圈电位器，调节此旋钮时可以精确改变电机转速，即改变强迫力矩的周期。锁定开关处于图 3.18.5 的位置时，电位器刻度锁定，要调节大小须将其置于该位置的另一边。当×0.1 挡旋转一圈时，×1 挡走一个字。一般调节刻度仅供实验时作参考，以便大致确定强迫力矩周期值在多圈电位器上的相应位置。

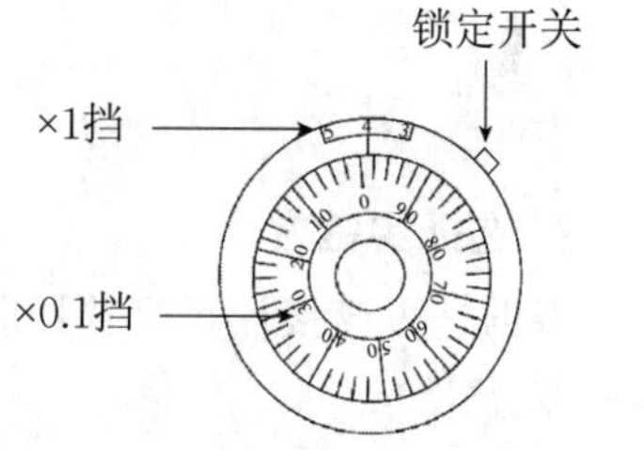

图 3.18.5　电机转速调节电位器

可以通过软件控制阻尼线圈内直流电流的大小，达到改变摆轮系统的阻尼系数的目的。阻尼大小的选择通过软件控制，共分 3 挡，分别是“阻尼 1”“阻尼 2”和“阻尼 3”。阻尼电流由恒流源提供，实验时根据不同情况进行选择(可先选择在“阻尼 2”处，若共振时振幅太小则可改用“阻尼 1”)，振幅在 150°左右。

闪光灯开关用来控制闪光，按住开关，当长凹槽通过平衡位置时便产生闪光。由于频闪现象，可从角度盘上看到刻线似乎静止不动的读数(有机玻璃转盘 F 上的刻线实际一直在匀速转动)，从而读出相位差数值。为减少闪光灯管的损坏，采用按钮式开关，仅在测量相位差时才按下按钮。

【实验内容和步骤】

1. 实验准备

按下电源开关后，屏幕上出现欢迎界面，其中 NO. 0000X 为电器控制箱与计算机主机相连的编号。几秒钟后屏幕上出现如图 3.18.6(a)所示的“按键说明”字样。符号“◀”为向左移动；“▶”为向右移动；“▲”为向上移动；“▼”为向下移动。下文中的符号不再重新介绍。

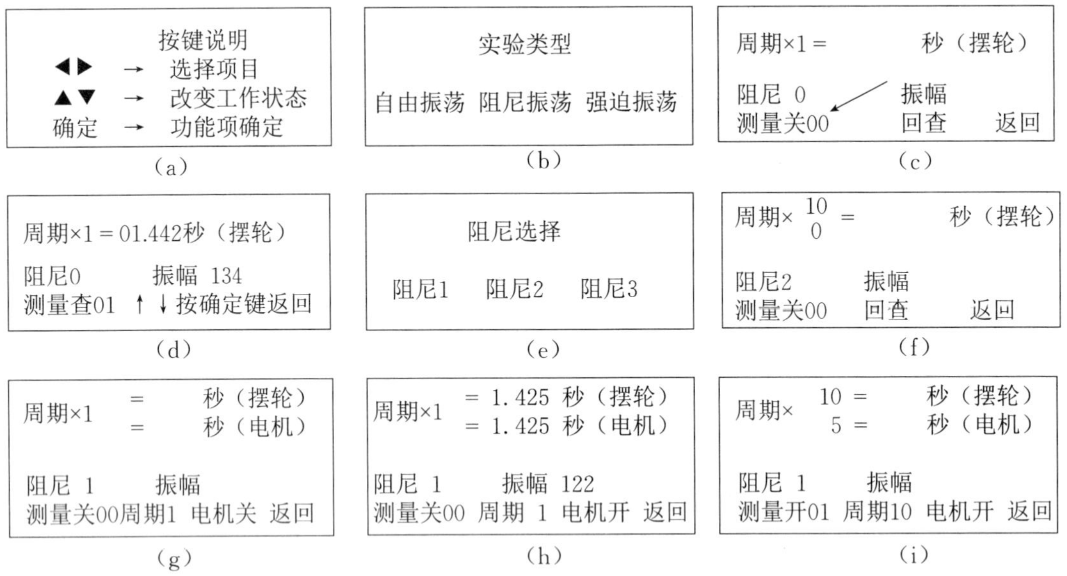

图 3.18.6 屏幕示意图

2. 选择实验方式

根据是否连接计算机选择联网模式或单机模式。这两种方式下的操作完全相同，故不再重复介绍。

3. 自由振荡

自由振荡实验的目的，是为了测量摆轮的振幅 θ 与系统固有振动周期 T_0 的关系。

在图 3.18.6(a)状态按确认键，显示如图 3.18.6(b)所示的实验类型，默认选中项为“自由振荡”，字体反白为选中。再按确认键显示如图 3.18.6(c)所示的内容。

用手转动摆轮 160°左右，放开手后按▲或▼键，测量状态由“关”变为“开”，电器控制箱开始记录实验数据，其中，振幅的有效数值范围为 50°～160°(振幅小于 160°时测量开，小于 50°时测量自动关闭)。待测量显示“关”，此时数据已保存并发送至主机。

查询实验数据，可按◀或▶键，选中“回查”，再按确认键。如图 3.18.6(d)所示，表示第一次记录的振幅 $\theta_0=134°$，对应的周期 $T=1.442$ s，然后按▲或▼键查看所有记录的数据，该数据为每次测量振幅相对应的周期数值，回查完毕按确认键返回到如图 3.18.6(c)所示状态。此法可作出振幅 θ 与 T_0 的对应表。该对应表将在稍后的“幅频特性和相频特性”数据处理过程中使用。

若进行多次测量，可重复操作。自由振荡完成后，选中“返回”，按确认键回到前面如图 3.18.6(b)所示状态进行其他实验。

因电器控制箱只记录每次摆轮周期变化时所对应的振幅值，因此有时转盘转过几次光电门，测量才记录一次(其间能看到振幅变化)。当回查数据时，有的振幅数值会被自动剔除。

4. 测定阻尼系数 β

在如图 3.18.6(b)所示状态下，根据实验要求，按▶键，选中“阻尼振荡”，按确认键显示阻尼，如图 3.18.6(e)所示。阻尼分三个级别，“阻尼 1”挡阻尼最小，“阻尼 3”挡阻尼最大。根据自己实验要求选择阻尼挡，例如，选择“阻尼 2”挡，按确认键显示如图 3.18.6(f)。

首先将角度盘指针 F 置于 0°位置，用手转动摆轮 160°左右，按▲或▼键，显示测量由“关”变为“开”并记录数据。仪器记录 10 组数据后，测量自动关闭，此时振幅大小还在变化，但仪器已经停止计数。

阻尼振荡的回查同自由振荡类似，请参照上文的操作方法。若改变阻尼挡测量，重复上述操作步骤即可。

从液显窗口读出摆轮做阻尼振动时的振幅数值 $\theta_1, \theta_2, \cdots, \theta_n$，利用下述公式求出 β 值。

$$\ln\frac{\theta_1}{\theta_{n+1}} = \ln\frac{\theta_1 e^{-\beta t}}{\theta_1 e^{-\beta(t+nT)}} = n\beta\overline{T} \tag{3.18.8}$$

式中，n 为阻尼振动的周期次数；θ_n 为第 n 次振动时的振幅；$\overline{T}$ 为阻尼振动周期的平均值，此值通过测出 10 组摆轮振动周期值，然后取其平均值得到。

5. 测定受迫振动的幅频特性和相频特性曲线

在进行强迫振荡前必须先做阻尼振荡，否则无法实验。

仪器在如图 3.18.6(b)所示状态下，选中“强迫振荡”，按确认键显示如图 3.18.6(g)所示，默认状态选中电机。

按▲或▼键启动电机，保持周期为 1 s，待摆轮和电机的周期相同，特别是振幅已稳定，变化不大于 1 s 时，表明两者已经稳定了，如图 3.18.6(h)所示，方可开始测量。

如图 3.18.6(g)所示，测量前应先选中“周期”，按▲或▼键把周期由 1 改为 10(目的是减少误差，若不改周期，测量无法打开)。再选中“测量”，按下▲或▼键，测量打开并记录数据，如图 3.18.6(i)所示。

完成第一次测量，并显示“测量关”后，读取摆轮的振幅值，利用闪光灯测定受迫振动位移与强迫力间的相位差。

通过强迫力周期调节电位器改变电机的转速，即改变强迫外力矩频率 ω，从而改变电机转动周期。电机转速的改变可按照 $\Delta\Phi$ 控制在 10°左右来定，可进行多次这样的测量。

每次改变了强迫力矩的周期，都需要等待系统稳定(约需 2 min)，即返回到如图 3.18.6(h)所示的状态，等待至摆轮和电机的周期相同再进行测量。

在共振点附近由于曲线变化较大，因此测量数据相对密集些，此时电机转速变化极小也会引起 $\Delta\Phi$ 的很大改变。电机转速旋钮上的读数是参考数值，建议在 ω 改变时都记下此值，以便实验中需要重新测量时进行参考。

测量相位时应把闪光灯放在电机转盘前下方，按下闪光灯按钮，根据频闪现象来测量，仔细观察相位位置。

强迫振荡测量完毕，按◀或▶键，选中“返回”，按确认键，重新回到如图 3.18.6(b)所示的状态。

6. 关机

在如图 3.18.6(b)所示的状态下，按住“复位”按键保持不动，几秒钟后仪器自动复位，此时所做实验的数据全部清除，然后按下电源开关，结束实验。

【数据处理】

1. 摆轮振幅 θ 与系统固有周期 T_0 的关系

表 3.18.1 θ 与 T_0 的关系

振幅 $\theta/(°)$	固有周期 T_0/s	振幅 $\theta/(°)$	固有周期 T_0/s	振幅 $\theta/(°)$	固有周期 T_0/s	振幅 $\theta/(°)$	固有周期 T_0/s

2. 阻尼系数 β 的计算

利用式(3.18.9)对表 3.18.2 所测数据按逐差法进行处理，求出 β 的值。

$$5\beta\overline{T}=\overline{\ln\frac{\theta_i}{\theta_{i+5}}} \tag{3.18.9}$$

式中，i 为阻尼振动的周期次数；θ_i 为第 i 次振动时的振幅。

表 3.18.2 阻尼振荡的振幅 θ_i

阻尼挡位________

序号	振幅 $\theta/(°)$	序号	振幅 $\theta/(°)$	$\ln\frac{\theta_i}{\theta_{i+5}}$
θ_1		θ_6		
θ_2		θ_7		
θ_3		θ_8		
θ_4		θ_9		
θ_5		θ_{10}		
$\overline{\ln\frac{\theta_i}{\theta_{i+5}}}$				

$10T=$ ________s；$\overline{T}=$ ________s；$\beta=$ ________。

3. 幅频特性和相频特性测量

将记录的实验数据(强迫力矩周期 T 、相位差 Φ 、振幅 θ)填入表 3.18.3 中，并根据表 3.18.1 查询振幅 θ 对应的固有频率 T_0，将 T_0 的值也填入表 3.18.3 中。

表 3.18.3　幅频特性和相频特性测量数据记录表

阻尼挡位________

强迫力矩周期（摆轮和电机的相同周期）T /s	角频率 $\omega=\frac{2\pi}{T}$	相位差 Φ 读取值 /(°)	振幅 θ 测量值 /(°)	查表 3.18.1 得出的与振幅 θ 对应的固有频率 T_0 /s	固有圆频率 $\omega_0=\frac{2\pi}{T_0}$	共振圆频率 $\omega_r=\sqrt{\omega_0^2-2\beta^2}$	$\frac{\omega}{\omega_r}$

以 ω/ω_r 为横轴，以振幅 θ 为纵轴，作幅频特性曲线；以 ω/ω_r 为横轴，以相位差 Φ 为纵轴，作相频特性曲线。最后标记出共振位置对应的横、纵坐标。

【思考题】

(1)什么是共振？产生共振的条件及其特征？

(2)实验中如何判断达到共振？共振峰对应的自变量 ω/ω_r 是否为 1，为什么？

(3)试举例说明共振有哪些利与弊。

实验 3.19　莫尔条纹及光栅传感实验

几百年前，法国人莫尔发现了一种现象，当两层被称为莫尔丝绸的丝织品叠在一起时将产生复杂的水波状图案，如果薄绸之间相对挪动，图案也随之晃动，这种图案当时被称为莫尔条纹。一般来说，将任何具有一定排列规律的几何图案重合，均能形成按新规律分布的莫尔条纹。

1874 年，瑞利首次将莫尔条纹作为一种计测手段，即根据条纹的结构形状来评价光栅尺各线纹之间的间隔均匀性，从而开拓了莫尔计量学。随着时间的推移，莫尔条纹测量技术已经广泛应用在多种计量和测控中，例如，位移测量、数字控制、伺服跟踪、运动比较、应变分析、振动测量，以及特型零件、生物体形貌、服装及艺术造型等方面的三维计测，在多个领域都展示了广阔的应用前景。其中，广泛使用于精密程控设备中的光栅传感器，可实现优于 1 μm 的线位移和优于 1″(1/3600 度)的角位移的测量和控制。

【实验目的】

(1)理解莫尔条纹的产生机理。

(2)了解光栅传感器的结构。

(3)观察直线光栅、径向圆光栅、切向圆光栅的莫尔条纹并验证其特性。

(4)用直线光栅测量线位移。

(5)用圆光栅测量角位移。

【实验原理】

1. 不同光栅的莫尔条纹现象

在相干光或非相干光的照射下，两个光栅以很小的交角相向叠合时，叠合面上将出现明暗相间的条纹，称为莫尔条纹。莫尔条纹现象是光栅传感器的理论基础，它可以由粗光栅或细光栅形成。栅距远大于波长的光栅称为粗光栅，栅距接近波长的光栅称为细光栅。

1)直线光栅

两个光栅常量相同的光栅，其刻划面相向叠合并且使两者栅线之间有很小的交角 θ。由于挡光效应(光栅常量 $d>20\ \mu\text{m}$)或光的衍射作用(光栅常量 $d<10\ \mu\text{m}$)，在与光栅刻线大致垂直的方向上会形成明暗相间的条纹，如图 3.19.1 所示。

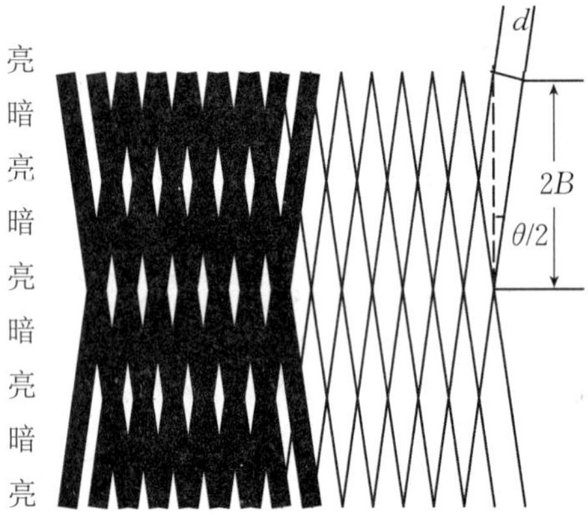

图 3.19.1 直线光栅莫尔条纹

若主光栅与副光栅之间的夹角为 θ，光栅常量为 d，由图 3.19.1 所示的几何关系可得出相邻莫尔条纹之间的距离 B 为

$$B=\frac{d}{2\sin\frac{\theta}{2}}\approx\frac{d}{\theta} \tag{3.19.1}$$

式中，θ 的单位为弧度。由式(3.19.1)可知，当改变光栅夹角 θ，莫尔条纹宽度 B 也将随之改变。

直线光栅的莫尔条纹有如下主要特性。

①同步性。在保持两个光栅交角一定的情况下，使一个光栅固定，另一个光栅沿栅线的垂直方向运动。每移动一个栅距 d，莫尔条纹移动一个条纹间距 B；若光栅反向运动，则莫尔条纹的移动方向也相反。

②位移放大作用。当两个光栅交角 θ 很小时，相当于把栅距 d 放大了 $1/\theta$ 倍，莫尔条纹可以将很小的光栅位移同步放大为莫尔条纹的位移。例如，当 $\theta=0.06°=\pi/3000$ rad 时，莫尔条纹宽度比光栅栅距大近千倍。当光栅移动微米量级时，莫尔条纹移动毫米量级。这样就将不便检测的微小位移转换成用光电器件易于测量的莫尔条纹移动距离。测得莫尔条纹移动的个数 k 就可以得到光栅的位移 $\Delta L=kd$。

③误差减小作用。光电器件获取的莫尔条纹是两个光栅重合区域所有光栅线综合作用的结果。即使光栅在刻划过程中有误差，莫尔条纹也会对刻划误差有平均作用，从而在很大程度上消除栅距的局部误差的影响，这是光栅传感器精度高的重要原因。

2)径向圆光栅

径向圆光栅是指大量在空间均匀分布且指向圆心的刻线形成的光栅，相邻刻线之间的夹角 α 称为栅距角。图 3.19.2(a)所示为径向圆光栅，图 3.19.2(b)所示为两个栅距角相同(即 $\alpha_1=\alpha_2=\alpha$)，圆心相距 $2S$ 的径向圆光栅相向叠合产生的径向圆光栅莫尔条纹。

若两个光栅的刻划中心相距为 $2S$，在以两个光栅中心连线为 x 轴，中心连线的中点为原点的直角坐标系中，莫尔条纹满足如下方程：

$$x^2+\left(y-\frac{S}{\tan k\alpha}\right)^2=\left(\frac{S\sqrt{\tan^2 k\alpha+1}}{\tan k\alpha}\right)^2 \tag{3.19.2}$$

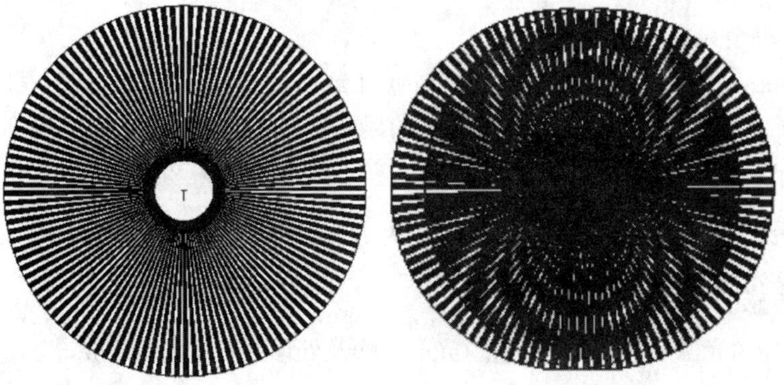

(a) 径向圆光栅　　(b) 径向圆光栅莫尔条纹

图 3.19.2　径向圆光栅及径向圆光栅莫尔条纹

径向圆光栅莫尔条纹有如下特点。

①当其中一个光栅转动时，圆族将向外扩张或向内收缩。每转动 1 个栅距角，莫尔条纹移动一个条纹宽度。用径向圆光栅测得莫尔条纹移动的个数 k 就可以得到光栅的角位移 $\Delta\theta=k\alpha$，这种方法可以减小误差。

②莫尔条纹是由上下两组不同半径，不同圆心的圆族组成。上半圆族的圆心位置为 $\left(0,\ \frac{S}{\tan k\alpha}\right)$，下半圆族的圆心位置为 $\left(0,\ -\frac{S}{\tan k\alpha}\right)$，条纹的曲率半径为 $\frac{S\sqrt{\tan^2 k\alpha+1}}{\tan k\alpha}$。

③两光栅的中心坐标$(S,\ 0)$和$(-S,\ 0)$恒满足圆方程，所有的圆均通过两个光栅的中心。

(3)切向圆光栅

切向圆光栅是由空间分布均匀且都与一个半径很小的圆相切的众多刻线构成的圆光栅。当如图 3.19.1(a)所示的两个切向圆光栅相向叠合时，两个光栅的切线方向相反。图 3.19.1(b)所示为两个小圆半径相同，栅距角相同的切向圆光栅相向叠合产生的切向圆光栅莫尔条纹。

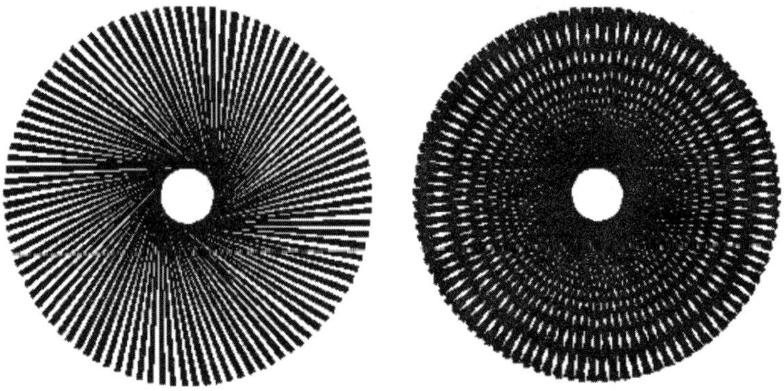

(a) 径向圆光栅　　(b) 切向圆光栅莫尔条纹

图 3.19.3　切向圆光栅与切向圆光栅莫尔条纹

两个小圆半径均为 r，栅距角均为 α 的切向光栅相向同心叠合，其莫尔条纹满足的方程为

$$x^2+y^2=\left(\frac{2r}{k\alpha}\right)^2 \tag{3.19.3}$$

切向圆光栅莫尔条纹有如下特点。

①当其中一只光栅转动时，圆族将向外扩张或向内收缩。每转动 1 个栅距角，莫尔条纹移动一个条纹宽度。用切向圆光栅测得莫尔条纹移动的个数 k 就可以得到光栅的角位移 $\Delta\theta=k\alpha$，这种方法可以减小误差。

②莫尔条纹是一组同心圆环，圆环半径为 $R=\dfrac{2r}{k\alpha}$，相邻圆环的间隔为 $\Delta R=\dfrac{2r}{k^2\alpha}$。

2. 光栅传感器

光栅传感器由光源系统、光栅系统、光电转换及处理系统监视器组成，如图 3.19.4 所示。

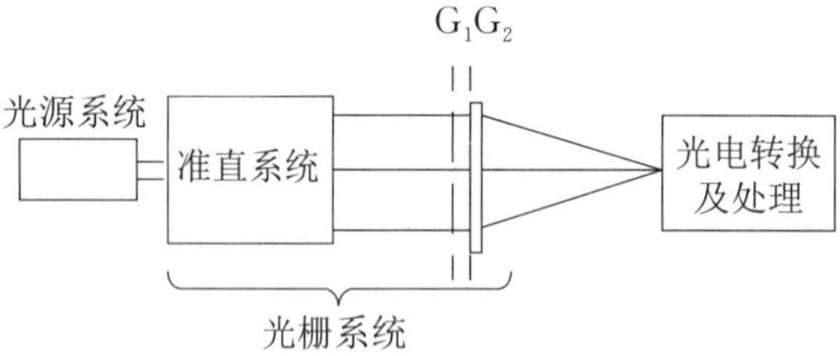

图 3.19.4　光栅传感器系统组成示意图

光源系统给光栅系统提供照明。

光栅系统主要用于产生各种类型的莫尔条纹，在实用的光栅传感器中，为了达到高测量精度，直线光栅的光栅常量或圆光栅的栅距角通常取值都很小。

光电转换及处理系统用于检测莫尔条纹的变化，并经适当处理后转换为位移或角度的变换。在实用的光栅传感器中，光电器件检测到的莫尔条纹强度变化经细分电路处理，能分辨出若干分之一的条纹移动，经数字化后直接显示位移值，或将位移量反馈到控制系统中。

【实验仪器】

实验仪器由主光栅基座、副光栅滑座、摄像头及监视器等组成，如图 3.19.5 所示。

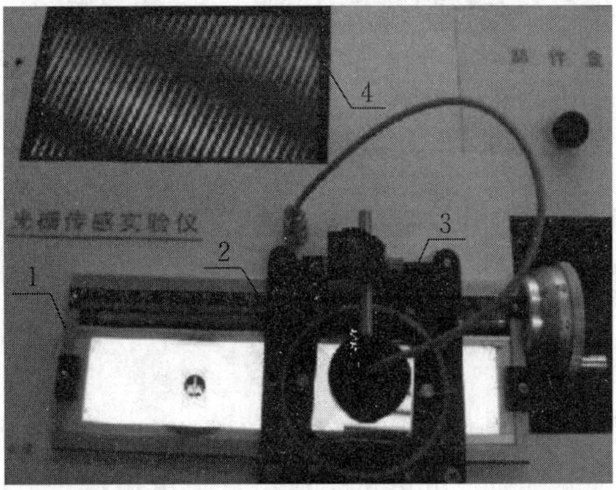

1—主光栅基座；2—副光栅滑座；3—摄像头；4—监视器。

图 3.19.5　实验仪器的组成

1. 主光栅基座

主光栅基座由主光栅板和位移装置组成，主光栅板上印有介绍的三种光栅，如图 3.19.6 所示。转动百分手轮，滑块会带动副光栅滑座上的副光栅与主光栅产生相应位移。在实际的光栅传感器应用系统中，由莫尔条纹的移动量即可测量出位移量。由直尺和百分手轮组成的读数装置读取副光栅的移动距离，与由莫尔条纹测量出的位移量相比较。主光栅和副光栅为可组装、开放式结构，可以通过摄像头从监视器上观察和测量条纹的相关特性。

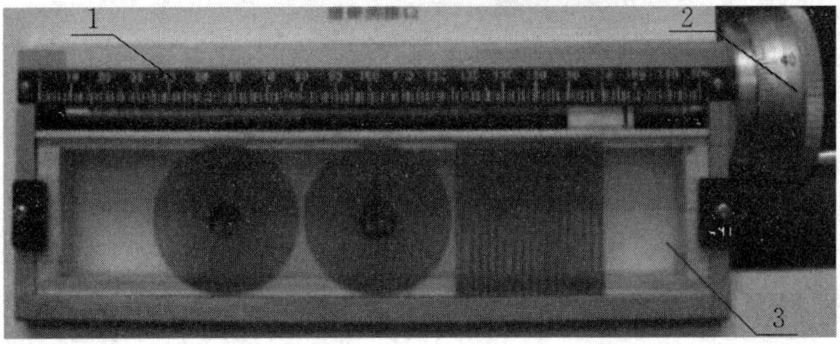

1—直尺；2—百分手轮；3—主光栅板。

图 3.19.6　主光栅基座的组成

2. 副光栅滑座

副光栅滑座由副光栅、可转动的副光栅座及角度读数盘等组成，如图 3.19.7 所示。副光栅安装在副光栅座上，转动副光栅座可改变主、副光栅之间的交角，其角度由角度读数盘读出。

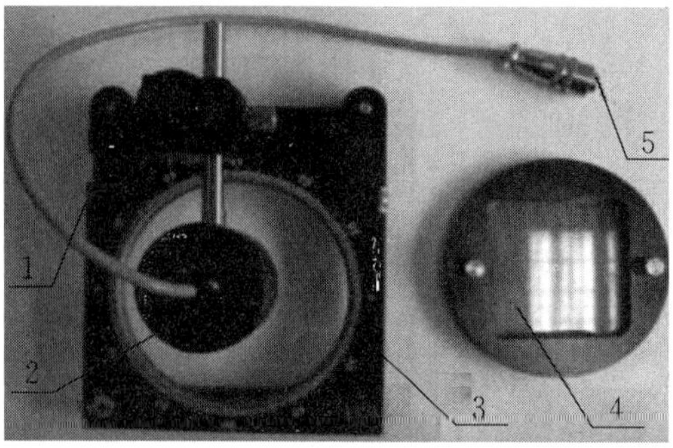

1—读数位置；2—摄像头；3—角度读数盘；4—副光栅；5—视频接头。

图 3.19.7 副光栅滑座的组成及相关部件

3. 摄像头及监视器

摄像头及监视器用于观察和测量莫尔条纹特性，由摄像头升降台、摄像头及监视器组成。

摄像头升降台位于副光栅滑座上，用于调整摄像头的位置，以便在监视器中观察到清晰的条纹，如图 3.19.8 所示。

摄像头升降台的调节方法如下。

图 3.19.8 摄像头升降台

(1)旋松图中的螺钉 2，前后移动摄像头使其对准副光栅中间位置，然后紧固螺钉 2。

(2)调节旋钮 3 使摄像头上下移动，直至在监视器中观察到清晰的莫尔条纹。

(3)旋松旋钮 1 后转动旋钮 4，调节莫尔条纹在监视器上的倾斜角度，以便定标和测量，调整好角度后紧固旋钮 1。

【实验内容和步骤】

1. 实验前准备工作

打开仪器后面的电源开关，点亮主光栅板的背光灯。安装副光栅滑座，使副光栅滑座上的卡片插入读数装置滑块上的卡槽中。

2. 观察直线光栅的莫尔条纹特性

安装好直线副光栅，使 0 刻线与角度读数盘 0 刻度大致对齐。转动百分手轮，使主、副光栅位置直线对齐。如果光栅被弄脏，建议用清水加少量的洗洁精清洗然后晾干，切勿用手触摸光栅表面。

转动副光栅座，改变主、副光栅之间的夹角 θ，观察莫尔条纹宽度的变化。测量时应尽量避免光栅的垂直上方有其他直射光源。

转动百分手轮，移动副光栅，观察莫尔条纹的移动方向。反向移动副光栅，观察莫尔条纹移动方向的变化，验证莫尔条纹的同步性及位移放大作用。

3. 利用直线光栅测量线位移

安装摄像头，连接视频接头。此时若监视器关闭，则须按一下监视器旁边的监视器开关按钮；若一切正常，监视器上将显示主光栅的放大图像。按仪器介绍中的方法调整好摄像头。

将主光栅和副光栅成一定夹角 θ，使监视器上出现约 3 条莫尔条纹图案。

转动百分手轮，使副光栅滑座移动到主光栅基座最右端，然后反向转动百分手轮使副光栅沿轨道运动，莫尔条纹随之移动。每移动 5 个莫尔条纹，记录副光栅的位置于表 3.19.1 中。注意：为防止回程差对实验的影响，记录副光栅位置时，百分手轮须朝同一方向进行旋转。

4. 观察径向圆光栅的莫尔条纹特性

安装好径向副光栅，调节两个光栅的中心距，使之出现莫尔条纹，观察莫尔条纹图案的对称性。转动百分手轮，改变两个光栅的中心距，观察圆半径的变化。

转动副光栅，观察莫尔条纹的移动方向；反向转动副光栅，观察莫尔条纹移动方向的变化。

5. 利用径向圆光栅莫尔条纹测量角位移

安装摄像头，调节摄像头的位置，让摄像头监视主、副光栅接近边缘的地方，直到监视器上出现清晰的莫尔条纹。沿同一方向转动副光栅，每移动 5 个莫尔条纹记录副光栅的角位置于表 3.19.2 中。

6. 观察切向圆光栅莫尔条纹特性

观察主、副光栅的切向是否相反。安装好切向副光栅，转动百分手轮，使主副切向光栅基本同心，观察莫尔条纹图案的特性；转动副光栅，观察莫尔条纹的移动方向；反向转动副光栅，观察莫尔条纹移动方向的变化。

7. 利用切向圆光栅莫尔条纹测量角位移

重复步骤 5 的操作，计算 θ 为 5，10，15，…时对应的角位移 $\Delta\theta_k$，填入表 3.19.3 中。

【数据处理】

表 3.19.1　用直线光栅测量线位移

条纹移动数 k	0	5	10	15	20
副光栅位置读数 L_k/mm					
位移 $\Delta L_k = \lvert L_k - L_0 \rvert$/mm					

续表

条纹移动数 k	25	30	35	40	45
副光栅位置读数 L_k/mm					
位移 $\Delta L_k=\lvert L_k-L_0\rvert$/mm					

以 k 为横坐标，位移 ΔL_k 为纵坐标作图。若为线性关系，且直线斜率为 d，即验证了关系式 $\Delta L_k=kd$，说明可以由条纹移动数测量线位移。

已知光栅常量值为 $d=0.500$ mm，与由直线斜率求出的光栅常量 d 进行比较，求出相对误差。

表 3.19.2 用径向圆光栅测量角位移

条纹移动数 k	0	5	10	15	20
副光栅角位置读数 θ_k/(°)					
角位移 $\Delta\theta_k=\theta_k-\theta_0$/(°)					
条纹移动数 k	25	30	35	40	45
副光栅角位置读数 θ_k/(°)					
角位移 $\Delta\theta_k=\theta_k-\theta_0$/(°)					

以 k 为横坐标，角位移 $\Delta\theta_k$ 为纵坐标作图。若为线性关系，且直线斜率为 α，即验证了关系式 $\Delta\theta=k\alpha$，说明可以由条纹移动数测量角位移。

已知栅距角的准确值为 $\alpha=1.0°$，与由直线斜率求出的栅距角 α 进行比较，求出相对误差。

表 3.19.3 用切向圆光栅测量角位移

条纹移动数 k	0	5	10	15	20
副光栅角位置读数 θ_k/(°)					
角位移 $\Delta\theta_k=\theta_k-\theta_0$/(°)					
条纹移动数 k	25	30	35	40	45
副光栅角位置读数 θ_k/(°)					
角位移 $\Delta\theta_k=\theta_k-\theta_0$/(°)					

以 k 为横坐标，角位移 $\Delta\theta_k$ 为纵坐标作图，并求栅距角 α 的相对误差。

【思考题】

(1)为什么光栅传感器具有较高的测量精度？

(2)干涉现象可以用莫尔条纹来模拟吗？为什么？

(3)应用莫尔条纹进行测量的优点有哪些？

第4章　综合性物理实验

实验4.1　声速的测量

声波是一种在弹性媒质中传播的机械波，声速是描述声波在媒质中传播特性的一个重要物理量。在同一媒质中，声速基本与频率无关，例如，在空气中，声波的频率从20 Hz变化到8×10^4 Hz，但声速变化不到万分之二。超声波是一种频率大于2×10^4 Hz的机械波，由于超声波具有波长短、易于定向发射等优点，在医学诊断、无损检测、测距等方面都有着广泛的应用。本实验的信号源采用超声波信号，通过测量超声波的速度来测定声速。

声速的测量方法可分为两类：第一类方法是利用关系式$v=L/t$，测出传播距离L和所需的时间t算出声速v；第二类方法是利用关系式$v=f\lambda$，测出声波的频率f和波长λ计算出声速v。本实验采用的时差法属于第一类方法；驻波法(共振干涉法)、相位比较法属于第二类方法。

【实验目的】

(1)了解压电换能器的功能，加深对驻波及振动合成等理论知识的理解。

(2)熟悉示波器及信号源的功能和使用方法。

(3)学会用驻波法、相位比较法、时差法测量声波在空气中传播的速度。

声速的测量实验：实验背景与原理

【实验原理】

1. 压电陶瓷换能器

压电陶瓷换能器由压电陶瓷环片和轻重不同的两种金属块组成，压电陶瓷环片是由一种多晶体(钛酸钡、锆钛酸铅等)结构的压电材料制成。在压电陶瓷环片的前、后表面粘贴上两块金属组成的夹心结构振子，就构成了压电陶瓷换能器；在压电陶瓷环片的两个底面上加上正弦交变电压，压电陶瓷换能器就会按正弦规律发生纵向长度伸缩，并向空气中发出超声波。每个压电陶瓷换能器都有其固有的谐振频率，压电陶瓷换能器只有在其谐振频率时才能进行有效的发射(或接收)超声波。实验时用一个压电陶瓷换能器作为发射器，另一个压电陶瓷换能器作为接收器，两个压电陶瓷换能器的表面相互平行，且谐振频率匹配。

2. 驻波法测声速

平面波以某一频率在介质中沿一直线传播，若遇到表面与波面严格平行的障碍物，在其界面会以相同的频率、振幅、振动方向，沿同一直线反射回去，这样反射波与入射波产生干涉，形成驻波。驻波中振幅最大的点称为波腹，振幅最小的点称为波节，相邻两个波节或波腹之间的距离等于半波长。

波在发生反射的界面处形成波节还是波腹，与两种介质的密度有关。如果波的反射是从较密的介质反射到较疏的介质，则在反射处形成波节；反之形成波腹。在压电陶瓷换能器的反射端处将电信号转换为声信号，作为声波的波源；接收端根据压电效应，把接收到的声波转化为电信号，且在接受声波的同时反射部分声波。发射端与接收端，这两个端面相向且严格平行，改变二者之间的距离，当距离为半波长的整数倍时，介质中出现稳定的驻波。设某时刻两个端面之间的距离 $L=n\dfrac{\lambda}{2}$（$n=1,2,3,\cdots$），发射端所发出的声波向接收端传播，且在接收端的端面发生反射，于是声波在两个端面形成驻波，反射面处是驻波的波节，声压最大；设某时刻两个端面之间的距离 $L\neq n\dfrac{\lambda}{2}$（$n=1,2,3,\cdots$），则不能形成驻波，此时接收处的端面声压较小。因此可从接收端处声压的变化来判断驻波是否形成。设两个端面之间的距离为 L_1，有

$$L_1=n\frac{\lambda}{2} \tag{4.1.1}$$

此时两个端面形成驻波，反射端的端面处是波节，声压最大。

改变两个端面之间的距离，反射端声压减小，直到两个端面之间的距离改变为 L_2 时，有

$$L_2=(n\pm 1)\frac{\lambda}{2} \tag{4.1.2}$$

此时反射端声压又达到最大，从式(4.1.1)和式(4.1.2)可得

$$\lambda=2|L_2-L_1| \tag{4.1.3}$$

再从声速测定仪上读出声波的频率 f，利用公式 $v=f\lambda$ 即可计算出声速 v。

声速在弹性介质中传播的速度不仅由介质的物理性质决定，还与温度有着密切的关系。声波在理想气体中的传播速度为

$$v=\sqrt{\frac{T\gamma R}{\mu}} \tag{4.1.4}$$

式中，R 为摩尔气体常量（$R=8.314\ \mathrm{J\cdot mol^{-1}\cdot K^{-1}}$）；$\mu$ 为相对分子质量；$\gamma=\dfrac{C_\gamma}{C_v}$，是气体摩尔定压热容与摩尔定容热容之比；$T$ 是热力学温度。显然有

$$v=\sqrt{\frac{T\gamma R}{\mu}}=\sqrt{(273.15+t)\frac{\gamma R}{\mu}}=\sqrt{273.15\frac{\gamma R}{\mu}}\cdot\sqrt{1+\frac{t}{273.15}}=v_0\sqrt{1+\frac{t}{273.15}} \tag{4.1.5}$$

式中，$v_0=331.45\ \mathrm{m/s}$，是在 0℃ 时声波在空气中的传播速度；t 是摄氏温度。由式(4.1.5)即可计算出任意温度时，声波在空气中的传播速度。

3. 相位比较法测声速

如图 4.1.1 所示，当声波沿 X 轴传播时，X 轴上各点的相位均落后于声源（设声源位于 O 点）。设 O 点的振动方程为

$$y_0=A\cos(\omega t+\varphi_0) \tag{4.1.6}$$

则任意一点 B 的振动方程为

$$y = A\cos\left[\omega\left(t - \frac{l}{v}\right) + \varphi_0\right] \qquad (4.1.7)$$

式中，v 为声波的传播速度；l 为 B 点的坐标（B 点与 O 点的距离）。

B 点与 O 点的相位差为

$$\Delta\varphi = \omega\frac{l}{v} = 2\pi\frac{l}{\lambda} \qquad (4.1.8)$$

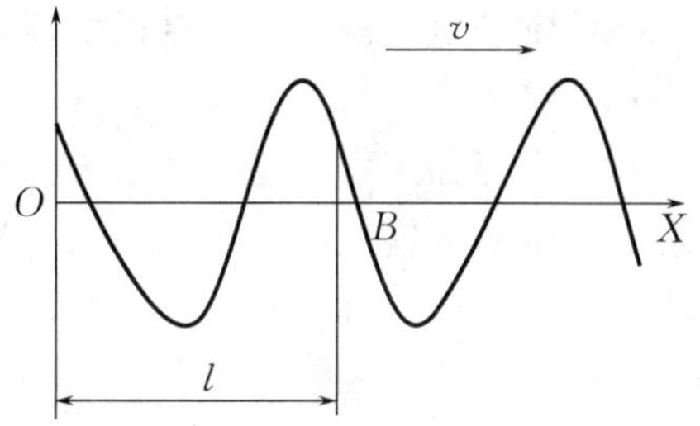

图 4.1.1　相位比较法

当 $l = n\frac{\lambda}{2}$ 时，

$$\Delta\varphi = n\pi\text{（其中 } n = 0,1,2,\cdots\text{）} \qquad (4.1.9)$$

实验时，改变发射端与接收端之间的距离，观察相位的变化，即可确定半波长 $\lambda/2$。显然，距离每改变半个波长，相位差相应的变化量为 π。相位差的变化可通过示波器来观察。随着两个振动的相位差从 $0 \rightarrow \pi$ 发生变化，图形从斜率为正的直线变为椭圆再变到斜率为负的直线。选择判断比较灵敏的李萨如图形为直线的位置作为测量的起点，每移动半个波长就会重复出现斜率符号相反的直线。总之，当发射端与接收端之间的距离符合式(4.1.9)时，在示波器上就会出现一条通过原点的直线，该直线根据 n 为奇数或者是偶数而分别位于第二、四象限或者第一、三象限。实验如果以位于第一、三象限的直线作为标记开始，则在第二、四象限出现直线时，振动传播的距离为 $\lambda/2$。

4. 时差法测声速

以脉冲调制正弦信号输入到发射端，使其发出脉冲声波，经过时间 t 后到达距离 L 处的接收端。接收端接收到脉冲信号后能量逐渐积累，振幅逐渐加大，脉冲信号过后，接收端的信号衰减振荡，如图 4.1.2 所示。所用的时间 t 可从示波器上读出，距离 L 由实验者测出，根据公式 $v = L/t$ 即可算出声速。

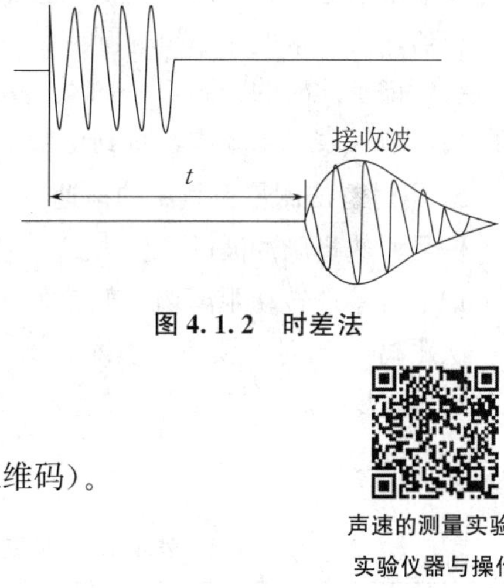

图 4.1.2　时差法

【实验仪器】

声速测定实验仪、模拟示波器（介绍参见后面二维码）。

声速的测量实验：实验仪器与操作

【实验内容和步骤】

1. 实验仪器的连接

信号源面板上的超声发射端口接至测试架左侧的发射换能器，发射监测端口接至双踪示波器的 CH1（Y_1 通道），用于观察发射波形；信号源面板上的超声接收端口接至测试架右侧的接收换能器，接收监测端口接至双踪示波器的 CH2（Y_2 通道）或者 X 通道（相位法的接法），用于观察接收波形。

2. 测定压电陶瓷换能器的最佳工作点

只有当发射端的端面与接收端的端面保持平行时，才能有较好的接收效果。应将外加的驱动信号频率调节到发射换能器谐振频率，此时能较好地进行声能和电能的相互转换，得到较清晰的接收波形。根据换能器谐振频率估计示波器的扫描时基 t/div，并进行调节，使在示波器上获得稳定的波形。

超声换能器工作状态的调节方法如下：仪器预热 15 min 并正常工作后，首先调节声速测试仪信号源输出电压(10 V～15 V)，调整信号频率(30 kHz～45 kHz)，频率调整时观察接收波的电压幅度变化，在某一频率点处(35.5 kHz～38.5 kHz)电压幅度最大，此频率即为压电换能器发射端与接收端相匹配的频率点，记录该频率 f；改变发射端与接收端的距离，选择适当位置重复调节，再次测定工作频率，共测 5 次，取平均频率 $\bar{f}$，填入表 4.1.1 中。在后续实验过程中不再改变调谐频率。

3. 用干涉法(驻波法)测量空气中的声速

信号源选择连续波(Sine - Wave)模式，通过上述实验步骤以后，观察示波器，找到接收波形的最大值。然后转动距离调节鼓轮，这时波形的幅度会发生变化，记录幅度为最大时的距离 L，该距离由机械刻度读出。再向前或者向后(必须是一个方向)移动距离，当接收波经过变小后再到最大时，记录下此时的距离，填入表 4.1.2 中，直到记录 10 个数据为止，读数时要注意避免回程差。测量波长时要注意操作不要太快，要看着示波器显示的接收信号波形转动鼓轮，而非尺子刻度。

4. 用相位比较法测量空气中的声速

信号源选择连续波(Sine - Wave)模式，将示波器设定为 $X-Y$ 工作状态。信号源的发射监测输出信号接到示波器的 X 输入端，接收监测输出信号接到示波器的 Y 输入端，调节示波器，使屏幕上显示出椭圆或斜直线的李萨如图形。转动距离调节鼓轮，示波器显示斜直线，记录此时的距离 L。继续转动鼓轮，观察示波器，逐一记录直线斜率符号改变时的距离，填入表 4.1.3 中，直到记录 10 个数据为止。

5. 用时差法测量空气中的声速

信号源选择脉冲波的工作方式，记录发射端与接收端之间的距离 L 并从声速测定实验仪上记录时差。转动距离调节鼓轮，使发射端与接收端之间的距离每次变化 20 mm 时记录一次距离 L 与时差读数，填入表 4.1.4 中，直到记录 10 个为止。最后求出声速的实验值及不确定度。

【数据处理】

表 4.1.1 测定压电陶瓷换能器的最佳工作点

测量次数	1	2	3	4	5
f/kHz					
$\bar{f}$/kHz					

表 4.1.2 干涉法(驻波法)测声速

测量次数	1	2	3	4	5
距离 L_1/mm					

续表

测量次数	6	7	8	9	10
距离 L_2/mm					
$L=\|L_2-L_1\|$/mm					
$\overline{L}$ /mm			$\overline{\lambda}=\frac{2\overline{L}}{5}$ /nm		
$\overline{v}=\overline{\lambda}\overline{f}$ /(m/s)					

计算平均频率，用逐差法计算平均波长，根据式(4.1.2)求出声速，并计算声速的不确定度。

声速测量不确定度的公式：

$$\frac{u(\overline{v})}{\overline{v}}=\sqrt{\left[\frac{u(\overline{\lambda})}{\overline{\lambda}}\right]^2+\left[\frac{u(\overline{f})}{\overline{f}}\right]^2}=\sqrt{\left[\frac{u(\overline{L})}{\overline{L}}\right]^2+\left[\frac{u(\overline{t})}{\overline{t}}\right]^2}$$

实验结果表达式：　　$v=\overline{v}\pm u(\overline{v})$

表 4.1.3　相位比较法测声速

测量次数	1	2	3	4	5
距离 L_1/mm					
测量次数	6	7	8	9	10
距离 L_2/mm					
$L=\|L_2-L_1\|$/mm					
$\overline{L}$ /mm			$\overline{\lambda}=\frac{2\overline{L}}{5}$ /nm		
$\overline{v}=\overline{\lambda}\overline{f}$ /(m/s)					

计算平均波长，根据式(4.1.3)求出声速，并计算声速的不确定度，写出最终结果表达式。

表 4.1.4　时差法测声速

测量次数	1	2	3	4	5
L_1/mm					
t_1/μs					
测量次数	6	7	8	9	10
L_2/mm					
t_2/μs					
$L=\|L_2-L_1\|$/mm					
$t=\|t_2-t_1\|$/μs					
$\overline{L}$/mm			$\overline{t}$/μs		
$\overline{v}=\frac{\overline{L}}{\overline{t}}$ /(m/s)					

采用逐差法计算平均距离和时间，根据式(4.1.3)求出声速，并计算声速的不确定度，写出最终结果表达式。

声速不确定度的公式：$\dfrac{u(\bar{v})}{v}=\sqrt{\left[\dfrac{u(\bar{L})}{\bar{L}}\right]^2+\left[\dfrac{u(\bar{t})}{\bar{t}}\right]^2}$

实验结果表达式：$v=\bar{v}\pm u(\bar{v})$

【思考题】

(1)为什么在实验过程中改变 L 时，压电陶瓷换能器的发射面与接收面保持相互平行？不平行会产生什么问题？

(2)固定距离的情况下，通过改变频率求声速，是否可行？

(3)用相位比较法测波长时，为什么要在示波器上出现直线图形后记录数据？

模拟示波器的功能介绍

实验 4.2 多普勒效应综合实验

多普勒效应综合实验

当波源和接收器之间有相对运动时，接收器接收到的波的频率与波源发出的波的频率不同，这种现象称为多普勒效应(Doppler effect)。奥地利物理学家及数学家 C. 多普勒(C. Doppler)于 1842 年首先提出了这一理论，为纪念他的杰出贡献便将该理论命名为多普勒效应。多普勒效应存在于所有波动现象，并在科学研究、工程技术、交通管理、医疗诊断等各方面都有十分广泛的应用。例如，基于多普勒效应原理的雷达系统已广泛应用于导弹、卫星、车辆等运动目标速度的监测；在医学上利用超声波的多普勒效应来检查人体内脏的活动情况、血液的流速等。原子、分子和离子由于热运动使其发射和吸收的光谱线变宽，称为多普勒增宽。在天体物理和受控热核聚变实验装置中，光谱线的多普勒增宽已成为一种分析恒星大气及等离子体物理状态的重要测量和诊断手段。本实验既可研究超声波的多普勒效应，又可利用多普勒效应将超声探头作为运动传感器，研究物体的运动状态。

【实验目的】

(1)测量超声接收器运动速度与接收频率之间的关系，验证多普勒效应，并由 $f-v$ 关系求声速。

(2)利用多普勒效应研究自由落体运动，并由 $v-t$ 关系求重力加速度。

(3)利用多普勒效应研究简谐振动，测量简谐振动的周期等参数，并与理论值比较。

【实验原理】

根据声波的多普勒效应，当声源与接收器之间有相对运动时，接收器接收到的频率

$$f=f_0\cdot\frac{u+v_1\cos\theta_1}{u-v_2\cos\theta_2}\tag{4.2.1}$$

式中，f_0 为声源发射频率；u 为声速；v_1 为接收器运动速率；θ_1 为声源和接收器的连线与接收器运动方向之间的夹角；v_2 为声源运动速率；θ_2 为声源和接收器的连线与声源运动方向之间的夹角(见图 4.2.1)。

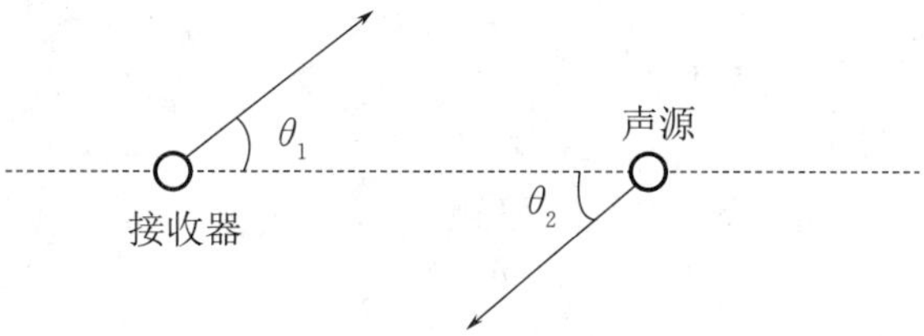

图 4.2.1　超声的多普勒效应示意图

实验中可采用简化模型验证多普勒效应。令声源保持不动，运动物体上的接收器沿声源和接收器的连线方向以速度 v 运动，则由式(4.2.1)可得接收器接收到的频率

$$f = f_0 \cdot \left(1 + \frac{v}{u}\right) \tag{4.2.2}$$

当接收器向着声源运动时，v 取正；反之取负。

若 f_0 保持不变，通过光电门测量物体的运动速度，并由仪器对接收器接收到的频率自动计数，根据式(4.2.2)作 f - v 关系图，可直观验证多普勒效应，且由实验点作直线，其斜率应为 $k = \frac{f_0}{u}$，由此可计算出声速 $u = \frac{f_0}{k}$。

由式(4.2.2)可解出

$$v = u \cdot \left(\frac{f}{f_0} - 1\right) \tag{4.2.3}$$

若已知声速 u 及声源频率 f_0，通过设置使仪器以某时间间隔对接收器接收到的频率 f 采样计数，由微处理器根据式(4.2.3)计算出接收器运动速度，由显示屏显示 v - t 关系图，或调阅有关测量数据，即可得出物体在运动过程中的速度变化情况，进而对物体运动状况及规律进行研究。

【实验仪器】

ZKY - DPL - 3 多普勒效应综合实验仪。

多普勒效应综合实验仪由实验仪、超声发射/接收器、红外发射/接收器、导轨、运动小车、支架、光电门、电磁铁、弹簧、滑轮、砝码及电机控制器等组成。图 4.2.2 实验仪的面板图。仪器内置微处理器，带有液晶显示屏、显示菜单及操作提示，由▲、▼、◀、▶键选择菜单或修改参数，按“确认”键后仪器执行。仪器对接收到的超声信号采用了无线的“调制-发射-接收”方式，即用超声接收器信号对红外波进行调制后发射，固定在运动导轨一端的红外接收端接收红外信号后，再将超声信号解调出来。由于红外发射/接收的过程中信号的传输是光速，远远大于声速，因此引起的多普勒效应可忽略不计。采用此技术能够使测量更准确，操作更方便。

下面是对仪器面板上两个指示灯状态的介绍。

(1)失锁警告指示灯。

亮：表示频率失锁，即接收信号较弱(原因：超声接收器电量不足)，此时不能进行实验，须对超声接收器充电，让该指示灯灭。

灭：表示频率锁定，即接收信号能够满足实验要求，可以进行实验。

(2)充电指示灯。

亮(绿色)：表示正在涓流充电。

亮(黄色)：表示已经充满。

亮(红色)：表示已经充满或充电针未接触。

灭：表示正在快速充电。

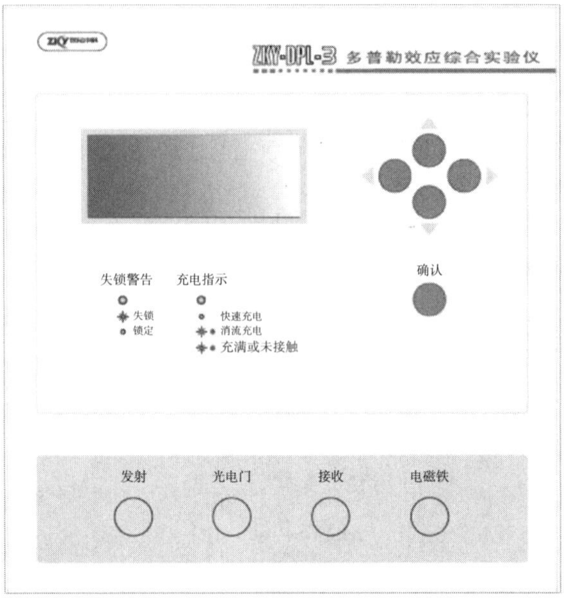

图 4.2.2　实验仪的面板图

【实验内容和步骤】

1. 验证多普勒效应并由测量数据计算声速

仪器安装示意图如图 4.2.3 所示。利用电机控制器可手动控制小车变换 5 种速度，并自动控制小车倒回。按变速键改变速度，再按启动键启动小车，让小车以不同速度通过光电门，仪器自动记录小车通过光电门时的平均运动速度及与之对应的平均接收频率。由仪器显示的 $f-v$ 关系图可看出速度与频率的关系，若测量点呈直线分布，符合式(4.2.2)描述的规律，即直观验证了多普勒效应。由 $f-v$ 关系图中直线的斜率 k 能够计算出声速的实验测量值 $u=\dfrac{f_0}{k}$。

1) 仪器安装

固定所需附件并将小车安装在导轨上，调整位置使水平超声发射器、超声接收器组件(已固定在小车上)、红外接收器处于同一轴线，并保证小车能沿导轨自由滑动。将组件电缆接入实验仪的对应接口，安装完毕后，将电磁铁组件放在轨道旁边，通过连接线给小车上的超声接收器充电。第一次充电时间约 6～8 s，充满后(仪器面板充电指示灯变黄色或红色)可以持续使用 4～5 min。充电完成后将连接线从小车上取下，以免影响小车运动。

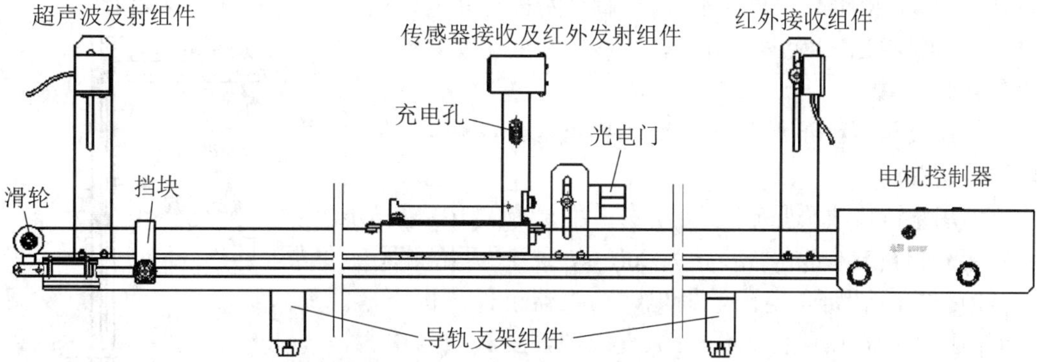

图 4.2.3　多普勒效应验证实验

2)测量准备

测试仪开机后，首先输入室温。利用◀和▶键将室温 t_c 值调至实际值，按“确认”键。然后仪器将进行自动检测调谐超声发生器的驱动频率 f_0，以接收器谐振电流最大作为谐振的判据，约几秒后将自动得到驱动频率 f_0，将此频率记录下来，按“确认”键进行后续实验。室温 t_c 和频率 f_0 的数值填入表 4.2.1 中。

3)测量步骤

(1)在液晶显示屏上，选中“多普勒效应验证实验”，并按“确认”键。

(2)利用◀和 ▶键修改测试总次数为 5，按 ▼键，选中“开始测试”，但不要按“确认”键。

(3)通过电机控制器上的变速按钮选定一个速度，准备好后，按“确认”键，再按电机控制器上的“启动”键开始测试，仪器自动记录小车通过光电门时的平均速度及与之对应的平均接收频率。

(4)每一次测试完成后，都有“存入”或“重测”的提示，可根据实际情况选择，按“确认”键后回到测试状态，并显示测试总次数及已完成的测试次数。

(5)按电机控制器上的变速按钮，重新选择速度，重复步骤(3)、步骤(4)。

(6)完成设定的测量次数后，仪器自动存储数据，并显示 $f-v$ 关系图及测量数据，测量完成后，用 ▼ 键翻阅实验仪的 5 组测量数据并记入表 4.2.1 中。

实验时要尽量保证红外接收器、小车上的红外发射器和超声接收器、超声发射器处在同一轴线上，并保证信号传输良好。此外，实验中不可挤压连接电缆，以免导线折断；避免小车滚轮沾上污物，影响实验进行；同时注意观察小车上超声接收器的状态，及时充电，以免数据失真。

2. 研究自由落体运动，求自由落体加速度

将带有超声接收器的接收组件自由下落，利用多普勒效应测量物体运动过程中多个时间点的速度，查看 $v-t$ 关系曲线，并调阅有关测量数据，即可得出物体在运动过程中的速度变化情况，进而计算自由落体加速度。

1)仪器安装

仪器安装示意图如图 4.2.4 所示。为保证超声发射器与接收器在一条垂线上，可用细绳栓住接收组件，检查其从电磁铁下垂时是否正对发射器。若对齐不好，可用底座螺钉加以调节。安装完毕后，让电磁阀吸住自由落体接收器组件，并让该接收组件上充电部分和电磁阀上的九爪测试针(即充电针)接触良好进行充电，充满电后，将接收器组件脱离充电针，下移吸附在电磁铁上。

2)测量步骤

(1)在液晶显示屏上，用▼键选中“变速运动测量实验”，并按“确认”键。

(2)用▶键修改测量点总数为 10；用▼ 键选中“采样步距”；用◀和▶键修改采样步距为 20 ms，选中“开始测试”。

(3)按“确认”键，电磁铁断电，接收器组件自由下落。测量完成后，显示屏上显示 $v-t$ 直线图，用▶键选中“数据”，阅读并记录测量结果。

(4)在结果显示界面中用▶键选中“返回”，按“确认”键后重新回到测量设置界面。重复步骤(1)～(3)进行新的测量(保持测量点总数不变，只需将采样步距分别重新设定为 30 ms，40 ms)，将数据记入表 4.2.2 中。

实验中须将自由落体接收器保护盒套于发射器上，避免发射器在非正常操作时受到冲击而损坏；同时注意安装时切不可挤压电磁阀上的电缆。接收器组件下落时，尽量保证其运动方向严格地在声源与接收器的连线方向。

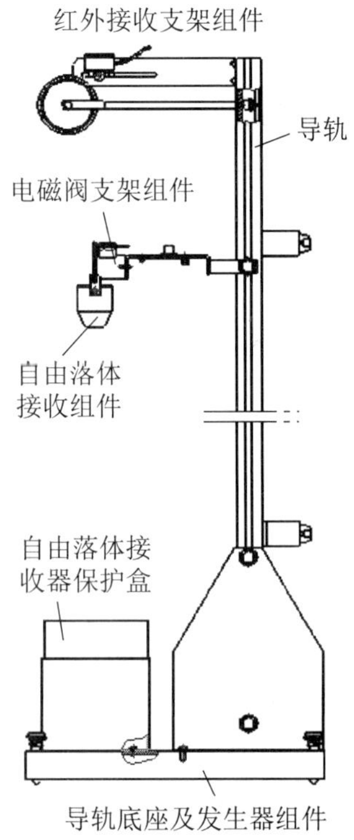

图 4.2.4 自由落体实验

3. 研究简谐振动

当质量为 M 的物体受到大小与位移成正比，而方向指向平衡位置的力的作用时，若以物体的运动方向为 x 轴，其运动方程为

$$M\frac{d^2x}{dt^2}=-kx \tag{4.2.4}$$

由式(4.2.4)描述的运动称为简谐振动，当初始条件为 $t=0$ 时，$x=-A_0$，$V=dx/dt=0$，则方程(4.2.4)的解为

$$x=-A_0\cos\omega_0 t \tag{4.2.5}$$

将式(4.2.5)对时间求导，可得速度方程

$$v=\omega_0 A_0\sin\omega_0 t \tag{4.2.6}$$

由式(4.2.5)和式(4.2.6)可见物体做简谐振动时，位移和速度都随时间周期变化。式中 $\omega_0=(k/M)^{1/2}$，为振动系统的固有角频率。

测量时若忽略空气阻力，根据胡克定律，作用力与位移成正比，悬挂在弹簧上的物体应做简谐振动，而式(4.2.4)中的 k 为弹簧的刚度系数。

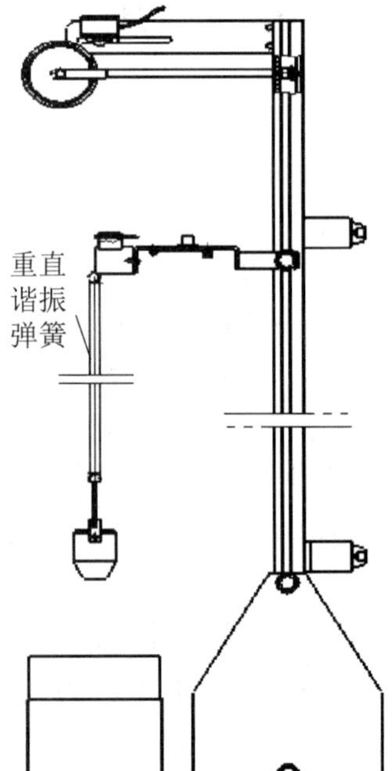

图 4.2.5 简谐振动实验

1)仪器安装与测量准备

仪器安装示意图如图 4.2.5 所示。将弹簧悬挂于电磁铁上方的挂钩孔中，测量弹簧原长度，将接收组件悬挂在弹簧上，测量加挂砝码后弹簧的伸长量 Δx，记入表 4.2.3 中。用天平称量出接收组件的

质量，记为 M，由 M 及 Δx 便可计算出 k 值，再由 k 和 M 即可得到 ω_0，并与角频率的测量值 ω 进行比较。

2)测量步骤

(1)在液晶显示屏上，用▼键选中“变速运动测量实验”，并按“确认”键。

(2)用▶键修改测量点总数为 150；用▼键选中“采样步距”，并修改为 100 ms，选中“开始测试”。

(3)将接收器从平衡位置垂直向下拉约 10 cm，松手让接收器自由振荡，然后按“确认”键，接收组件开始做简谐振动。实验仪按设置的参数自动采样，测量完成后，显示屏上出现速度随时间变化关系的曲线。

(4)在结果显示界面中用▶键选择“返回”，按“确认”键后重新回到测量设置界面。通过以上程序进行新的测量。查阅数据，记录第 1 次速度达到最大时的采样序号 $N_{1\max}$ 和第 11 次速度达到最大(速度方向一致)时的采样序号 $N_{11\max}$，记入表 4.2.3 中。

注意，自由振荡开始后，再按“确认”键；观察接收器的状态，并及时充电，避免数据失真。

【数据处理】

1. 验证多普勒效应并由测量数据计算声速

表 4.2.1　多普勒效应的验证与声速的测量

t_c =________℃；f_0 =________ Hz

测量数据						直线斜率 k (m^{-1})	声速测量值 $u=f_0/k$ (m/s)	声速理论值 u_0 (m/s)	相对误差 $\left\|\frac{u-u_0}{u_0}\right\|\times 100\%$
次数 i	1	2	3	4	5				
v_i /(m/s)									
f_i /Hz									

用作图法计算 f-v 直线的斜率 k，由 k 计算声速 u 并与声速的理论值比较，计算其相对误差。声速理论值由 $u_0 = 331(1+t_c/273)^{1/2}$ (m/s)计算，t_c 表示室温(摄氏温度，单位为℃)。

2. 研究自由落体运动，求自由落体加速度

表 4.2.2　自由落体运动的测量

采样序号 i	2	3	4	5	6	7	8	9	g /(m/s^2)	平均值 $\bar{g}$ /(m/s^2)	理论值 g_0 /(m/s^2)	相对误差 $\left\|\frac{\bar{g}-g_0}{g_0}\right\|\times 100\%$
$t_i=0.04(i-1)$ /s	0.04	0.08	0.12	0.16	0.20	0.24	0.28	0.32				
v_i /(m/s)												
$t_i=0.03(i-1)$ /s	0.03	0.06	0.09	0.12	0.15	0.18	0.21	0.24	—			
v_i /(m/s)											9.8	
$t_i=0.02(i-1)$ /s	0.02	0.04	0.06	0.08	0.10	0.12	0.14	0.16	—			
v_i /(m/s)												

注：表 4.2.2 中 $t_i=0.04(i-1)$，t_i 为第 i 次采样与第 1 次采样的时间间隔，0.04 表示采样步距为 40 ms。如果选择的采样步距为 30 ms，则 t_i 应表示为 $t_i=0.03(i-1)$。以此类推，根据实际设置的采样步距决定采样时间。首末采样点数据的可靠性较低，故不填入表格，只取中间的 8 组测量数据。

由测量数据求得 v-t 直线的斜率即为重力加速度 g，为减小偶然误差，可进行多次测量，将测量的平均值作为测量值，并与理论值比较，求相对误差。

3. 研究简谐振动

表 4.2.3　简谐振动的测量

$M =$______ kg

Δx /m	$k=\frac{Mg}{\Delta x}$ /(kg/s^2)	$\omega_0=\sqrt{\frac{k}{M}}$ /s^{-1}	$N_{1\max}$	$N_{11\max}$	$T=0.01(N_{11\max}-N_{1\max})$ /s	$\omega=\frac{2\pi}{T}$ /s^{-1}	相对误差 $\left\lvert\frac{\omega-\omega_0}{\omega_0}\right\rvert\times100\%$

计算实际测量的运动周期 T 及角频率 ω，并计算 ω_0 与 ω 的相对误差。

研究匀变速直线运动，验证牛顿第二运动定律

【思考题】

(1)为什么在使用多普勒效应综合实验仪时，要先输入室温？如果输入的室温不准确，会影响哪些实验的结果？如何影响？

(2)在研究自由落体运动的实验中，接收组件下落时，如果运动方向不是严格的声源与接收器的连线方向，会造成怎样的结果？

实验 4.3　空气热机实验

热机是将热能转换为机械能的机器。对热机循环过程及热机效率的相关研究，曾为热力学第二定律的确立起到了奠基性的作用。R. 斯特林(R. Stirling)于 1816 年发明的以空气作为工作介质的热机，是最古老的热机之一。虽然现在已发展了内燃机、燃气轮机等新型热机，但空气热机结构简单，便于帮助理解热机原理与卡诺循环等热力学中的重要内容，是很好的热学实验教学仪器。

空气热机

【实验目的】

(1)理解热机原理及循环过程。

(2)测量不同冷热端温度时的热功转换值，验证卡诺定理。

(3)测量热机输出功率随负载及转速的变化关系，计算热机实际效率。

【实验原理】

空气热机的结构及工作原理如图 4.3.1 所示。热机主机由高温区、低温区、工作活塞及汽缸、位移活塞及汽缸、飞轮、连杆和热源等部分组成。

热机中部为飞轮与连杆机构，工作活塞与位移活塞通过连杆与飞轮连接。飞轮的下方为工作活塞与工作汽缸，飞轮的右方为位移活塞与位移汽缸，工作汽缸与位移汽缸之间用通气管连接。位移汽缸的右边是高温区，可用电热方式或酒精灯加热，位移汽缸左边有散热片，构成低温区。

工作活塞使汽缸内气体封闭，并在气体的推动下对外做功。位移活塞是非封闭的占位活塞，其作用是在循环过程中使气体在高温区与低温区间不断交换，气体可通过位移活塞

与位移汽缸间的间隙流动。工作活塞与位移活塞的运动是不同步的，当某一活塞处于位置极值时，它本身的速度最小，而另一个活塞的速度最大。

当工作活塞处于最底端时，位移活塞迅速左移，使汽缸内气体向高温区流动，如图 4.3.1(a)所示；进入高温区的气体温度升高，使汽缸内压强增大并推动工作活塞向上运动，如图 4.3.1(b)所示，在此过程中热能转换为飞轮转动的机械能；工作活塞在最顶端时，位移活塞迅速右移，使汽缸内气体向低温区流动，如图 4.3.1(c)所示；进入低温区的气体温度降低，使汽缸内压强减小，同时工作活塞由于飞轮惯性继续向下运动，完成循环，如图 4.3.1(d)所示。在一次循环过程中气体对外所做净功的大小等于 $p-V$ 图中曲线所围的面积。

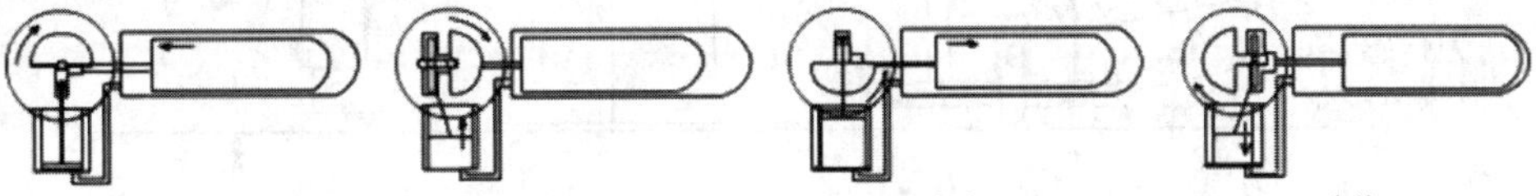

图 4.3.1　空气热机工作原理

根据卡诺定理，对于循环过程可逆的理想热机，热功转换效率

$$\eta = A/Q_1 = (Q_1 - Q_2)/Q_1 = (T_1 - T_2)/T_1 = \Delta T/T_1 \tag{4.3.1}$$

式中，A 为每一次循环中热机做的功；Q_1 为热机每一次循环从热源吸收的热量；Q_2 为热机每一次循环向冷源放出的热量；T_1 为热源的绝对温度；T_2 为冷源的绝对温度。

实际的热机都不可能是理想热机，由热力学第二定律可以证明，循环过程不可逆的实际热机，其效率不可能高于理想热机，此时热机效率

$$\eta \leqslant \Delta T/T_1 \tag{4.3.2}$$

卡诺定理指出了提高热机效率的途径：就过程而言，应使实际的不可逆机尽量接近可逆机；就温度而言，应尽量提高冷热源的温度差。

每一次循环中，热量 Q_1 正比于 $\Delta T/n$（n 为热机转速），η 正比于 $nA/\Delta T$，其中，n、A、T_1 及 ΔT 均可测量。测量不同冷热端温度时的 $nA/\Delta T$，观察它与 $\Delta T/T_1$ 的关系，即可验证卡诺定理。

当热机带负载时，热机向负载输出的功率可由力矩计测量计算得到，且热机实际输出功率的大小随负载的变化而变化。在这种情况下，可测量计算出不同负载大小时的热机实际效率。

【实验仪器】

空气热机实验仪、空气热机测试仪、电加热器及电源、计算机(或双踪示波器)。

1. 空气热机实验仪

电加热型热机实验仪结构如图 4.3.2 所示。

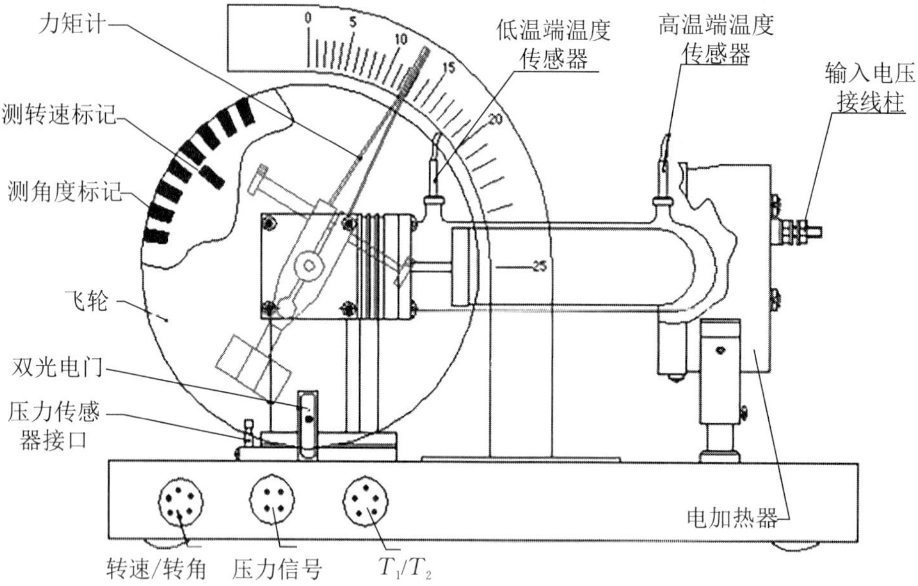

图 4.3.2 电加热型热机实验仪结构

飞轮下部装有双光电门，上边的光电门用以定位工作活塞的最低位置，下边的光电门用以测量飞轮转动角度。热机测试仪以光电门信号为采样触发信号。

汽缸的体积随工作活塞的位移而变化，而工作活塞的位移与飞轮的位置有对应关系，在飞轮边缘均匀排列 45 个挡光片，采用光电门信号上下沿均触发方式，飞轮每转 4°给出一个触发信号，由光电门信号可确定飞轮位置，进而计算汽缸体积。

压力传感器通过管道在工作汽缸底部与汽缸连通，用以测量汽缸内的压力。在高温和低温区都装有温度传感器，用以测量高、低温区的温度。底座上的三个插座分别输出转速/转角信号、压力信号和 T_1/T_2(高/低端温度)信号，使用专门的线和实验测试仪相连，实时传送测量信号。电加热器上的输入电压接线柱分别使用黄、黑两种线与电加热器电源的电压输出正、负极相连接。

热机实验仪采集光电门信号、压力信号和温度信号，经微处理器处理后，在仪器显示窗口显示热机转速和高、低温区的温度。在仪器前面板上提供压力和体积的模拟信号，供连接示波器显示 $p-V$ 图。所有信号均可经仪器前面板上的串行接口连接到计算机。

加热器电源为加热电阻提供能量，输出电压从 24 V 到 36 V 连续可调，可以根据实验的实际需要调节加热电压。

力矩计悬挂在飞轮轴上，调节螺钉可调节力矩计与轮轴之间的摩擦力，由力矩计可读出摩擦力矩 M，并进而算出摩擦力和热机克服摩擦力所做的功。经简单推导可得热机输出功率 $P_o=2\pi nM$。式中，n 为热机每秒的转速，即输出功率为单位时间内的角位移与力矩的乘积。

2. 电加热器电源

加热器电源前面板如图 4.3.3 所示。

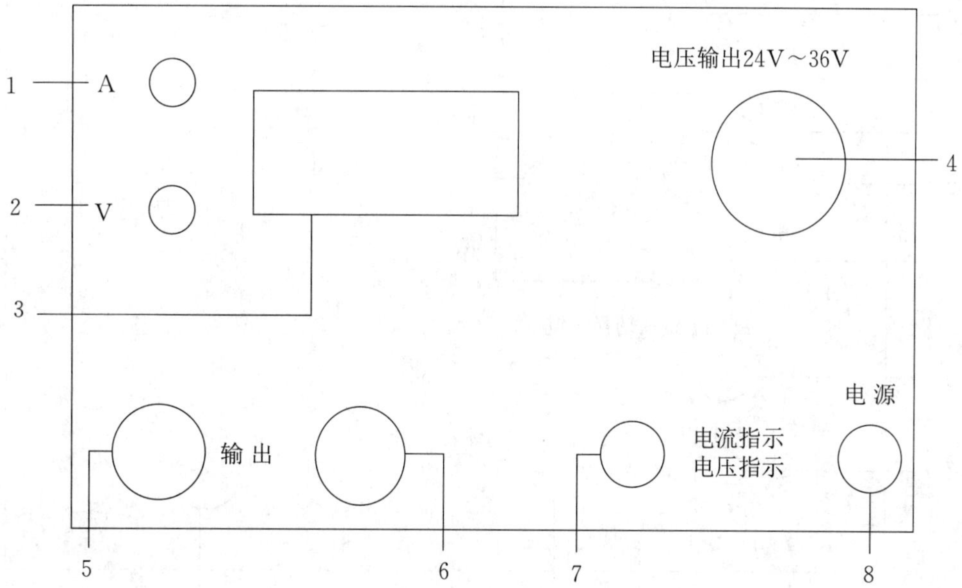

1—电流输出指示灯：当显示表显示电流输出时，该指示灯亮。

2—电压输出指示灯：当显示表显示电压输出时，该指示灯亮。

3—电流电压输出显示表：可以按切换方式显示加热器的电流或电压。

4—电压输出调节旋钮：可以根据加热需要调节电源的输出电压，调节范围为 24 V～36 V，共分 11 挡。

5—电压输出"－"接线柱：加热器的加热电压的负端接口。

6—电压输出"＋"接线柱：加热器的加热电压的正端接口。

7—电流/电压切换按键：按下时显示表显示电流，弹出时显示表显示电压。

8—电源开关按键：打开和关闭仪器。

图 4.3.3　加热器电源前面板

3. 空气热机测试仪

空气热机测试仪分为微机型和智能型两种型号。微机型测试仪可以通过串口与计算机通信，在配有热机软件的计算机上，显示和读取 $p-V$ 图中的面积等参数并观测热机波形；智能型测试仪不能和计算机通信，只能用示波器观测热机波形。

测试仪前面板如图 4.3.4。

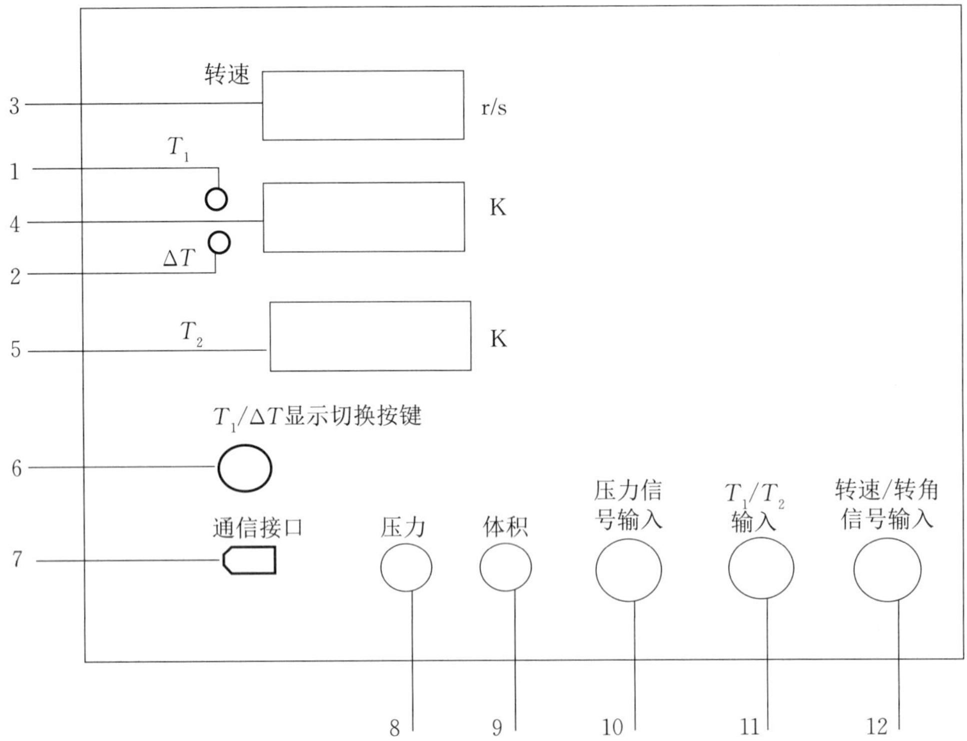

1— T_1 指示灯：该灯亮表示当前显示数值为热源端绝对温度。

2— ΔT 指示灯：该灯亮表示当前显示数值为热源端和冷源端绝对温度差。

3—转速显示：显示热机的实时转速，单位为 r/s(转/秒)。

4— $T_1/\Delta T$ 显示：根据需要显示热源端绝对温度或冷热两端绝对温度差，单位 K(开尔文)。

5— T_2 显示：显示冷源端的绝对温度值，单位 K(开尔文)。

6— $T_1/\Delta T$ 显示切换按键：弹出状态(通常情况)，表示 4 中显示的数值为热源端绝对温度 T_1，同时 T_1 指示灯亮；按下状态，表示 4 中显示的数值为冷热端绝对温度差 ΔT，同时 ΔT 指示灯亮。

7—通信接口：通过 1394 线和热机通信器连接，再通过 USB 线将通信器和计算机 USB 接口连接。可以使用热机软件观测热机运转参数和热机波形(仅适用于微机型)。

8—示波器压力接口：通过 Q9 线和示波器 Y 通道连接，可以观测压力信号波形。

9—示波器体积接口：通过 Q9 线和示波器 X 通道连接，可以观测体积信号波形。

10—压力信号输入口(四芯)；通过四芯连接线和热机相应的接口连接，输入压力信号。

11— T_1/T_2 输入口(五芯)：通过六芯连接线和热机相应的接口连接，输入 T_1/T_2 温度信号。

12—转速/转角信号输入口(五芯)：通过五芯连接线和热机相应的接口连接，输入转速/转角信号。

图 4.3.4 主机前面板示意图

【实验内容和步骤】

(1)用手顺时针拨动飞轮，结合图 4.3.1 仔细观察热机循环过程中工作活塞与位移活塞的运动情况，切实理解空气热机的工作原理。

(2)根据测试仪面板上的标识和仪器介绍中的说明，将各部分仪器连接起来，开始实验。取下力矩计，将加热电压加到第 9 挡(33 V 左右)。等待 6～10 min，加热电阻丝已发红后，用手顺时针拨动飞轮，热机即可运转(若运转不起来，可看看热机测试仪显示的温度，冷热端温度差在 100 ℃以上时易于启动)。

(3)减小加热电压至第 1 挡(24 V 左右)，调节示波器，观察压力和体积信号，以及压力和体积信号之间的相位关系等，并把 $p-V$ 图调节到最适合观察的位置。等待约 10 min，待温度和转速稳定后，记录当前加热电压，并从热机测试仪(或计算机)上读取温度和转速，从双踪示波器显示的 $p-V$ 图估算(或计算机上读取)曲线包围的面积，记入表 4.3.1 中。

(4)逐步增大加热功率(每次加大一挡，最大加热挡位不能超过第 6 挡，否则转速超过 15 r/s，热机将停止加热)，等待约 10 min，待温度和转速稳定后，重复上述步骤，共测量 4 次以上，将数据记入表 4.3.1 中。

(5)以 $\Delta T/T_1$ 为横坐标，以 $nA/\Delta T$ 为纵坐标，在坐标纸上作 $nA/\Delta T$ 与 $\Delta T/T_1$ 的关系图，验证卡诺定理。

(6)在最大加热功率下，用手轻触飞轮让热机停止运转，然后将力矩计装在飞轮轴上，拨动飞轮让热机继续运转。调节力矩计的摩擦力(不要停机)，待输出力矩、转速、温度稳定后，读取并记录各项参数于表 4.3.2 中。

(7)保持输入功率不变，逐步增大输出力矩，重复上述步骤，共测量 5 次以上。

(8)以 n 为横坐标，以 P_o 为纵坐标，在坐标纸上作 P_o 与 n 的关系图，表示同一输入功率下，输出偶合不同时输出功率或效率随偶合的变化关系。

表 4.3.1 和表 4.3.2 中的热端温度 T_1、温差 ΔT 、转速 n 、加热电压 U 、加热电流 I、输出力矩 M 可以直接从仪器上读出来；$p-V$ 图中曲线所围面积 A ，可以根据示波器上的图形估算得到，也可以从计算机软件直接读出(仅适用于微机型热机测试仪)，其单位为 J(焦耳)；其他数值可以根据前面的读数计算得到。

示波器 $p-V$ 图面积的估算方法如下。根据仪器介绍和说明，用 Q9 线将仪器上的示波器输出信号和双踪示波器的 X、Y 通道相连。将 X 通道的调幅旋钮旋到 0.1 V 挡，Y 通道的调幅旋钮也旋到 0.1 V 挡，然后两个通道都打到交流挡位，并在 $X-Y$ 挡观测 $p-V$ 图，再调节左右和上下移动旋钮，就可以观测到比较理想的 $p-V$ 图。再根据示波器上的刻度，在坐标纸上描绘出 $p-V$ 图，如图 4.3.5 所示。以图中椭圆所围部分每个小格为单位，采用割补法、近似法(如近似三角形、近似梯形、近似平行四边形)等方法估算出每个小格的面积，再将所有小格的面积加起来，即可得到 $p-V$ 图的近似面积，单位为 V^2，根据体积、压强 p 与输出电压的关系，可以换算为 J(焦耳)。

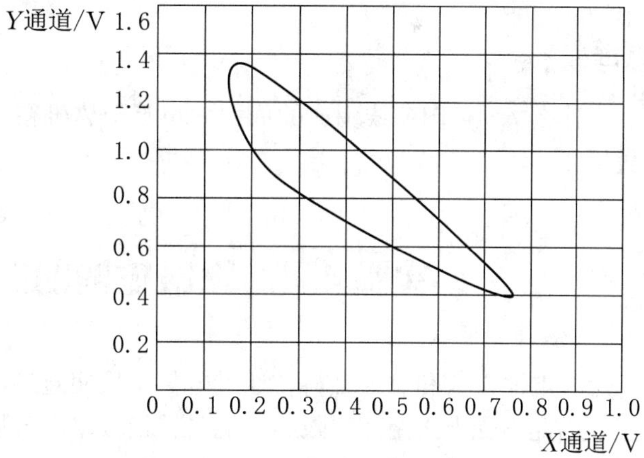

图 4.3.5　示波器观测的热机实验 $p-V$ 图

体积(X 通道)：　$1\ \text{V}=1.333\times10^{-5}\ \text{m}^3$

压力(Y 通道)：　$1\ \text{V}=2.164\times10^{4}\ \text{Pa}$

则　$1\ \text{V}^2=0.288\ \text{J}$

【数据处理】

表 4.3.1 测量不同冷热端温度时的热功转换值

加热电压 U/V	热端温度 T_1/K	温度差 ΔT/K	$\Delta T/T_1$	A（$p-V$ 图曲线所围面积）	热机转速 n/(r/s)	$nA/\Delta T$

表 4.3.2 测量热机输出功率随负载及转速的变化关系

输入功率 $P_i = UI =$ ________ W

热端温度 T_1/K	温度差 ΔT/K	输出力矩 M/(N·m)	热机转速 n/(r/s)	输出功率 $P_o = 2\pi nM$/W	输出效率 $\eta_{o/i} = P_o/P_i$

【思考题】

为什么 $p-V$ 图曲线围成的面积大小等于热机在一次循环过程中热能变为机械能的转换数值？

实验 4.4 燃料电池的综合特性实验

燃料电池以氢和氧为燃料，通过电化学反应直接产生电力，不经过热机作用，因此不受卡诺循环的限制，能量转换效率高于燃烧燃料的热机，达到40%～60%。此外，燃料电池的单位体积氢的储能密度远高于现有的其他电池，其反应生成物为水，不产生硫化物和氮化物的排放，对环境无污染。因此，燃料电池技术的研究和开发广受关注，从最早的航天等特殊领域，到现在由于人们的积极研究，已将其应用到电动汽车、手机电池等日常生活的各个方面，燃料电池技术被认为是 21 世纪首选的洁净、高效发电技术。质子交换膜燃料电池具有工作温度低、启动快、比功率高、结构简单、操作方便等优点，被公认为电动汽车、固定发电站等的首选能源。在燃料电池内部，质子交换膜为质子的迁移和输送提供通道，使得质子经过交换膜从阳极到达阴极，与外电路的电子转移构成回路，向外界提供电流，因此质子交

燃料电池的综合特性实验

换膜的性能对燃料电池的性能起着重要作用，它的好坏直接影响电池的使用寿命。

【实验目的】

(1)了解燃料电池的工作原理。

(2)观察仪器的能量转换过程：

光能→太阳能电池→电能→电解池→氢能(能量储存)→燃料电池→电能

(3)掌握质子交换膜电解池的特性，验证法拉第电解定律。

(4)掌握燃料电池输出特性。

(5)掌握太阳能电池输出特性。

【实验原理】

1. 燃料电池

质子交换膜(proton exchange membrane，PEM)燃料电池在常温下工作，具有启动快速、结构紧凑的优点，适用于汽车或其他可移动设备的电源，基本结构如图 4.4.1 所示。近年来质子交换膜燃料电池发展迅猛。目前广泛采用的全氟磺酸质子交换膜为固体聚合物薄膜，厚度 0.05～0.1 mm，提供了氢离子(质子)从阳极到达阴极的通道，而电子或气体不能通过。

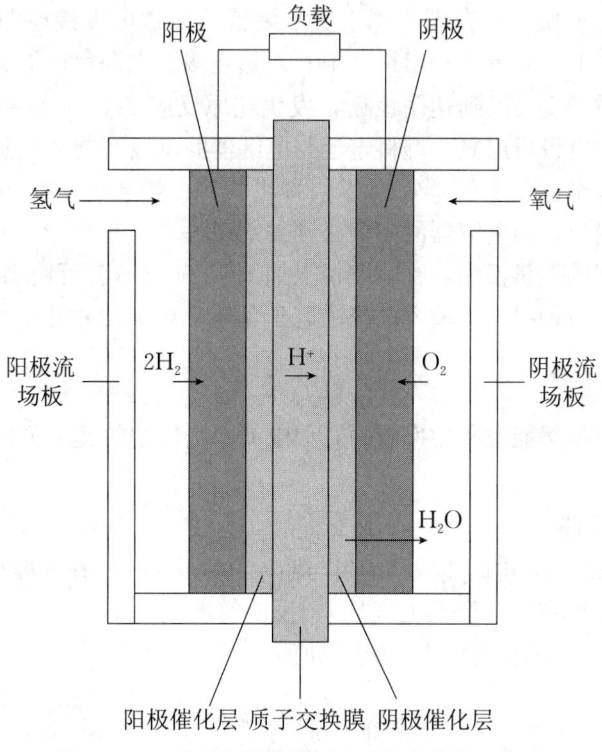

图 4.4.1　质子交换膜燃料电池基本结构示意图

催化层是将纳米量级的铂粒子用化学或物理的方法附着在质子交换膜表面制成的，厚度约 0.03 mm，对阳极氢的氧化和阴极氧的还原起催化作用。膜两边的阳极和阴极由石墨化的碳纸或碳布做成，厚度为 0.2～0.5 mm，导电性能良好，上面的微孔提供气体进入催化层的通道，又称为扩散层。流场板一般由导电良好的石墨或金属做成，与单体电池的阳极和阴极形成良好的电接触，称为双极板。教学使用的燃料电池采用有机玻璃做流场板。

进入阳极的氢气通过电极上的扩散层到达质子交换膜。氢分子在阳极催化剂的作用下解离为 2 个质子，并释放出 2 个电子，阳极反应为

$$H_2 = 2H^+ + 2e \tag{4.4.1}$$

质子以水合氢离子的形式，在质子交换膜中通过从一个磺酸基转移到另一个磺酸基的方式，最后到达阴极，实现质子导电。质子的这种转移使阳极带负电。

在电池的另一端，氧气或空气通过阴极扩散层到达阴极催化层，在阴极催化层的作用下，氧获得电子，与氢离子反应生成水，阴极反应为

$$O_2 + 4H^+ + 4e = 2H_2O \tag{4.4.2}$$

阴极反应使阴极缺少电子而带正电。结果在阴阳极间产生电压，两极间接通外电路，就可以向负载输出电能。

总的化学反应式为

$$O_2 + 2H_2 = 2H_2O \tag{4.4.3}$$

2. 水的电解

将水电解产生氢气和氧气，这与燃料电池中氢气和氧气反应生成水的过程互逆。水电解装置因电解质的不同而出现差异，其中，碱性溶液和质子交换膜是效果更好的电解质。若以质子交换膜为电解质，可在图 4.4.1 所示装置的右边电极接电源正极形成电解的阳极，发生氧化反应 $2H_2O = O_2 + 4H^+ + 4e$；左边电极接电源负极形成电解的阴极，阳极产生的氢离子通过质子交换膜到达阴极后，发生还原反应 $2H^+ + 2e = H_2$。该过程在右边电极析出氧，左边电极析出氢。燃料电池与电解器的电极在制造上是不同的，燃料电池的电极应利于气体吸纳，而电解器需要尽快排出气体；燃料电池阴极产生的水应随时排出，以免阻塞气体通道，而电解器的阳极必须被水浸没。

若不考虑电解器的能量损失，在电解器上加 1.48 V 电压就可使水分解为氢气和氧气，然而实际应用中由于各种损失，输入电压需高于 1.6 V 电解器才开始工作。电解器效率为

$$\eta_{电解} = \frac{1.48}{U_{输入}} \times 100\% \tag{4.4.4}$$

输入电压较低时虽然能量利用率较高，但电流小，电解的速率低。通常控制电解器输入电压在 2 V 左右。

3. 法拉第电解定律

根据法拉第电解定律，电解生成物的量与输入电量成正比。在标准状态下(温度为 0 ℃，电解器产生的氢气保持在 1 个标准大气压)，设电解电流为 I，经过一段时间 t 生产的氢气体积(氧气体积为氢气体积的一半)的理论值为

$$V_{氢气} = \frac{It}{2F} \times 22.4\ \text{L} \tag{4.4.5}$$

式中，$F = eN = 9.65 \times 10^4$ C/mol 为法拉第常数；$e = 1.602 \times 10^{-19}$ C 为电子电量；$N = 6.022 \times 10^{23}\ \text{mol}^{-1}$ 为阿伏伽德罗常数；$\frac{It}{2F}$ 为产生的氢气的物质的量；22.4 L 为标准状态下气体的摩尔体积。

若实验时的摄氏温度为 T，所在地区气压为 P，根据理想气体物态方程，可对式(4.4.5)进行修正：

$$V_{氢气}=\frac{273.16+T}{273.16}\cdot\frac{P_0}{P}\cdot\frac{It}{2F}\times 22.4\ \text{L} \tag{4.4.6}$$

式中，P_0 为标准大气压。自然环境中，大气压强受各种因素的影响，如温度和海拔高度等，其中海拔对大气压强的影响最为明显。由国家标准 GB/T 4797.2—2017 可查到，海拔每升高 1 000 m，大气压强下降约 10%。

由于水的分子量为 18，且每克水的体积为 1 cm³，故电解池消耗的水的体积为

$$V_{水}=\frac{It}{2F}\times 18\ \text{cm}^3=9.33It\times 10^{-5}\ \text{cm}^3 \tag{4.4.7}$$

应当指出，式(4.4.6)和式(4.4.7)对燃料电池同样适用，只是其中的 I 代表燃料电池输出电流，$V_{氢气}$ 代表燃料消耗量，$V_{水}$ 代表电池中水的生成量。

4. 燃料电池的输出特性

在一定的温度与气体压力下，改变负载电阻的大小，测量燃料电池的输出电压与输出电流之间的关系如图 4.4.2 所示，图中曲线又称为极化特性曲线。理论分析表明，如果燃料电池的所有能量都转换成电能，则理想电动势为 1.48 V。然而，实际燃料的能量不可能全部转换成电能，如总有一部分能量转换成热能，少量的燃料分子或电子穿过质子交换膜形成内部短路电流等，故燃料电池的开路电压低于理想电动势。

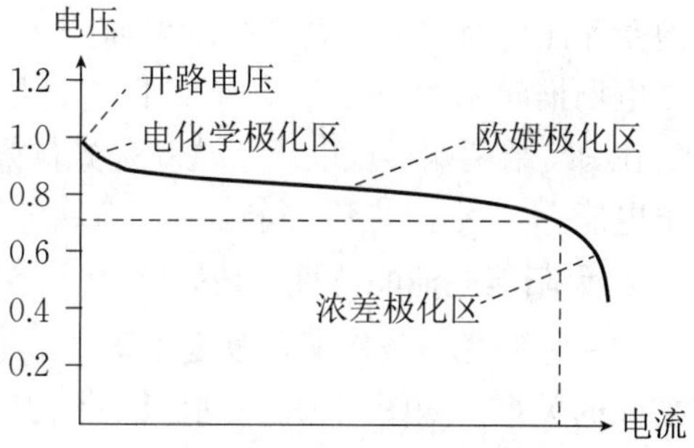

图 4.4.2　燃料电池的极化特性曲线

从图 4.4.2 曲线中，可以看到随着电流从零增大，输出电压有一段下降较快，这主要是因为电极表面的反应速度有限，有电流输出时，电极表面的带电状态改变，驱动电子输出阳极或输入阴极时，产生的部分电压会被损耗掉，这一段被称为电化学极化区。输出电压的线性下降区的电压降，主要是电子通过电极材料和各种连接部件的阻力，以及离子通过电解质的阻力共同引起的，这种电压降与电流成比例，所以被称为欧姆极化区。当输出电流过大时，燃料供应不足，电极表面的反应物浓度下降，使输出电压迅速降低，而输出电流基本不再增加，这一段被称为浓差极化区。

综合考虑燃料的利用率(恒流供应燃料时可表示为燃料电池电流与电解电流之比)及输出电压与理想电动势的差异，可将燃料电池的效率表示为

$$\eta_{电池}=\frac{I_{电池}}{I_{电解}}\cdot\frac{U_{输出}}{1.48}\times 100\%=\frac{P_{输出}}{1.48\times I_{电解}}\times 100\% \tag{4.4.8}$$

输出电流时燃料电池的输出功率相当于图 4.4.2 中虚线围出的矩形区。在使用燃料电池时，应根据伏安特性曲线，选择适当的负载匹配，使效率与输出功率达到最大。

5. 太阳能电池的工作原理

太阳能电池利用半导体 PN 结受光照射时的光伏效应发电，太阳能电池的基本结构就是一个大面积的平面 PN 结，图 4.4.3 为半导体 PN 结示意图。

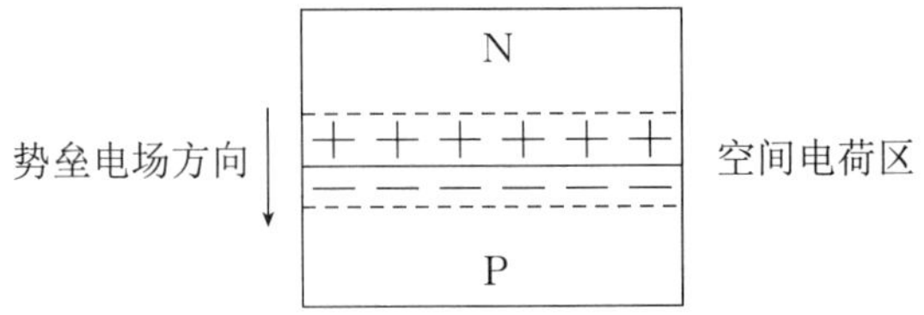

图 4.4.3　半导体 PN 结示意图

P 型半导体中有相当数量的空穴，几乎没有自由电子；N 型半导体中有相当数量的自由电子，几乎没有空穴。当两种半导体结合在一起形成 PN 结时，N 区的电子(带负电)向 P 区扩散，P 区的空穴(带正电)向 N 区扩散，在 PN 结附近形成空间电荷区与势垒电场。势垒电场会使载流子向扩散的反方向做漂移运动，最终扩散与漂移达到平衡，使流过 PN 结的净电流为零。在空间电荷区内，P 区的空穴被来自 N 区的电子复合，N 区的电子被来自 P 区的空穴复合，使该区内几乎没有能导电的载流子，因此又称为结区或耗尽区。当光电池受光照射时，部分电子被激发而产生电子-空穴对，在结区激发的电子和空穴分别被势垒电场推向 N 区和 P 区，使 N 区有过量的电子而带负电，P 区有过量的空穴而带正电，从而在 PN 结两端形成电压，这就是光伏效应。若将 PN 结两端接入外电路，就可向负载输出电能。

6. **太阳能电池的特性参数表征**

在一定的光照条件下，改变太阳能电池负载电阻的大小，可以测量输出电压与输出电流之间的关系，如图 4.4.4 所示。U_{oc} 代表开路电压，I_{sc} 代表短路电流，图 4.4.4 中虚线围出的面积为太阳能电池的输出功率。与最大功率对应的电压称为最大工作电压 U_m，对应的电流称为最大工作电流 I_m。

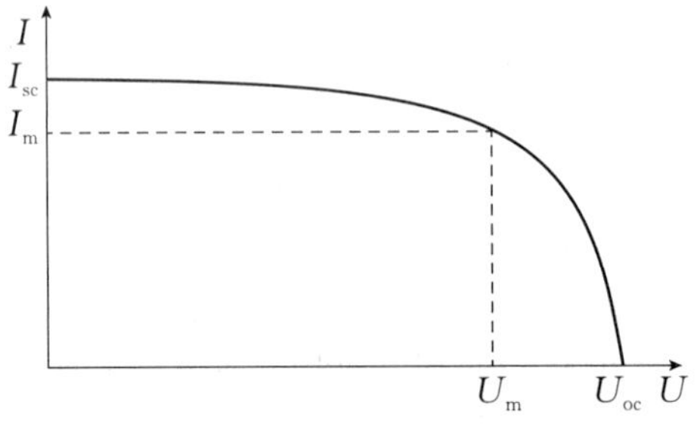

图 4.4.4　太阳能电池的伏安特性曲线

此外，表征太阳能电池特性的基本参数还包括光谱响应特性，光电转换效率，填充因子等。填充因子 FF 定义为

$$FF = \frac{U_m I_m}{U_{oc} I_{sc}} \tag{4.4.9}$$

填充因子是评价太阳能电池输出特性好坏的一个重要参数，它的值越高，表明太阳能电池输出特性越趋近于矩形，电池的光电转换效率越高。

【实验仪器】

燃料电池测试面板、有机玻璃实验仪、可变负载、太阳能电池、导线(4 根红线和 4 根黑线)。

质子交换膜必须含有足够的水分，才能保证质子的传导；但水含量又不能过高，否则电极被水浸没，水阻塞气体通道，燃料不能传导到质子交换膜参与反应。如何保持良好的水平衡关系是燃料电池设计的重要课题。本实验中，可以采用在电池正常工作时打开排水口的方式保持水平衡。在电解电流不变时，燃料供应量是恒定的。若负载选择不当，电池输出电流太小，会导致未参加反应的气体从排水口泄漏，燃料利用率及效率降低；而选择适当的负载，可以将燃料利用率提高至约 90%。

气水塔为电解池提供纯水(二次蒸馏水)，并分别储存电解池产生的氢气和氧气，为燃料电池提供燃料气体。每个气水塔都是上下两层结构，上下层之间通过插入下层的连通管连接，下层顶部有一根输气管连接到燃料电池。

初始状态下，下层近似充满水。在电解池工作时，产生的气体会汇聚在下层顶部，通过输气管输出。若关闭输气管开关，气体产生的压力会使水从下层进入上层，并将气体储存在下层的顶部，通过管壁上的刻度可知储存气体的体积。两个气水塔之间还有一根水连通管，加水时打开使两塔水位平衡，实验时需关闭该连通管。风扇作为定性观察时的负载，可变负载作为定量测量时的负载。

燃料电池的测试仪面板一共分为三个区域，并用蓝色矩形框区分。测试仪可测量电流与电压。若不用太阳能电池作电解池的电源，可从测试仪供电输出端口向电解池供电。实验前需预热 15 min。测试面板三个区的功能如下。

区域Ⅰ——电流表部分：作为一个独立的电流表使用。有 2 A 挡和 200 mA 挡两个挡位，可通过电流挡位切换开关选择合适的电流挡位测量电流；有电流测量Ⅰ和电流测量Ⅱ两个测量通道，可通过电流测量切换键同时测量两条通道的电流。

区域Ⅱ——电压表部分：作为一个独立的电压表使用。有 20 V 挡和 2 V 挡两个挡位，可通过电压挡位切换开关选择合适的电压挡位测量电压。

区域Ⅲ——恒流源部分：为燃料电池的电解池部分提供一个从 0～350 mA 的可变恒流源。

【实验内容和步骤】

1. 实验开始前的准备

实验开始前，需要打开燃料电池测试面板的测量开关(开关在仪器后方)，预热 15～20 min，同时将测试面板上电流调节的旋钮逆时针旋到底。检查有机玻璃实验仪中的气水塔水位，确认在水位上限与下限之间。关闭两个气水塔之间的止水夹，并确保实验中不再打开。将风扇和气水塔通往燃料电池的输气管止水夹关闭。

2. 验证法拉第电解定律

连接电路，将燃料电池测试仪面板上的恒流调节输出端串联电流表后接入电解池，将电压表并联到电解池两端。设置电流表量程为 2 A，电压表量程为 20 V。

(1)排气。目的是排净气水塔中的残留空气，收集纯净的氢气和氧气，以下为具体操作。调节测试仪面板上电流调节旋钮至电流表读数为 0.3 A，观察现象(电解池迅速产生气体及氢气气水塔水面的下降)，待气体产生速率稳定后，开始排气。当氢气气水塔水面下降 4 格时，打开气水塔通往燃料电池的输气管止水夹，排出气水塔下层的气体，此时气水塔下层水面会再次回升，关闭输气管止水夹。如此反复 3 次后，气水塔下层的空气基本排尽，可以开始收集纯净的氢气和氧气。

(2)测量。按照表 4.4.1 中的输入电流的大小调整测试仪面板上电流调节的旋钮，同时记录下此时电压表读数，填入表 4.4.1 中。关闭气水塔输气管止水夹的同时，按下秒表，开始计时。观测氢气气水塔中水面下降 6 格(即产生 6 mL 氢气)所用的时间，并记录到表 4.4.1 中。

(3)观察。打开有机玻璃实验仪左端的风扇开关，并将气水塔通往燃料电池的止水夹保持打开状态。此时燃料电池将为风扇供电，观察风扇的转动。

3. 测试燃料电池的输出特性

在上一个实验电路基础上，改变电流调节旋钮，使得电流表读数为 0.3 A，关闭有机玻璃实验仪左端的风扇开关。打开燃料电池与气水塔之间输气管的止水夹。拆除上个实验的电路连接，特别要注意，在随后实验中不能再旋动测试面板上电流调节旋钮，保持 0.3 A 的电解电流不变。

连接电路，将恒流输出源接入电解池供电。采用燃料电池作为供源，连接可变负载，并串联接入电流表中。将电压表并联到燃料电池输出端，用以测量燃料电池的输出电压。设置电流表量程为 200 mA，电压表量程为 2 V。

调整可变负载的电阻，使输出电压值如表 4.4.2 所示，待读数稳定后，记录电流和可变负载的数值，填入表 4.4.2 中。注意，如果测量过程中，电流读数超过 200 mA，需要及时将测试仪面板上电流的量程更改到 2 A，再继续测量。

实验完毕后，关闭燃料电池与气水塔之间的氢气氧气连接开关，切断电解池输入电源，关闭测试仪面板，收拾所有导线，整理实验仪器。

4. 太阳能电池输出特性的测量

将测试面板上的电流测量端口与可变负载串联后接入太阳能电池的输出端，将电压表并联到太阳能电池两端。保持光照条件不变，改变太阳能电池负载电阻的大小，测量输出电压电流值，并计算输出功率，记入表 4.4.3 中。

5. 能量转换效率的测量

采用太阳能电池为电解池供电，将太阳能电池串联电流表后接入到电解池两端，将电压表并联到电解池两端，设置电流表量程为 2 A，电压表量程为 20 V。采用燃料电池作为供源，连接可变负载，并串联接入电流表。将电压表并联到燃料电池输出端，用以测量燃料电池的输出电压。设置电流表量程为 200 mA，电压表量程为 2 V。

调整可变负载的电阻，使输出电压值如表 4.4.4 所示，待读数稳定后，记录电流和可变负载的数值，填入表 4.4.4 中。注意，如果测量过程中，电流读数超过 200 mA，需要及时将测试仪面板上电流的量程更改到 2 A，再继续测量。

【数据处理】

1. 验证法拉第电解定律

表 4.4.1　电解池的特性测量

输入电流/A	输入电压/V	时间/s	电量/C	氢气产生量测量值/L	氢气产生量理论值/L
0.10					
0.20				6×10^3	
0.30					

计算表 4.4.1 中的电量，参照实验原理中的公式(4.4.5)计算出氢气产生量的理论值。将氢气产生的理论值与产生的测量值进行比较，验证法拉第电解定律。

2. 测试燃料电池的输出特性

表 4.4.2　燃料电池输出特性的测量

电解电流=________ mA

输出电压 U /V	0.90	0.85	0.80	0.75	0.70	0.65	0.60	0.55	0.50	0.45
输出电流 I /mA										
负载 R /Ω										
功率 $P=U\times I$ /mW										

计算出燃料电池的输出功率并填入上表。根据上表数据，在坐标纸中绘制燃料电池的极化曲线(电压为纵轴，电流为横轴)，以及燃料电池的输出功率随输出电压的变化曲线(功率为纵轴，电压为横轴)。

3. 太阳能电池输出特性的测量

表 4.4.3　太阳能电池输出特性的测量

输出电压 U /V											
输出电流 I /mA											
功率 $P=U\times I$ /mW											

作出所测太阳能电池的伏安特性曲线，以及该电池输出功率随输出电压的变化曲线。根据测量数据和绘制的特性曲线计算出太阳能电池的开路电压、短路电流、最大输出功率、最大工作电压、最大工作电流以及填充因子。

4. 能量转换效率的测量

表 4.4.4　能量转换效率的测量

燃料电池输出电压/V	0.90	0.85	0.80	0.75	0.70	0.65	0.60	0.55	0.50	0.45
燃料电池输出电流/mA										
燃料电池输出功率/mW										
负载/Ω										

续表

燃料电池输出电压/V	0.90	0.85	0.80	0.75	0.70	0.65	0.60	0.55	0.50	0.45
太阳能电池输出电压/V										
太阳能电池输出电流/A										
太阳能电池输出功率/W										

计算出燃料电池和太阳能电池的输出功率并填入上表。根据上表数据，在坐标纸中绘制燃料电池的输出功率变化曲线，以及太阳能电池的输出功率变化曲线。

【思考题】

(1)实验中进行排气步骤的目的是什么?

(2)观察功率曲线的变化规律，在功率曲线中读出燃料电池的最大输出功率，并参照公式(4.4.6)，计算出燃料电池在最大输出功率时对应的效率。

(3)计算出太阳能电池输出端到燃料电池输出端的能量转换效率。

实验 4.5 各向异性磁阻传感器与磁场测量

物质在磁场中电阻率发生变化的现象称为磁阻效应，磁阻传感器就是利用磁阻效应制成的。现在可利用电磁感应、霍尔效应、磁阻效应等各种方法对磁场进行测量，其中磁阻效应法发展最快，测量灵敏度最高。磁阻传感器可用于直接测量磁场或磁场变化，如弱磁场、地磁场、各种导航系统中的罗盘、计算机中的磁盘驱动器、各种磁卡机等；也可通过磁场变化测量其他物理量，广泛用于汽车、家电及各类需要自动检测与控制的领域，如利用磁阻效应制成的各种位移传感器、角度传感器、转速传感器，各种接近开关、隔离开关等。磁阻元件的发展经历了半导体磁阻(MR)、各向异性磁阻(AMR)、巨磁电阻(GMR)、庞磁电阻(CMR)等阶段。本实验研究各向异性磁阻的特性并利用它对磁场进行测量。

各向异性磁阻传感器：实验背景与原理

【实验目的】

(1)熟悉和了解各向异性磁阻的原理。

(2)测量磁阻传感器的磁电转换特性和各向异性特性。

(3)测量亥姆霍兹线圈的磁场分布。

(4)测量地磁场磁场强度、磁倾角、磁偏角。

【实验原理】

1. 各向异性磁阻传感器工作原理

各向异性磁阻传感器(anisotropic magnetoresistance，AMR)由沉积在硅片上的坡莫合金(铁镍合金)薄膜形成电阻。沉积时外加磁场，形成易磁化轴。铁磁材料的电阻与电流与磁化方向的夹角有关，电流与磁化方向平行时电阻 R_{max} 最大，电流与磁化方向垂直时电阻 R_{min} 最小，电流与磁化方向成 θ 角时，电阻可表示为

$$R=R_{min}+(R_{max}-R_{min})\cos^2\theta \tag{4.5.1}$$

在磁阻传感器中，为了消除温度等外界因素对输出的影响，由 4 个相同的磁阻元件构成惠斯通电桥，结构如图 4.5.1 所示。图 4.5.1 中，易磁化轴方向与电流方向的夹角为 45°。理论分析与实践表明，采用 45°偏置磁场，当沿与易磁化轴垂直的方向施加外加磁场，且外加磁场的磁感应强度不太大时，电桥输出与外加磁场的磁感应强度呈线性关系。

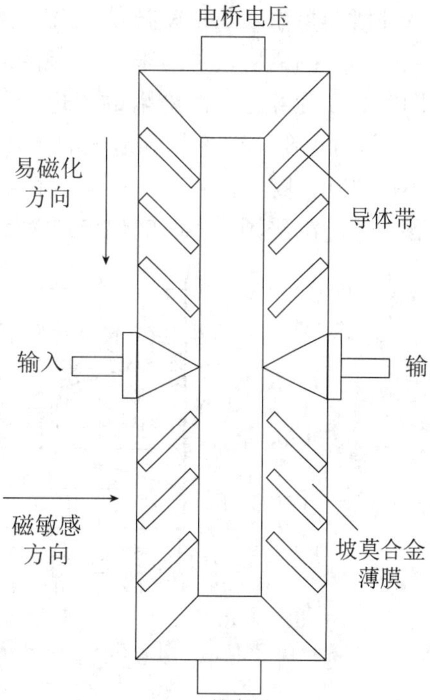

图 4.5.1　磁阻结构示意图

无外加磁场或外加磁场方向与易磁化轴方向平行时，磁化方向即易磁化轴方向，电桥的 4 个桥臂电阻阻值相同，输出为零。当在磁敏感方向施加如图 4.5.1 所示方向的磁场时，合成磁化方向将在易磁化方向的基础上逆时针旋转。结果使左上和右下桥臂电流与磁化方向的夹角增大，电阻减小 ΔR；右上与左下桥臂电流与磁化方向的夹角减小，电阻增大 ΔR。通过对电桥的分析可知，此时输出电压可表示为

$$U = V_b \times \Delta R / R \qquad (4.5.2)$$

式中，V_b 为电桥工作电压；R 为桥臂电阻；$\Delta R/R$ 为磁阻阻值的相对变化率，与外加磁场的磁感强度成正比。故各向异性磁阻传感器输出电压与磁感应强度成正比，可利用磁阻传感器测量磁场。

商品磁阻传感器已制成集成电路，除了图 4.5.1 所示的电源输入端和信号输出端，还有复位/反向置位端和补偿端两对功能性输入端口，以确保磁阻传感器的正常工作。

复位/反向置位的机理可参见图 4.5.2。各向异性磁阻置于超过其线性工作范围的磁场中时，磁干扰可能导致磁畴排列紊乱，改变传感器的输出特性。此时可在复位端输入脉冲电流，通过内部电路沿易磁化轴方向产生强磁场，使磁畴重新整齐排列，恢复传感器的使用特性。若脉冲电流方向相反，则磁畴排列方向反转，传感器的输出极性也将相反。

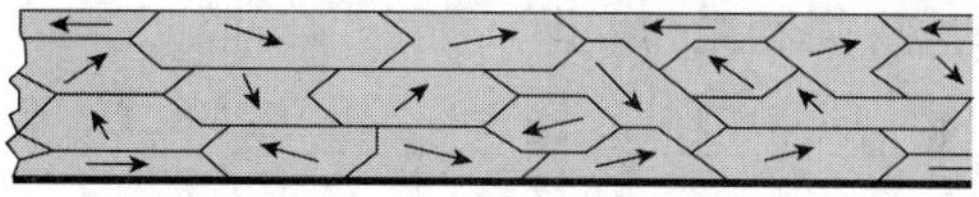

（a）磁干扰使磁畴排列紊乱

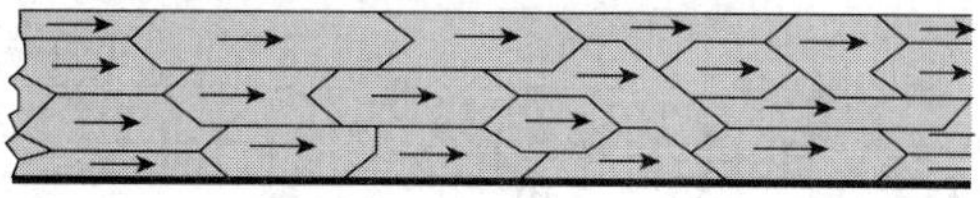

（b）复位脉冲使磁畴沿易磁化轴整齐排

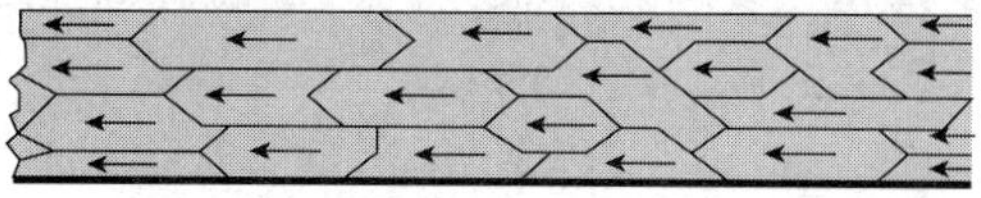

（c）反向置位脉冲使磁畴排列方向反转

图 4.5.2　复位/反向置位脉冲的作用

从补偿端每输入 5 mA 补偿电流，通过内部的电路将在磁敏感方向产生 1 G(高斯，1 G=10^{-4} T)的磁场，可用来补偿传感器的偏离。

图 4.5.3 为各向异性磁阻的磁电转换特性曲线。其中电桥偏离是在传感器制造过程中，4 个桥臂电阻不严格相等造成的；外磁场偏离是测量某种磁场时，外界干扰磁场造成的。不论要补偿哪种偏离，都可调节补偿电流，用人为的磁场偏置使图 4.5.3 中的特性曲线平移，令所测磁场为零时输出电压为零。

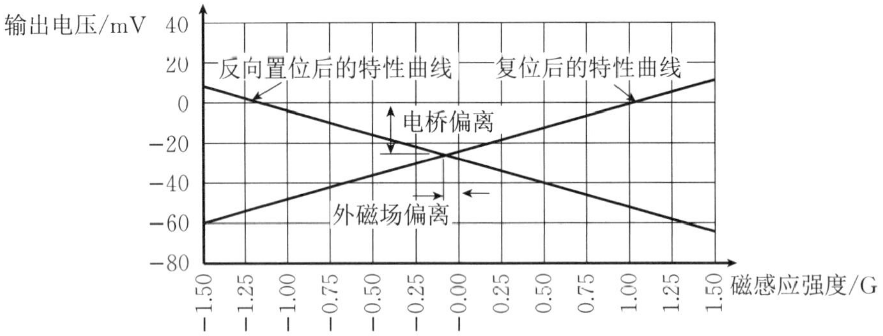

图 4.5.3 各向异性磁阻的磁电转换特性曲线

2. 亥姆霍兹线圈轴线磁场分布

亥姆霍兹线圈是由一对彼此平行的共轴圆形线圈组成。两个线圈内的电流方向一致、大小相同，线圈之间的距离 d 正好等于圆形线圈的半径 r。此外，在公共轴线中点附近会产生较广泛的均匀磁场，这一特点使得亥姆霍兹线圈在科研及生产中得到广泛的应用。根据毕奥-萨伐尔定律，可以计算出通电圆线圈在轴线上任意一点产生的磁感应强度矢量垂直于线圈平面，方向由右手螺旋定则确定，则与线圈平面距离为 x_1 的点的磁感应强度为

$$B(x_1)=\frac{\mu_0 r^2 I}{2(r^2+x_1^2)^{3/2}} \tag{4.5.3}$$

若以两个线圈中点为坐标原点，线圈匝数为 N，则轴线上任意一点的磁感应强度是两个线圈在该点产生的磁感应强度之和，即

$$\begin{aligned} B(x) &= \frac{\mu_0 N r^2 I}{2\left[r^2+\left(\frac{r}{2}+x\right)^2\right]^{3/2}}+\frac{\mu_0 N r^2 I}{2\left[r^2+\left(\frac{r}{2}-x\right)^2\right]^{3/2}} \\ &= B_0\frac{5^{3/2}}{16}\left\{\frac{1}{\left[1+\left(\frac{1}{2}+\frac{x}{r}\right)^2\right]^{3/2}}+\frac{1}{\left[1+\left(\frac{1}{2}-\frac{x}{r}\right)^2\right]^{3/2}}\right\} \end{aligned} \tag{4.5.4}$$

式中，B_0 为当 $x=0$ 时(亥姆霍兹线圈公共轴线中点)的磁感应强度。

【实验仪器】

各向异性磁阻传感器：实验仪器与步骤

本实验仪由两部分组成，分别为磁阻传感器部分和主控电源部分。仪器核心部分是磁阻传感器，辅以磁阻传感器的角度、位置调节及读数

机构，亥姆霍兹线圈等组成。本仪器所用磁阻传感器的工作范围为 ±6 G，灵敏度为 1 mV/(V·G)。灵敏度定义为，当磁阻电桥的工作电压为 1 V，被测磁场磁感应强度为 1 G 时，输出信号的电压大小。通过仪器上的锁紧螺钉可以调整线圈及磁阻传感器的位置和夹角。

磁阻传感器的输出信号通常须经放大电路放大后，再接入显示电路，故由显示电压计算磁场强度时还需考虑放大器的放大倍数。本实验仪电桥工作电压为 5 V，放大器放大倍数为 50，磁感应强度为 1 G 时，对应的输出电压为 0.25 V。

实验仪器上的亥姆霍兹线圈公共轴线中点的磁感应强度为

$$B_0 = \frac{8}{5^{3/2}} \cdot \frac{\mu_0 NI}{r} \tag{4.5.5}$$

式中，N 为线圈匝数；I 为流经线圈的电流；r 为亥姆霍兹线圈的平均半径；$\mu_0 = 4\pi \times 10^{-7}$ H/m，为真空中的磁导率。采用国际单位制时，由上式计算出的磁感应强度单位为 T(特斯拉，1 T=10 000 G)。本实验仪 $N=310$，$r=0.14$ m，当线圈电流为 1 mA 时，亥姆霍兹线圈中部的磁感应强度为 0.02 G。

采用恒流源为亥姆霍兹线圈提供电流，电流值由电流表显示。仪器的测试面板上通过可调节旋钮控制线圈电流的大小，电流换向按钮可以改变输入电流的方向；补偿电流调节旋钮用于调节补偿电流的方向和大小；电流切换按钮使电流表显示亥姆霍兹线圈电流或补偿电流。传感器采集到的信号经放大后，由电压表显示电压值。放大器校正旋钮用于在标准磁场中校准放大器放大倍数。

复位(R/S)按钮每按一次，复位端就会被输入一次复位脉冲电流。该按钮仅在需要时使用。

注意：禁止将实验仪置于强磁场中，否则会严重影响实验结果；实验前请先调平实验仪；在操作所有的手动调节螺钉时应用力适度，以免滑丝；为保证使用安全，三芯电源须可靠接地。

【实验内容和步骤】

1. 实验前的仪器调整

连接实验仪器与电源，开机预热 20 min。将磁阻传感器位置调节至亥姆霍兹线圈中心，传感器磁敏感方向与亥姆霍兹线圈轴线一致。

将主控面板上电流切换挡按下，此时电流表显示线圈电流，调节亥姆霍兹线圈电流旋钮，使得电流表读数为零。按下复位键，调整补偿电流，补偿地磁场等因素产生的偏离，旋转补偿电流旋钮，使传感器输出为零，即电压表读数为零。

调节亥姆霍兹线圈电流至 300 mA(线圈产生的磁感应强度为 6 G)，调节放大器校准旋钮，使输出电压表显示为 1.500 V。

2. 磁阻传感器特性测量

1)测量磁阻传感器的磁电转换特性

磁电转换特性是磁阻传感器最基本的特性。磁电转换特性曲线的直线部分对应的磁感应强度为磁阻传感器的工作范围，直线部分的斜率除以电桥电压与放大器放大倍数的乘积为磁阻传感器的灵敏度。

根据表 4.5.1 中的数据，从 300 mA 逐步调小亥姆霍兹线圈电流，记录相应的输出电压值。切换电流换向开关(亥姆霍兹线圈电流反向，磁场及输出电压也将反向)，逐步调大反向电流，记录反向输出电压值。注意：电流换向后，必须按复位键消磁。

2) 测量磁阻传感器的各向异性特性

各向异性磁阻只对磁敏感方向上的磁场敏感，当所测磁场与磁敏感方向有一定夹角 α 时，各向异性磁阻测量的是所测磁场在磁敏感方向的投影。由于补偿调节是在确定的磁敏感方向上进行的，实验过程中应注意在改变所测磁场方向时，保持各向异性磁阻方向不变。

将亥姆霍兹线圈电流调节至 200 mA，测量所测磁场方向与磁敏感方向一致时的输出电压。松开线圈水平旋转锁紧螺钉，每次将亥姆霍兹线圈与传感器盒整体转动 10°后锁紧，松开传感器水平旋转锁紧螺钉，将传感器盒向相反方向转动 10°(保持各向异性磁阻方向不变)后锁紧，记录输出电压数据于表 4.5.2 中。

3. 亥姆霍兹线圈轴线上磁场分布测量

将亥姆霍兹线圈电流调节至 200 mA，调节传感器磁敏感方向与亥姆霍兹线圈轴线一致，位置调节至亥姆霍兹线圈中心 ($x=0$)，测量输出电压值。已知 $r=140$ mm，将传感器盒每次沿轴线平移 $0.1r$，记录测量数据，填入表 4.5.3 中。

4. 亥姆霍兹线圈空间磁场分布的测量实验

由毕奥-萨伐尔定律，可以计算亥姆霍兹线圈空间任意一点的磁场分布。由于亥姆霍兹线圈的轴对称性，只要计算(或测量)过轴线平面上的两维磁场分布，就可得到空间任意一点的磁场分布。理论分析表明，在 $x\leqslant 0.2r$、$y\leqslant 0.2r$ 的范围内，$(B_x-B_0)/B_0$ 小于 1%、B_y/B_x 小于 2‱，就可认为在亥姆霍兹线圈中部较大的区域内，磁场方向沿轴线方向，磁场大小基本不变。

将亥姆霍兹线圈电流调节至 200 mA，根据表 4.5.4 中的数据要求改变磁阻传感器的空间位置，记录 x 方向及 y 方向上不同位置点的磁场产生的电压 U，测量亥姆霍兹线圈空间磁场分布。

【数据处理】

1. 磁阻传感器特性测量

1)测量磁阻传感器的磁电转换特性

表 4.5.1 磁阻传感器磁电转换特性的测量

线圈电流/mA	300	250	200	150	100	50	0	−50	−100	−150	−200	−250	−300
磁感应强度/G	6	5	4	3	2	1	0	−1	−2	−3	−4	−5	−6
输出电压/V													

以磁感应强度为横轴，以输出电压为纵轴，用上表数据作图，并确定所用传感器的线性工作范围及灵敏度。

2)测量磁阻传感器的各向异性特性

表 4.5.2　磁阻传感器的各向异性特性的测量

磁感应强度为 4 G

夹角 α /(°)	0	10	20	30	40	50	60	70	80	90
输出电压/V										

以夹角 α 为横轴，以输出电压为纵轴，用上表数据作图，检验所作曲线是否符合余弦规律。

2. 亥姆霍兹线圈轴线上磁场分布测量

表 4.5.3　亥姆霍兹线圈轴线上磁场分布测量

$r=140$ mm；$B_0=4$ G

位置 x	$-0.5r$	$-0.4r$	$-0.3r$	$-0.2r$	$-0.1r$	0	$0.1r$	$0.2r$	$0.3r$	$0.4r$	$0.5r$
输出电压/V											

用表 4.5.3 的数据作图，讨论亥姆霍兹线圈的轴向磁场分布特点。以位置 x 为横轴，以输出电压为纵轴，在坐标纸上绘出磁场分布特性。

3. 亥姆霍兹线圈空间磁场分布的测量实验

表 4.5.4　亥姆霍兹线圈空间磁场分布测量

$r=140$ mm；$B_0=4$ G；单位：V

y	x						
	0	$0.05r$	$0.10r$	$0.15r$	$0.20r$	$0.25r$	$0.30r$
0							
$0.05r$							
$0.10r$							
$0.15r$							
$0.20r$							
$0.25r$							
$0.30r$							

由表 4.5.4 数据讨论亥姆霍兹线圈的空间磁场分布特点。

【思考题】

(1)当线圈电流改变方向时，为什么需要按下复位键？

(2)地磁场的存在影响亥姆霍兹线圈磁场的测量吗？为什么？

实验 4.6　用非平衡电桥测电阻

非平衡电桥也称不平衡电桥或微差电桥。将各种电阻型传感器接入电桥回路后，桥路的非平衡电压就能反映出桥臂电阻的微小变化，因此，通过测量非平衡电压可以检测出外界物理量的变化，例如温度、压力、湿度、位移等，实际上在工程测量中非平衡电桥已经得到了广泛的应用。

用非平衡电桥测电阻

【实验目的】

(1)掌握非平衡电桥的工作原理以及与平衡电桥的异同。

(2)掌握利用非平衡电桥的输出电压来测量变化电阻的原理和方法。

(3)研究铜电阻、半导体热敏电阻的阻值和温度的关系。

【实验原理】

根据测量方式可将电桥分为平衡电桥和非平衡电桥。平衡电桥常用于测量相对稳定的电阻值，而非平衡电桥能用于测量连续变化的电阻值。

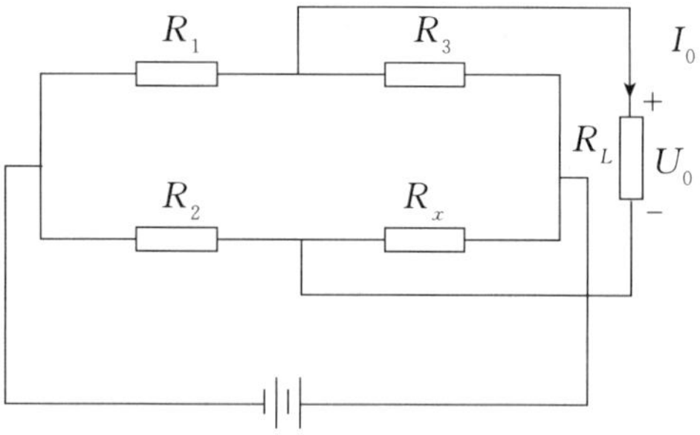

图 4.6.1　非平衡电桥的测量原理图

非平衡电桥的测量原理如图 4.6.1 所示，在构成形式上与平衡电桥类似，但测量方法上有很大差别。平衡电桥是调节 R_3 阻值使 $I_0=0$；非平衡电桥是使 R_1、R_2、R_3 保持不变，调节 R_x 阻值，R_x 变化时则 U_0 变化，再根据 U_0 与 R_x 的函数关系，通过检测 U_0 的变化而测得 R_x。由于可以检测连续变化的 U_0，所以可以检测连续变化的 R_x，进而检测连续变化的非电量。

非平衡电桥的输出按负载大小分类又可分为两种。一种是负载阻抗相对于桥臂电阻很大，如输入阻抗很高的数字电压表或输入阻抗很大的运算放大电路；另一种是负载阻抗较小，和桥臂电阻相比拟。后一种由于非平衡电桥需输出一定的功率，故该电桥又称为功率电桥。

利用非平衡电桥测量变化的电阻，在测量的起始点，电桥必须调整平衡，称为预调平衡，这时电桥输出为 0。此时

$$R_{x0}=\frac{R_2}{R_1}R_3 \tag{4.6.1}$$

这种方法可以使输出只与某一臂的电阻变化有关。

根据戴维南定理，图 4.6.1 所示的桥路可等效为图 4.6.2(a)所示的二端口网络，并且在 $R_L=\infty$ 时，等效电源电压值

$$U_{oc}=E\left(\frac{R_x}{R_2+R_x}-\frac{R_3}{R_1+R_3}\right) \tag{4.6.2}$$

将电源短路，得到图 4.6.2(b)，据此可求出电桥等效内阻为

$$R_i=\frac{R_2R_x}{R_2+R_x}+\frac{R_3R_1}{R_1+R_3} \tag{4.6.3}$$

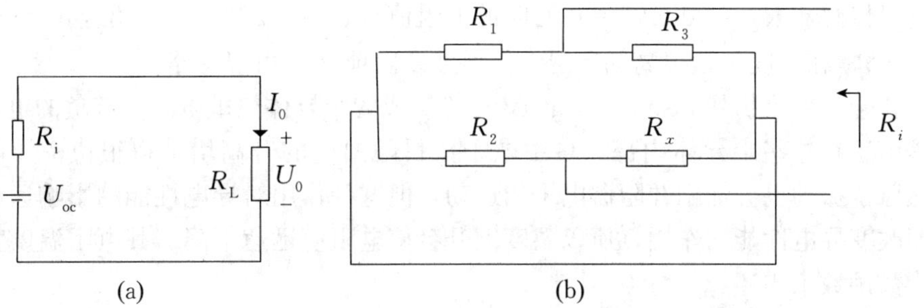

图 4.6.2 等效电路示意图

电桥接有负载 R_L 时输出电压为

$$U_0=\frac{R_L}{R_i+R_L}\left(\frac{R_x}{R_2+R_x}-\frac{R_3}{R_1+R_3}\right)\cdot E \tag{4.6.4}$$

在电压输出的情况下 $R_L\to\infty$，所以有

$$U_0=\left(\frac{R_x}{R_2+R_x}-\frac{R_3}{R_1+R_3}\right)\cdot E \tag{4.6.5}$$

下面根据以上结论进一步分析输出电压与待测电阻值的关系。待测电阻阻值因外界因素(如温度)发生变化后，设 $R_x=R_{x0}+\Delta R$，ΔR 为电阻变化量，则输出电压变化为

$$U_0=\left(\frac{R_{x0}+\Delta R}{R_2+R_{x0}+\Delta R}-\frac{R_3}{R_1+R_3}\right)\cdot E=\frac{R_1R_{x0}-R_3R_2+R_1\Delta R}{(R_2+R_{x0}+\Delta R)(R_1+R_3)}E \tag{4.6.6}$$

将式(4.6.1)代入上式有

$$U_0=\frac{R_1\Delta R}{(R_2+R_{x0}+\Delta R)(R_1+R_3)}E \tag{4.6.7}$$

以下为各种特殊电桥的输出电压变化。

(1)等臂电桥($R_1=R_2=R_3=R_{x0}=R$)。

$$U_0=\frac{R\Delta R}{4R^2+2R\Delta R}E=\frac{E}{4}\cdot\frac{\Delta R}{R}\cdot\frac{1}{1+\frac{1}{2}\frac{\Delta R}{R}} \tag{4.6.8}$$

(2)输出对称电桥($R_1=R_3=R$，$R_2=R_{x0}=R'$ 且 $R\neq R'$)。

$$U_0=\frac{E}{4}\cdot\frac{\Delta R}{R'}\cdot\frac{1}{1+\frac{1}{2}\frac{\Delta R}{R'}} \tag{4.6.9}$$

(3)电源对称电桥($R_1=R_2=R'$，$R_3=R_{x0}=R$ 且 $R\neq R'$)。

$$U_0=E\frac{RR'}{(R+R')^2}\cdot\frac{\Delta R}{R}\cdot\frac{1}{1+\frac{\Delta R}{R+R'}} \tag{4.6.10}$$

可以看出，等臂电桥和输出对称电桥的输出电压比电源对称电桥高，因此灵敏度也高，但电源对称电桥的测量范围大，可以通过选择适合的 R 和 R' 来扩大测量范围，R 和 R' 差距越大，测量范围也越大。

一般金属的电阻随温度的变化，可用下式描述：

$$R_x = R_{x0}(1+\alpha T+\beta T^2) \tag{4.6.11}$$

铜电阻传感器 $R_{x0}=50\ \Omega$（$T=0$ ℃时的电阻值），$\alpha=4.289\times10^{-3}$/℃，$\beta=-2.133\times10^{-7}$/℃。通常在温度不是很高的情况下，温度二次项 βT^2 可以忽略。

由一些金属氧化物如 Fe_3O_4、$MgCr_2O_4$ 等制成的半导体热敏电阻具有负的电阻温度系数。这是由于在这些半导体内部，自由电子数目随温度的升高增加得很快，导电能力增强，虽然原子振动也会加剧并阻碍电子的运动，但这种作用对导电性能的影响远小于电子被释放而改变导电性能的作用，所以温度上升会使电阻值迅速下降。其电阻温度特性可以用下述指数函数来描述：

$$R_T = A e^{\frac{B}{T}} \tag{4.6.12}$$

式中，A 为与材料性质的电阻器几何形状有关的常数；B 为与材料半导体性质有关的常数；T 为热力学温度。两端取对数，式(4.6.12)可变为

$$\ln R_T = \ln A + \frac{B}{T} \tag{4.6.13}$$

【实验仪器】

DHQJ－3 型非平衡电桥实验仪、DHW－1 型温度传感实验装置。

1. DHQJ－3 型非平衡电桥实验仪

DHQJ－3 型非平衡电桥试验仪是一种集成的电桥试验装置，有内置电压表测量电桥的输出电压，其仪器面板如图 4.6.3 所示。

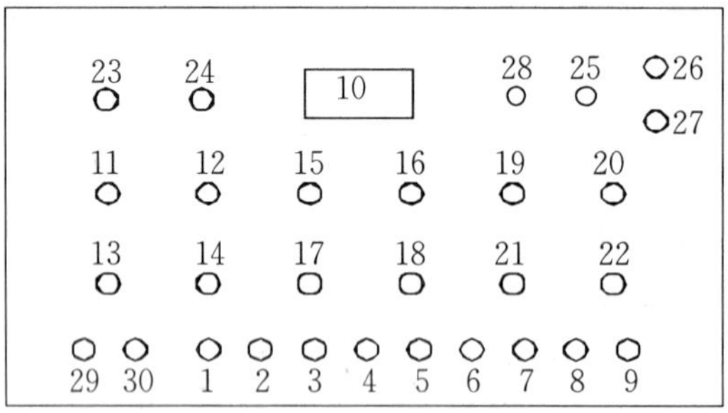

1—工作电源负端；2—R_1 电阻端；3—R_2 电阻端；4、5—双桥电流端；6—R_3 电阻端；7—单桥被测端；8—R_3 电阻端；9—工作电源正端；10—数显直流毫伏表；11～14—R_1 电阻调节盘；15～18—R_2 电阻调节盘；19～22—R_3 和电阻调节盘；23—非平衡电桥和双桥的电压 E 调节；24—电源选择开关；25—电桥输出转换开关；26、27—电桥输出“外接”端；28—量程选择开关；29—G 按钮工作电源；30—电桥输出。

图 4.6.3 仪器面板

图 4.6.4 为实验仪内部电路示意图。R_1、R_2、R_3、R'_3 为桥臂电阻，其中 R_3、R'_3 联动调节；开关 K 为电桥输出转换开关，当拨向“内接”时，电桥上的输出电压通过数字电压表 DVM 显示，当拨向“外接”时，电桥上的输出电压通过“＋”和“－”接线端输出至外接电压

表显示；按钮 B 为桥路工作电源通断开关，按钮 G 为电桥输出通断开关；电阻 R_p 为电源保护电阻；最下一排为 9 个接线端钮。

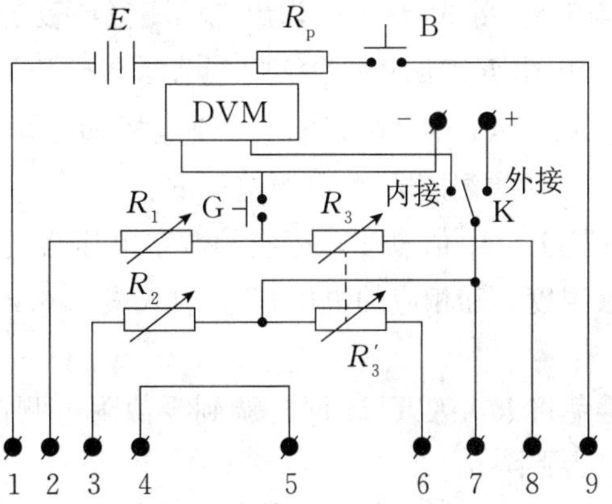

图 4.6.4　实验仪内部电路示意图

实验仪内置的数字电压表有 2 个量程(量程 1 为 200 mV；量程 2 为 2 V，3 位半显示)，通过开关切换。在平衡电桥时作为指零仪使用，非平衡电桥时作为数字电压表使用。

2. DHW-1 型温度传感实验装置

DHW-1 型温度传感实验装置是为配合 DHQJ 系列非平衡电桥在实验过程中测试时配套使用的，含铜电阻和 2.7 kΩ 热敏电阻。

【实验内容和步骤】

1. 测量准备

(1)将电桥连接成单臂单桥，1、2、3 和 8、9 接线端钮用短导线连接，被测电阻 R_x 接至 7、8 两个接线端钮。将 DHW-1 型温度传感实验装置的待测电阻端接到电桥测量(先不要开始加热)。

(2)用根据实验仪配备的电源线将电桥连至 220 V 交流电源中，打开电桥后面的电源开关。

(3)若选择实验仪内置的数字电压表测量，则将实验仪的转换开关 K 置于“内接”；若选择其他外部的电压表测量，则将 K 置于“外接”，这时数显表不点亮。

(4)根据被测对象选择合适的工作电源。若做非平衡电桥和双桥(开尔文电桥)实验，则将电源选择开关打向“双桥/非平衡”；若作单桥和三端电桥实验，则根据被测阻值大小，选择 3 V、6 V、9 V 为工作电源；“电压测量”挡用于测量电源电压 E。

2. 用等臂非平衡电桥的输出电压测量铜电阻

(1)预调平衡：将待测电阻 R_x 接入实验仪中，电源选择开关打向“双桥/非平衡”，先后按下按钮 G、B，固定 $R_1=R_2$，调节 R_3 使电桥输出电压 $U_0=0$，此时，$R_{x0}=R_3$，记录下 R_3 值。

(2) 调节电阻成为等臂电桥，使 $R_1=R_2=R_{x0}=R_3=R$，记下 R、初始温度 t_0 和电源电压 E。

(3) 调节控温仪升高温度，待测电阻 R_x 的阻值改变，相应的数字电压表的电压 U_0 也发生改变。每升温 5 ℃测一个点，记录温度 t 和相应的电压 U_0，填入表 4.6.1 中。

3. 用输出对称非平衡电桥(卧式电桥)的输出电压测量热敏电阻

(1)预调平衡：将热敏电阻 R_x 接入实验仪中，电源选择开关打向“双桥/非平衡”，先后按下按钮 G、B，固定 $R_1=R_{31}=R$，调节 R_2 使电桥输出电压 $U_0=0$，此时，$R_{x0}=R_{21}=R'$，记录下 R、R'、初始温度 t_0 和电源电压 E。

(2) 调节控温仪升高温度，R_x 值改变，相应的数字电压表的电压 U_0 也发生改变。每升温 5 ℃测一个点，记录温度 t 和相应的电压 U_0，填入表 4.6.2 中。

实验注意事项：

①电桥使用时，应避免将 R_1、R_2、R_3 同时调到零值附近测量，这样可能会出现较大的工作电流，测量精度也会下降；

②测量的时候在温度示数稳定后，仍需再等待几分钟；

③仪器使用完毕后，务必关闭电源。

【数据处理】

表 4.6.1 用等臂非平衡电桥的输出电压测量铜电阻

$E=$ ______ V; $R=$ ______ Ω; $t_0=$ ______ s

T/℃												
U_0 /mV												
ΔR /Ω												
铜电阻 R_x /Ω												

由式(4.6.9)计算 $\Delta R=\dfrac{4RU_0}{E-2U_0}$，可得 $R_x=R_{x0}+\Delta R$，根据结果作 R_x-t 曲线，求图线斜率，计算出铜电阻随温度变化关系的表达式。

表 4.6.2 用输出非对称平衡电桥的输出电压测量热敏电阻

$E=$ ______ V; $R'=$ ______ Ω; $R=$ ______ Ω; $t_0=$ ______ s

T/℃												
U_0 /mV												
ΔR /Ω												
R_x /Ω												
$\ln R_x$												
$1/T$												

由式(4.6.11)计算 $\Delta R=\dfrac{4R'^2U_0}{R'E-2R'U_0}$，可得 $R_x=R_{x0}+\Delta R$，根据结果作 $\ln R_x$-$1/T$ 曲线，求出 A 和 B 的值。

【思考题】

(1)非平衡电桥与平衡电桥有何异同?

(2)对称电桥测量和等臂电桥测量结构有什么区别?

(3)设计实现一个温度传感器。

实验 4.7 电源电动势的测量

【实验目的】

(1)掌握补偿法测量电压的原理。

(2)掌握电位差计的工作原理和使用方法。

(3)学会用电位差计测电源电动势及校准电压表。

【实验原理】

普通电压表直接测量电压时，测量误差主要来源于两个方面，即电压表本身的基本误差和电表内阻造成的测量方法误差。如果用比较法代替上述的直接测量法，即将待测电压与标准电动势进行比较以确定待测量，可以减小测量误差。电位差计就是利用补偿原理精确测量直流电位差或电源电动势的常用仪器，具有准确度高、使用方便、测量结果稳定可靠等特点，还常被用来精确地间接测量电流、电阻和校准各种精密电表。

1. 电位差计原理

电位差计测量电压或电动势的原理是补偿法。在图 4.7.1 所示的电路中，移动滑线变阻器上滑动头 N，可以找到一处使检流计中的电流为零的位置，此时 A、N 间的电压 $V_{AN}=E_x$，即 V_{AN} 与 E_x 互相补偿。若滑线变阻器 A、B 间的电压分布事先加以标定(标度)，则可求出 E_x。这种测量电压或电动势的方法称为补偿法。

可见，要精确测量 E_x，必须要求 A、B 间的电压标度稳定而且准确。为此，实用的电位差计在电源回路中接入一个可变电阻 R_p，如图 4.7.2 所示，称为工作电流调节电阻。E 和 R_p 串联后向分压器(滑线变阻器)供电，若 E 值发生变化，则可调节 R_p，使分压器 A、B 两端的电压保持不变，从而保证 A、B 间的电压标度不变(稳定)。那么如何对 A、B 间的电压进行标度呢?

这就需借用一个精度更高、数值已知的标准电动势 E_s，将转换开关 K 推向 E_s，然后将分压器的滑动头调到标度值等于 E_s 时的位置 N′，此时若检流计有电流，调节 R_p 使电流为零。当检流计中没有电流时，则说明电压 $V_{AN'}$ 与 E_s 互相补偿，分压器上电压标度值未变。经这样校准后，电位差计就能按原定标度值进行测量了，这个过程称为电位差计的标准化(简称定标)。

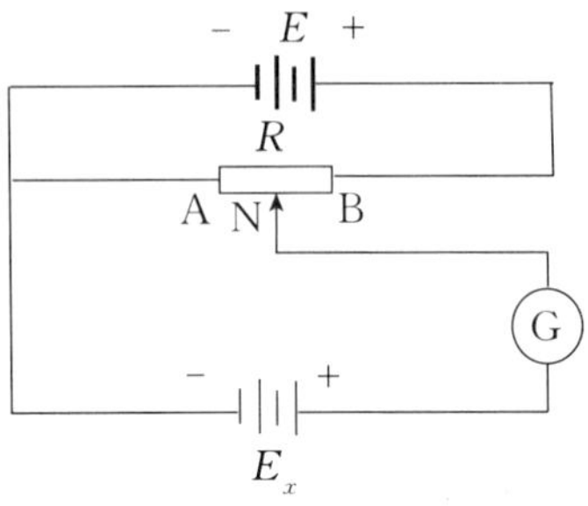

图 4.7.1　补偿原理图

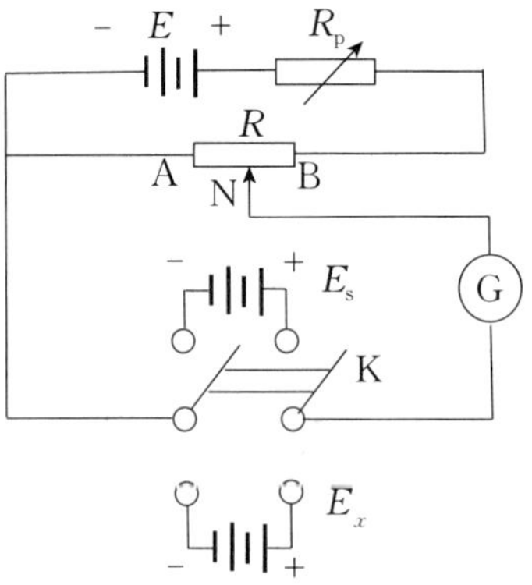

图 4.7.2　电位差计原理

2. UJ－25 型直流电位差计

UJ－25 型直流电位差计工作原理电路图如图 4.7.3 所示。

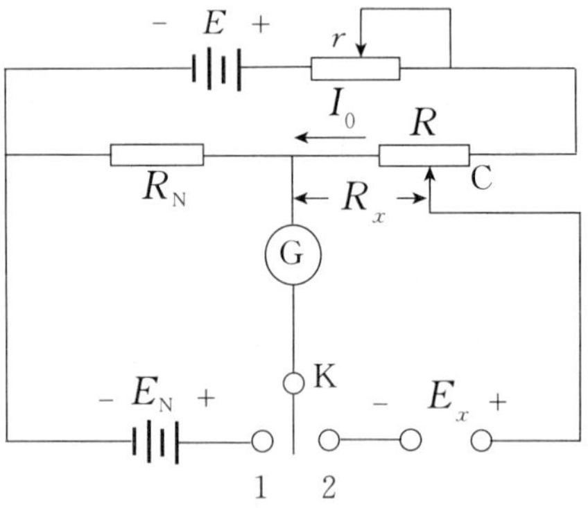

图 4.7.3　UJ－25 型直流电位差计工作原理电路图

该电路由三个回路组成，即工作电流回路、校准回路和测量回路。

①工作电流回路。由电源 E、调节工作电流的电阻 r、补偿标准电压 E_N 的电阻 R_N 和补偿待测电压 E_x 的电阻 R 组成。工作电流回路在校准和测量时，须始终保持通路。

②校准回路。由标准电池 E_N、检流计 G、补偿电阻 R_N 和开关 K 组成。

③测量回路。由待测电压 E_x、检流计 G、补偿电阻 R_x 和开关 K 组成。

可以通过测量未知电动势 E_x(或未知电压 U_x)的两个操作步骤，了解电位差计的工作原理。

1)校准

将图 4.7.3 中的开关 K 合向 1 的位置，调节变阻器 r，使检流计 G 的指示为零，此时，流过 R_N 和 R 上的电流为 I_0，于是

$$E_N = I_0 R_N \tag{4.7.1}$$

式中，I_0 称为电位差计的工作电流。R_N 的阻值已根据标准电池电动势的大小准确选定，从而保证了工作电流 I_0 也有准确的数值。

2)测量

将开关K合向2的位置，保持I_0不变，调节滑动触头C，使检流计G的指示为零。滑动触头C在R位置上的阻值设为R_x，于是

$$E_N = I_0 R_x \tag{4.7.2}$$

由式(4.7.1)和式(4.7.2)得

$$E_x = \frac{R_x}{R_N} E_N \tag{4.7.3}$$

从式(4.7.3)可以看出，补偿法测电动势，其实质是将被测电动势与标准电动势相比较的方法。该方法有如下优点。

①测量电路中流过的电流I_0的数值，只要测得R_x与R_N的比值即可。

②测量结果的准确性依赖于标准电池电动势E_N的准确性，以及被测电动势的补偿电阻与标准电池电动势的补偿电阻比值$\frac{R_x}{R_N}$的准确性。由于标准电池、电阻R_x和R_N的制造精度都较高。加上应用高灵敏度的检流计，可使测量结果有很高的准确度。

③上述“校准”和“测量”两个步骤中，检流计的两次指示均为零，这表明测量时既不从校准回路内的标准电动势(通常用标准电池)中吸取电流，也不从测量回路中吸取电流。因此，不改变回路的原有状态及电动势参量，也可避免被测量回路导线电阻、标准电池内阻及被测回路等效内阻等对测量准确度的影响，这也是补偿法有利于提高测量准确度的原因。

但是，在使用电位差计测量过程中，其工作条件常常发生变化(例如工作电源E、变阻器r)。为保证工作电流I_0标准化，每次测量都必须进行校准、测量，而且为了达到真正补偿，还必须进行精细的调节，因此操作很烦琐，这是补偿法测量的不足之处。

目前，数字式电压表内阻一般高达10^7 Ω，具有准确度高、测量范围广、操作方便等优点。作为一种测量电压和电动势的高精度仪器，数字式电压表已被许多部门采用，大有取代电位差计的趋势。

【实验仪器】

UJ-25型直流电位差计、检流计、标准电源、滑线变阻器、电压表、待测甲电池、导线等。

【实验内容和步骤】

1. 用箱式电位差计测量甲电池的电动势

(1)用伏特表粗测甲电池的端电压值，记录下来。

(2)按仪器面板标志接线(面板图见UJ-25型直流电位差计及标准电池简介二维码)。注意，极性必须与电位差计面板接线极性相同，不能接反。

(3)测量前，首先将“标准-X_1-X_2-断”转换开关放在“断”的位置上。考虑到标准电池电动势受温度影响而变化。要按照附录(UJ-25型直流电位差计及标准电池简介二维码)中的公式，计算出实验时标准电池的电动势；然后，将温度补偿旋钮调到与标准电池电动势的数值相同的位置上。将代表U_x的6个大旋钮调到甲电池的粗测端电压值的位置上。

注意，进行上述调节时要松开左下方的3个电计按钮，避免检流计受到过大的冲击。

(4)调节工作电流。将"标准-未知"转换开关放在"标准"位置上，按下"粗"按钮，调节仪器面板右方的4个旋钮，使检流计指零；然后按下"细"按钮，重复上述步骤，使检流计再次指零，此时工作电流就调整好了。对于UJ－25型直流电位差计，其工作电流是0.000 1 A。

(5)松开全部按钮(调节过程中，发现检流计受到冲击时，应迅速按下"短路"按钮)。将转换开关放在"X"位置上，按下"粗"按钮，按顺序调节6个大旋钮使检流计指零。然后按下"细"按钮，重复上述步骤，使检流计再次指零。此时代表U_x的6个大旋钮显示出的数值总和就是被测电动势的数值。

(6)重复测量3次，取平均值作为测量结果。将测量值和平均值填入表4.7.1中。

注意：每次测量未知电动势时，都应将"标准-未知"转换开关放在"标准"位置上，以检查工作电流是否仍为0.000 1 A，即观察检流计是否指零；若有变化，应重新校准，调节工作电流使其重新为0.000 1 A，再进行测量。

2. 用箱式电位差计相校准电压表

(1)根据图4.7.4连接好电路。电源E由一节甲电池充当，电压表选用0～1.5 V挡(或自行改装的伏特表)。

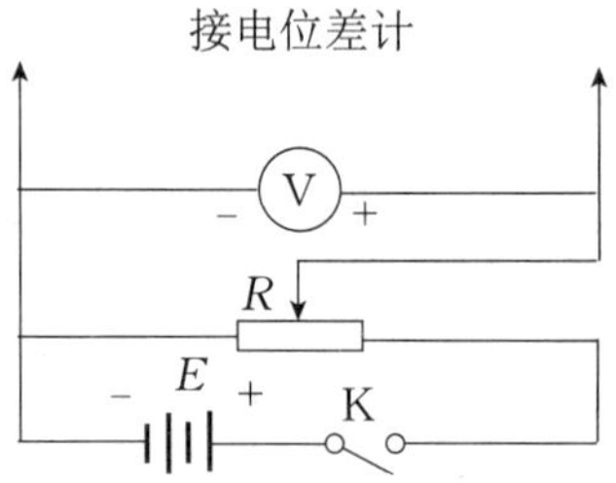

图4.7.4 校准电压表的电路图

(2)调节电压表的零点，然后调节变阻器，使电压表的指示值U_x为0.300 V，再用电位差计测出与电压表指示值相对应的电压值U_s。测量步骤与测量甲电池电动势的步骤相同。重复上述步骤，测量出U_x为0.600 V、0.900 V、1.200 V、1.500 V时相对应的U_s值。将测量结果填入表4.7.2中。

注意：标准电池是一种标准量具，不允许短路或做一般电源使用。它允许通过的电流不宜超过1 μA，否则影响标准电池的精度。电位差计中设置的保护电阻不仅是为了保护检流计，也是为了保护标准电池。因此在电位差计尚未接近补偿时，切不可将保护电阻置于细调(短路)位置。另外，不得用电压表直接测量标准电池的电动势。

【数据处理】

表4.7.1 箱式电位差计测量干电池的电动势

次数	1	2	3
E_x/V			
$\bar{E}_x$/V			

表 4.7.2　用箱式电位差计相校准电压表

U_x/V	0.000	0.300	0.600	0.900	1.200	1.500
U_s/V						
$\Delta U_x = U_s - U_x$ /V						

以 U_x 为横坐标，以 ΔU_x 为纵坐标，作出校准曲线图。

【思考题】

(1)电位差计具有很高的准确度和灵敏度，与电路中的哪些元件关系密切？为什么？

(2)如果实验中发现检流计总往一边偏，无法调到平衡，试分析可能有哪些原因？

UJ-25 型直流电位差计及标准电池简介

实验 4.8　等厚干涉实验

4.8.1　牛顿环实验

牛顿环实验是物理光学中研究等厚干涉现象的典型实验之一。该实验通常可用于测量透镜的曲率半径，检验待测物体平面或球面的质量和其表面的粗糙度。牛顿环和劈尖干涉都是分振幅干涉。

牛顿环实验：背景与原理

【实验目的】

(1)观察等厚干涉现象，了解等厚干涉的特点。

(2)用干涉法测量透镜的曲率半径。

(3)熟悉读数显微镜的使用方法。

【实验原理】

一个曲率半径很大的平凸面玻璃透镜 A，其凸面朝下，放在平面光学玻璃板 B 上，如图 4.8.1 所示，二者之间形成一个同心环带状空气膜。若对透镜投射单色光，则空气膜下缘面与上缘面的两束反射光就会因存在一定的光程差而相互干涉。从透镜侧俯视，干涉图样是以两个玻璃接触点为圆心的一系列明暗相间的同心圆环，这就是牛顿环，属于等厚干涉。在与接触点等半径处，空气膜厚度相同的各点都处于同一条纹上，如图 4.8.2 所示。

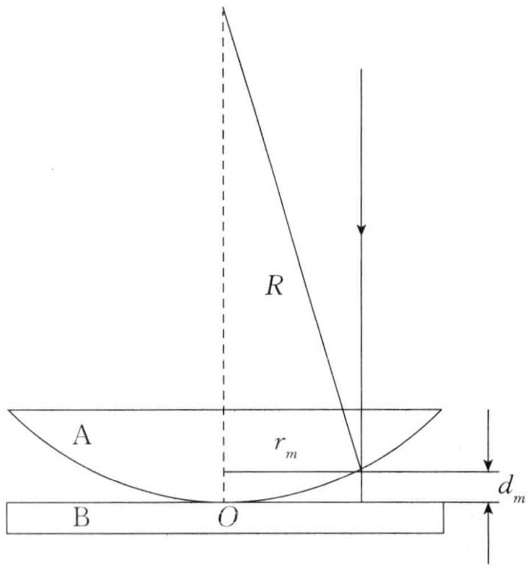

图 4.8.1 牛顿环干涉原理图

图 4.8.2 牛顿环

在图 4.8.1 中，设透镜的曲率半径为 R，第 m 级条纹距接触点 O 的半径为 r_m，相应空气膜厚度为 d_m，三者的几何关系为

$$R^2=(R-d_m)^2+r_m^2=R^2-2Rd_m+d_m^2+r_m^2$$

化简后得 $r_m^2=2Rd_m-d_m^2$，因为 $R\gg d_m$，故可略去二级无穷小量 d_m^2，则有

$$d_m=\frac{r_m^2}{2R} \tag{4.8.1}$$

由光路可知，与 m 级干涉圆环对应的两束相干光的光程差为

$$\delta_m=2d_m+\frac{\lambda}{2} \tag{4.8.2}$$

式中，$\lambda/2$ 是光在空气膜下缘面的反射而引起附加光程差。由

$$\delta_m=(2m+1)\frac{\lambda}{2} \qquad (m=0,1,2,\cdots) \tag{4.8.3}$$

将上式与式(4.8.1)、式(4.8.2)联立，解得

$$R=\frac{r_m^2}{m\lambda} \tag{4.8.4}$$

如果入射光的波长 λ 已知，只要确定暗环的级数 m，测定 m 级暗环的半径 r_m，则透镜的曲率半径 R 即可求得。但是，由于两个镜面的接触点之间难免存在细微的尘粒，使光程差难以准确测定，中央暗点有可能变为亮点或若明若暗；再者，接触压力引起的玻璃形变会使接触点扩大成一个接触面，以致接近圆心处的干涉条纹也是宽而模糊的，这就给级数 m 带来某种程度的不确定性。为了获得比较准确的测量结果，可以通过两个暗环半径 r_m 和 r_n 的平方差来计算曲率半径 R。

由 $r_m^2=mR\lambda$，$r_n^2=nR\lambda$ 和 $r_m^2-r_n^2=(m-n)R\lambda$ 可得

$$R=\frac{r_m^2-r_n^2}{(m-n)\lambda} \tag{4.8.5}$$

因 m 和 n 有着相同的不确定性，利用 $m-n$ 这一相对级次恰好消除了由绝对级次的

不确定性带来的实验误差。

由于在测量中，很难确定牛顿环中心的确切位置，所以用第 m 级暗纹直径 D_m 替换 r_m，用第 n 级暗纹直径 D_n 替换 r_n，则有

$$R=\frac{D_m^2-D_n^2}{4(m-n)\lambda} \tag{4.8.6}$$

【实验仪器】

牛顿环仪、读数显微镜、钠光灯等。实验装置结构如图 4.8.3 所示。

牛顿环实验：仪器与操作

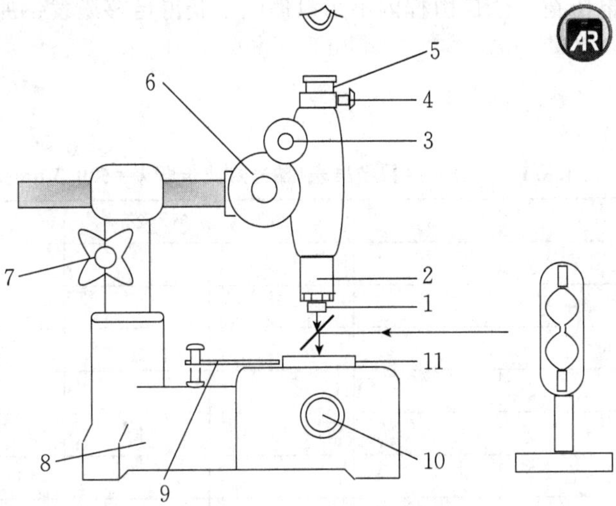

1—物镜；2—镜筒；3—镜筒高度微调鼓轮；4—目镜紧锁螺钉；5—目镜；6—测微鼓轮；7—镜筒高度粗调鼓轮；8—底座；9—弹簧压片；10—反光镜调节轮；11—牛顿环仪。

图 4.8.3　实验装置结构图

【实验内容和步骤】

(1)把玻璃平凸透镜的凸面向下放置，与平面光学玻璃组装在同一金属框架里构成牛顿环仪。轻微转动圆形框架上的三个调节螺钉，可以使干涉条纹的中心大致固定在平凸透镜的光轴上(不要将这三个螺钉拧得过紧，以免玻璃变形甚至破裂；同时不要用手接触镜片，以避免使之污染)。一旦发现镜片上有污物，要用镜头纸擦拭干净方可使用。

(2)把牛顿环仪放在显微镜筒下的载物台上，调节镜筒高度以及镜筒分光玻璃片(半反镜)的倾斜度，使其与光源方向成 45°，如图 4.8.3 所示。钠黄光经分光玻璃片反射射入牛顿环仪，显微镜视场应均匀充满钠黄光。

(3)先转动目镜对十字叉丝聚焦，再转动目镜筒，使其中一根叉丝与镜筒移动的方向平行。

(4)使显微镜筒在载物台上方左右居中，再摆正牛顿环仪。转动微调鼓轮向上调节镜筒，使其对牛顿环图像聚焦(调物镜聚焦时，要使物镜移动方向是从下向上移动，切忌从上向下)，并且消除视差(使叉丝和图像处于同一平面内)。

(5)调整光路完毕后，若视场左右均能见到 40 环以上时即可开始测量，否则调节钠光灯

的位置再次观察。转动测微鼓轮，使镜筒从中心向任意一侧移动，例如向右移动，同时数出叉丝扫过环数，直到第 35 环后，再开始测量，测量时镜筒只向左移动。在叉丝分别到达第 30、29、28、27、26、20、19、18、17、16 环位置时记录各环在标尺上的坐标，紧接着记录过中心另一侧第 16、17、18、19、20、26、27、28、29、30 各环的位置，填入表 4.8.1 中。

注意：

(1)如果干涉条纹太浅，则应调节显微镜下部的反光镜或稍拧一下牛顿环仪上的螺钉；

(2)在测量过程中禁止中途逆向旋转测微鼓轮，否则应从头开始测量；

(3)实验完毕，应旋松牛顿环仪上的螺钉，以防透镜受压变形；

(4)如果钠光灯点燃后中途熄灭，应等待数分钟后重新点燃。因为钠蒸气压太高，平均自由程短，所加电压在一个自由程内不足以使电子获得足够激发钠原子的能量，因而不能点燃。

【数据处理】

表 4.8.1 牛顿环测量数据表(钠光灯波长取 λ=589.3 nm)

环的级数	m	30	29	28	27	26
环的位置/mm	右					
	左					
环的直径 D_m /mm						
D_m^2 /mm^2						
暗环级数	n	20	19	18	17	16
环的位置/mm	右					
	左					
环的直径 D_n /mm						
D_n^2 /mm^2						
$D_m^2-D_n^2$ /mm^2						

根据表中所测数据，使用逐差法，选择 $m-n=10$ 得到 5 组 $D_m^2-D_n^2$ 的数值，然后取平均值

$$\overline{D_m^2-D_n^2}=\frac{1}{5}[(D_{30}^2-D_{20}^2)+(D_{29}^2-D_{19}^2)+\cdots+(D_{26}^2-D_{16}^2)]$$

由式(4.8.6)求得曲率半径的平均值

$$\bar{R}=\frac{\overline{D_m^2-D_n^2}}{40\lambda}$$

R 的 A 类不确定度标准偏差为

$$u_{\overline{D_m^2-D_n^2}}=\sqrt{\frac{\sum_{i=1}^{5}[(D_{mi}^2-D_{ni}^2)-\overline{(D_m^2-D_n^2)}]^2}{5\times 4}}$$

$$u_{\bar{R}}=\frac{u_{\overline{D_m^2-D_n^2}}}{40\lambda}$$

测量结果用 $R = \bar{R} \pm u_{\bar{R}}$ 表示。

【思考题】

（1）牛顿环干涉条纹的中心，在什么情况下是暗的？在什么情况下是亮的？

（2）若测环的直径时，叉丝交点不通过圆环的中心，因而测量的是弦而非直径，那么对实验结果是否有影响？为什么？

4.8.2　劈尖干涉

劈尖干涉现象在科学研究与计量技术中有着广泛的应用，如测量光波波长，检验表面的平面度、球面度、粗糙度，精确测量长度、角度、微小形变以及研究工件内的应力分布等。

【实验目的】

（1）观察劈尖干涉现象，加深对光的波动性质的认识。

（2）学习利用干涉现象进行干涉计量，即用劈尖干涉测量微小长度和检验待检表面的质量。

【实验原理】

如图 4.8.4 所示，光线经透明薄膜上下表面依次被反射，而形成两束具有一定光程差的相干光 a 、b ，经透镜会聚而相遇形成干涉。

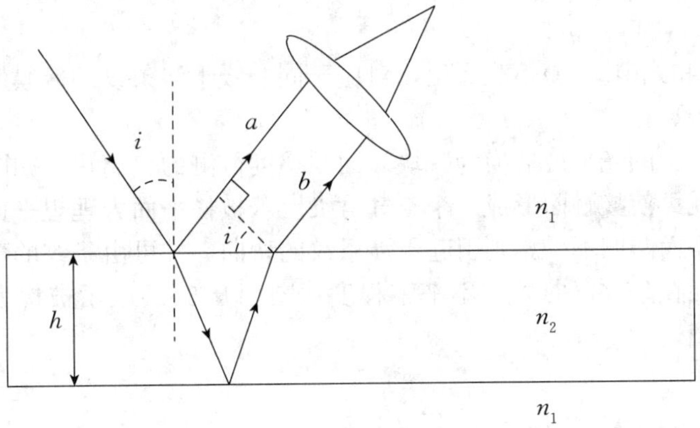

图 4.8.4　薄膜干涉原理

依据薄膜干涉光程差公式可知，反射后的两束光的光程差为

$$\delta = 2h\sqrt{n_2^2 - n_1^2\sin^2 i} + \frac{\lambda}{2} \quad (n_2 > n_1) \tag{4.8.7}$$

式中，h 为薄膜厚度；n_2 为薄膜介质的折射率；n_1 为薄膜上下表面外介质的折射率；i 为光线入射至薄膜表面的入射角；λ 为入射光的波长。

若将两块光学平面玻璃叠在一起，在一端插入细丝或薄片，则相当于在两块玻璃片间形成了一个空气劈尖，如图 4.8.5(a)所示。空气劈尖可视为空气薄膜，当以单色光垂直入射时，上下表面反射的两束光会有干涉现象发生，如图 4.8.5(b)所示。

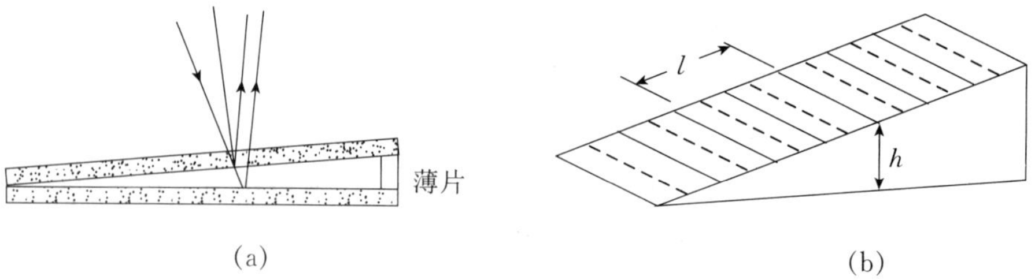

图 4.8.5 劈尖干涉

因为空气折射率 $n_2=1$，故式(4.8.7)化为

$$\delta=2h+\frac{\lambda}{2} \tag{4.8.8}$$

式中，h 为干涉条纹对应的空气隙的厚度。当

$$\delta=2h+\frac{\lambda}{2}=(2k+1)\frac{\lambda}{2} \quad (k=0,1,2,\cdots) \tag{4.8.9}$$

时，得第 k 级暗条纹，则其对应的厚度为

$$h=k\frac{\lambda}{2} \tag{4.8.10}$$

由此可知，$k=0$ 时，$h=0$，即在两块玻璃片接触线处为零级暗条纹。如果薄片处呈现 N 级暗条纹，如图 4.8.5(b)所示，则待测薄片的厚度为

$$H=N\frac{\lambda}{2} \tag{4.8.11}$$

由式(4.8.8)和式(4.8.9)不难看出，对应于同一级干涉条纹的薄膜厚度相等，故此类干涉称为等厚干涉。

若将图 4.8.5 中的光平玻璃换为一块表面平整度待测的玻璃片。如图 4.8.6 (a)所示，一端稍微抬起，就可使接触面形成一个空气劈尖。若被检平面为理想平面，则干涉条纹彼此平行；若被检平面凸凹不平，则引起干涉条纹的弯曲，并可由条纹的弯曲方向、程度和位置判定被检平面在条纹弯曲处的不平整程度。图 4.8.6(b)表示被检表面有凸起时干涉图样形状的示意图。

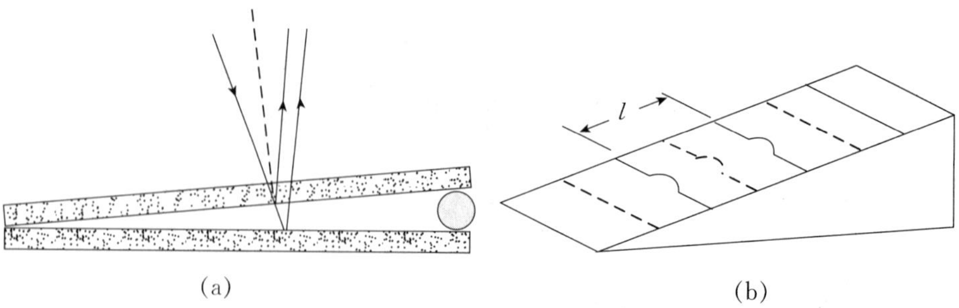

图 4.8.6 利用干涉现象检测表面平整度

【实验仪器】

读数显微镜、光平玻璃片、待测玻璃片、钠光灯、薄片(或细丝)。

【实验内容和步骤】

(1)用待测厚度的薄片和两块光平玻璃片搭成劈尖，放于读数显微镜下，调节显微镜的目镜、物镜、物距、反射镜的角度及光源高度等，使干涉条纹清晰且无视差。

(2)在显微镜下调整劈尖玻璃及薄片位置使干涉条纹与薄片平行。观察薄片在两块光平玻璃间的不同位置时条纹间距的变化，并解释原因。

(3)调节显微镜及劈尖方位，旋转读数显微镜鼓轮，使叉丝走向与条纹垂直。

(4)每间隔 10 条条纹，测量一次干涉条纹位置坐标，并记录于表 4.8.2 中，用逐差法求出干涉条纹的间距。

(5)测量劈尖端头到夹薄片处的总长度 L，测量 6 次以上，取平均值填入表 4.8.3 中。

【数据处理】

表 4.8.2　测量干涉条纹的间距 l

条纹序号 N_1	0	10	20	30	40
条纹位置 x_1 /mm					
条纹序号 N_2	50	60	70	80	90
条纹位置 x_2 /mm					
$\Delta N = N_2 - N_1$	50	50	50	50	50
$\Delta x = \lvert x_2 - x_1 \rvert$ /mm					
$l = \Delta x / \Delta N$ /mm					
$\Delta l = \lvert l - \bar{l} \rvert$ /mm					

$\bar{l}=$________ mm；$u(\bar{l})=$________ mm；$l=\bar{l}\pm u(\bar{l})=$________ mm。

表 4.8.3　测量劈尖长度 L

测量次数	1	2	3	4	5	6
劈棱位置 L_1 /mm						
薄片位置 L_2 /mm						
$L = L_2 - L_1$ /mm						
$\Delta L = \lvert L - \bar{L} \rvert$ /mm						

$\bar{L}=$________ mm；$u(\bar{L})=$________ mm；$L=\bar{L}\pm u(\bar{L})=$________ mm。

计算薄片厚度 H（λ 取 589.3 nm）：

$$\bar{H}=\frac{\bar{L}}{\bar{l}}\cdot\frac{\lambda}{2}=\_\_\_\_\_\_\_\_\ \text{mm}$$

$$u(\bar{H})=\_\_\_\_\_\_\_\_\ \text{mm}$$

结果为

$$H=\bar{H}\pm u(\bar{H})=\_\_\_\_\_\_\_\_\ \text{mm}$$

【思考题】

(1)实验中无论如何调节目镜、物镜及镜筒位置均不见干涉条纹，可能是什么原因?

(2)劈尖干涉条纹与牛顿环相比较有何异同点?

(3)用透射光观测劈尖干涉和用反射光观测会有什么区别?

实验 4.9 迈克耳孙干涉仪测波长

迈克耳孙干涉仪是一种光学仪器，在近代物理和近代计量技术中有着重要影响。迈克耳孙和他的合作者莫雷，曾经利用这种仪器完成了著名的迈克耳孙-莫雷实验。迈克耳孙干涉仪在进行光谱精细结构的研究和以光波波长标定标准米尺等工作中起着重要的作用，为近代物理学的发展做出了重大贡献，因而在生产、科研和精密计量技术中被广泛应用。

迈克耳孙干涉仪测波长：背景与原理

【实验目的】

(1)了解迈克耳孙干涉仪的构造原理和调整方法。

(2)观察等倾干涉条纹。

(3)测定 He - Ne 激光的波长。

【实验原理】

1. 概述

迈克耳孙干涉仪是一种利用干涉原理测量长度和长度微小变化的精密仪器。它由一套精密的机械传动系统和装在底座上的 4 个高质量光学镜片组成，如图 4.9.1 所示。其中，G_1 是有一面镀铝膜的平行平面玻璃，称为分光板；G_2 是一块与 G_1 的厚度和折射率都相同的平行平面玻璃，与 G_1 平行放置，其作用是使两束光在玻璃中的光程相等，故称为补偿板。M_1 是装在托板上的平面反射镜，由于精密丝杠可以带动托板沿导轨前后移动，故 M_1 是可移动反射镜；M_2 是固定反射镜，装在与底座相连的悬臂上。来自光源 S 的光束到达 O 点时一半透射、一半反射，分成二束(见图 4.9.2)，分别被 M_1、M_2 反射后又在 O 点会合，并被分束板表面反射向观察位置点 E。因此，要计算两臂的光程差只需计算两束光在空气中的光程差就可以了。

M_1 的位置由 3 个读数装置标明。主尺是毫米尺，装在导轨的侧面，由托板上的短线指示毫米以上的准确读数；百分尺是一个直接与精密丝杠连接的圆盘，从读数窗口看，粗调手轮转动盘转动一个分度，M_1 移动 0.01 mm；另一个测微尺在仪器的右侧微动手轮上，其每转动一个分度，M_1 只移动 0.000 1 mm。利用这套传动系统可以把动镜 M_1 的位置读准到 10^{-4} mm，估读到 10^{-5} mm。M_1 和 M_2 的后面都有三个调节螺钉，用以微调镜面的方位。转动水平拉簧螺钉或垂直拉簧螺钉，可以调节弹簧的松紧，从而更加精细地调节镜面的方位。

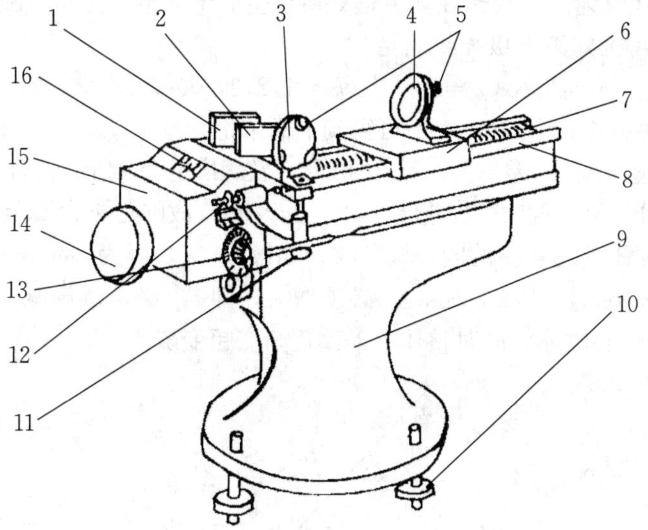

1—分光板 G_1；2—补偿板 G_2；3—固定反射镜 M_2；4—可移动反射镜 M_1；5—调节螺钉；6—托板；7—精密丝杠；8—导轨；9—底座；10—仪器水平调节螺钉；11—垂直拉簧螺钉；12—水平拉簧螺钉；13—微调手轮；14—粗调手轮；15—传动系统；16—读数窗口。

图 4.9.1　迈克耳孙干涉仪结构图

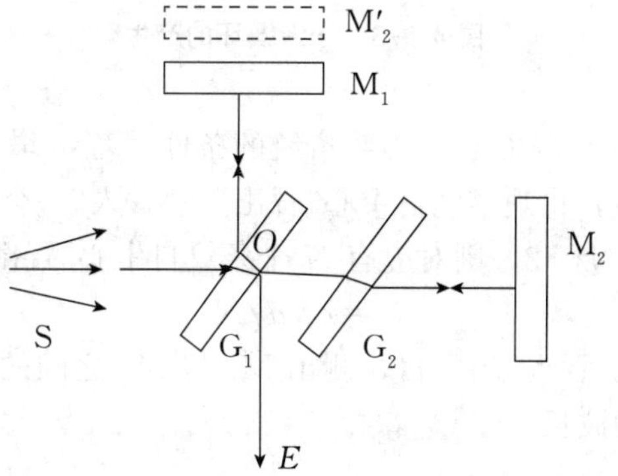

图 4.9.2　迈克耳孙干涉仪光路图

图 4.9.2 中的 M'_2 是 M_2 由分光板 G_1 形成的虚像。观察者由 E 处看去，自 M_2 反射的一束光好像来自虚像 M'_2。因此，迈克耳孙干涉仪所产生的干涉条纹与 M_1 和 M'_2 间的空气薄膜所产生的干涉条纹是相同的。

2. 等倾干涉条纹的形成

如果经过精准调节后 $M_1 \perp M_2$，则必有 $M_1 /\!/ M'_2$。设 M_1 与 M'_2 相距 d，如图 4.9.3 所示，入射角为 i 的光线经 M_1 和 M'_2 反射后成为平行的两束光 1 和 2。它们的光程差为

$$\delta = AB + BC - AD = 2d\cos i \tag{4.9.1}$$

由上式可知，当 d 一定时，光程差只随入射角 i 而变化，即具有相同入射角的光线将有相等的光程差。光束 1 和 2 在无穷远处相遇而干涉，这种干涉称为等倾干涉。以视线为

中心，入射角为 i 的光经反射后，会聚在无穷远处所产生的干涉条纹为同心圆环。

由干涉加强的条件可推知第 k 级亮纹满足

$$\delta = 2d\cos i = k\lambda \qquad (k = 1,2,3,\cdots) \tag{4.9.2}$$

式中，λ 为所用单色光的波长。由式(4.9.2)可得到下面结论。

(1)当 d 一定时，i 越小，光程差越大，形成的干涉条纹级次越大，所形成的干涉圆环的直径越小。在视线中心，因 $i=0$，此时光程差最大，$\delta=2d=k\lambda$，故圆心处干涉条纹级次最高。

(2)当 d 变化时，对干涉图样中的同一级条纹，如第 k_1 级，因为 $2d\cos i_{k_1}=k_1\lambda$，故当 d 变小时，为保持 $2d\cos i_{k_1}$ 不变，$\cos i_{k_1}$ 必须增大，即 i_{k_1} 必定逐渐减小，因此条纹随 d 不断减小而逐渐向中心收缩，同时整体上条纹逐渐变粗变疏。

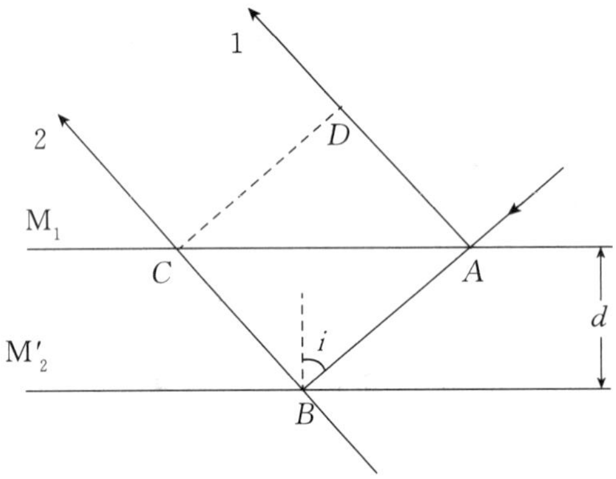

图 4.9.3　干涉圆环的产生

由式(4.9.2)知，$d = k_1\lambda/2$ 是中心明条纹的条件。若 d 增大或减小半个波长，则中心 k 级将增大或减小一级，将观察到自中心“冒出”或“吞入”一个干涉条纹。进而推知，若 d 变化 $N\lambda/2$，即 $\Delta d = N\lambda/2$，则对应有 N 个条纹自中心“冒出”或“吞入”。据此可得

$$\lambda = 2\Delta d/N \tag{4.9.3}$$

若得到条纹“冒出”或“吞入”的数目，测出 M_1 与 M_2' 之间的距离变化量 Δd，便可由上式计算出所用单色光的波长。

【实验仪器】

迈克耳孙干涉仪、He-Ne 激光器、扩束透镜、钨丝灯、钠光灯。

迈克耳孙干涉仪测波长：仪器与步骤

【实验内容和步骤】

1. 迈克耳孙干涉仪的调整

(1)将水平仪置于干涉仪的导轨上，转动仪器水平调节螺钉 10（见图 4.9.1)使仪器水平，并用锁紧圈锁紧。

(2)用目测法使激光束大致与导轨垂直（不可用眼直视激光束，以防灼伤)。

(3)调节粗调手轮 14，使 M_1 与 G_1 的距离和 M_2 与 G_1 的距离近似相等。

(4)开启光源，这时从接收屏可见两组光源像，如图 4.9.4 所示。其中一组是 M_1 反射的，另一组是 M_2 反射的。细心转动 M_2 后部的三个调节螺钉 5，使两组光源像重合(如果

调节困难，也可调节 M_1 后面的螺钉）。两组光源像重合则表明 M_1 与 M_2 处于相互垂直状态。

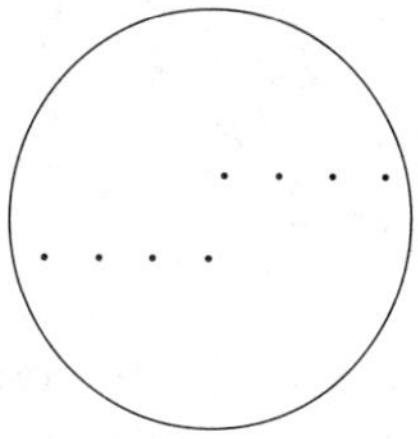

图 4.9.4　两组针孔像

2. 观察等倾干涉条纹

(1)在光源与干涉仪之间放入扩束透镜，使激光均匀照亮 G_1，此时在接收屏上可以看到干涉条纹。如果经上述调节仍未见干涉条纹出现或条纹模糊，可微动微调手轮 13，使 M_1 稍微移动位置即可。

(2)看到干涉条纹后，仔细调节 M_2 的两个拉簧螺钉，使干涉条纹变粗，曲率变大，直至把条纹的圆心调到视场中央。

(3)转动微调手轮 13，观察干涉条纹“冒出”和“吞入”的现象。

3. 利用等倾干涉条纹测 He - Ne 激光的波长

(1)选定干涉条纹清晰的区域，调整仪器零点。因为转动微调手轮时，粗调手轮随之转动，而在转动粗调手轮时，微调手轮并不随之转动，故需调整仪器零点。首先将微调手轮沿某一方向(如沿顺时针方向)旋转至零，而后沿同方向转动粗调手轮，对齐读数窗口中某一刻度，则仪器零点调整完毕。以后测量过程只使用微调手轮并沿同方向转动，以避免产生空程误差。

(2)轻轻旋动微调手轮，每“冒出”或“吞入”50 个干涉环，记录一次 M_1 的位置(标尺、读数窗口和微调手轮三者读数之和)，直到第 450 个。将数据填入表 4.9.1 中。

【数据处理】

(1)用逐差法处理数据，求 λ。

(2)计算不确定度 $u(\lambda)$。

表 4.9.1　测 He - Ne 激光的波长数据表

条纹移动数 N_1	0	50	100	150	200
动镜位置 d_1 /mm					
条纹移动数 N_2	250	300	350	400	450
动镜位置 d_2 /mm					
$N = N_2 - N_1$	250	250	250	250	250
$\Delta d = \lvert d_1 - d_2 \rvert$ /mm					
$\lambda = \frac{2\Delta d}{N} \times 10^6$ /nm					

$\bar{\lambda}$ =________________，$u(\lambda)$ =______________，$\lambda = \bar{\lambda} \pm u(\lambda)$ =______________。

【思考题】

(1)等倾干涉条纹与牛顿环的干涉图样有何区别?

(2)试分析在调节过程中看不清干涉条纹的原因。

实验 4.10 分光计综合实验

分光计是一种精确测量角度的光学仪器，在光学实验、光学计量中非常重要，可以进行光谱观测，测定材料的折射率、色散率及光波波长等。分光计的基本构造和调节原理与一些复杂的光学仪器(如单色仪、摄谱仪等)有许多相似之处，因此学习使用分光计对今后使用更为精密的光学仪器具有普遍的指导意义。本实验要求学会调节和使用分光计，并通过测量棱镜的顶角等应用，了解分光计的基本原理、结构及调整思想。

4.10.1 测量三棱镜顶角

用分光计测量三棱镜的顶角

【实验目的】

(1)了解分光计的结构和原理，掌握分光计的调节和使用方法。

(2)掌握测量三棱镜顶角的方法。

【实验原理】

分光计对角度的测量精度较高，在光学实验中经常作为一种测定光线方向及各种角度的精密仪器。由于折射率、光栅常量、色散率等物理量可以通过直接测量有关的角度(如最小偏向角、衍射角、布儒斯特角等)来确定，所以在光学研究中，分光计的应用十分广泛。

1. 用自准直法测量三棱镜的顶角

如图 4.10.1 所示，三棱镜是分光元件，AB 和 AC 为两个透光的光学表面，BC 为毛玻璃面。三棱镜的顶角为 AB 与 AC 的夹角 α。自准直法是令望远镜光轴与 AB 面垂直，使由三棱镜的 AB 面反射回来的小十字像位于准线中央，由分光仪的分度盘和游标盘读出这时望远镜光轴相对于某一个方位 OO' 的方位角 θ_1；再把望远镜光轴转到与三棱镜的 AC 面垂直的位置，由分光仪的分度盘和游标盘读出这时望远镜光轴相对于 OO' 的方位角 θ_2。望远镜光轴转过的角度为 $\varphi = |\theta_2 - \theta_1|$，三棱镜的顶角为 $\alpha = 180° - |\theta_2 - \theta_1|$。

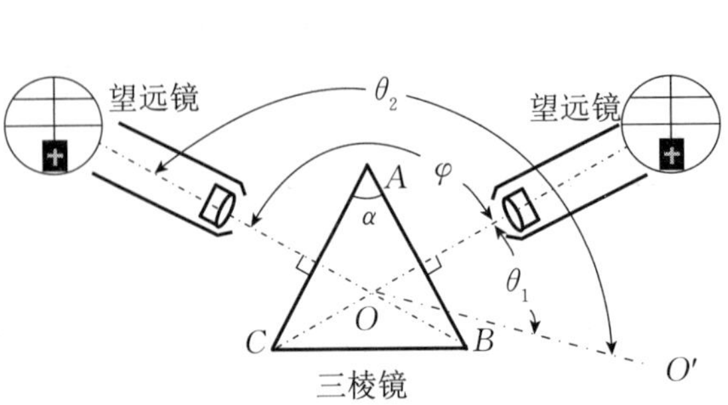

图 4.10.1 用自准直法测量三棱镜的顶角

由于结构上的原因，分光计的主轴有可能略偏离分度盘圆心。因此望远镜绕过的真实角度与分度盘上反映出来的角度有偏差，这种误差称为偏心差，是一种系统误差。为了消除这种系统误差，分光计的分度盘上设置了两个相隔 180°的游标盘(游标Ⅰ的读数为 θ_1、θ_2，游标Ⅱ的读数为 θ'_1、θ'_2)。于是，望远镜光轴转过的角度应该是

$$\varphi=\frac{|\theta_2-\theta_1|+|\theta'_2-\theta'_1|}{2}$$

$$\alpha=180^\circ-\frac{|\theta_2-\theta_1|+|\theta'_2-\theta'_1|}{2} \tag{4.10.1}$$

2. 用反射法测量三棱镜的顶角

如图 4.10.2(a)所示，用光源照射平行光管，从平行光管的狭缝射出的平行光束射在三棱镜的顶点 A 处，而被三棱镜的两个光学面 AB 和 AC 反射，分成夹角为 φ 的两束平行反射光束 R_1、R_2，如图 4.10.2(b)所示。由反射定律可知，$\angle 1=\angle 2$、$\angle 3=\angle 4$，所以 $\angle 1+\angle 3=\angle 2+\angle 4$。因为 $\angle 1+\angle 3=\alpha$，所以 $\angle 2+\angle 4=\alpha$。因此只要用分光计测出两束平行光 R_1 与 R_2 之间的夹角 φ，即可得顶角 $\alpha=\frac{\varphi}{2}$，则

$$\alpha=\frac{\varphi}{2}=\frac{|\theta_2-\theta_1|+|\theta'_2-\theta'_1|}{4} \tag{4.10.2}$$

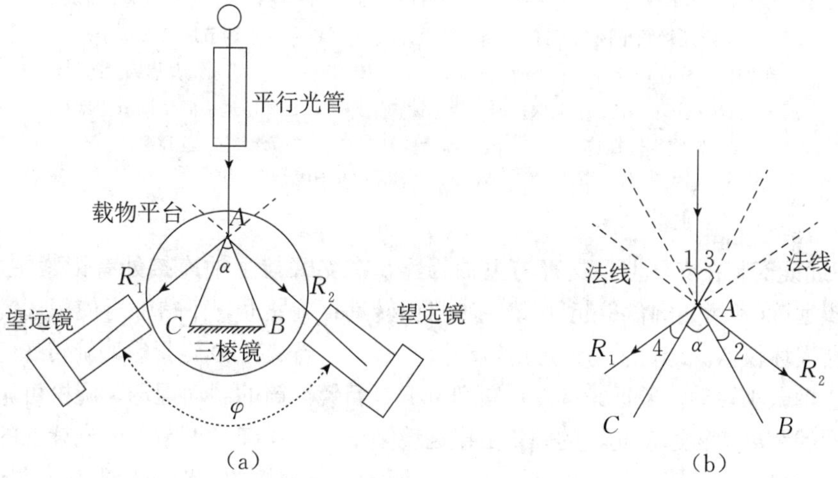

图 4.10.2　用反射法测三棱镜顶角

【实验仪器】

分光计(FGY-01)、反射镜、三棱镜(等边)、低压汞灯。

分光计主要由底座、平行光管、望远镜(又称自准直望远镜)、载物台和读数圆盘等部分组成，每部分都有特定的调节螺钉，如图 4.10.3 所示。

(1)分光计底座的中心有一个沿铅直方向的转轴，称为分光计的主轴。主轴上套有一个圆刻度盘和一个游标盘，两个盘都可以绕主轴旋转。

(2)平行光管与分光计底座固定在一起。平行光管的一端装有会聚透镜(物镜)，另一端

是装有狭缝的套筒，狭缝的宽度可通过狭缝宽度调节螺钉 B 调节，调节范围为 0.02～2 mm。旋松狭缝体锁紧螺钉 C 可以使狭缝套筒前后移动，以改变狭缝和物镜的距离，当狭缝的平面调至物镜的焦平面上时，平行光管发出平行光。调节平行光管倾角调节螺钉 A，可改变平行光管的俯仰程度。

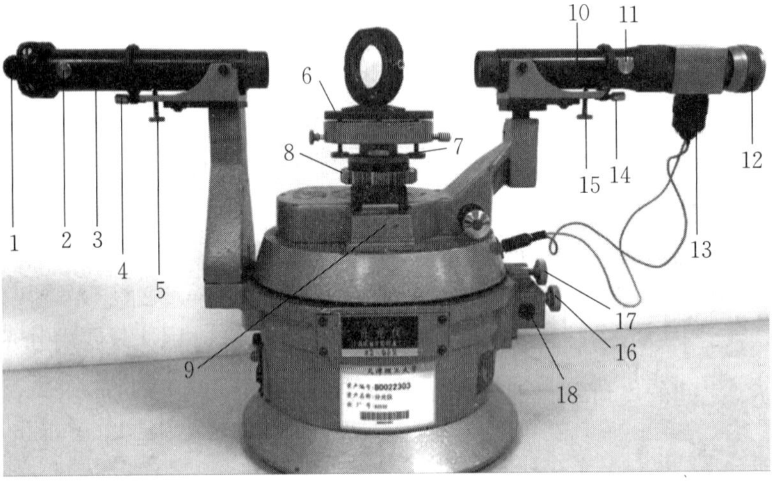

1—狭缝宽度调节螺钉 B；2—狭缝体锁紧螺钉 C；3—平行光管；4—平行光管锁紧螺钉；5—平行光管倾角调节螺钉 A；6—载物台；7—载物台水平调节螺钉 E(3 个)；8—载物台升降锁紧螺母 H；9—读数窗口；10—望远镜；11—望远镜调焦锁紧螺母 F；12—望远镜目镜；13—小电珠；14—望远镜锁紧螺钉；15—望远镜倾角调节螺钉 G；16—锁紧主轴螺钉 D；17—游标锁紧螺钉 I；18—望远镜转动微调螺钉 J。

图 4.10.3　分光计结构图

(3)望远镜安装在支臂上，支臂与主轴相连，在支臂与主轴连接处有锁紧主轴螺钉 D，旋松时，望远镜(和读数圆盘一起)可绕主轴自由转动；旋紧时，不得强行使望远镜绕主轴转动，否则会损坏仪器。螺钉 J 为望远镜转动微调螺钉，当螺钉 D 旋紧后，旋转螺钉 J 可以使望远镜绕主轴微小转动。望远镜调焦锁紧螺母 F 是目镜镜筒的制动螺母，旋松可调节分划板与物镜之间的距离。望远镜光轴的倾角由望远镜倾角调节螺钉 G 调节。分光计上的望远镜通常采用阿贝式自准直目镜，其结构如图 4.10.4 所示。分划板的透明玻璃上刻有黑十字准线，在该准线的竖线下方，紧贴一块小棱镜，在其涂黑的端面上，刻有透明十字线，利用小电珠照明使其成为发光体。而在准线的竖线上方，与透明十字线对称的位置上有一条黑水平线。

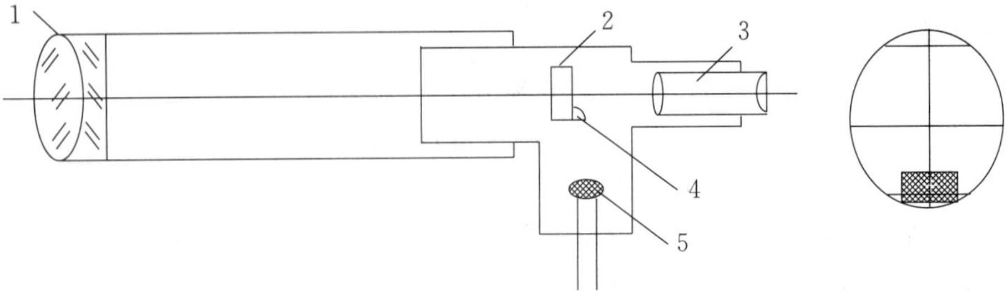

1—物镜；2—分划板；3—目镜；4—小棱镜；5—小电珠。

图 4.10.4　望远镜结构示意图

(4)载物台是用来放置平面镜、棱镜、光栅等光学元件的，它与游标盘通过载物台升降锁紧螺母H相互锁定，旋紧螺母H后，载物台可与游标盘一起绕分光计游标盘的转轴转动。游标锁紧螺钉I是游标盘的制动螺钉，旋紧时不能再强行转动游标盘，否则会损坏仪器。螺钉J也是游标盘的微调螺钉。当螺钉I旋紧时，游标盘不能绕轴转动，但用它可以使游标盘绕轴微小转动。载物台下有3个调节螺钉E可调整台面的倾斜度。

(5)读数圆盘包括游标盘和圆刻度盘，在分光计出厂时已调到与仪器主轴垂直。由于圆刻度盘中心和仪器主轴在制造和装配时不可能完全重合，因此在读数时会产生偏心差，如图4.10.5所示。圆刻度盘上的刻度均匀地刻在圆周上，当圆刻度盘中心 O 与转轴重合时，由相差180°的两个游标盘读出的转角刻度值相等；当圆刻度盘偏心时，由两个游标盘读出的转角刻度值就不相等。所以，只用一个游标盘读数会产生系统误差，由平面几何很容易证明 $\frac{1}{2}(\overset{\frown}{CD}+\overset{\frown}{C'D'})=\overset{\frown}{AB}=\overset{\frown}{A'B'}$，可以通过在转轴直径上安置两个对称的游标盘消除这种系统误差。

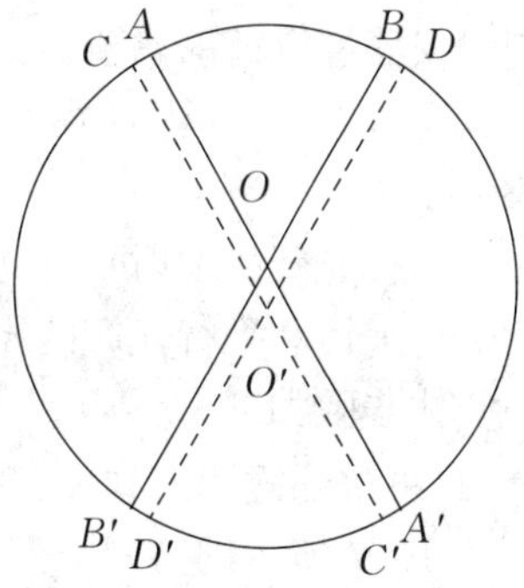

图4.10.5　圆刻度盘偏心差

圆刻度盘表面镀有金属薄膜，均匀刻有1 080条透光线条，分度值为20′。游标盘表面也有金属薄膜，在13°的圆弧内均匀刻有40条透光线条，分度值为19′30″。圆刻度盘和游标盘下方装有照明光源，当光线透过圆刻度盘和游标盘重合的线条时，呈亮条纹，其他线条因圆刻度盘刻线间距与游标盘刻线间距不等而相互阻挡，无法透光。两个读数窗口相隔180°，从两窗口分别读出转过的角度，取平均值以消除仪器主轴和转轴的偏心差。

分光计的读数方法和游标卡尺相同。

读数时以游标盘的零刻线为准，先读出游标盘的零刻线对应的圆刻度盘上的角度(每格为20′)，再找出游标盘上与圆刻度盘上刚好重合的刻线(亮条纹)，在游标盘上读出分值和秒值(每格为30″)，两个角度相加即为读数 θ (注意不同型号分光计分度值不同)。由于圆刻度盘和游标盘的分度值不等，所以重合的亮条纹数一般为一条或两条。如图4.10.6(a)所示，应读作

$$\theta=250°20'+2'0''=250°22'0''$$

如图4.10.6(b)所示，因出现两条亮条纹，则可认为两条亮条纹的中央为“实际对齐线”，故应读作

$$\theta=175°40'+6'15''=175°46'15''$$

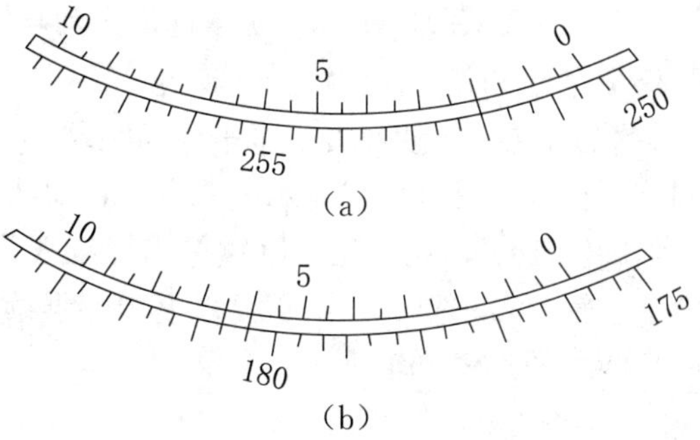

图4.10.6　分光计的读数方法

【实验内容和步骤】

1. 分光计的调节

为了使分光计能准确地测出待测角大小(如三棱镜顶角，光线经过棱镜、光栅、狭缝等各种光学元件后光线偏转的角度等)，必须使待测角所在平面平行于圆刻度盘平面，为此应对仪器进行精确调整，保证相关部件调整到位，要求如下。

①通过望远镜能观察平行光，即要求望远镜调焦至无穷远处(用自准直法进行调整)。

②平行光管能发射平行光。

③望远镜和平行光管的光轴与仪器转轴垂直。

具体步骤如下。

(1)将望远镜调焦到无穷远处。将平面反射镜按图 4.10.7 所示的方式放置在载物台上。先用眼睛估测，粗调至望远镜光轴、平行光管光轴和载物台面均大致与分光计主轴垂直，然后再调节望远镜：

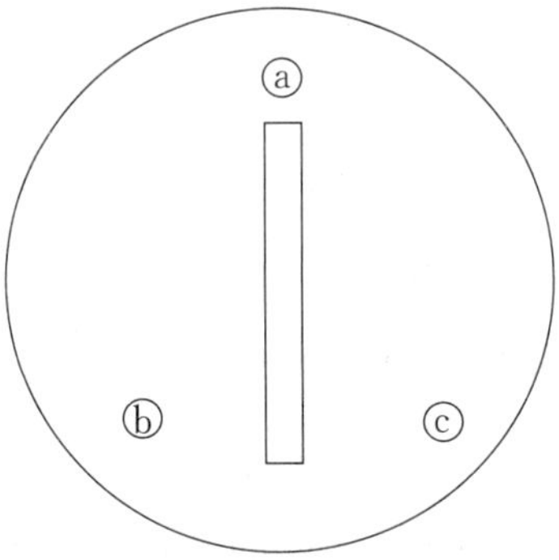

图 4.10.7 将平面反射镜放置在载物台上

①前后旋动望远镜目镜以调节目镜与分划板之间的距离，使目镜视场中的黑准线像清晰无视差。

②将望远镜对准载物台上的反射镜，使由亮十字线通过物镜发出的光经平面反射镜反射后，又返回物镜筒中。在视场中看到反射回来的亮十字线像后，调节物镜与分划板的距离，使亮十字线像清晰无视差。此时，望远镜已调焦至无穷远处，即能观察平行光，这种调节方法称为自准直法。

如果在目镜视场中找不到亮十字线像(请读者思考这说明什么)，可以先转动载物台，眼睛直接从望远镜外侧面找到由平面反射镜反射回来的亮点，这时眼睛高度一般比目镜中心高度偏高或偏低，需调节载物台下面的螺钉 b 或 c，或者调节望远镜倾角调节螺钉 G，直至眼睛与目镜中心等高，即可看到由平面镜反射回来的亮十字线像。

(2)利用二分之一(各半)调节法，使望远镜的光轴和仪器转轴垂直。

①调节平面反射镜的倾斜度(调节螺钉 b 或 c)，使从目镜中看到的亮十字线像重合在黑准线像的对称位置上，如图 4.10.8(a)所示，说明望远镜光轴与镜面垂直。

②使平面反射镜跟随载物台和游标盘绕主轴转过 180°。若二准线不再重合，如图 4.10.8(b)所示，则调节螺钉 b 或 c，使二者的水平线间距缩小一半，如图 4.10.8(c)所示；再调节望远镜倾角调节螺钉 G，可以使二者水平线重合，如图 4.10.8(d)所示。

③将平面反射镜绕主轴旋转 180°，观察亮十字线像与黑准线是否仍然重合。若重合，则说明望远镜光轴已垂直于主轴；若不重合，则重复以上步骤继续调节，直到平面反射镜旋转到任意一面，其镜面都能与望远镜光轴垂直。

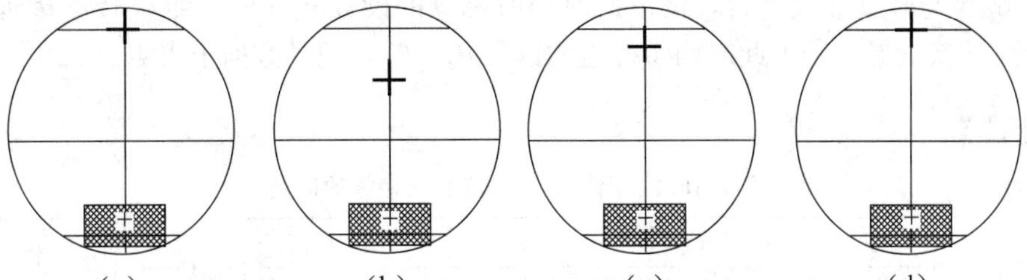

图 4.10.8　望远镜调节过程中通过望远镜看到的情况

(3)将平面反射镜旋转 90°，使其平行于调节螺钉 b、c 之间的连线，再次将望远镜对准平面反射镜，在视场中看到反射回来的亮十字线像重合在黑准线像的对称位置上。若不重合，则调整调节螺钉 a 使其重合，直至载物台水平。

(4)调整平行光管使它发出平行光，并使它的光轴也垂直于仪器主轴。开启光源，照射平行光管的狭缝，转动已调好的望远镜，使其正对着平行光管以观察狭缝的像。旋松螺钉 C 以调节平行光管狭缝与物镜的距离，使从望远镜中观察到的狭缝的像细锐清晰，并与黑准线无视差，此时平行光管已发出平行光；再调节螺钉 A 使狭缝像位于望远镜分划板中间，此时平行光管的光轴与望远镜光轴平行，即平行光管光轴也垂直于主轴。至此，分光计已调节完毕，处于待测状态。

2. 测量三棱镜的顶角

首先应使三棱镜的两个光学表面均与望远镜光轴垂直。为了便于调整，三棱镜在载物台上的位置如图 4.10.9 所示。

自准直法：固定载物台，转动望远镜(也可固定望远镜而转动载物台)，先使三棱镜 AB 面与望远镜光轴垂直，记下此时望远镜相对于转台的方位角 θ_1、θ'_1；然后再转动望远镜使三棱镜 AC 面与望远镜光轴垂直，记下此时望远镜相对于转台的方位角 θ_2、θ'_2，如图 4.10.10 所示。重复测量 3 次，记录数据于表 4.10.1 中。用自准直法测量三棱镜的顶角时不必调整平行光管。

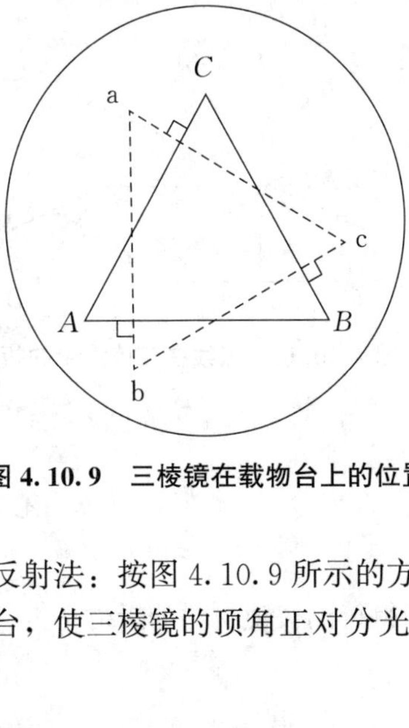

图 4.10.9　三棱镜在载物台上的位置

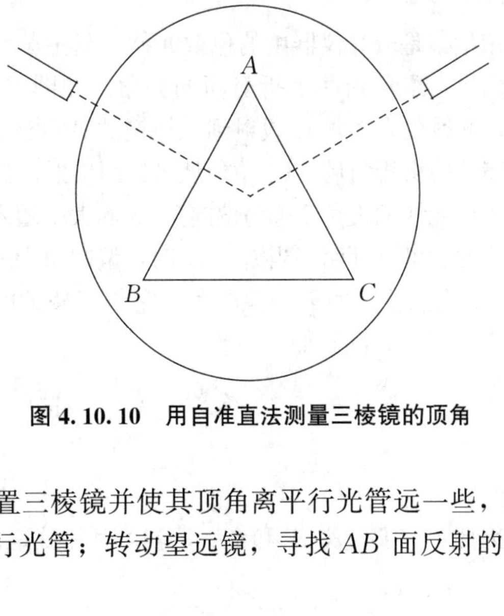

图 4.10.10　用自准直法测量三棱镜的顶角

反射法：按图 4.10.9 所示的方式，放置三棱镜并使其顶角离平行光管远一些，转动载物台，使三棱镜的顶角正对分光仪的平行光管；转动望远镜，寻找 AB 面反射的狭缝像，使狭缝像与竖直准线重合，记下此时两游标盘的读数 θ_1、θ'_1，继续转动望远镜寻找 AC 面反射的狭缝像，记下此时两游标盘的读数 θ_2、θ'_2，记录数据于表 4.10.2 中。

【数据处理】

表 4.10.1　用自准直法测量三棱镜的顶角

次数	AB 面		AC 面		α
	θ_1	θ'_1	θ_2	θ'_2	
1					
2					
3					

根据公式(4.10.1)求出顶角。

表 4.10.2　用反射法测量三棱镜的顶角

次数	AB 面		AC 面		α
	θ_1	θ'_1	θ_2	θ'_2	
1					
2					
3					

根据公式(4.10.2)求出顶角。

4.10.2　用最小偏向角法测定三棱镜的折射率

【实验目的】

学会用最小偏向角法测定三棱镜的折射率。

【实验原理】

三棱镜是分光仪器中的色散元件，其主截面是等腰三角形，顶角指两个折射面的夹角。如图 4.10.11 所示，光线以入射角 i_1 投射到三棱镜的 AC 面上，经三棱镜的两次折射后，以 i_2 角从 AB 面出射，出射光线和入射光线的夹角 δ 称为偏向角，δ 的大小随入射角 i_1 而改变。可以证明，当 $i_1 = i_2$ 时，偏向角为最小值 $\delta_{\min}$，称为三棱镜的最小偏向角。它与三棱镜的顶角 A 和折射率 n 之间有如下关系

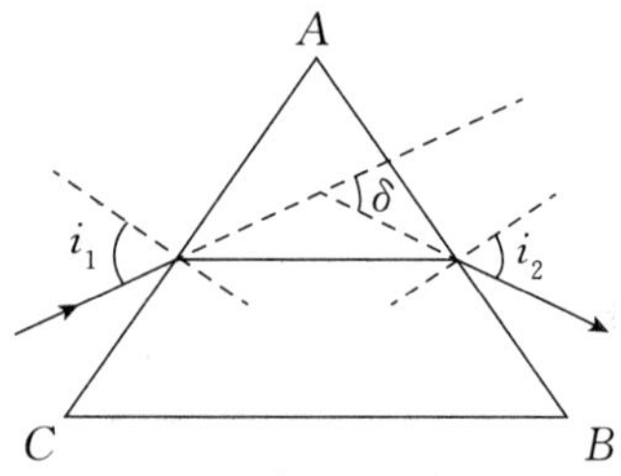

图 4.10.11　光线在三棱镜中的折射

$$n = \frac{\sin\dfrac{A+\delta_{\min}}{2}}{\sin\dfrac{A}{2}} \tag{4.10.3}$$

因此，只要测得 A 和 $\delta_{\min}$，就可利用式(4.10.3)求得待测棱镜材料的折射率。

【实验仪器】

分光计(FGY - 01)、反射镜、三棱镜(等边)、低压汞灯。

【实验内容和步骤】

(1)三棱镜在载物台上的位置如图 4.10.12 所示。先转动望远镜，使它对准 AB 面，调节螺钉 a 或 b，使 AB 面与望远镜光轴垂直，然后再将望远镜转向 AC 面，调节螺钉 c，使 AC 面与望远镜光轴垂直。反复调节，直到 AB 面和 AC 面均能与望远镜光轴垂直，此时望远镜光轴通过三棱镜的主截面。

(2)调整平行光管，使平行光管发射平行光，转动载物台使三棱镜处在如图 4.10.12 所示的位置。沿三棱镜 AC 面上光线的出射方向观察，当看到出射的彩色光谱时，再将望远镜移到彩色光谱所在位置，此时在望远镜中能看到低压汞灯的光谱线(即狭缝的单色像)。

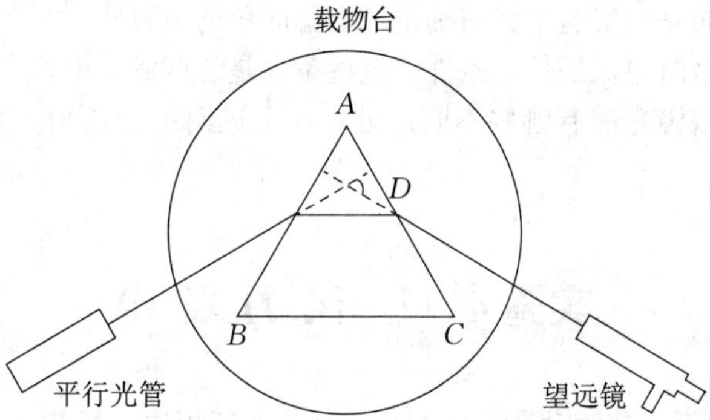

图 4.10.12　三棱镜在载物台上的位置

(3)将望远镜对准待测的谱线(取汞绿光谱线，$\lambda=546.07$ nm)，让载物台带动游标盘一起转动，使该谱线朝偏向角减小的方向移动，同时转动望远镜跟踪该谱线，直到三棱镜继续沿着同方向转动时，该谱线不再向前却沿相反方向移动为止。此转折点对应该谱线的最小偏向角位置。固定载物台和游标盘，微调望远镜的位置，使竖直准线对准该谱线的中间，记下两个游标盘中的读数 φ 和 φ'。转动望远镜对准平行光管，而竖直准线直接对准入射光的白色狭缝像，记下读数 φ_0 和 φ'_0，则谱线对应的最小偏向角 $\delta_{\min}=\dfrac{(\varphi'-\varphi'_0)+(\varphi-\varphi_0)}{2}$。重复测量 3 次，记录数据于表 4.10.3 中。

【数据处理】

表 4.10.3　用最小偏向角法测定三棱镜的折射率

次数	汞绿光		入射光		$\delta_{\min}=\dfrac{(\varphi'-\varphi'_0)+(\varphi-\varphi_0)}{2}$
	φ	φ'	φ_0	φ'_0	
1					
2					
3					

求出 $\delta_{\min}$ 的平均值。若已知三棱镜的顶角 A 为 60.00°，将 $\delta_{\min}$ 的值代入式(4.10.3)，即可求出棱镜材料对该波长的光的折射率。

4.10.3 光栅常量及黄光波长的测量

光栅常量及黄光波长的测量

【思考题】

(1)用自准直法调节望远镜时，如何判断分划板上黑十字线与物镜焦平面严格共面？

(2)测棱镜折射率时，三棱镜应如何放置在载物台上？为什么这样放？

(3)调好望远镜光轴与分光计转轴垂直以后，再旋动载物台的螺钉，会不会破坏这种垂直性？

(4)若三棱镜相对于望远镜偏低，对测量有无影响？

(5)何谓最小偏向角？实验中如何确定最小偏向角的位置？

(6)测量光栅常量时应保证什么条件？这些条件是怎样满足的？

(7)光栅光谱和棱镜光谱有哪些不同之处？在上述两种光谱中，哪种颜色的光偏向角最大？

实验 4.11 风力发电

风能是太阳辐射下空气流动所形成的。与其他能源相比，风能具有蕴藏量巨大、清洁无污染、成本低廉、安全可靠等优势。把风的动能转化成风轮的机械能，再转化为电能，这就是风力发电。风力发电是重要的战略性新兴产业，具有广阔的发展前景。

【实验目的】

(1)了解风力发电系统组成及结构。

(2)理解风能转化成电能的过程及基本原理。

(3)了解影响风电转化效率的相关因素。

(4)了解提高风力发电机功率系数的研究方法。

【实验原理】

1. 理论依据

空气的定向流动形成了风。设风速为 v_1，质量为 Δm 的空气在单位时间内通过垂直于气流方向、面积为 S 的截面的气流动能为

$$E=\frac{1}{2}\Delta m v_1^2=\frac{1}{2}\frac{\rho LS}{t}v_1^2=\frac{1}{2}\rho S v_1^3 \tag{4.11.1}$$

式中，L 为气流在时间 t 内所通过的距离；ρ 为空气密度。由上式可知，空气的动能与风速的立方成正比。

贝茨理论是在风力发电中关于风能利用效率的一条基本理论，该理论由德国物理学家

A. 贝茨(A. Betz)于 1919 年提出。贝茨假定风轮是理想的，气流通过风轮时没有阻力，气流经过整个风轮扫掠面时是均匀的，并且气流通过风轮前后的速度为轴向方向。

以 v_1 表示风机上游风速，v_0 表示空气流过截面面积为 S 的风轮旋转面时的风速，v_2 表示空气流过风扇叶片截面后的下游风速。

根据动量定理，流过截面面积为 S 的风轮旋转面、质量为 Δm 的空气，在风轮上产生的作用力为

$$F=\frac{\Delta m(v_1-v_2)}{\Delta t}=\frac{\rho S v_0 \Delta t(v_1-v_2)}{\Delta t}=\rho S v_0(v_1-v_2) \tag{4.11.2}$$

风轮吸收的功率为

$$P=Fv_0=\rho S v_0^2(v_1-v_2) \tag{4.11.3}$$

此功率由空气动能转化而来，从风机上游至下游，单位时间内空气动能的变化量为

$$\Delta E=\frac{1}{2}\rho S v_0(v_1^2-v_2^2) \tag{4.11.4}$$

令 P 和 ΔE 相等，得

$$v_0=\frac{1}{2}(v_1+v_2) \tag{4.11.5}$$

将式(4.11.5)代入式(4.11.3)，可得到功率随上下游风速的变化关系式：

$$P=\frac{1}{4}\rho S(v_1+v_2)(v_1^2-v_2^2) \tag{4.11.6}$$

当上游风速 v_1 不变时，令 $\frac{\mathrm{d}P}{\mathrm{d}v_2}=0$，可知当 $v_2=\frac{1}{3}v_1$ 时，式(4.11.6)取得极大值，且

$$P_{\max}=\frac{8}{27}\rho S v_1^3 \tag{4.11.7}$$

将上式除以式(4.11.1)，可以得到风力发电机的最大理论效率(贝茨极限)

$$\eta_{\max}=\frac{P_{\max}}{\frac{1}{2}\rho S v_1^3}=\frac{16}{27}\approx 0.593 \tag{4.11.8}$$

将风力发电机的实际风能利用系数(功率系数) C_p 定义为风力发电机实际功率输出与流过风轮旋转面的全部风能之比，即

$$C_p=\frac{P}{E}=\frac{2P}{\rho S v_1^3} \tag{4.11.9}$$

功率系数 C_p 总是小于贝茨极限。商品风力发电机工作时，C_p 一般在 0.4 左右。

由式(4.11.9)得，风力发电机的实际输出功率为

$$P=\frac{1}{2}C_p\rho S v_1^3=\frac{1}{2}C_p\rho\pi R^2 v_1^3 \tag{4.11.10}$$

式中，R 为风轮半径。

式(4.11.10)是本实验的基本理论依据，它展示了风力发电机输出功率与各物理量之间的关系。从式(4.11.10)可以得出以下结论。

(1)对风力发电机输出功率影响较大的因素依次是风速 v_1 和风轮半径 R ，而空气密度 ρ 的影响也不容忽视，这对风场的选址和叶片长度的选择具有决定性的指导意义。

(2)一个地区的四季平均风速同比不会有很大变化，叶片也不可能制作得无限长，当风场位置选定后，空气密度基本确定。这时，式(4.11.10)中功率系数 C_p 对风力发电机输出功率的影响至关重要，而 C_p 是一个多元变量，受风速、发电机性能、负载及叶片参数(如叶片光滑度、翼型、翼长、桨距角等)影响，较为复杂。对于如何提高功率系数，需要综合考虑各因素的影响。找出提高 C_p 的方法，制作出具有最佳 C_p 的风力发电机是设计人员的重要任务。

2. 风轮叶尖速比 λ 与功率系数 C_p 的关系

在风力发电机的设计过程中，为了找出提高 C_p 的实验方法，通常将风轮转速与风速的关系合并为一个变量——叶尖速比，定义为风轮叶片尖端线速度与风速之比，即

$$\lambda = \frac{\omega R}{V_1} \tag{4.11.11}$$

式中，ω 为风轮角速度；R 为风轮最大旋转半径。理论分析与实验表明，叶尖速比 λ 是风力发电机的重要参数，其取值将直接影响风力发电机的功率系数 C_p。对于同一风轮，在额定风速内的任何风速，叶尖速比与功率系数的关系都是一致的；不同翼型或叶片数的风轮，C_p 曲线的形状不一样，C_p 最大值与该值对应的 λ 值也不一样。因此，叶尖速比在风力发电机的设计与功率控制过程中至关重要。

【实验仪器】

JCF-1 型多功能风力发电实验仪，原理如图 4.11.1 所示，整机实物照片如图 4.11.2 所示，其中九孔插板上各元件标注及参考插接方法如图 4.11.3 所示。

该实验仪主要包括风源 S、风速计 M(通过支架 Z_2 安装在导轨上)、风轮(由轮毂 2 和叶片 1 构成)、三相交流永磁同步发电机 4、整流滤波电路、测量电路、电能的存储与利用电路、带标尺的导轨 3 等。风轮、三相交流永磁同步发电机通过水平转动轴连接并安装在支架 Z_3 上。所有从叶片传来的风力，通过轮毂传递到转动系统，再传递给发电机。

整流滤波电路：包括与三相交流永磁同步发电机连接的 6 个二极管(D_1、D_2、D_3、D_4、D_5、D_6)以及电容并联支路。其中，6 个二极管根据三相桥式全波整流电路连接，用以将发电机输出的三相交流电转换为直流电；电容用以对电流进一步滤波。

电能的存储与利用电路：包括由双刀双掷开关 K_2 控制的发光二极管 LED 回路和储能蓄电池回路。电能的存储与利用电路与测量电路之间安装有一个控制开关 K_1。

测量电路：包括智能电压表支路和由一个可变负载与一个智能电流表串联构成的支路，两个支路分别与整流滤波电路并联。导轨的两侧带有可定位的标尺，在导轨侧面开有凹槽，用于放置智能电压表和智能电流表。其中，整流滤波电路、电能的存储与利用电路中的所有电学元件，以及测量电路中的可变负载都插在九孔插板上，并通过该插板实现连接，实现即插即用、方便快捷搭建电路的目的。

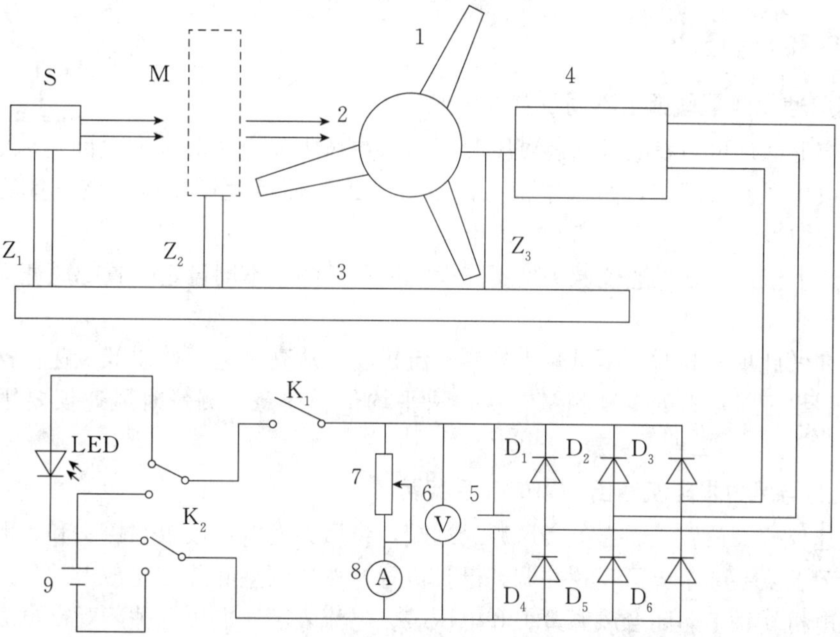

图 4.11.1　JCF－1 型多功能风力发电实验仪原理示意图

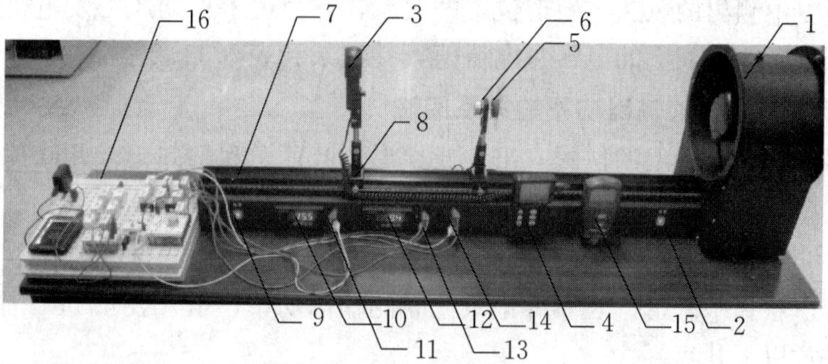

1—风源；2—风源电源开关；3—风速仪探头；4—风速仪读数表；5—风轮；6—风力发电机；7—导轨；8—移动滑块；9—电流表、电压表工作电源开关；10—电流表；11—电流测量端口；12—电压表；13—电压测量端口；14—电机三相交流电输出端口；15—转速仪；16—九孔插板。

图 4.11.2　JCF－1 型多功能风力发电实验仪整机实物照片

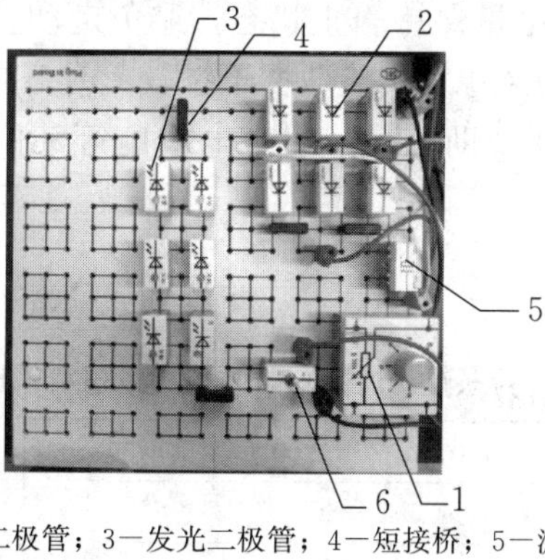

1—可调负载；2—整流二极管；3—发光二极管；4—短接桥；5—滤波电容；6—单刀开关。

图 4.11.3　九孔插板上各元件标注及参考插接方法

【实验内容和步骤】

1. 用风速仪测量轨道上不同位置的风速

在轨道上移动风力发电机到远离风源一端，在风力发电机和风源之间距风源 100 mm 的位置上放置风速仪探头，并调整探头高度和角度，使风速仪显示出该位置的最大读数(5.4 m/s 以上)。

在轨道上依次移动风速仪探头到不同设定位置，测量不同设定位置处风速大小。以上数据记录到表 4.11.1 中。

建议在做此项实验时，尽量减小外界气流扰动，从高风速开始向低风速依次测量，待读数稳定后再记录，每处重复测量 2 次，取平均值。注意，测量时风速仪要用平均值测量挡。

2. 风速与风力发电机输出功率的关系实验

将风速仪探头放置在轨道上离风源最远端，将风力发电机放置在探头和风源之间。在风轮的轮毂上安装 3 个异形叶片并调到最长位置，然后调整叶片在轮毂上的角度，将风轮安装在发电机转轴上。闭合风源开关和电压表、电流表工作电源开关，观察电表上显示的电压值与电流值，调整负载电阻到 480 Ω 左右(可调负载各点的电阻值如表 4.11.2 所示)。

根据步骤 1 中测出的风速与轨道位置的关系，在轨道上移动风力发电机到不同风速位置，观察电压表、电流表上的电压、电流值，并记录到表 4.11.2 中。

3. 叶片长度与风机的输出功率的关系实验

调整异形叶片在轮毂上的位置，组装成异形短叶片。观察并记录此叶片在不同风速下的输出功率，填入表 4.11.2 中。

4. 叶片形状与风机的输出功率的关系实验

调整叶片形状为平板形。观察并记录此时的输出功率，填入表 4.11.2 中。

实验时注意以下几点。

(1)风源(采用轴流风机)工作时，轴流风机内金属叶片在高速旋转，**切勿将手伸入轴流风机内，以免造成严重伤害**。

(2)每测量一个数据前，保持 10 s 左右的环境稳定。

(3)测量数据时，人员应尽量保持静止状态，避免走动。大幅运动会干扰风场，使实验数据波动、失真。当邻组的风源对实验数据干扰较大时，应互相协调错开各组记录敏感数据时间，或找实验指导教师帮助解决。如有电风扇等其他干扰风源，须将影响控制到最小。

【数据处理】

表 4.11.1 叶片长度、叶片形状与风力发电机输出功率的关系

轨道位置/mm	100	200	300	400	500	600
风速 1/(m/s)						
风速 2/(m/s)						
平均风速/(m/s)						

续表

轨道位置/mm		100	200	300	400	500	600
异形长叶片	电流/mA						
	电压/V						
	功率/mW						
异形短叶片	电流/mA						
	电压/V						
	功率/mW						
平板形长叶片	电流/mA						
	电压/V						
	功率/mW						

表 4.11.2　可调负载各点的电阻值

负载指示点	*a*	*b*	*c*	*d*	*e*	*f*	*g*
电阻值/Ω	0	150	300	480	670	850	1 010

根据功率与电压及电流的关系算出相应的风机输出功率，说明风速、叶片形状、叶片长度对风力发电机输出功率的影响。

【思考题】

(1)结合测量得到的风速取不同值时叶片长度、叶片形状与风力发电机输出功率的关系数据，试分析影响风力发电的主要因素有哪些。

(2)实验中将叶片固定在轮毂上，叶片在轮毂中轴线上的旋转角度对测量有何影响?

风力发电
拓展实验

实验 4.12　双棱镜干涉测波长

菲涅耳双棱镜干涉实验是一个非常重要的实验，它与杨氏双缝干涉实验共同奠定了光的波动学的实验基础。菲涅耳双棱镜干涉实验借助光的衍射而形成分波阵面干涉，实现了通过毫米级的测量得到纳米级的精度。

本实验采用菲涅耳双棱镜对钠光波长进行测量，要求掌握光的干涉的有关原理和光学测量的一些基本技巧。

双棱镜干涉测波长：
实验背景与原理

【实验目的】

(1)观察双棱镜产生的双光束干涉现象，理解干涉的产生条件。

(2)学会利用双棱镜测量光波波长。

(3)熟练掌握光学透镜等高共轴调节技术。

【实验原理】

利用双棱镜获得干涉条纹的原理如图 4.12.1 所示。从单缝 S 发出的单色光的波阵面，经过双棱镜折射后形成两束互相重叠的光束，这两束光相当于分别从虚光源 S_1 和 S_2 射出。于是在波束重叠的区域内产生了干涉，在该区域内放置观察屏可以观测到干涉条纹。

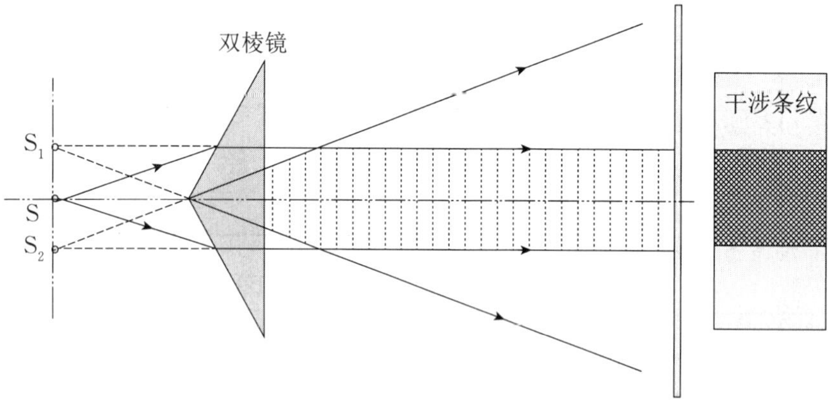

图 4.12.1　利用双棱镜产生干涉条纹的原理

观察屏上某一点的干涉条纹的特征取决于光程差，如图 4.12.2 所示，在空间内虚光源 S_1 和 S_2 分别到 P 点的光程差为

$$\Delta L = r_2 - r_1 \tag{4.12.1}$$

式中，r_1 为虚光源 S_1 到 P 点的距离；r_2 为虚光源 S_2 到 P 点的距离。

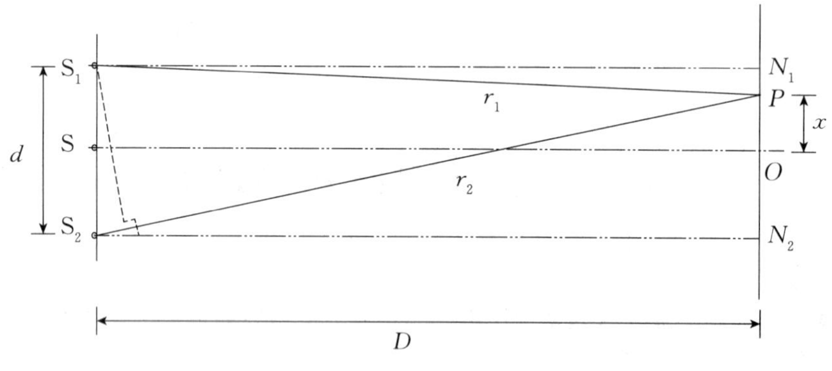

图 4.12.2　观察屏上 P 点的光程差示意

将虚光源 S_1 和 S_2 投影至观察屏得到点 N_1 和点 N_2，根据图 4.12.2 中的两个直角三角形，可得

$$\begin{cases} r_1^2 = D^2 + \left(\dfrac{d}{2} - x\right)^2 \\ r_2^2 = D^2 + \left(\dfrac{d}{2} + x\right)^2 \end{cases} \tag{4.12.2}$$

式中，两个虚光源的距离为 d；D 为两个虚光源连线到观察屏的距离；x 为 P 点与 O 点的

距离，O 点为观察屏上与两个虚光源等距的点。将两式相减，得

$$r_2^2 - r_1^2 = 2dx \tag{4.12.3}$$

又有

$$r_2^2 - r_1^2 = (r_2 - r_1)(r_1 + r_2) = \Delta L(r_1 + r_2) \tag{4.12.4}$$

由于实验中 $D \gg d$，则有

$$r_1 + r_2 \approx 2D \tag{4.12.5}$$

所以

$$2dx = 2D\Delta L \tag{4.12.6}$$

即

$$\Delta L = \frac{dx}{D} \tag{4.12.7}$$

如果光波波长为 λ，则干涉极大和极小(明条纹和暗条纹)的光程差为

$$\Delta L = \frac{dx}{D} = \begin{cases} k\lambda & k = 0, \pm 1, \pm 2, \cdots \\ \dfrac{2k+1}{2}\lambda & k = 0, \pm 1, \pm 2, \cdots \end{cases} \tag{4.12.8}$$

两个相邻明条纹之间的距离为

$$\Delta x = \frac{D}{d}\lambda \tag{4.12.9}$$

若实验中测出 Δx、D、d，就可求出波长，即

$$\lambda = \frac{d}{D}\Delta x \tag{4.12.10}$$

【实验仪器】

双棱镜干涉测波长：
实验仪器与操作

钠光灯、光学元件底座、可调狭缝、双棱镜、凸透镜、测微目镜、白屏。

实验仪器布置及光路图如图 4.12.3 所示。实验中采用缝光源，目的是增加光场中的光通量，从而提高干涉条纹的亮度。从钠光灯发出的光经透镜会聚于狭缝，使其成为具有较大亮度的线状光源。

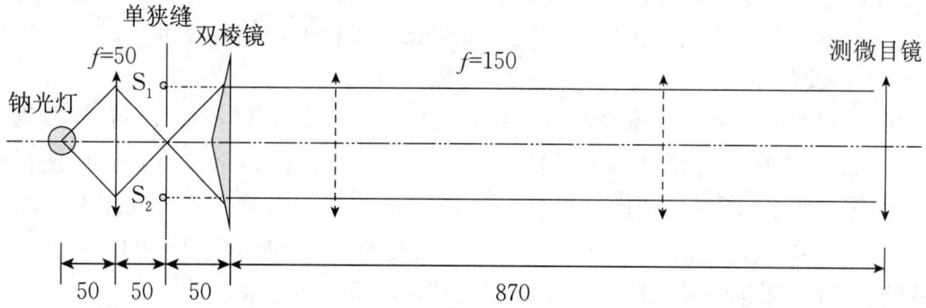

图 4.12.3　实验仪器布置及光路图

注：图中标注的各元件间的距离为参考值(单位为 mm)，不需准确实现。

【实验内容和步骤】

(1)粗调。将所有光学元件放在一起，调节元件的高度至目测所有光学元件的光学中心高度一致，然后逐一放置每个光学元件。

(2)放置钠光灯。将光源放在光学平台一端附近，接通电源，预热至光源发光稳定。

(3)放置聚光透镜。将凸透镜安装在靠近光源的一端，凸透镜应与光源窗口等高，凸透镜光轴应大致与光具座轴线平行。

可借助一块白屏来判断凸透镜的位置是否正确：将白屏放在凸透镜的另一端，轻微调节凸透镜的位置，使光源窗口射出的光经凸透镜后对称地投射在白屏中部。

(4)放置可调狭缝。将可调狭缝放在凸透镜的焦距(约 5 cm)位置，狭缝长度沿竖直方向，狭缝平面垂直于水平面轴线，狭缝应与凸透镜的高度相当。

(5)放置双棱镜。将双棱镜的棱脊沿竖直方向，然后调节双棱镜使之与狭缝等高。手持观察屏于双棱镜后方并调节侧面的螺旋测微器，适当加大狭缝的宽度，使钠光投射到双棱镜上的亮度，足以使人在观察屏上看到狭缝以及双棱镜的棱脊的像；调节支撑双棱镜的滑块的位置，直到双棱镜棱脊位于狭缝正中且被对称照明。

(6)放置测微目镜。将测微目镜移至距双棱镜较近的地方，调节测微目镜高度使其与前面的各光具等高。从测微目镜中观察，此时可能看到以下两种现象之一：①测微目镜视场内无干涉条纹，且黄光亮度均匀；②测微目镜视场内无干涉条纹，但亮度不均匀，有一条竖直方向的较亮光带。对于现象①，须对测微目镜位置进行左右横移调节，直至在测微目镜中见到现象②。注意，观察到现象②是出现干涉条纹的关键步骤。

观察到现象②以后，逐渐减小单狭缝的缝宽，并微调狭缝的方向，当该方向与双棱镜的棱脊达到严格平行时，光带中即出现清晰的干涉条纹。如果条纹太少，可增大双棱镜到狭缝的距离。注意，双棱镜和狭缝的距离不宜过小，否则会导致 S_1、S_2 间距过小，这对 d 的测量不利。如果干涉条纹太窄，不易观察干涉条纹，则向后移动测微目镜，增大测微目镜到狭缝的距离 D。

注意，调节光路的等高共轴时，透过光学元件光斑的对称性很重要，非对称意味着非准直。另外，移动光屏时，光屏上的光斑中心不变，也是准直的一个重要标准。如果透过的光很弱，可以在调节光路时把狭缝调宽，待测条纹时再调回适当宽度。

(7)测出条纹间距 Δx 和狭缝到测微目镜的距离 D 。

利用测微目镜叉丝逐一对准视场中 n 条明(或暗)条纹，并将各条纹在目镜测微尺上的位置填入表 4.12.1 中。测量之后要保持狭缝、双棱镜、测微目镜位置不变。测量条纹位置的方法如图 4.12.4 所示，依次记录各级亮(暗)条纹右边缘的位置，或依次记录亮(暗)条纹左边缘的位置，共记录十个条纹。同时记录此时狭缝到测微目镜的距离 D。注意：用测微目镜读数，测量时只能向同一个方向转动，消除空程差。

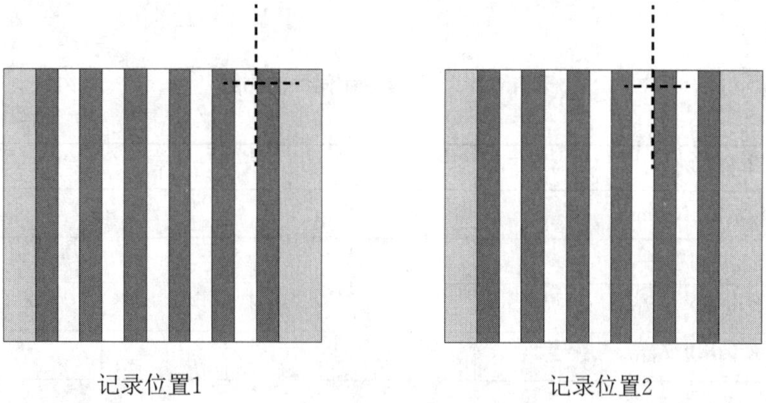

图 4.12.4　移动测微目镜叉丝记录条纹位置

(8)测量两个虚光源间距 d。

将测微目镜平缓地向后移动到与狭缝的距离大于 4 倍凸透镜焦距($f=150$ mm)之处，移动过程中观察测微目镜视场内的干涉条纹，保证条纹始终处在测微目镜视场的中部，直至测微目镜后移到指定位置。

保持狭缝、双棱镜不动，在光路中放入凸透镜。不断调节凸透镜和测微目镜的位置，可以在沿着光轴方向的两个不同的位置上，从目镜中看到一大一小两个清晰的缝像(即虚光源 S_1、S_2 的像)，此时凸透镜与测微目镜等高共轴(见图 4.12.5)。小像中心比大像中心更接近光轴，所以在保证小像中心接近测微目镜视场中心的前提下，调节凸透镜使大像中心向测微目镜视场中心靠近，反复调节即可达到重合的效果。

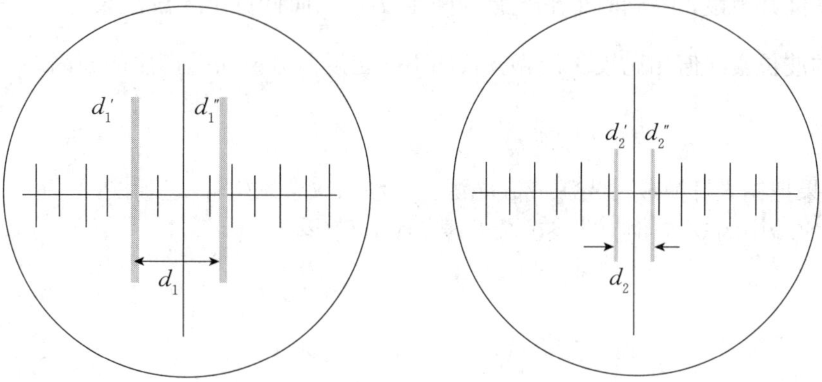

图 4.12.5　移动测微目镜叉丝记录条纹位置

用测微目镜读出两个虚光源大像间距 d_1 和小像间距 d_2，填入表 4.12.2 中。

【数据处理】

表 4.12.1　干涉条纹间距的测量

$D=$_______mm

条纹序列号 i	1	2	3	4	5
条纹位置 X_i/mm					
条纹序列号 $i+5$	6	7	8	9	10
条纹位置 X_{i+5}/mm					
$X_{i+5}-X_i$/mm					
$\Delta x=\dfrac{X_{i+5}-X_i}{5}$/mm					

用逐差法求出 Δx 的平均值。

表 4.12.2　两个虚光源间距的测量

大像		小像	
d'_1/mm	d''_1/mm	d'_2/mm	d''_2/mm
$d_1=\lvert d'_1-d''_1\rvert=$_______mm		$d_2=\lvert d'_2-d''_2\rvert=$_______mm	
$d=\sqrt{d_1d_2}=$_______mm			

根据成像共轭性，得到两个虚光源的间距 d，从而计算出光波波长 $\left(\lambda=\dfrac{d}{D}\Delta x\right)$，并与钠光灯的波长实际值相比较。计算波长的不确定度并分析误差产生的原因。

【思考题】

(1)如果把钠光灯换成白光源或激光源，干涉条纹会发生什么变化?

(2)将实验中的双棱镜旋转 180°对干涉条纹有何影响?

第 5 章　设计性物理实验

序号	名称	二维码
实验 5.1	重力加速度的测定	
实验 5.2	*RLC* 暂态电路的研究	
实验 5.3	微安表内阻测量	
实验 5.4	制作热敏电阻温度开关	
实验 5.5	基于多普勒效应的刚体转动惯量实验	
实验 5.6	数字万用表的组装与校准	
实验 5.7	透明固体及液体折射率的测定	
实验 5.8	基于光栅效应的微小量测量实验	
实验 5.9	全息照相实验	

续表

序号	名称	二维码
实验 5.10	光纤传输及传感特性实验	
实验 5.11	光杠杆法测量杨氏模量	
实验 5.12	全息存储实验	

第 6 章　近代物理实验

实验 6.1　塞曼效应实验

1896 年，荷兰著名的实验物理学家 P. 塞曼(P. Zeeman)受到洛伦兹学说的影响，决定在强磁场观测钠光谱线的分裂，结果发现钠双线 D_1 和 D_2 都有增宽的现象。后来他使用罗兰光栅光谱仪观察钠火焰发出的光谱线，发现每一条变宽的 D 线实际上都是由多条单独的谱线组成，这一现象称为塞曼效应。正是由于对这种效应的研究，塞曼和洛伦兹在 1902 年共同获得了诺贝尔物理学奖。塞曼效应是研究原子结构最有效的方法之一，并在现代激光技术中有着重要的作用。

【实验目的】

(1)学习产生和观测塞曼效应的实验方法和技术。

(2)利用塞曼裂距，计算电子的荷质比。

【实验原理】

电子自旋和轨道运动使原子具有一定的磁矩。在外磁场中，原子磁矩与磁场相互作用，使原子系统附加了磁相互作用能 ΔE ，又由于电子轨道和自旋的空间的量子化，故这种磁相互作用能只能取有限个分立的值，此时原子系统的总能量为

$$E = E_0 + \Delta E = E_0 + Mg\,\frac{eh}{4\pi m}B \tag{6.1.1}$$

式中，E_0 为未加外磁场时的能量；M 为磁量子数；B 为外磁场的磁感应强度；e 为电子电量；m 为电子质量；h 为普朗克常量；g 为朗德 g 因子。

朗德 g 因子的值与原子能级的总角动量 J 、自旋量子数 S 和轨道量子数 L 有关，在 $L-S$ 耦合情况下

$$g = 1 + \frac{J(J+1) + S(S+1) - L(L+1)}{2J(J+1)} \tag{6.1.2}$$

由于 J 一定时，$M = J$ ，$J-1$，…，$-J$ ，所以由式(6.1.1)和式(6.1.2)可知，原子在外磁场中，每个能级都分裂为 $2J+1$ 个子能级。相邻子能级的间隔为

$$g\,\frac{eh}{4\pi m}B = g\mu_B B$$

式中，玻尔磁子 $\mu_B = 9.274\,01 \times 10^{-24}$ J·T。

设频率为 ν 的光谱线是由原子的上能级 E_2 跃迁到下能级 E_1 所产生的，则光谱线的频率和能级有如下关系：

$$h\nu = E_2 - E_1$$

在外磁场作用下，上、下两个能级各获得附加能量 ΔE_2 和 ΔE_1，因此，每个能级各分裂为 $(2J_2+1)$ 和 $2(J_1+1)$ 个子能级。这样，由于上、下两个子能级之间的跃迁，将发出频率为 ν' 的光谱线，并有

$$h\nu' = (E_2+\Delta E_2)-(E_1+\Delta E_1) = h\nu + (M_2g_2 - M_1g_1)\mu_B B$$

分裂后的光谱线与原光谱线的频率差为

$$\Delta\nu = \nu' - \nu = (M_2g_2 - M_1g_1)\frac{e}{4\pi m}B \tag{6.1.3}$$

用波数表示为

$$\Delta\tilde{\nu} = \tilde{\nu}' - \tilde{\nu} = (M_2g_2 - M_1g_1)\frac{e}{4\pi mc}B = (M_2g_2 - M_1g_1)L \tag{6.1.4}$$

式中，$\frac{e}{4\pi mc}B$ 称为洛伦兹单位，可用 L 表示。

跃迁时 M 的选择定则与光谱线的偏振情况如下。

选择定则：$\Delta M=0$（当 $\Delta J=0$ 时，ΔM 被禁止），$\Delta M=\pm1$。

当 $\Delta M=0$ 时，产生的偏振光为 π 成分。垂直于磁场观察时（横效应），能观察到线偏振光，其振动方向平行于磁场。平行于磁场观察时，π 成分不出现。

当 $\Delta M=\pm1$ 时，产生的偏振光为 σ 成分。垂直于磁场观察时，能观察到线偏振光，其振动方向垂直于磁场。平行于磁场观察时（纵效应），能观察到圆偏振光。$\Delta M=1$ 时，偏振转向是沿磁场方向前进的螺旋方向，磁场指向观察者时，为左旋圆偏振光，称为 σ^+；$\Delta M=-1$ 时，偏振方向是沿磁场方向倒退的螺旋方向，磁场指向观察者时，为右旋圆偏振光，称为 σ^-，如图 6.1.1 所示。

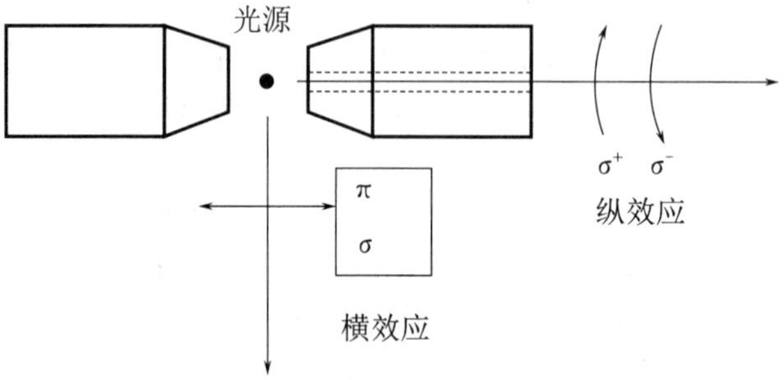

图 6.1.1 塞曼效应实验的观察

光谱线的间线（上下能级自旋量子数 $S=0$，即单重态间的跃迁）在磁场作用下，把原波数为 $\tilde{\nu}$ 的一条光谱线分裂成波数分别为 $\tilde{\nu}+\Delta\tilde{\nu}$、$\tilde{\nu}$、$\tilde{\nu}-\Delta\tilde{\nu}$ 的三条光谱线，中间的一条为 π 成分，分裂的两条为 σ 成分，光谱线间隔为一个洛伦兹单位。双重态以上的光谱线将分裂成更多条光谱线。前者称为正常塞曼效应，后者称为反常塞曼效应。

汞的 546.1 nm 光谱线产生于原子态 $6s7s\,^3S_1 \rightarrow 6s6p\,^3P_2$ 的跃迁。两个原子态的有关量子数、朗德 g 因子及 Mg 的值如表 6.1.1 所示。

表 6.1.1　两原子态的有关参数

原子态符号	$^3S_1$	$^3P_2$
L	0	1
S	1	1
J	1	2
g	2	3/2
M	1、0、−1	2、1、0、−1、−2
Mg	2、0、−2	3、3/2、0、−3/2、−3

由于选择定则的限制，只允许存在 9 种跃迁(见图 6.1.2)。从横向角度观察，原 546.1 nm 光谱线分裂成 9 条彼此靠近的光谱线，如图 6.1.3 所示，其中包括 3 条成 π 分光谱线(中心 3 条)和 6 条 σ 成分光谱线。

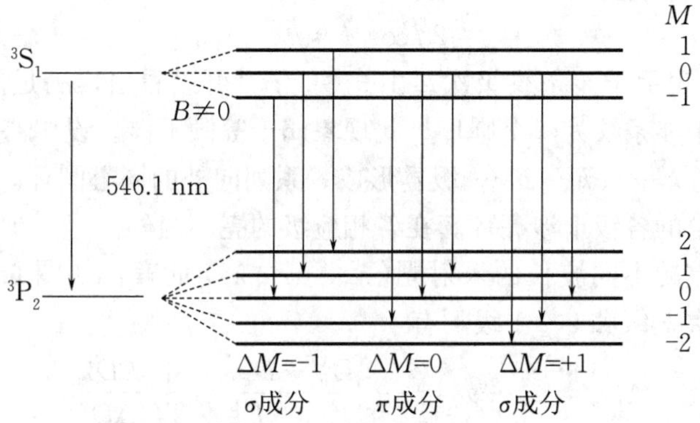

图 6.1.2　汞的 546.1 nm 光谱线能级分裂

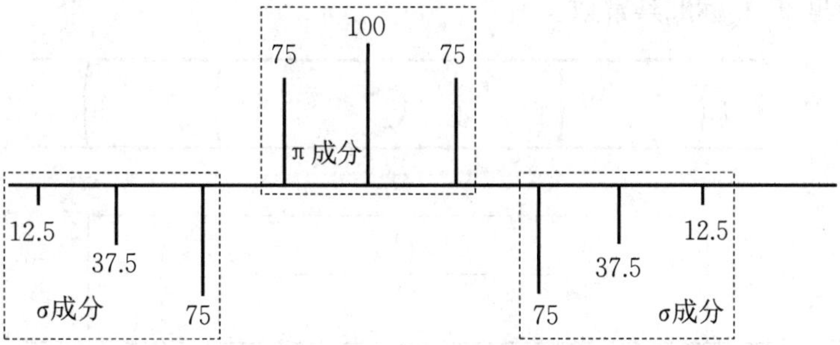

图 6.1.3　汞的 546.1 nm 光谱线分裂后的光谱线

这些条纹相互叠合而使观察困难，但这两种成分偏振光的偏振方向是正交的，因此可以利用偏振片将 σ 成分的 6 条光谱线滤去，只让 π 成分留下来。

塞曼分裂的波长差是很小的，因此需要高分辨率的分光仪器观察。实验中一般采用法布里-珀罗标准具(又称法布里-珀罗干涉仪)来分光，它的理论分辨率可以达到 $10^5 \sim 10^7$。本实验采用干涉滤光片把笔形汞灯中的 546.1 nm 光谱线选出，在磁场中进行分裂，用法布里-珀罗标准具分光后，用读数显微镜观察并测量分裂圆的直径，然后计算出电子的荷质比。

法布里-珀罗标准具是由中间夹有一个间隔圈的两块平面玻璃板组成的。玻璃板的内表面镀有高反射膜。间隔圈用膨胀系数很小的材料加工成一定的厚度(本实验仪采用的是 2 mm 的间隔圈)，以保证两块玻璃板的距离不变，再用三个调节螺钉调节玻璃上的压力来达到精确平行，光路如图 6.1.4 所示。

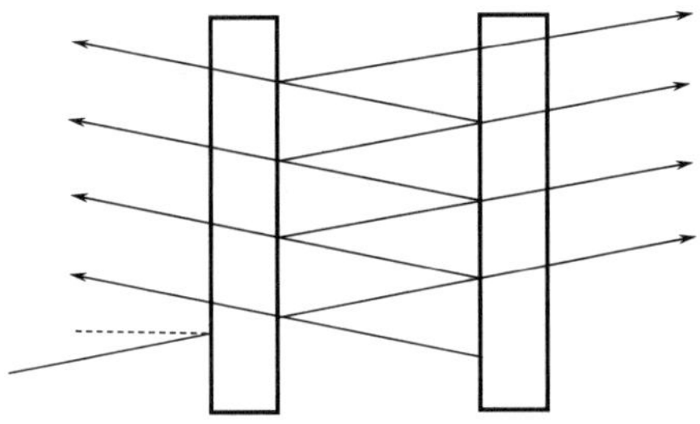

图 6.1.4 法布里-珀罗标准具光路图

法布里-珀罗标准具是多光束干涉装置，一束光以 ϕ 角射入法布里-珀罗标准具后，这束光可以在法布里-珀罗标准具的两块玻璃板内表面之间进行多次反射和透射，透射平行光束经透镜会聚在它的焦平面上产生干涉。设两块玻璃板内平面间距为 d ，在空气中折射率近似为 $n=1$，入射角为 φ ，则相邻两光束的光程差 $\Delta=2d\cos\phi$ ，形成亮条纹的条件为

$$2d\cos\phi=k\lambda \tag{6.1.5}$$

式中，k 为正整数，表示干涉条纹级次。由式(6.1.5)可以看出，满足同一入射角 ϕ 的光线，在屏上显示的干涉条纹为一个圆环，此现象属于等倾干涉。设中心亮环的干涉级次为 k 级，则向外依次为 $k-1$、$k-2$……级，形成一系列向外的同心圆环。当入射光波长发生微小的变化时，产生的各级干涉亮环套在各相应级的亮环内外。

对有微小波长差的不同波长的入射光(λ_a 、λ_b 、λ_c) 而言，如图 6.1.5 所示，可以证明，在相邻干涉级次 k 级和 $k-1$ 级下有

$$\Delta\tilde{\nu}_{ab}=\tilde{\nu}_b-\tilde{\nu}_a=\frac{1}{2d}\frac{D_b^2-D_a^2}{D_{k-1}^2-D_k^2}=\frac{1}{2d}\frac{\Delta D_{ba}^2}{\Delta D^2} \tag{6.1.6a}$$

$$\Delta\tilde{\nu}_{cb}=\tilde{\nu}_c-\tilde{\nu}_b=\frac{1}{2d}\frac{D_c^2-D_b^2}{D_{k-1}^2-D_k^2}=\frac{1}{2d}\frac{\Delta D_{cb}^2}{\Delta D^2} \tag{6.1.6b}$$

式中，d 为法布里-珀罗标准具常数。

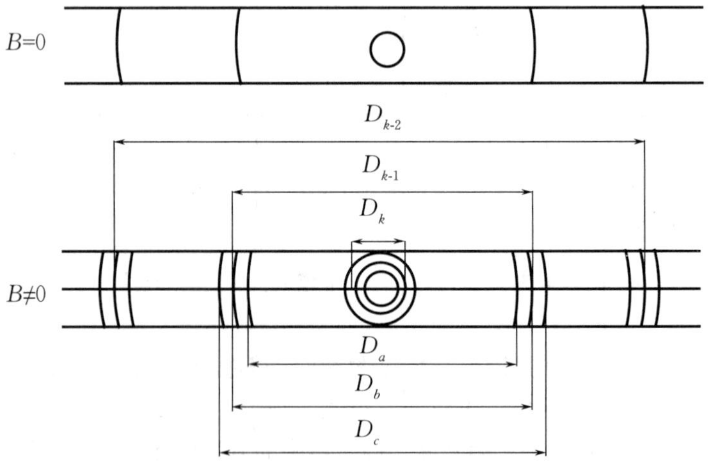

图 6.1.5 干涉圆环直径测量示意图

【实验仪器】

塞曼效应综合实验仪的结构如图 6.1.6 所示。

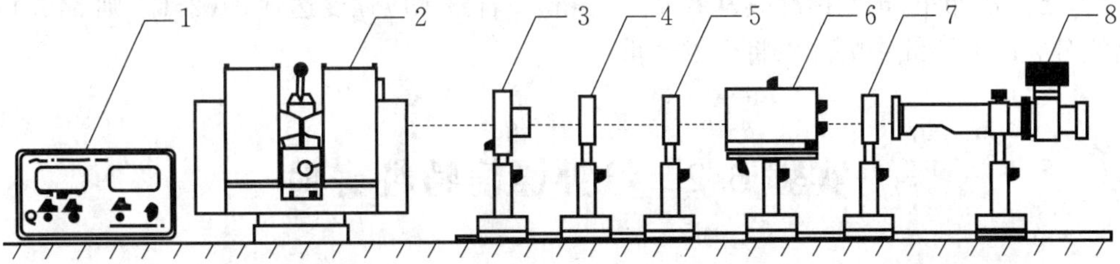

1—直流稳定电源；2—直流电磁铁；3—偏振片；4—会聚透镜；5—干涉滤光片；
6—法布里-珀罗标准具；7—成像透镜；8—读数显微镜。

图 6.1.6　塞曼效应综合实验仪结构

【实验内容和步骤】

(1)根据图 6.1.6 调整光学部件，使各光学部件共轴。

法布里-珀罗标准具的调整：根据公式 $2d\cos\phi = k\lambda$，对于某一波长的入射光的同一干涉级次 k 级，如果在某一方向上法布里-珀罗标准具的间距 d 越大，这个方向上干涉环直径也越大，所以可以通过观察干涉环调整法布里-珀罗标准具。当眼睛向某一个调整螺钉方向移动时，若干涉环从中间冒出或向外扩大，说明此方向法布里-珀罗标准具间隔大，应将该方向的螺钉旋紧或旋松其他两个螺钉，直到眼睛向各个方向移动时，干涉环的大小不变为止，此时法布里-珀罗标准具的两块玻璃板严格平行。

(2)观察汞的 546.1 nm 光谱线在 $B = 0$ 与 $B \neq 0$ 时的物理图像；转动偏振片，检查横效应和纵效应下分裂的成分；描述现象并加以理论说明。

实验注意事项如下所示。

①在完成实验后应及时切断电磁铁电源，以避免长时间工作使线圈积聚热量过多而破坏稳定性。

②笔形汞灯放进磁隙中时，应该注意避免灯管接触磁头。

③笔形汞灯工作时会辐射出紫外线，所以实验时不宜长时间用眼睛直视灯光。

④笔形汞灯工作时需要 1 500 V 电压，所以在打开汞灯电源后，不要接触汞灯接线柱，以免对人体造成伤害。

⑤实验仪面板上的励磁电源故障灯用于指示电源是否在过热工作，若励磁电源过热工作，则在其内置传感器的作用下，机箱内的风扇会自动启动，以加快空气流通，降低内部热量，此时最好关掉电源，过一段时间后再开启励磁电源。

【数据处理】

本实验测量横效应的 π 成分，如图 6.1.5 所示。实验中需测出 k 级与 $k-1$ 级干涉环的直径及磁感应强度大小 B。利用已知常数 d 及式(6.1.6a)和式(6.1.6b)计算出 $\Delta\tilde{v}$；再由式(6.1.4)计算 e/m，并计算 e/m 的相对误差。(标准值 $e/m = 1.76\times10^{11}$ C/kg)

【思考题】

(1)如何观察和鉴别塞曼分裂谱线中的 π 成分和 σ 成分?

(2)已知法布里-珀罗标准具常数 $d=2$ mm，若磁感应强度达到0.62 T，则546.1 nm光谱线分裂的光谱线中哪几条将会发生重叠?

实验6.2 红外通信特性实验

波长在0.75～1 000 μm范围内的电磁波称为红外波，对红外光谱的研究历来是热辐射基础研究的重要组成部分，而对热辐射的深入研究推动了普朗克量子理论的创立。研究原子与分子的红外光谱，可以帮助人们洞察其能级结构，从而使红外光谱成为材料分析的重要工具。对红外材料的性质(如吸收、发射)及反射率、折射率、电光系数等参数的研究，为红外技术在各个领域的应用奠定了基础。

现代红外技术的成熟已经打开了一系列应用的大门，如红外通信、红外污染监测、红外跟踪、红外报警、红外治疗、红外控制、利用红外成像原理的各种空间监视传感器、机载传感器、房屋安全系统、夜视仪等。

光纤通信早已成为固定通信网的主要传输技术，目前正积极研究将光通信用于被微波通信一直占据的宽带无线通信领域。无论光纤通信还是无线光通信，用的都是红外波。这是因为，在光纤通信中，由石英材料构成的光纤在0.8～1.7 μm的波段内有几个低损耗区，而在无线光通信中，考虑到大气对光波的吸收、散射损耗及太阳光散射形成的背景辐射，一般在0.81～0.86 μm和1.55～1.6 μm两个波段内选择通信波长。因此，一般所称的光通信实际就是红外通信。

【实验目的】

(1)了解红外通信的原理及基本特性，测量部分材料的红外特性。

(2)测量红外发射管的伏安特性、电光转换特性。

(3)测量红外发射管的角度特性、红外接收管的伏安特性。

(4)了解基带调制传输的特性和副载波调制传输特性。

【实验原理】

1. 红外通信

在现代通信技术中，为了避免信号互相干扰，提高通信质量与通信容量，通常用信号对载波进行调制，用载波传输信号，在接收端再将需要的信号解调即还原出来。不管用什么方式调制，调制后的载波都要占用一定的频带宽度，如音频信号要占用几千赫兹的带宽，模拟电视信号要占用8 MHz的带宽。若载波的频率间隔小于信号带宽，则不同信号间会互相干扰。能够用作无线电通信的频率资源非常有限，国内国外都对通信频率进行统一规划和管理，但仍难以满足日益增长的信息需求。通信容量与所用载波频率成正比，与波长成反比，目前微波波长能做到厘米量级，但在开发应用毫米波和亚毫米波时遇到了困难。红外波的波长比微波短得多，用红外波作载波，其潜在的通信容量是微波通信无法比拟的。红外通信就是用红外波作载波的通信方式，红外传输的介质可以是光纤或空间。本实验采用空间传输。

2. **红外材料**

光在光学介质中传播时，由于材料的吸收、散射，光波在传播过程中会逐渐衰减。对于确定的介质，光的衰减量 $\mathrm{d}I$ 与材料的衰减系数 α、光强 I 和传播距离 $\mathrm{d}x$ 成正比：

$$\mathrm{d}I=-\alpha I\mathrm{d}x \tag{6.2.1}$$

对上式积分，可得

$$I=I_0\mathrm{e}^{-\alpha L} \tag{6.2.2}$$

式中，L 为材料的厚度。

材料的衰减系数是由材料本身的结构及性质决定的，不同的波长衰减系数不同。普通的光学材料由于在红外波段衰减较大，通常并不适用于红外波段。常用的红外光学材料包括：石英晶体及石英玻璃，在 0.14～4.5 μm 波长范围内都有较高的透射率；半导体材料及它们的化合物，如锗、硅、金刚石、氮化硅、碳化硅、砷化镓、磷化镓；氟化物晶体，如氟化钙、氟化镁；氧化物陶瓷，如蓝宝石单晶（Al_2O_3）、尖晶石（$MgAl_2O_4$）、氮氧化铝、氧化镁、氧化钇、氧化锆；还有硫化锌、硒化锌，以及一些硫化物玻璃、锗硫系玻璃等。

光波在不同折射率的介质表面会发生反射，入射角为零或入射角很小时反射率

$$R=\left(\frac{n_1-n_2}{n_1+n_2}\right)^2 \tag{6.2.3}$$

由式(6.2.3)可见，反射率取决于界面两边材料的折射率。由于色散现象，对于不同波长的光波，材料的折射率不同。折射率与衰减系数是表征材料光学特性的最基本的参数。

由于材料通常有两个界面，故测量得的反射光强与透射光强是在两个界面间反射的多个光束光强的叠加效果，如图 6.2.1 所示。

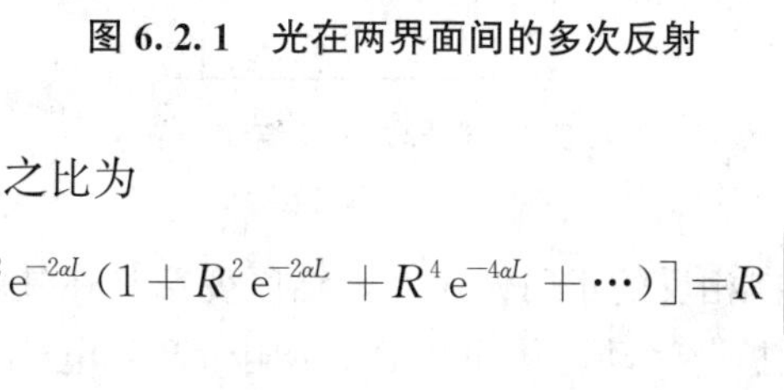

图 6.2.1　光在两界面间的多次反射

反射光强与入射光强之比为

$$\frac{I_\mathrm{R}}{I_0}=R[1+(1-R)^2\mathrm{e}^{-2\alpha L}(1+R^2\mathrm{e}^{-2\alpha L}+R^4\mathrm{e}^{-4\alpha L}+\cdots)]=R\left[1+\frac{(1-R)^2\mathrm{e}^{-2\alpha L}}{1-R^2\mathrm{e}^{-2\alpha L}}\right] \tag{6.2.4}$$

在式(6.2.4)的推导中用到了无穷级数 $1+x+x^2+x^3+\cdots=(1-x)^{-1}$。透射光强与入射

光强之比为

$$\frac{I_T}{I_0}=(1-R)^2 e^{-\alpha L}(1+R^2 e^{-2\alpha L}+R^4 e^{-4\alpha L}+\cdots)=\frac{(1-R)^2 e^{-\alpha L}}{1-R^2 e^{-2\alpha L}} \tag{6.2.5}$$

原则上，测量出 I_0、I_R、I_T，联立式(6.2.4)和式(6.2.5)，可以求出 R 与 α（不一定是解析解）。下面讨论两种特殊情况下求 R 与 α 的方法。

对于衰减可忽略不计的红外光学材料，$\alpha=0$，$e^{-\alpha L}=1$。此时，由式(6.2.4)可解得

$$R=\frac{I_R/I_0}{2-I_R/I_0} \tag{6.2.6}$$

对于衰减较大的非红外光学材料，可以认为多次反射的光线经材料衰减后光强接近 0，对图 6.2.1 中的反射光强与透射光强都可只取第一项，则

$$R=I_R/I_0 \tag{6.2.7}$$

$$\alpha=\frac{1}{L}\ln\frac{I_0(1-R)^2}{I_T} \tag{6.2.8}$$

由于空气的折射率为 1，故求出反射率后，可由式(6.2.3)解出材料的折射率

$$n=\frac{1+\sqrt{R}}{1-\sqrt{R}} \tag{6.2.9}$$

很多红外光学材料的折射率较大，在空气与红外光学材料的界面会产生严重的反射。例如硫化锌的折射率为 2.2，反射率为 14%；锗的折射率为 4，反射率为 36%。为了降低表面反射损失，通常在光学元件表面镀上一层或多层增透膜来提高光学元件的透过率。

3. 发光二极管

红外通信的光源为半导体激光器或发光二极管，本实验采用发光二极管。

发光二极管是由 P 型和 N 型半导体组成的二极管。P 型半导体中有一定数量的空穴，几乎没有自由电子；N 型半导体中有一定数量的自由电子，几乎没有空穴。当两种半导体结合在一起形成 PN 结时，N 区的电子(带负电)向 P 区扩散，P 区的空穴(带正电)向 N 区扩散，在 PN 结附近形成空间电荷区与势垒电场，如图 6.2.2 所示。势垒电场会使载流子向扩散的反方向做漂移运动，最终扩散与漂移达到平衡，使通过 PN 结的净电流为零。在空间电荷区内，P 区的空穴被来自 N 区的电子复合，N 区的电子被来自 P 区的空穴复合，使该区内几乎没有能导电的载流子，又称为结区或耗尽区。

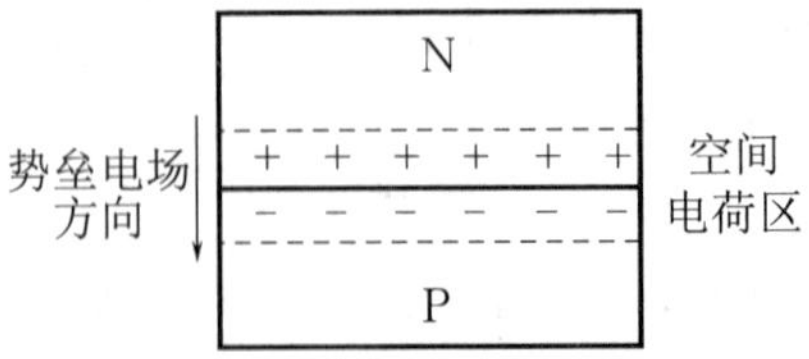

图 6.2.2 半导体 PN 结示意图

当加上与势垒电场方向相反的正向偏压时，结区变窄，在外电场作用下，P 区的空穴和 N 区的电子就向对方做扩散运动，从而在 PN 结附近产生电子与空穴的复合，并以热能或光能的形式释放能量。采用适当的材料，使复合能量以光子的形式释放，就构成了发光二极管。采用不同的材料及材料组分，可以控制发光二极管发射光谱的中心波长。

图 6.2.3 与图 6.2.4 所示分别为发光二极管的伏安特性曲线与输出特性曲线。从图 6.2.3 可见，发光二极管的伏安特性与一般的二极管类似；从图 6.2.4 可见，发光二极管的输出光功率与驱动电流近似呈线性关系，这是因为驱动电流与注入 PN 结的电荷数成正比，在复合发光的量子效率一定的情况下，输出光功率与注入电荷数成正比。

发光二极管的发射强度随发射方向而变化。当方向角为 0°时，其发射强度定义为 100％；当方向角增大时，其发射强度相对减小。发射强度降为峰值的一半时，对应的方向角称为方向半值角，此角越小代表元件指向性越灵敏。一般使用的红外线发光二极管均附有透镜，指向性更灵敏。

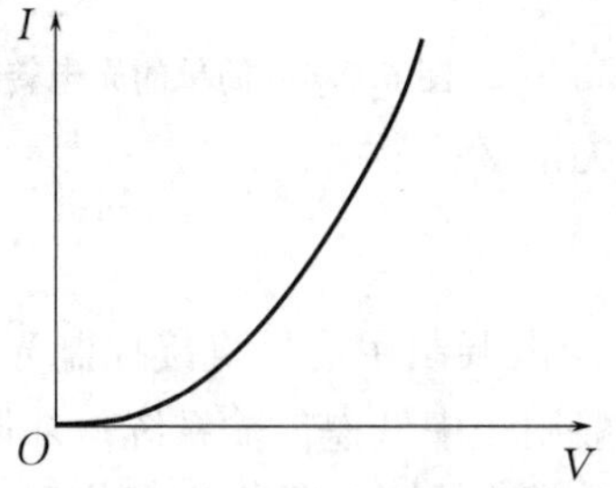

图 6.2.3　发光二极管的伏安特性曲线

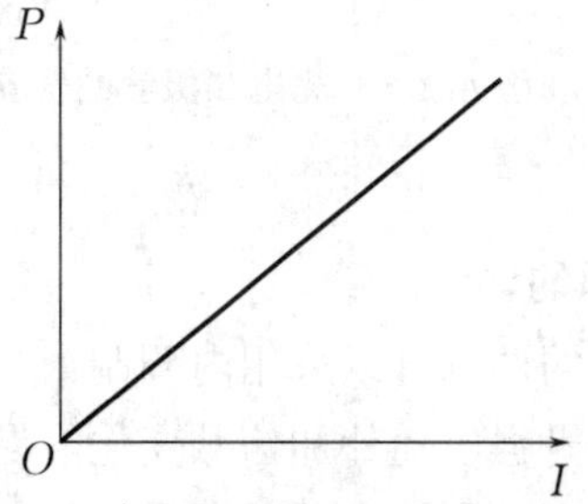

图 6.2.4　发光二极管的输出特性曲线

4. **光电二极管**

红外通信接收端由光电二极管完成光电转换。光电二极管是工作在无偏压或反向偏置状态下的 PN 结，反向偏压形成的电场方向与势垒电场方向一致，使结区变宽，无光照时只有很小的暗电流。当 PN 结受光照射时，价电子吸收光能后挣脱价键的束缚成为自由电子，在结区产生电子-空穴对，在电场作用下，电子向 N 区运动，空穴向 P 区运动，形成光电流。

红外通信常用 PIN 型光电二极管作光电转换，它与普通光电二极管的区别在于在 P 型和 N 型半导体之间夹有一层没有渗入杂质的本征半导体材料(称为 I 型区)。这样的结构使得结区更宽，结电容更小，可以提高光电二极管的光电转换效率和响应速度。

图 6.2.5 所示是反向偏压下光电二极管的伏安特性曲线。无光照时的暗电流很小，它是由少数载流子的漂移形成的；有光照时，在较低反向偏压下光电流随反向偏压的增大有一定程度的升高。这是因为反向偏压增大使结区变宽，结电场增强，提高了光生载流子的收集效率。当反向偏压进一步增大时，光生载流子的收集接近极限，光电流趋于饱和，此时，光电流仅取决于入射光功率。在适当的反向偏压下，入射光功率与饱和光电流之间呈较好的线性关系。

图 6.2.6 所示是简单的光电转换电路，光电二极管接在晶体管基极上，集电极电流与基极电流之间有固定的放大关系，基极电流与入射光功率成正比，则流过 R 的电流与 R 两端的电压也与光功率成正比。

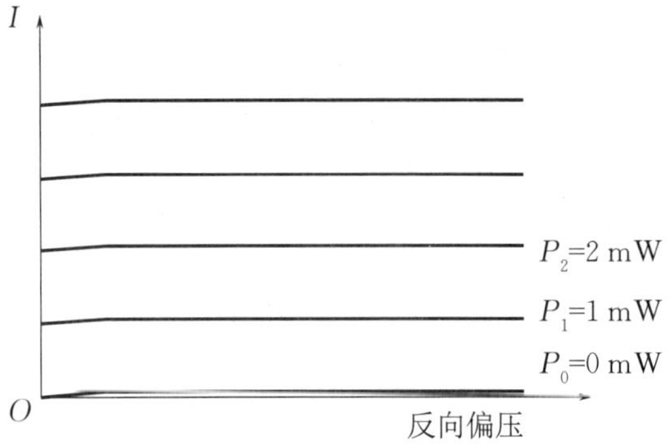

图 6.2.5 光电二极管的伏安特性

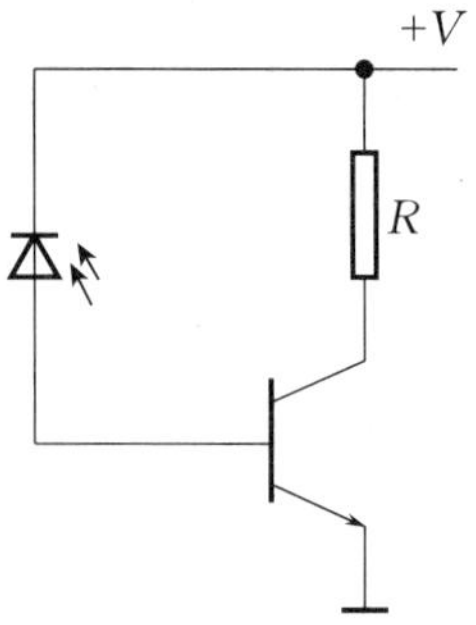

图 6.2.6 简单的光电转换电路

5. 光源的调制

对光源的调制可以采用内调制或外调制的方法。内调制用信号直接控制光源的电流，使光源的发光强度随外加信号变化，易于实现，一般用于中低速传输系统；外调制时光源输出功率恒定，利用光通过介质时的电光效应、声光效应或磁光效应实现信号对光强的调制，一般用于高速传输系统。本实验采用内调制。

图 6.2.7 所示是简单的调制电路。调制信号耦合到晶体管基极，晶体管作为发射极，流过发光二极管的集电极电流由基极电流控制，R_1 和 R_2 提供直流偏置电流。图 6.2.8 是调制原理图，由于光源的输出光功率与驱动电流是线性关系，在适当的直流偏置下，随调制信号变化的电流变化由发光二极管转换成相应的光输出功率变化。

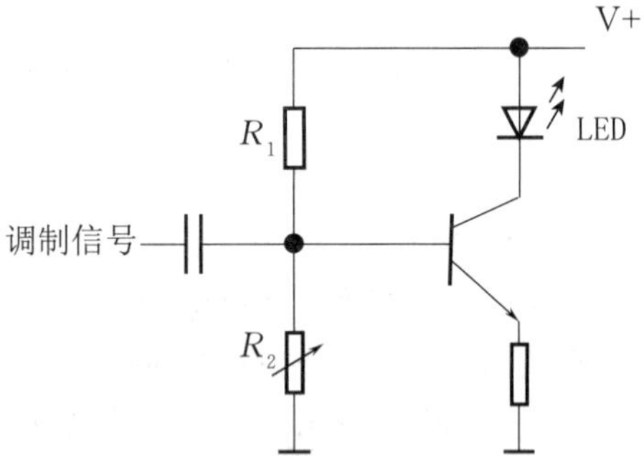

图 6.2.7 简单的调制电路

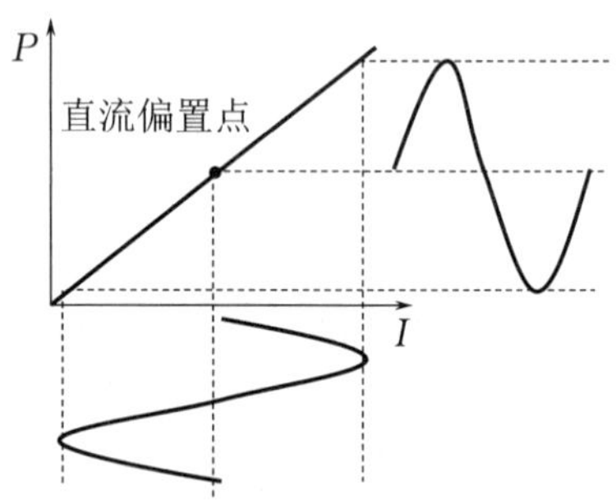

图 6.2.8 调制原理图

6. 基带调制与副载波调制

由需要传输的信号直接对光源进行调制，称为基带调制。在某些应用场合中，如有线电视需要在同一根光纤上同时传输多路电视信号，此时可用 N 个基带信号对频率为 f_1，f_2，…，f_N 的 N 个副载波进行调制，将已调制的 N 个副载波合成一个频分复用信号，驱动发光二极管。在接收端，由光电二极管还原频分复用信号，再由带通滤波器分离出副载波，解调后得到需要的基带信号。

对副载波的调制可采用调幅、调频等不同方法。调频具有抗干扰能力强、信号失真小的优点，因此在拓展实验中将采用调频法。图 6.2.9 是副载波调制传输框图。

图 6.2.9　副载波调制传输框图

如果副载波的瞬时频率偏移随调制信号 $m(t)$ 发生线性变化，即

$$\omega_d(t)=k_f m(t) \tag{6.2.10}$$

则称为调频，式中，k_f 是调频系数，代表频率调制的灵敏度，单位为 2π Hz/V。

调频信号可写成下列一般形式：

$$u(t)=A\cos\left[\omega t+k_f\int_0^t m(\tau)\mathrm{d}\tau\right] \tag{6.2.11}$$

式中，ω 为副载波的角频率；$k_f\int_0^t m(\tau)\mathrm{d}\tau$ 为调频信号的瞬时相位偏移。需要考虑以下两种特殊情况。

①假设 $m(t)$ 为电压为 V 的直流信号，则式(6.2.11)可以写为

$$u(t)=A\cos[(\omega+k_f V)t] \tag{6.2.12}$$

式(6.2.12)表明直流信号调制后的副载波仍为余弦波，但角频率偏移了 $k_f V$。

②假设 $m(t)=U\cos\Omega t$，则式(6.2.11)可以写为

$$u(t)=A\cos\left(\omega t+\frac{k_f U}{\Omega}\sin\Omega t\right) \tag{6.2.13}$$

可以进一步证明，已调信号包括载频分量 ω 和若干个边频分量 $\omega\pm n\Omega$，边频分量的频率间隔为 Ω。

任意信号可以分解为直流分量与若干余弦信号的叠加，则式(6.2.12)和式(6.2.13)可以帮助理解一般情况下调频信号的特征。

【实验仪器】

红外通信特性实验系统的组成如图 6.2.10 所示。信号发生器将信号输入红外发射装置中，由发射管发出红外信号，红外信号沿轨道传输，经过测试平台上的测试镜，最终由接收管接收。红外接收装置将接收到的红外信号转换成电信号，借助示波器进行显示和信号分析。测试镜架的 A 处可以安装不同材料的镜片，以研究这些材料的红外传输特性。信号发生器可以根据实验需要提供各种信号，示波器用于观测各种信号波形经红外传输后是否失真等特性。红外发射装置、红外接收装置和轨道三者要保证接地良好。

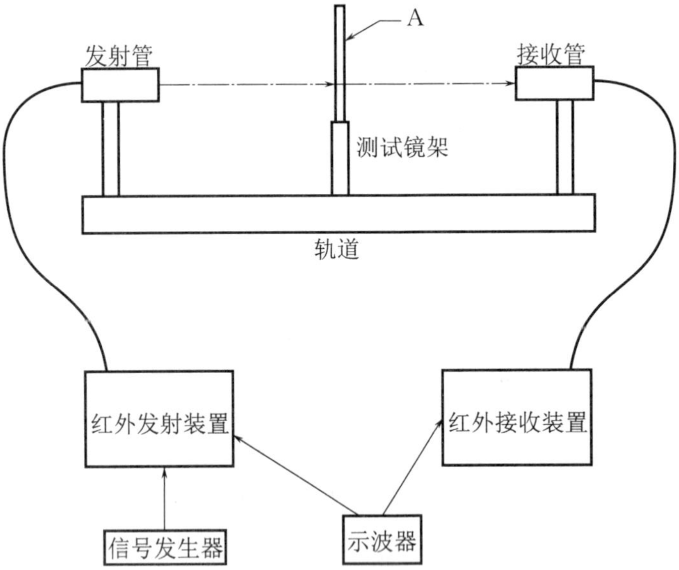

图 6.2.10 红外通信特性实验系统组成框图

在红外发射装置面板中，发射模块与发射管连接，将电信号转换成红外信号发出。仪器面板左下角有两个信号的输入端接线口。仪器面板中间上部的读数对应电压源、发射电流或者正向偏压，三者可由按钮选择；中间下部为电压-频率转换模块的输入端口和信号的输出端口。仪器右侧上部为数字信号传播时需要的输出端口及显示窗口；中间为电压源调节旋钮和电压源输出端口；下部为音频模块和接地端口。

红外接收装置面板的端口排布与红外发射装置面板对应。左侧上部为结构管及反向偏压调节旋钮；左下部为接收模块的信号输出端口。中间上部的显示窗口对应光功率计、光电流或者反向偏压，三者同样由按钮选择；中间下部为电压-频率转换模块的接收端。面板右侧为红外接收装置的功能拓展部分，上部对应数字信号解调模块，包括地址位和显示位的显示窗口，数字信号输入端口；下部为音频模块和接地端口。

【实验内容和步骤】

1. 部分材料的红外特性测量

(1)将红外发射装置与发射管连接，将红外接收装置与接收管连接(在整个实验过程中，都不取下发射管和接收管)，二者相对放置，通电。

(2)连接电压源输出到发射模块信号输入端 2(注意按极性连接)，向发射管输入直流信号。将发射系统显示窗口设置为“电压源”。接收系统显示窗口设置为“光功率计”。

(3)在电压源输出为“0”时，若光功率计显示不为“0”，即为背景光干扰或零点误差，记下此时显示的背景值，以后的光强测量数据应为显示值减去该背景值。

(4)调节电压源，使初始光强 $I_0 > 4$ mW，微调接收管受光方向，使显示值最大。

(5)按照表 6.2.1 中的样品编号安装样品(样品测试镜厚度都为 2 mm)，测量透射光强 I_T。

(6)将接收端红外接收器取下，移到紧靠发光二极管处安装好，微调样品入射角与接收器方位，使接收到的反射光最强，测量反射光强 I_R，将测量数据记入表 6.2.1 中。

2. 发光二极管的伏安特性与输出特性测量

(1)将发射管与接收管相向放置，连接电压源输出到发射模块信号输入端 2(注意根据极性连接)，微调接收管受光方向，使显示值最大。将发射系统显示窗口设置为“发射电流”，接收系统显示窗口设置为“光功率计”。

(2)调节电压源，改变发射管电流，记录发射电流与接收管接收到的光功率(与发射光功率成正比)。将发射系统显示窗口切换到“正向偏压”，记录与发射电流对应的发射管两端电压。

(3)改变发射电流，将数据记录于表 6.2.2 中。(注：仪器实际显示值可能无法精确地调节为表 6.2.2 中的设定值，应根据实际调节的发射电流数值为准)

3. 发光二极管的角度特性测量

将发射管与接收管相对放置，固定接收管。将发射系统显示窗口设置为“电压源”，将接收系统显示窗口设置为“光功率计”。连接电压源输出到发射模块信号输入端 2，微调接收管受光方向，使显示值最大。增大电压源输出，使接收的光功率大于 4 mW，然后以最大接收光功率点为 0°，记录此时的光功率。以顺时针方向(作为正角度方向)每隔 5°(也可以根据需要调整角度间隔)记录一次光功率，填入表 6.2.3 中；再以逆时针方向(作为负角度方向)每隔 5°记录一次光功率，填入表 6.2.3 中。

4. 光电二极管伏安特性的测量

连接方式同步骤 2。调节红外发射装置的电压源，使光电二极管接收到的光功率如表 6.2.4 所示。调节红外接收装置的反向偏压，在输入不同光功率时，切换显示状态，分别测量光电二极管反向偏压与光电流，记录于表 6.2.4 中。

【数据处理】

1. 部分材料的红外特性测量

表 6.2.1　部分材料的红外特性测量　　初始光强 I_0 =________mW

材料	样品厚度/mm	透射光强 I_T /mW	反射光强 I_R /mW	反射率 R	折射率 n	衰减系数 α /mm^{-1}
测试镜 01						
测试镜 02						
测试镜 03						

测试镜 01：镜片透可见光与红外光，衰减可忽略不计($\alpha=0$)；测试镜 02：镜片不透可见光但透红外光，对红外光的衰减可忽略不计；测试镜 03：镜片对可见光有部分透过率，对红外光衰减严重。

对衰减可忽略不计的红外光学材料，用式(6.2.6)计算反射率，用式(6.2.9)计算折射率；对衰减严重的材料，用式(6.2.7)计算反射率，用式(6.2.8)计算衰减系数，用式(6.2.9)计算折射率。

2. 发光二极管的伏安特性与输出特性测量

表 6.2.2　发光二极管的伏安特性与输出特性测量

正向偏压/V										
发射管电流/mA	0	5	10	15	20	25	30	35	40	45
光功率/mW										

根据表 6.2.2 中的数据作所测发光二极管的伏安特性曲线和输出特性曲线，讨论所作曲线与图 6.2.3、图 6.2.4 所描述的规律是否符合。

3. 发光管的角度特性测量

表 6.2.3　发光二极管的角度特性测量

转动角度	−30°	−25°	−20°	−15°	−10°	−5°	0°	5°	10°	15°	20°	25°	30°
光功率/mW													

根据表 6.2.3 中的数据，以角度为横坐标，光强为纵坐标，作发光二极管发射光强和角度之间的关系曲线，并得出方向半值角(光强超过最大光强 50%的角度)。

4. 光电二极管伏安特性的测量

表 6.2.4　光电二极管伏安特性的测量

反向偏压/V		0	0.5	1	2	3	4	5
$P=0$	光电流/μA							
$P=1$ mW								
$P=2$ mW								
$P=3$ mW								

根据表 6.2.4 中的数据作光电二极管的伏安特性曲线。讨论所作曲线与图 6.2.5 所描述的规律是否符合。

【思考题】

红外通信特性实验拓展实验

(1)发光二极管的方向半值角与探测灵敏度之间的关系是什么？

(2)红外通信传输中衰减片对红外光的影响是否明显？与衰减系数有怎样的关系？

(3)光电二极管的伏安特性曲线说明了什么？请结合光电二极管的工作原理说明。

实验 6.3　晶体声光效应实验

声光效应是指光通过某种受到超声波扰动的介质时发生衍射的现象，这种现象是光波与介质中超声波相互作用的结果。

1922 年，M. 布里渊(M. Brillouin)预测，若液体中有弹性波存在，则当光束垂直于弹性波传播方向并且以一定的角度入射时，经过液体后将产生类似于光栅衍射的现象，这种现象被定义为声光效应。1932年，P. 德拜(P. Debye)和F. 席尔斯(F. Sears)、R. 卢卡斯(R. Lucas)和P. 比夸特(P. Biquard)分别观察到了这种声光衍射现象，布里渊的理论预测得到了实验验证。后来通过多次实验，人们发现除液体外，在透明的固体中也出现了这种现象：利用压电晶体的反压电效应激发超声波，产生的超声波将在与压电晶体相连的声光晶体中传播，当光通过声光晶体时，将产生光的衍射现象。

20世纪60年代，激光器的问世为声光现象的研究提供了理想的光源，促进了声光效应理论和应用研究的迅速发展。声光效应为控制激光束的频率、方向和强度提供了一个有效的手段。利用声光效应制成的声光器件，如声光调制器、声光偏转器和可调谐滤光器等，在激光技术、光信号处理和集成光通信技术等方面有着重要的应用。

【实验目的】

(1)了解声光效应的原理。

(2)观察拉曼-奈斯衍射和布拉格衍射现象。

(3)测量声光偏转和声光调制曲线。

【实验原理】

1. 声光效应

超声波(纵向应力波)在通过晶体时，会改变晶体的光学特性，使其折射率 n 发生改变，随超声波的强度分布发生变化。整个晶体相当于一个相位光栅，其光栅常量等于声波波长 λ_s。光波通过此晶体时，会产生衍射现象，衍射光的强度、频率、方向等都随着超声的波的变化而变化，这种现象称为声光效应。通过控制超声波的频率和强度可以达到控制光的偏转方向和强度的目的，基于这一原理可以制作成声光偏转器和声光调制器等器件，在光电子和光通信等领域都具有广泛的应用。

设声光介质中的超声行波是沿 y 方向传播的平面纵波，角频率为 ω_s，波长为 λ_s，波矢为 $\boldsymbol{k}_s$；入射光为沿 x 方向传播的平面波，角频率为 ω，在介质中的波长为 λ，波矢为 $\boldsymbol{k}$(见图6.3.1)。介质内的弹性应变也以行波形式随声波一起沿 y 方向传播。由于光速大约是声速的 10^5 倍，故在光波通过的时间内介质在空间上不发生周期性变化，即可看成是固定的。

根据应变引起的介质折射率的变化根据下式决定：

$$\Delta\left(\frac{1}{n^2}\right)=P\cdot S \tag{6.3.1}$$

式中，n 为介质折射率；P 为光弹系数；S 为应变。通常，P 和 S 为二阶张量。当声波在各向同性介质中传播时，P 和 S 可作为标量处理。如前所述，应变也以行波形式传播，所以可写成

$$S=S_0\sin(\omega_s t-k_s y) \tag{6.3.2}$$

式中，S_0 表示静止时的应变。当应变较小时，折射率作为 y 和 t 的函数可写成

$$n(y,\ t)=n_0+\Delta n\sin(\omega_s t-k_s y) \tag{6.3.3}$$

式中，n_0 为无超声波时的介质折射率；Δn 为有超声波时折射率变化的幅值，且

$$\Delta n = -\frac{1}{2} n_0^3 P S_0 \tag{6.3.4}$$

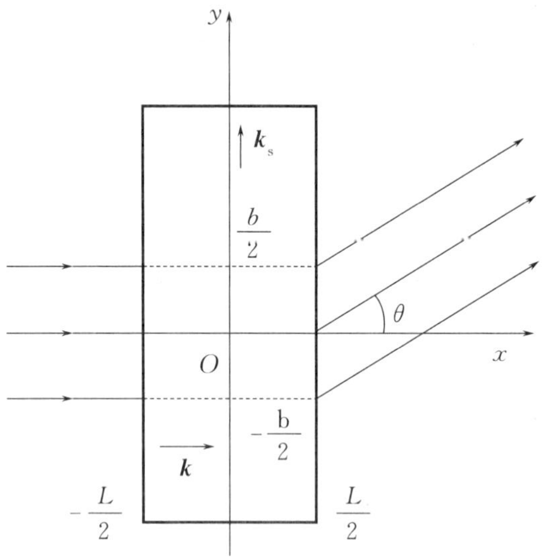

图 6.3.1　声光衍射

声光效应主要有两种不同的分类方式。

(1)根据入射光和衍射光的偏振特性，声光效应可以分成正常声光效应和反常声光效应两类。正常声光效应中衍射光的偏振方向与入射光相同，因而折射率也相同，即如果入射光是 o 光(寻常光)，则衍射光也是 o 光；反之，若入射光是 e 光(非寻常光)，则衍射光也是 e 光。正常声光效应一般是由超声纵波引起的。反常声光效应中衍射光的偏振方向与入射光不同，因而折射率也不同，即若入射光是 o 光，则衍射光变成 e 光；反之入射光是 e 光，衍射光变成 o 光。反常声光效应一般由超声切变波，也就是横波引起。

(2)根据声光相互作用的长度，声光效应可以分成拉曼-奈斯衍射和布拉格衍射两类。拉曼-奈斯衍射的声光相互作用区域比较短，声光晶体相当于一个平面光栅，它对入射光方向要求不严格，垂直入射或斜入射都可以，并且能产生多级衍射光；布拉格衍射的声光相互作用区域比较长，整个声光晶体相当于一个体光栅，对入射光方向要求很严格，只有满足布拉格衍射条件的入射光才能产生衍射光，并且往往只有一级衍射光。总体上，仪器是按照布拉格衍射的标准设置的，不过也可以演示一下拉曼-奈斯衍射现象。

2. 拉曼-奈斯衍射

当超声波频率较低，光波平行于声波阵面入射，声光相互作用长度 L 较短时，在光波通过介质的时间内，折射率的变化可以忽略不计，声光介质可近似看成相对静止的“平面位光栅”，产生拉曼-奈斯衍射。声波长 λ_s 比光波长 λ 大得多，当光波平行通过介质时，几乎不通过声波面，因此只受到相位调制，即通过光密(折射率大)部分的光波阵面将延迟，而通过光疏(折射率小)部分的光波阵面将超前，于是通过声光介质的平面波的波阵面出现凹凸现象，形成一个折皱曲面，如图 6.3.2 所示。

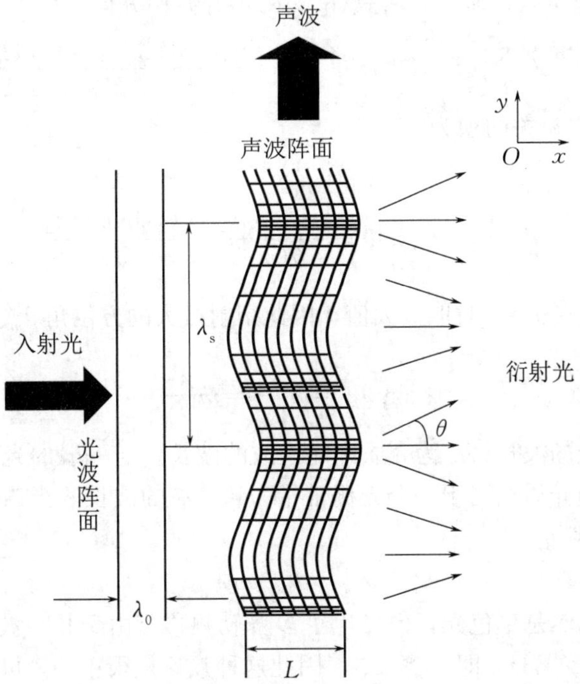

图 6.3.2　拉曼-奈斯衍射

设光束垂直入射($\boldsymbol{k}\perp\boldsymbol{k}_s$)并通过厚度为 L 的介质，则前后两点的相位差为

$$\Delta\Phi=k_0n(y,\ t)L=k_0n_0L+k_0\Delta nL\sin(\omega_st-k_sy)=\Delta\Phi_0+\delta\Phi\sin(\omega_st-k_sy) \tag{6.3.5}$$

式中，k_0 为入射光在真空中的波矢的大小；$\Delta\Phi_0$ 为不存在超声波时光波在介质前后两点的相位差；$\delta\Phi\sin(\omega_st-k_sy)$ 为超声波引起的附加相位差(相位调制)，$\delta\Phi=k_0\Delta nL$。可见，当平面光波入射在介质的前界面上时，超声波将出射光波的波阵面变为周期性变化的折皱波面，从而改变了出射光的传播特征，产生衍射现象。

设入射面 $x=\dfrac{L}{2}$ 上的光振动方程为 $E=A\mathrm{e}^{\mathrm{i}t}$。其中，$A$ 可以为常数，也可以为复数。考虑到在出射面 $x=-\dfrac{L}{2}$ 上各点相位的改变和调制，在 xOy 平面内离出射面很远的一点处的衍射光叠加结果为

$$E\propto A\int_{-\frac{b}{2}}^{\frac{b}{2}}\mathrm{e}^{\mathrm{i}\,[(\omega t-k_0n(y,\ t)L)-k_0y\sin\theta]}\,\mathrm{d}y$$

写成等式为

$$E=C\mathrm{e}^{\mathrm{i}\omega t}\int_{-\frac{b}{2}}^{\frac{b}{2}}\mathrm{e}^{\mathrm{i}\delta\Phi\sin(k_sy-\omega_st)}\,\mathrm{e}^{-k_0y\sin\theta}\,\mathrm{d}y \tag{6.3.6}$$

式中，b 为光束宽度；θ 为衍射角；C 为与 A 有关的常数，为了简单可取为实数。利用 e 与贝塞尔函数有关的恒等式

$$\mathrm{e}^{\mathrm{i}\alpha\sin\theta}=\sum_{m=-\infty}^{\infty}J_m(\alpha)\mathrm{e}^{\mathrm{i}m\theta}$$

$J_m(\alpha)$为 m 阶第一类贝塞尔函数，将式(6.3.6)展开并积分得

$$E=Cb\sum_{m=-\infty}^{\infty}J_m(\delta\Phi)\mathrm{e}^{\mathrm{i}(\omega-m\omega_s)t}\frac{\sin[b(mk_s-k_0\sin\theta)/2]}{b(mk_s-k_0\sin\theta)/2} \tag{6.3.7}$$

上式中与第 m 级衍射有关的项为

$$E_m=E_0\mathrm{e}^{\mathrm{i}(\omega-m\omega_s)t} \tag{6.3.8}$$

$$E_0=CbJ_m(\delta\Phi)\frac{\sin[b(mk_s-k_0\sin\theta)/2]}{b(mk_s-k_0\sin\theta)/2} \tag{6.3.9}$$

因为函数 $\frac{\sin x}{x}$ 在 $x=0$ 时取极大值，因此衍射极大的方位角 θ_m 由下式决定：

$$\sin\theta_m=m\frac{k_s}{k_0}=m\frac{\lambda_0}{\lambda_s} \tag{6.3.10}$$

式中，λ_0 为真空中光的波长；λ_s 为介质中超声波的波长。与一般的光栅方程相比可知，超声波引起的有应变的介质相当于一个光栅常量为超声波的波长的光栅。由式(6.3.8)可知，第 m 级衍射光的频率 ω_m 为

$$\omega_m=\omega-m\omega_s \tag{6.3.11}$$

可见，衍射光仍然是单色光，但发生了多普勒频移。由于超声波的频率约为 10^7 Hz，而光波的频率高达 10^{14} Hz，即 $\omega\gg\omega_s$，因此这种频移是很小的，可以忽略不计。

第 m 级衍射极大的光强 I_m 可用式(6.3.8)的模数平方表示：

$$I_m=E_0E_0^*=C^2b^2J_m^2(\delta\Phi)=I_0J_m^2(\delta\Phi) \tag{6.3.12}$$

式中，E_0^* 为 E_0 的共轭复数，$I_0=C^2b^2$。

第 m 级衍射光的衍射效率 η_m 定义为该级衍射光的光强与入射光的光强之比。由式(6.3.12)可知，η_m 正比于 $J_m^2(\delta\Phi)$。当 m 为整数时，$J_{-m}(\alpha)=(-1)^mJ_m(\alpha)$。由式(6.3.10)和式(6.3.12)表明，各级衍射光相对于零级对称分布。

由式(6.3.10)可知，各级衍射极大的方位角 θ_m 由下式决定：

$$\theta_m\approx\sin\theta_m=m\frac{\lambda}{\lambda_s} \tag{6.3.13}$$

式中，m 表示衍射级次，$m=0$，±1，±2，…。由式(6.3.12)可知，各级衍射光的衍射光强 I_m 正比于 $J_{\mathrm{m}}^2(\delta\Phi)$。

综上分析，拉曼-奈斯衍射的结果为，光波在声场外分成一组离散型的衍射光，它们分别对应确定的衍射角 θ_m（即传播方向）和衍射光强 I_m。由于 $J_{-m}^2(\alpha)=J_m^2(\alpha)$，故同级次衍射光强相等，这是拉曼-奈斯衍射的主要特征。无吸收时衍射各级极值光强之和应等于入射光强，即光功率是守恒的。

对于一级衍射光有 $\eta_1=J_1^2(\delta\Phi)$，当 $\delta\Phi=1.84$ rad 时，η_1 取最大值 $\eta_{1\max}=33.9\%$，即拉曼-奈斯衍射效率最大也只能是 33.9%，入射光的利用率很低。在激光调制、激光偏转技术中一般不用拉曼-奈斯声光器件，但在调 Q 激光器和锁模激光器中可以使用拉曼-奈斯声光器件。因为在这两种激光器中声光器件只是用作损耗器件，通过控制声光器件是否产生衍射光来达到控制 Q 开关是否打开的目的，并不特定使用某级衍射光。

3. 布拉格衍射

当声波频率较高，声光相互作用长度 L 满足条件 $L>2L_0$（L_0 为声光衍射的特征长度，定义式为 $L_0\approx\frac{\lambda_s^2}{\lambda}=\frac{nv^2}{\lambda_0 f^2}$，$\lambda_0$ 为真空中光的波长），而且光束相对于超声波的波阵面以某一角度斜入射时，光波在介质中要穿过多个声波阵面，故介质具有体光栅的性质。当入射光与声波阵面满足一定条件时，介质内各级衍射光会相互干涉，各高级次衍射光将互相抵消。在理想情况下，除了 0 级，只出现 1 级或 −1 级衍射，如图 6.3.3 所示。这种衍射与晶体对 X 射线的布拉格衍射很类似，故也称为布拉格衍射。能产生这种衍射的光束入射角称为布拉格角。可以证明，布拉格角满足

$$\sin i_B=\frac{\lambda}{2\lambda_s} \tag{6.3.14}$$

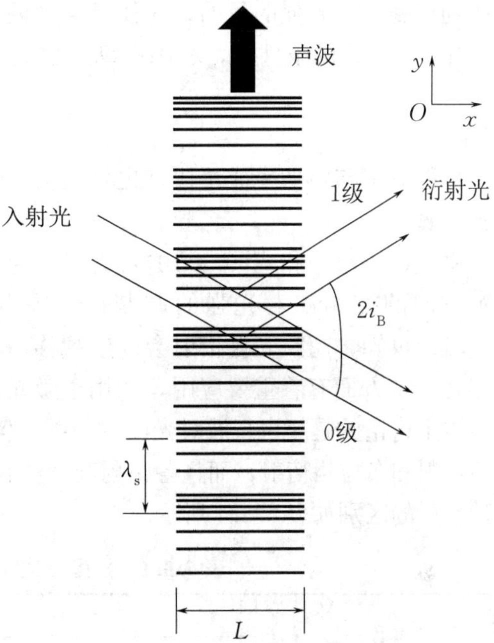

图 6.3.3 布拉格衍射

式(6.3.14)称为布拉格条件，λ 为介质中光的波长。因为布拉格角一般很小，故衍射光相对于入射光在晶体外的偏转角 ϕ 为

$$\phi=2i_B\approx\frac{\lambda}{\lambda_s}=\frac{\lambda_0}{v_s}f_s \tag{6.3.15}$$

式中，v_s 为超声波的波速；f_s 为超声波的频率；λ_s 为超声波的波长。从式(6.3.15)中可以看出，偏转角 ϕ 随超声波的频率的变化而变化。通过改变驱动电信号的频率，就可以控制衍射光的偏转方向，这就是声光偏转的原理。

在布拉格衍射的情况下，一级衍射光的衍射效率为

$$\eta=\sin^2\left(\frac{\pi}{\lambda_0}\sqrt{\frac{M_2LP_s}{2H}}\right) \tag{6.3.16}$$

式中，P_s 为超声波的功率；L 和 H 为超声换能器的长和宽；M_2 为反映声光介质本身性质的常数，称为声光优值，定义为

$$M_2=\frac{n^6P^2}{\rho v_s^3}$$

式中，ρ 为介质密度；P 为光弹系数。在布拉格衍射下，衍射光的频率也由式(6.3.11)决定。

由式(6.3.16)可以得出以下结论。

①为了在一定的声功率 P_s 条件下使衍射效率尽量大，要求选择声光优值 M_2 大的晶体，尽量将换能器制作成长而窄的形状，并选择短波长的激光。

②当声功率足够大，使得 $\frac{\pi}{\lambda_0}\sqrt{\frac{M_2LP_s}{2H}}=\frac{\pi}{2}$ 时，$\frac{I_1}{I_i}=100\%$。但是如果继续加大声功率，衍射效率不但不会继续增大，反而会减小，这在实际工作中是必须避免的。

③衍射效率随声功率变化而变化，因此通过控制加在换能器上驱动电信号的功率，可以达到控制衍射光强的目的，这便是声光调制的原理。特别是，当弱声光相互作用时，一般是在 $\eta<50\%$ 的条件下，利用泰勒级数近似计算($\sin x\sim x$)，式(6.3.16)可以简化为

$$\eta=\frac{\pi^2 M_2 L}{2\lambda^2 H}P_s$$

衍射效率与声功率成正比，也就是衍射光强与驱动电信号功率成正比，这可以保证信号不失真。

由式(6.3.15)和式(6.3.16)可看出，通过改变超声波的频率和功率，可分别实现对激光束方向的控制和对光强的调制，这是声光偏转器和声光调制器的物理基础。由式(6.3.10)可知，超声光栅衍射会产生频移，因此利用声光效应还可制成频移器件。超声频移器在计量方面有着重要应用，如用于激光多普勒测速仪等。

以上讨论的是超声行波对光波的衍射。实际上，超声驻波对光波的衍射也会产生拉曼-奈斯衍射和布拉格衍射，而且各衍射光的方位角和超声波的频率的关系与超声行波的相同。两种衍射的区别如表 6.3.1 所示。

表 6.3.1 拉曼-奈斯衍射和布拉格衍射的区别

参数	类型	
	拉曼-奈斯衍射	布拉格衍射
声光相互作用长度	短	长
超声波的频率	低	高
入射方向	光波垂直于声场传播的方向	光波与声波阵面间有一定的角度，即斜入射
光栅类型	声光晶体相当于一个“平面光栅”	声光晶体相当于一个“立体光栅”
衍射效率	低(最大为 33.9%)	高(最大为 100%)

4. 声光器件

声光器件主要由压电换能器、声光介质和吸声材料组成，结构示意图如图 6.3.4 所示。声光器件有两个重要的参数：中心频率和带宽。声光衍射效率从最大值下降一半时的频率宽度，称为声光相互作用 3 dB 带宽，简称为布拉格带宽。

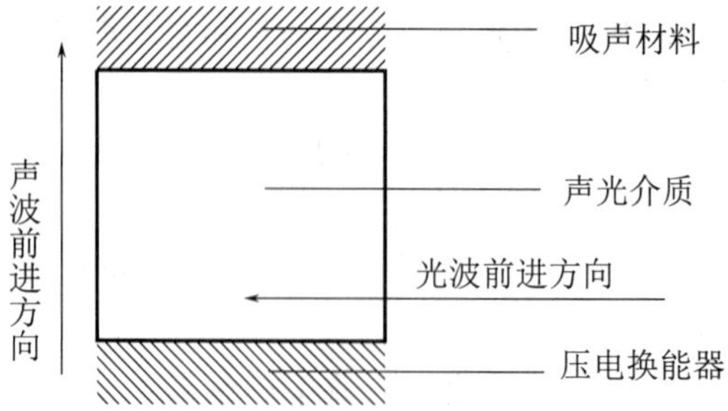

图 6.3.4 声光器件结构示意图

压电换能器又称超声发生器，由铌酸锂(化学分子式为 $LiNbO_3$)晶体或其他压电材料运用反压电效应制成。它的作用是将电功率换成声功率，并在声光介质中建立起超声场。压电

换能器既是一个机械振动系统，又是一个与功率信号源相联系的电振动系统，或者说是功率信号源的负载。为了获得最佳的电声能量转换效率，换能器的阻抗与信号源内阻应当匹配。压电效应是指当晶体受到压力作用时，会出现电荷或产生电场的现象；反压电效应是指在晶体两端加电压时，会产生应力或应变的现象。并不是所有的晶体都具有压电、反压电性质，只有结构上无对称中心的晶体才可能出现这些现象。利用压电晶体的反压电效应可以实现电能与机械能之间的相互转化，这是声光器件中压电换能器的基本工作原理。如果加在压电晶体上下晶面的电压是交变电压，则晶体会发生方向随时改变的应变，从而将超声波引入压电晶体中，就可以与入射激光实现声光相互作用，从而通过控制加在压电换能器上的交流电的参数来控制激光的方向、光强等参数。本实验用到的声光器件采用的是铌酸锂晶体，该物质具有非常好的压电性能，是制作声光器件压电换能器的最佳晶体。吸声材料的作用是吸收通过介质传播到端面的超声波以形成超声行波。若将声光介质的端面磨成斜面或牛角状，也可达到吸声的作用。

【实验仪器】

晶体声光效应实验仪主要由半导体激光器及相应的激光电源、声光器件、超声信号源脉冲方波产生器、精密转角平台、线阵 CCD 光电转换器、示波器导轨及准直屏等部件构成，如图 6.3.5 所示。

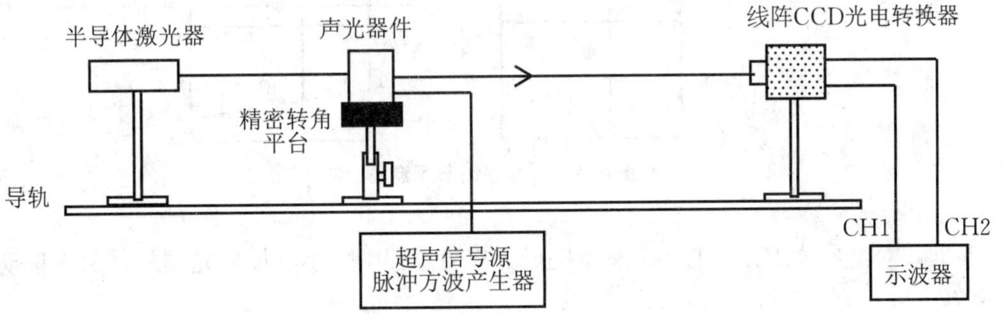

图 6.3.5　晶体声光效应实验仪结构示意图

【实验内容和步骤】

由于声光效应实验仪采用中心频率高达 100 MHz 的声光器件，而拉曼-奈斯衍射发生的条件是声频较低、声波与光波作用长度比较小，故本实验主要围绕布拉格衍射展开，对于拉曼-奈斯衍射仅作一般研究。在观察及测量以前，整个光学系统应该处于共轴状态。

1. 光路共轴调节，调节半导体激光器

(1)将半导体激光器(未加光阑)固定于导轨一端(刻线参考位置为 100 mm)，适当调节半导体激光器高度(勿使其处于最高或最低位置，避免后面的部件无高度调节余地)，激光出射方向大致沿导轨并朝向导轨另一端；将准直屏置于导轨上激光出射方向一侧，准直屏上带网格一面朝向半导体激光器，调节准直屏的高度使激光光斑落在准直屏上。

(2)连接半导体激光器与激光电源，打开电源开关，调节电流大小(参考值为 8.0 mA)，使准直屏上出现明显的激光光斑；旋转半导体激光器出光孔端的调焦旋钮，调节出射光束，直到激光大致以平行光形式出射(即沿导轨前后移动准直屏，屏上光斑大小始终相等或近似相等)。

(3)在半导体激光器上加光阑，用准直屏辅助调节激光，使其沿导轨方向平行出射。具体方法：将准直屏沿导轨移近激光源，观察并记住光斑在准直屏上的位置，然后将准直屏沿导轨尽量远离激光源，观察光斑在准直屏上的位置；若两次观察光斑不在同一位置，则调节激光器上的水平调节螺钉或俯仰调节螺钉；不断重复上述操作，直到移近和远离激光源时，光斑均处于准直屏上同一位置。

下面推荐一种较快调节激光水平和俯仰的方法。

设激光器在导轨上的 A 处，准直屏在导轨上的 B 处或 C 处，如图 6.3.6 所示。首先，将准直屏移到距离激光源较近的 B 处，观察并记住此时光斑在准直屏上的位置 1，然后将准直屏移到距离激光源较远的 C 处，使得 B、C 间距等于 A、B 间距，观察并记住此时光斑在准直屏上的位置 2。若图示为俯视图，则 1 和 2 水平方向不重合，需要调节激光器上的水平调节螺钉，使得准直屏在导轨上 C 处时，光斑从位置 2 水平移动到与位置 1 对称的位置 3 处，如图 6.3.6 所示。俯仰调节也采用同样的方法，一般重复 2～3 遍即可调好。

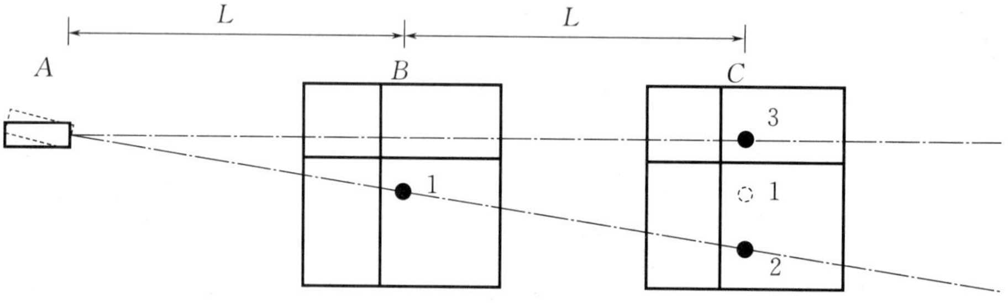

图 6.3.6 水平调节示意图

至此，对半导体激光器的调节基本完成，实验过程中除小心加取光阑外，勿再移动半导体激光器。

2. 调节线阵 CCD 光电转换器

(1)将线阵 CCD 光电转换器固定于导轨上(刻线参考位置为 850 mm)，机壳沿导轨方向并且进光口朝向激光器一侧。线阵 CCD 光电转换器尾端的电源插孔接 DC 12 V 直流电源，信号接口连接示波器 CH1 接口，同步接口连接示波器 CH2 接口。

(2)打开示波器电源开关，对示波器进行以下操作。

①设置 CH2 为上升沿触发。

②设置 CH1、CH2 的垂直挡位分别为 200 mV/格、10.00 V/格，水平挡位为 100 μs/格(也可根据具体情况作相应调整，但需要保证最终效果为对后面测量的激光峰值有较大的分辨力而完整的峰又不超过示波器显示屏，触发信号 CH2 不影响 CH1 信号读数，以及水平挡位使屏幕显示一个完整周期的信号)。

③设置平均采样 8 次。

④设置 CH2 信号和 CH1 低电平信号在示波器显示屏上居中靠下显示。

(3)取下白屏，仔细调节线阵 CCD 光电转换器的高度及水平转角，使得 CH1 信号峰位处于示波器显示屏的水平中央，且幅值达到最大。

(4)将声光器件固定在导轨上(刻线参考位置为 250 mm)，连接声光器件与功率信号源，打开功率信号源电源开关，选择“等幅”方式，调节频率和功率旋钮，输出 100 MHz、100 mW 信号。然后将准直屏置于导轨上(刻线参考位置为 450 mm)，准直屏无网格一面朝向半导体激光器。

(5)小心取下半导体激光器上的光阑，注意不要影响激光的出射状态。仔细调节声光器件的高度及水平转角，使激光平行通过晶体，直到准直屏上出现“”或“”图像时固定声光器件，然后再在半导体激光器上加光阑。此时，准直屏上的图像应变为两个小圆光斑。

(6)取下准直屏，观察到示波器显示屏上出现了两个峰，显示屏中心为 0 级衍射光，两侧为+1 或−1 级衍射光。调节声光器件上的水平转角调节螺钉，可观察到两峰幅值发生了此消彼长的变化，且+1 或−1 级衍射光在某水平转角下存在最大衍射光强。若调节螺钉旋转方向正确，还可看到 0 级衍射光逐渐增强，一侧衍射光逐渐减弱直至消失，另一侧出现衍射光并逐渐增强的现象。

(7)理论上，+1 级和−1 级衍射光的最大光强是相等的。据此，在晶体均匀、各个 CCD 像元均一致的情况下，可以根据+1 级和−1 级衍射光的最大光强是否相等来判断线阵 CCD 光电转换器的各像元是否在衍射发生面上。当+1 级和−1 级衍射光的最大光强不相等时，调节线阵 CCD 光电转换器上的 CCD 微调旋钮，直到+1 级和−1 级衍射光的最大光强相等。

至此，完成了线阵 CCD 光电转换器的调节，实验过程中勿再移动线阵 CCD 光电转换器。

注：下面实验中，在不引起混淆的情况下，用 1 级衍射光代替+1 级或−1 级衍射光；在布拉格衍射下，衍射效率指的就是 1 级衍射光的衍射效率；各实验过程中激光器电流调节好后不可再变。

3. 测量偏转角与超声波的频率的关系，并求出晶体中的超声波的波速

该实验可以验证声光偏转器的工作原理，即在布拉格衍射下，衍射偏转角 ϕ 与超声波的频率 f 成正比。

(1)给激光源通以一定电流(如 8 mA)，产生适当强度的激光，使 CCD 不至于饱和，同时峰值曲线占据示波器屏幕约四分之三高度。

(2)将超声波信号源的频率调整为 100 MHz，驱动功率调整为饱和功率以下某值(如 150 mW)。

(3)调节声光器件的转角使入射角与 100 MHz 的布拉格角匹配，具体调节方法：仔细调节声光器件的水平转角，使得在示波器上观察的 1 级衍射光强达到最大，此时入射角等于该频率的布拉格角(若 1 级衍射光强较小，不易分辨峰值差异，可适当减小示波器的垂直挡位)，水平转角调好后示波器须恢复到原挡位。

(4)记录 CH2 同步信号高电平占据的横向格数，即线阵 CCD 总共占据的水平格数 Y。

(5)记录 CCD 受光面到晶体中心的距离 D(精确到 1 mm)。

(6)保持功率不变，改变超声频率，记录不同频率下 1 级衍射光对 0 级的偏离格数 X、0 级衍射光强和 1 级衍射光强，填入表 6.3.2 中。

4. 测量衍射光强与驱动功率的关系

(1)将超声波的频率调整为 100 MHz，调节声光器件的转角使入射角与 100 MHz 的布

拉格角匹配(具体调节方法同步骤 1)。

(2)保持频率不变，改变驱动功率，记录不同驱动功率下 1 级衍射光强和 0 级衍射光强的纵向格数，填入表 6.3.3 中。

5. 测量拉曼-奈斯衍射条件下的衍射角和衍射效率

(1)将信号源的频率调至 100 MHz，功率输出设置为 150 mW。

(2)调节声光器件的转角，使激光在声光晶体表面垂直入射(即拉曼-奈斯衍射条件)，此时示波器显示屏上观察到：在 0 级衍射光两侧出现了光强相等、峰位对称的 +1 和 −1 级衍射光。

(3)记录 CCD 受光面到晶体中心的距离(精确到 1 mm)。

(4)记录拉曼-奈斯衍射条件下，+1 和 −1 级衍射光对 0 级衍射光的偏离格数和衍射光强对应的格数，填入表 6.3.4 中。

【数据处理】

(1)绘制 $X-f$ 关系曲线，并进行线性拟合，得到斜率 K。

如图 6.3.7 所示，晶体外的 1 级衍射角 $\phi \approx \left(X \cdot \dfrac{y}{Y}\right)/D$，式中，$y=28.672$ mm，是线阵 CCD 有效像元的实际总长度。

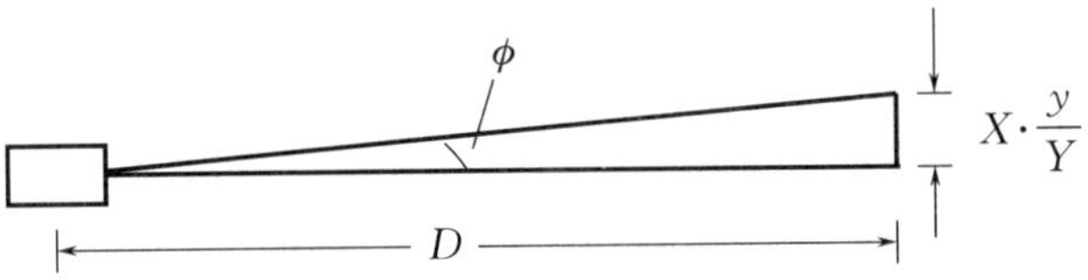

图 6.3.7 晶体外的 1 级衍射角

注：CCD 受光面在线阵 CCD 光电转换器的微调螺钉上方附近，与线阵 CCD 光电转换器底座刻线的水平距离为固定值 55 mm，计算 D 时需考虑该数值。

在实验中 y、Y、D 均不变，故若 X 与 f 成正比，则 φ 与 f 也成正比。

根据公式(6.3.15)可知：$\left(X \cdot \dfrac{y}{Y}\right)/D = \dfrac{\lambda_0}{v_s} f$ 或 $\left(K \cdot \dfrac{y}{Y}\right)/D = \dfrac{\lambda_0}{v_s}$。

于是可得声光晶体中的超声波的波速 $v_s = \dfrac{\lambda_0}{y} \cdot \dfrac{YD}{K}$，求出超声波的波速 v_s，并与公认值 4 203 m/s 比较，求出相对误差。

绘制 $\eta-f$ 关系曲线。其中，衍射效率最大值一半处对应的是该声光器件的带宽。

表 6.3.2 声光偏转数据记录表

线阵 CCD 总共占据的水平格数 $Y=$________div，CCD 受光面到晶体中心的距离 $D=$________mm

超声波的频率 f /MHz	60	65	…	95	100	105	…	125	130
1 级衍射光对 0 级衍射的偏离量 X /div									
0 级衍射光强 I_0 /div									
1 级衍射光强 I_1 /div									

续表

超声波的频率 f /MHz	60	65	…	95	100	105	…	125	130
总光强 $I_{总}$/div									
衍射效率 η									

注：表中的总光强为 0 级衍射光强与 1 级衍射光强之和。

(2)绘制 I_1-P、I_0-P 关系曲线，找出衍射光强最大时的驱动功率，计算最大衍射效率 $I_{1max}/I_{总}$，以及该声光器件实现信号不失真传递的功率范围。

表 6.3.3　测量衍射光强与驱动功率的关系

驱动功率 P /mW	0	20	40	60	80	100	120	140	160	180	200	…
0 级衍射光强 I_0 /div												
1 级衍射光强 I_1 /div												
总光强 $I_{总}$/div												
衍射效率 η												

(3)由 $\phi\approx\left(X\cdot\dfrac{y}{Y}\right)/D$ 计算出 1 级衍射角，与由式(6.3.13)计算得到的公认值进行比较，求出相对误差。计算拉曼-奈斯衍射条件下的 1 级衍射效率 $I_1/I_{总}$，并与布拉格衍射条件下的最大衍射效率进行比较。

表 6.3.4　测量拉曼-奈斯衍射条件下的衍射角和衍射效率

入射光强 I_{in} =________div，CCD 受光面到晶体中心的距离 D =________mm

	+1 级衍射光	−1 级衍射光
对 0 级衍射光的偏离量 X /div		
衍射光强 I /div		

【思考题】

(1)为什么声光器件相当于相位光栅？

(2)调节拉曼-奈斯衍射时，如何保证光束垂直入射？

实验 6.4　巨磁电阻效应及其应用

2007 年，诺贝尔物理学奖被授予了巨磁电阻(giant magnetoresistance，GMR)效应的发现者法国物理学家 A. 费尔(A. Fert)和德国物理学家 P. 格伦贝格(P. Grunberg)。诺贝尔奖委员会表示："这是一次好奇心导致的发现，但其随后的应用却是革命性的，因为它使计算机硬盘的容量从几百兆，几千兆，一跃而提高几百倍，达到几百吉乃至上千吉。"

人们早就知道过渡金属铁、钴、镍能够出现铁磁性有序状态。量子力学出现后，德国科学家 W. 海森伯(W. Heisenberg，1932 年诺贝尔物理学奖得主)明确提出铁磁性有序状态源于铁磁性原子磁矩之间的量子力学交换作用，这个交换作用是短程的，称为直接交换作用。

后来发现很多过渡金属和稀土金属的化合物具有反铁磁有序状态，即在有序排列的磁材料中，相邻原子因受负的交换作用，自旋为反平行排列，如图 6.4.1 所示。磁矩虽处于有序状态，但总净磁矩在不受外场作用时仍为零，这种磁有序状态称为反铁磁性。法国科学家 L. 奈尔(L. Néel)对反铁磁性进行系统地研究而获得了 1970 年诺贝尔物理学奖。在解释反铁磁性时可以认为，化合物中的氧离子(或其他非金属离子)作为中介，将最近的磁性原子的磁矩耦合起来，这是间接交换作用。另外，在稀土金属中也出现了磁有序，其中原子的固有磁矩来自 4f 电子壳层。相邻稀土原子的距离远大于 4f 电子壳层直径，所以稀土金属中的传导电子担当了中介，将相邻的稀土原子磁矩耦合起来，这就是 RKKY 型间接交换作用。

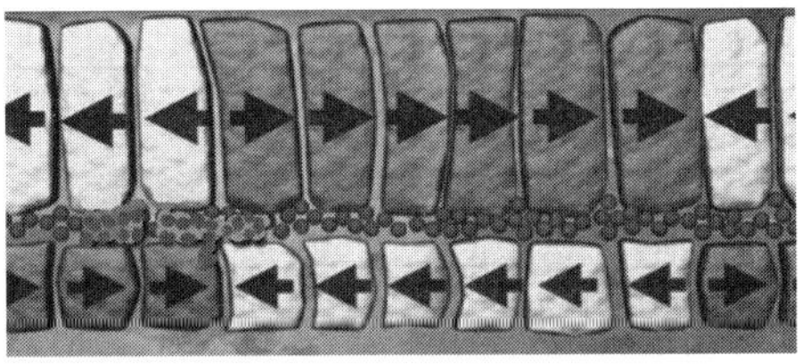

图 6.4.1 反铁磁有序

直接交换作用的特征长度为 0.1～0.3 nm，间接交换作用的特征长度可以达到 1 nm 以上。1 nm 已经是实验室中人工微结构材料可以实现的尺度。1970 年，美国 IBM 实验室的江崎玲于奈和朱兆祥提出了超晶格的概念。所谓的超晶格是指由两种(或两种以上)不同组分、厚度极小的薄层材料交替生长在一起而得到的一种多周期结构材料。由于这种复合材料的周期长度比各薄膜单晶的晶格常数大几倍甚至更长，因此取得“超晶格”的名称。20 世纪 80 年代，由于摆脱了以往难以制作高质量的纳米尺度样品的限制，金属超晶格成为了研究前沿，凝聚态物理学家对这类人工材料的磁有序、层间耦合、电子输运等方面进行了广泛的研究。

格伦贝格一直致力于研究铁磁性金属薄膜表面和界面上的磁有序状态。将一个三明治结构的薄膜作为研究对象，其结构为两层厚度约为 10 nm 的铁层，铁层之间夹有厚度为 1 nm 的铬层。选择这个材料系统并不是偶然，因为金属铁和铬是元素周期表上相近的元素，具有类似的电子壳层，容易实现两者的电子状态匹配；另外，金属铁和铬的晶格对称性和晶格常数相同，它们的晶格结构也是匹配的，这两类匹配非常有利于基本物理过程的探索。但是，很长时间以来制成的三明治结构薄膜都是多晶体，并没有特别的发现。直到 1986 年，格伦贝格采用了分子束外延(MBE)方法制备薄膜，虽然样品成分还是铁-铬-铁薄膜，但得到了结构完整的单晶。在此金属三层膜上利用光散射获得铁磁矩的信息，在实验中逐步减小薄膜上的外磁场，直到取消外磁场。可以发现，在铬层厚度为 0.8 nm 的铁-铬-铁三明治薄膜中，两边的两个铁磁层磁矩从彼此平行(较强磁场下)转变为反平行(弱磁场下)。换言之，对于非铁磁层铬的某个特定厚度，在没有外磁场时，两边铁磁层磁矩是反平行的，这个新现象成为巨磁电阻效应出现的前提。既然磁场可以将三明治薄膜中的两个铁磁层磁矩在彼此平行与反平行之间转换，相应的物理性质会有什么变化？格伦贝格发现，两个磁矩反平行时对应高电阻状态，平行时对应低电阻状态，两个电阻的差别高达 10%。格伦贝格将结果写成论文，与此同时，他申请了将这种效应和材料应用于硬盘磁头的专利。当时的申请需要一定的胆识，因为铁-铬-铁三明治薄膜上出现巨磁电阻效应所需磁场高达上千高斯，远高于硬盘上磁比特单元能够提供的磁场，但日后不断改进的结构和材料，使这个设想成为了现实。

另一方面，1988年，巴黎第十一大学固体物理实验室物理学家费尔的小组将铁、铬薄膜交替制成了几十个周期的铁-铬超晶格，这些超晶格也称为周期性多层膜。他们发现，当改变磁场的磁感应强度时，超晶格薄膜的电阻下降近一半，即磁电阻比率达到50%，该小组将这种前所未有的电阻巨大变化现象称为巨磁电阻效应，并用两电流模型解释了这种物理现象。显然，周期性多层膜可以被看作若干个格伦贝格三明治薄膜的重叠，所以分别在德国和法国的两个独立发现实际上是同一种物理现象。

在其他过渡金属中，这个奇特的现象是否也存在？IBM公司的S. 帕金(S. Parkin)给出了肯定的回答。1990年，他首次报道了钴-钌和钴-铬超晶格存在巨磁电阻效应，并且随着非磁层厚度增加，上述超晶格的磁电阻值振荡下降。在随后的几年里，帕金和其他科学家在过渡金属超晶格和金属多层膜中，找到了约20种具有巨磁电阻振荡现象的不同体系。帕金的发现在技术层面上特别重要，他的结果为寻找更多的巨磁电阻材料开辟了广阔空间。最后，人们的确找到了适合制造硬盘的巨磁电阻材料，并于1997年制成了巨磁电阻磁头。此外，帕金采用较普通的磁控溅射技术代替精密的MBE方法制备薄膜，该技术目前这已经成为工业生产多层膜的标准。克服了物理发现与产业化之间的障碍，使巨磁电阻成为基础研究快速转换为商业应用的国际典范，也被认为是纳米技术的首次真正应用。

诺贝尔奖委员会还指出："巨磁电阻效应的发现打开了一扇通向新技术世界的大门——自旋电子学，这里将同时利用电子的电荷以及自旋这两个特性。"

巨磁电阻效应作为自旋电子学的开端具有深远的科学意义。传统的电子学以电子的电荷移动为基础，往往忽略了电子自旋。巨磁电阻效应表明，电子自旋对于电流的影响非常强烈，电子的电荷与自旋两者都可能载运信息。自旋电子学的研究和发展，引发了电子技术与信息技术的一场新的革命。目前计算机、音乐播放器等各类数码电子产品中所装备的硬盘磁头，基本上都应用了巨磁电阻效应。利用巨磁电阻效应制成的多种传感器，已广泛应用于各种测量和控制领域。除利用铁磁膜-金属膜-铁磁膜的巨磁电阻效应外，由两层铁磁膜夹一层极薄的绝缘膜或半导体膜构成的隧道磁阻(TMR)效应，已显示出比巨磁电阻效应更高的灵敏度。除在多层膜结构中发现巨磁电阻效应并已实现产业化外，在单晶、多晶等多种形态的钙钛矿结构的稀土锰酸盐，以及一些磁性半导体中，都发现了巨磁电阻效应。

本实验介绍多层膜巨磁电阻效应的原理，并通过实验让学生了解几种巨磁电阻模拟传感器的结构特性及应用领域。

【实验目的】

(1)了解巨磁电阻效应的原理。

(2)测量巨磁电阻模拟传感器的磁电转换特性曲线。

(3)测量巨磁电阻的磁阻特性曲线。

(4)测量巨磁电阻开关(数字)传感器的磁电转换特性曲线。

(5)用巨磁电阻传感器测量电流。

(6)用巨磁电阻梯度传感器测量齿轮的角位移，了解巨磁电阻转速(速度)传感器的原理。

(7)通过实验了解磁记录与读出的原理。

【实验原理】

根据导电的微观机理，电子在导电时并不是沿电场直线前进的，而是不断和晶格中的原子产生碰撞(称为散射)，每次散射后电子都会改变运动方向，最终运动规律是电场对电子的定向加速与无规则散射运动的叠加。电子在两次散射之间通过的平均路程称为平均自由程，电子散射概率小，则平均自由程长，电阻率低。在电阻定律 $R=\rho l/S$ 中，电阻率 ρ 视为常数，与材料的几何尺度无关，这是因为通常材料的几何尺度远大于电子的平均自由程(如铜中电子的平均自由程约为 34 nm)，可以忽略边界效应。当材料的几何尺度小到纳米量级，只有几个原子的厚度时(如铜原子的直径约为 0.3 nm)，电子在边界上的散射概率大大增大，可以明显观察到厚度减小、电阻率增大的现象。

电子除携带电荷外，还具有自旋特性。自旋磁矩有平行或反平行于外磁场两种可能取向。早在 1936 年，英国物理学家诺贝尔物理学奖获得者 N. 莫特(N. Mott)就指出，在过渡金属中，自旋磁矩与材料中的磁场方向平行的电子，所受散射概率远小于自旋磁矩与材料中的磁场方向反平行的电子。总电流是两类自旋电流之和，总电阻是两类自旋电流的并联电阻，这就是所谓的两电流模型。

在图 6.4.2 所示的多层膜结构中，无外磁场时，上下两层铁磁膜是反平行(反铁磁)耦合的。施加足够强的外磁场后，两层铁磁膜的磁矩方向都与外磁场方向一致，外磁场使两层铁磁膜从反平行耦合变成了平行耦合，而电流的方向在多数应用中是平行于膜面的。图 6.4.3 是某种巨磁电阻材料的磁阻特性。由图 6.4.3 可见，随着外磁场增强，电阻逐渐减小，其间有一段线性区域。当外磁场已使两层铁磁膜完全平行耦合后，继续增强磁场，电阻不再减小，进入磁饱和区域。在磁阻变化率 $\Delta R/R$ 达百分之十几，加反向磁场时磁阻特性是对称的。注意到图 6.4.3 中的曲线有两条，分别对应增强磁场和减弱磁场时的磁阻特性，这是因为铁磁材料都具有磁滞特性。

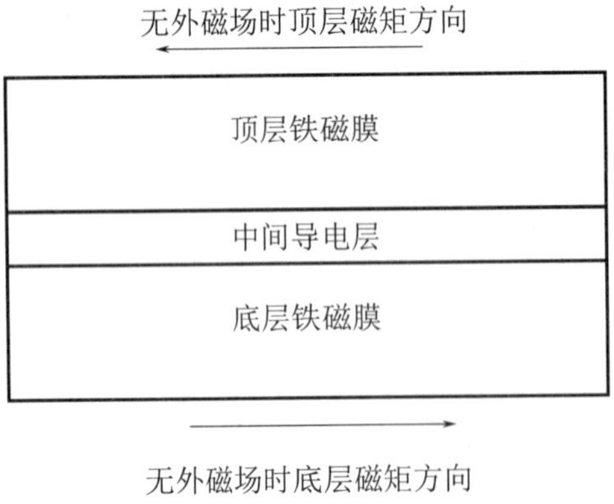

图 6.4.2 多层膜巨磁电阻结构图

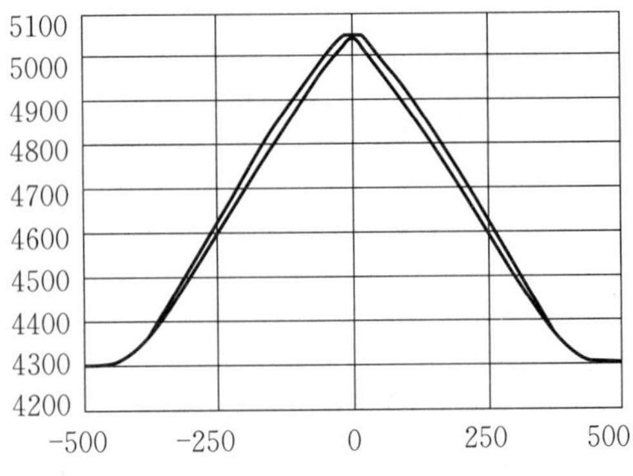

图 6.4.3 某种巨磁电阻材料的磁阻特性

有两类与自旋相关的散射对巨磁电阻效应有贡献。

①界面上的散射。无外磁场时，上下两层铁磁膜的磁矩方向相反，无论电子的初始自旋状态如何，从一层铁磁膜进入另一层铁磁膜时都面临状态改变(平行-反平行或反平行-平行)，电子在界面上的散射概率很大，对应高电阻状态；有外磁场时，上下两层铁磁膜

的磁矩方向一致，电子在界面上的散射概率很小，对应低电阻状态。

②铁磁膜内的散射。即使电流方向平行于膜面，由于无规则散射，电子也有一定的概率在上下两层铁磁膜之间穿行。无外磁场时，上下两层铁磁膜的磁矩方向相反，无论电子的初始自旋状态如何，在穿行过程中都会经历散射概率小(平行)和散射概率大(反平行)两种过程，两类自旋电流的并联电阻类似两个中等阻值的电阻的并联，对应高电阻状态；有外磁场时，上下两层铁磁膜的磁矩方向一致，自旋平行的电子散射概率小，自旋反平行的电子散射概率大，两类自旋电流的并联电阻类似一个小电阻与一个大电阻的并联，对应低电阻状态。

多层膜巨磁电阻结构简单，工作可靠，磁阻随外磁场线性变化的范围大，在制作模拟传感器方面得到广泛应用。在数字记录与读出领域，为进一步提高灵敏度，发展了自旋阀结构的巨磁电阻，如图 6.4.4 所示。

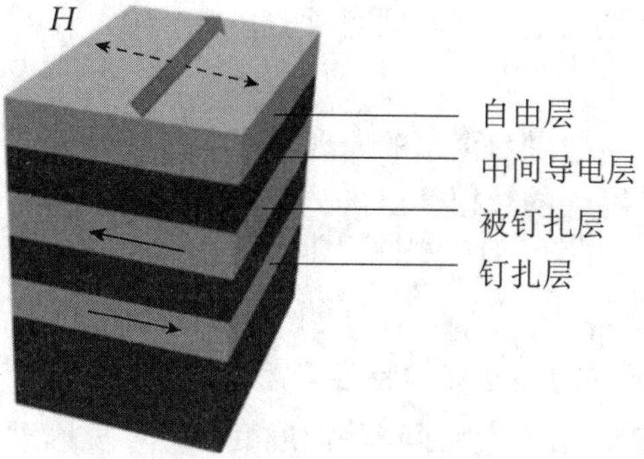

图 6.4.4　自旋阀结构的巨磁电阻

自旋阀结构的巨磁电阻由钉扎层、被钉扎层、中间导电层和自由层构成。其中，钉扎层使用反铁磁材料，被钉扎层使用硬铁磁材料，铁磁和反铁磁材料在交换耦合作用下形成一个偏转场，此偏转场将被钉扎层的磁化方向固定，不随外磁场改变。自由层使用软铁磁材料，它的磁化方向易随外磁场转动。这样，很弱的外磁场就会改变自由层与被钉扎层磁场的相对取向，有很高的灵敏度。制造时，使自由层的初始磁化方向与被钉扎层垂直，磁记录材料的磁化方向与被钉扎层的方向相同或相反(对应 0 或 1)，当感应到磁记录材料的磁场时，自由层的磁化方向就向与被钉扎层磁化方向相同(低电阻)或相反(高电阻)的方向偏转，从而检测出电阻的变化，确定记录材料所记录的信息。硬盘所用的巨磁电阻磁头就采用了上述结构。

【实验仪器】

ZKY－JCZ 巨磁电阻效应及应用实验仪。

1. 基本特性组件

基本特性组件由巨磁电阻模拟传感器、螺线管线圈及比较电路、输入输出插孔组成，用以对巨磁电阻的磁电转换特性、磁阻特性进行测量。巨磁电阻模拟传感器置于螺线管的中央。螺线管用于在实验过程中产生磁感应强度大小可计算的磁场，由理论分析可知，无限长直螺线管内部轴线上任意一点的磁感应强度大小为

$$B = \mu_0 n I \tag{6.4.1}$$

式中，n 为线圈密度；I 为流经线圈的电流；$\mu_0=4\pi\times10^{-7}$ H/m 为真空中的磁导率。采用国际单位制时，由上式计算出的磁感应强度单位为 T(特斯拉，1 T=10 000 G)。

2. **电流测量组件**

电流测量组件将导线置于巨磁电阻模拟传感器旁边，用巨磁电阻模拟传感器测量导线中通过不同大小的电流时导线周围的磁场变化，就可确定电流大小。与一般测量电流需将电流表接入电路的方法相比，这种方法具有非接触测量、不干扰原电路工作等优点。

3. **角位移测量组件**

角位移测量组件用巨磁电阻梯度传感器作传感元件，铁磁性齿轮转动时，齿牙干扰了巨磁电阻梯度传感器上偏置磁场的分布，使巨磁电阻梯度传感器输出发生变化，每转过一齿，就输出类似正弦波一个周期的波形。利用该原理可以测量角位移(转速、速度)。汽车上的转速与速度测量仪就是利用了该原理制成的。

4. **磁读写组件**

磁读写组件用于演示磁记录与读出的原理。磁卡作记录介质，磁卡通过写磁头时可写入数据，通过读磁头时将写入的数据读出来。

【实验内容和步骤】

1. **巨磁电阻模拟传感器的磁电转换特性测量**

在用巨磁电阻构成传感器时，为了消除温度变化等环境因素对输出的影响，一般采用桥式结构，图 6.4.5 所示是某型号巨磁电阻模拟传感器的结构。

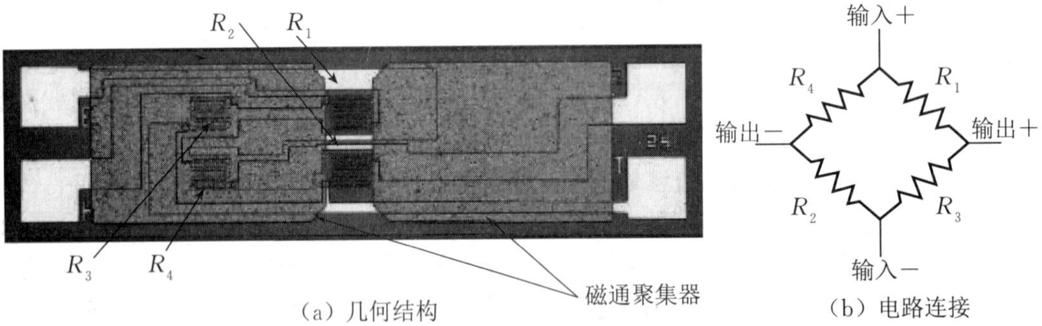

图 6.4.5 某型号巨磁电阻模拟传感器的结构

对于电桥结构，如果 4 个巨磁电阻材料制成的电阻对磁场的响应完全同步，就不会有信号输出。图 6.4.5 中，将处在电桥对角位置的两个电阻 R_3、R_4 覆盖一层高导磁率的材料(如坡莫合金)，以屏蔽外磁场对它们的影响，而 R_1、R_2 阻值随外磁场改变。设无外磁场时 4 个电阻的阻值均为 R，R_1、R_2 在外磁场作用下电阻减小 ΔR，则输出电压为

$$U_{out}=U_{in}\Delta R/(2R-\Delta R) \tag{6.4.2}$$

屏蔽层同时设计为磁通聚集器，它的高导磁率将磁感线聚集在 R_1、R_2 两电阻所在的空间，进一步提高了 R_1、R_2 的磁灵敏度。

从图 6.4.5 的几何结构还可看出，巨磁电阻被光刻成微米宽度迂回状的电阻条，以增大其电阻至千欧量级，使其在较小工作电流下也能得到合适的输出电压。

图 6.4.6 所示是某巨磁电阻模拟传感器的磁电转换特性曲线，图 6.4.7 是巨磁电阻模拟传感器磁电转换特性实验原理图。

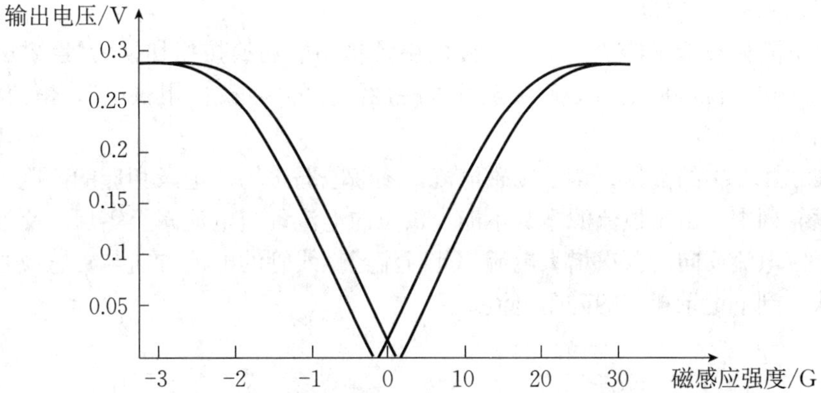

图 6.4.6　某巨磁电阻模拟传感器的磁电转换特性

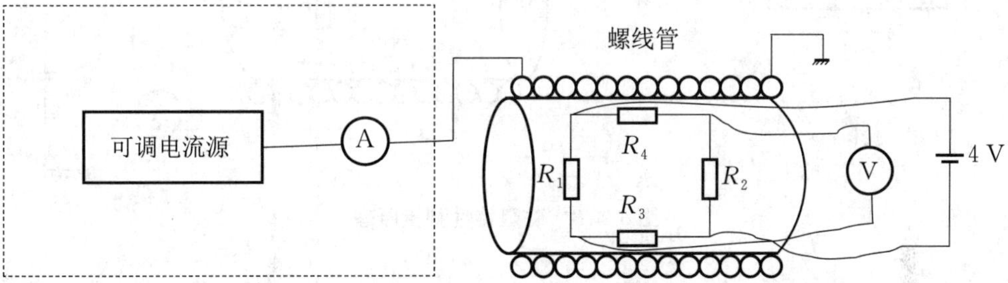

图 6.4.7　巨磁电阻模拟传感器磁电转换特性实验原理图

将巨磁电阻模拟传感器置于螺线管磁场中，将功能切换按钮切换为“传感器测量”。实验仪的 4 V 电压源接至基本特性组件的“巨磁电阻供电”，恒流源接至“螺线管电流输入”，基本特性组件模拟信号输出端接至实验仪电压表。

根据表 6.4.1 中的数据，调节励磁电流，逐渐减小磁感应强度，记录相应的输出电压于表格的“减弱磁场”列中。由于恒流源本身不能提供负向电流，当电流减至零后，交换恒流输出端的极性，使电流反向。再次增大电流，此时流经螺线管的电流方向与磁感应强度的方向均为负，从上到下记录相应的输出电压。

电流调至−100 mA 后，逐渐减小负向电流，电流到零时同样需要交换恒流输出端的极性。从下到上记录数据于“增强磁场”列中。

理论上讲，外磁场的磁感应强度为零时，巨磁电阻模拟传感器的输出电压应为零，但由于半导体工艺的限制，4 个桥臂电阻值不一定完全相同，导致外磁场的磁感应强度为零时输出电压不一定为零，在有的传感器中可以观察到这一现象。

外磁场的磁感应强度相同时输出电压的变化反映了巨磁电阻模拟传感器的磁电转换特性，同一磁感应强度下输出电压的差值反映了材料的磁滞特性。

2. 巨磁电阻磁阻特性测量

为加深对巨磁电阻效应的理解，对构成巨磁电阻模拟传感器的磁阻进行测量。将基本特性组件的功能切换按钮切换为“巨磁电阻测量”，此时被磁屏蔽的电阻 R_3、R_4 被短路，而 R_1、R_2 并联。将电流表串联进电路中，测量不同磁感应强度下回路中电流的大小，就可计算磁阻，测量原理如图 6.4.8 所示。

将巨磁电阻模拟传感器置于螺线管磁场中，将功能切换按钮切换为“巨磁电阻测量”，实验仪的 4 V 电压源串联电流表后接至基本特性组件的“巨磁电阻供电”，恒流源接至“螺线管电流输入”。

根据表 6.4.2 中的数据，调节励磁电流，逐渐减弱磁场，记录相应的磁阻电流于表格的“减弱磁场”列中。由于恒流源本身不能提供负向电流，当电流减至零后，交换恒流输出端的极性，使电流反向。再次增大电流，此时流经螺线管的电流方向与磁感应强度的方向均为负，从上到下记录相应的磁阻电流。

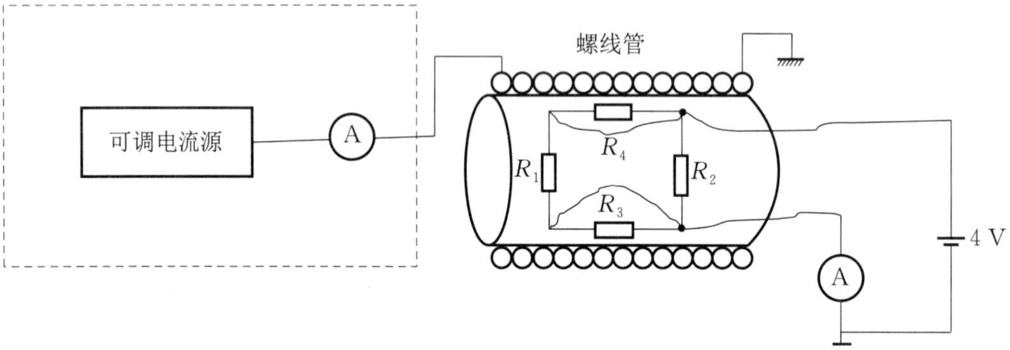

图 6.4.8 磁阻特性测量原理

电流调至−100 mA 后，逐渐减小负向电流，电流到 0 时同样需要交换恒流输出端的极性。从下到上记录数据于表 6.4.2 的“增强磁场”列中。

3. 巨磁电阻开关(数字)传感器的磁电转换特性曲线测量

将巨磁电阻模拟传感器与比较电路、晶体管放大电路集成在一起，就构成了巨磁电阻开关(数字)传感器，结构如图 6.4.9 所示。

比较电路的功能是，当电桥电压低于比较电压时，输出低电平；当电桥电压高于比较电压时，输出高电平。选择适当的电桥并调节比较电压，可调节巨磁电阻开关(数字)传感器开关点对应的磁感应强度。

图 6.4.10 所示是某种巨磁电阻开关(数字)传感器的磁电转换特性曲线。当磁感应强度的绝对值从低增大到 12 G 时，开关打开(输出高电平)，当磁感应强度的绝对值从高减小到 10 G 时，开关关闭(输出低电平)。

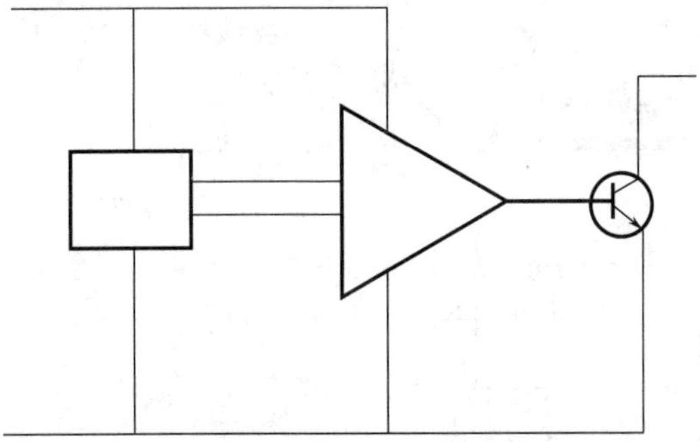

图 6.4.9　巨磁电阻开关(数字)传感器结构图

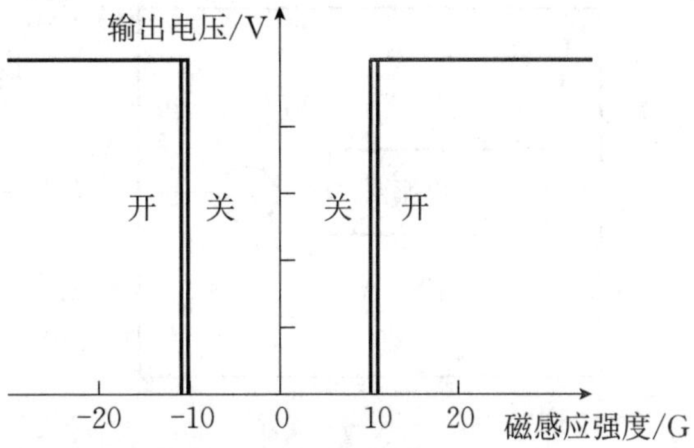

图 6.4.10　巨磁电阻开关(数字)传感器的磁电转换特性

将巨磁电阻模拟传感器置于螺线管磁场中，将功能切换按钮切换为“传感器测量”。实验仪的 4 V 电压源接至基本特性组件的“巨磁电阻供电”，电路供电接口接至基本特性组件对应的电路供电输入插孔，恒流源接至螺线管电流输入端，基本特性组件开关信号输出端接至实验仪电压表。

从 50 mA 逐渐减小励磁电流，输出电压从高电平(开)转变为低电平(关)时记录相应的励磁电流于表 6.4.3 的“减弱磁场”列中。当电流减至零后，交换恒流输出端的极性，使电流反向。再次增大电流，此时流经螺线管的电流方向与磁感应强度的方向均为负，输出电压从低电平(关)转变为高电平(开)时，记录相应的负值励磁电流于表 6.4.3 的“减弱磁场”列中。将电流调至－50 mA。

逐渐减小负向电流，输出电压从高电平(开)转变为低电平(关)时，记录相应的负值励磁电流于表 6.4.3 的“增强磁场”列中，电流减至零时同样需要交换恒流输出端的极性。输出电压从低电平(关)转变为高电平(开)时，记录相应的正值励磁电流于表 6.4.3 的“增强磁场”列中。

利用巨磁电阻开关(数字)传感器的开关特性可以研制各种接近开关，当磁性物体(可在非磁性物体上贴上磁条)接近传感器时就会输出开关信号，广泛应用在工业生产及汽车、家电等日常生活用品中。其控制精度高，在恶劣环境(如高低温、振动等)下仍能正常工作。

4. 用巨磁电阻模拟传感器测量电流

由图 6.4.6 可知，巨磁电阻模拟传感器在一定范围内输出电压与磁感应强度呈线性关系，且灵敏度高，线性范围大，可以方便地将巨磁电阻制成磁场计，测量磁感应强度或其他与磁场相关的物理量。作为应用示例，下面用它来测量电流。

由理论分析可知，与通有电流的无限长直导线的距离为 r 的一点的磁感应强度为

$$B=\mu_0 I/2\pi r=2I\times 10^{-7}/r \tag{6.4.3}$$

由式(6.4.3)可知，磁感应强度与电流成正比，在 r 已知的条件下，测得 B，即可计算出 I。

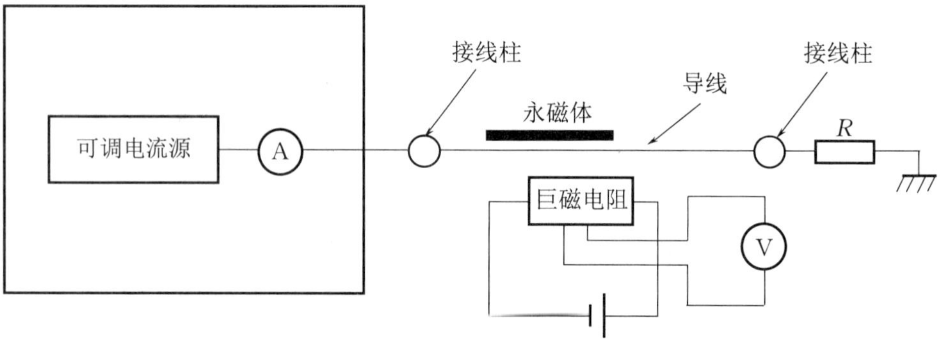

图 6.4.11 巨磁电阻模拟传感器测量电流实验原理图

在实际应用中，为了使巨磁电阻模拟传感器工作在线性区，以提高测量精度，还常常预先给传感器施加一个固定已知磁场，称为磁偏置，其原理类似于电子电路中的直流偏置。

实验仪的 4 V 电压源接至电流测量组件的“巨磁电阻供电”，恒流源接至“待测电流输入”，电流测量组件信号输出接至实验仪电压表。将待测电流调节至零。将偏置磁铁转到远离巨磁电阻传感器，调节磁铁与传感器的距离，使输出电压约为 25 mV。

将电流增大到 300 mA，根据表 6.4.4 中的数据逐渐减小待测电流，从左到右记录相应的输出电压于表格的“减小电流”行中。由于恒流源本身不能提供负向电流，故当电流减至零后，交换恒流输出端的极性，使电流反向。再次增大电流，此时电流方向为负，记录相应的输出电压。

逐渐减小负向待测电流，从右到左记录相应的输出电压于表格的“增大电流”行中。电流减至零后，交换恒流输出端的极性，使电流反向。再次增大电流，此时电流方向为正，记录相应的输出电压。将待测电流调节至零。将偏置磁铁转到接近巨磁电阻传感器，调节磁铁与传感器的距离，使输出电压约为 150 mV。用与低磁偏置时同样的实验方法，测量适当磁偏置时待测电流与输出电压的关系。

用巨磁电阻传感器测量电流不用将测量仪器接入电路，不会对电路工作产生干扰，既可测量直流，也可测量交流，具有广阔的应用前景。

5. 巨磁电阻梯度传感器的特性及应用

将巨磁电阻电桥两对对角电阻分别置于集成电路两端，4 个电阻都不加磁屏蔽，即构成梯度传感器，如图 6.4.12 所示。

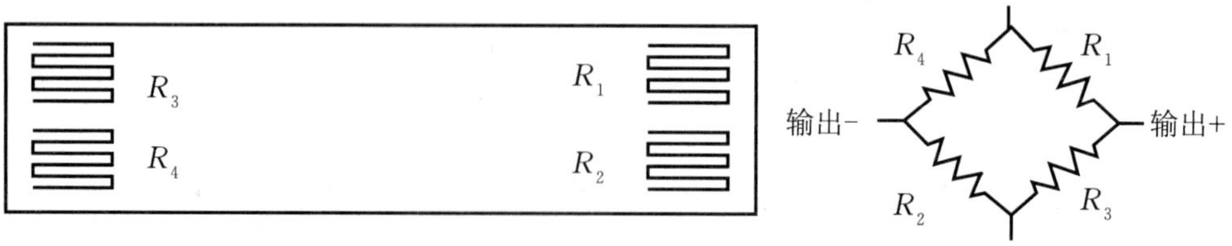

图 6.4.12 巨磁电阻梯度传感器结构图

这种传感器若置于均匀磁场中，由于 4 个桥臂电阻阻值变化相同，电桥输出为零。如果磁场存在一定的梯度，各巨磁电阻电阻感应到的磁场不同，磁阻变化不一样，就会有信号输出。如图 6.4.13 所示，以用巨磁电阻梯度传感器检测齿轮的角位移为例，说明其应用原理。

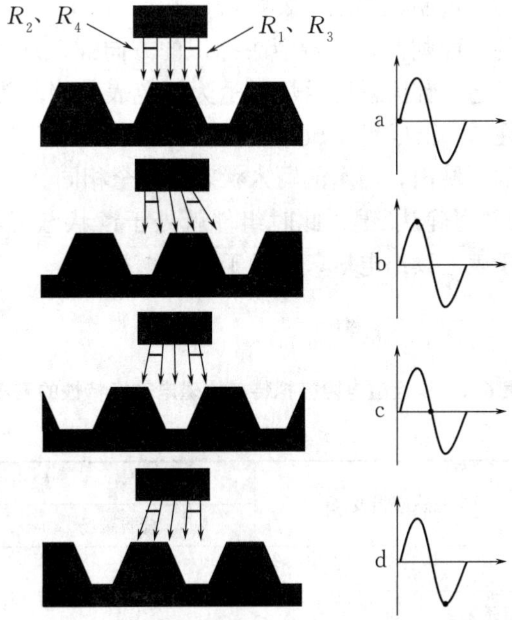

图 6.4.13　用巨磁电阻梯度传感器检测齿轮位移

将永磁体放置于传感器上方，若齿轮是铁磁材料，则永磁体产生的空间磁场在相对于齿牙不同位置时，产生不同的梯度磁场。a 位置时，输出为零；b 位置时，R_1、R_2感应到的磁场强于 R_3、R_4 感应到的磁场，输出正电压；c 位置时，输出为零；d 位置时，R_1、R_2感应到的磁场弱于 R_3、R_4 感应到的磁场，输出负电压。于是，在齿轮转动过程中，每转过一个齿牙便产生一个完整的输出波形。这一原理已普遍应用于转速(速度)与位移监控。

将实验仪 4 V 电压源接至角位移测量组件的“巨磁电阻供电”，角位移测量组件信号输出接到实验仪电压表。

逆时针慢慢转动齿轮，当输出电压为零时记录起始角度，以后每转 3°记录一次角度与电压表的读数。转动 48°时齿轮转过 2 齿，输出电压变化 2 个周期。

根据实验原理，判断巨磁电阻梯度传感器能否用于车辆流量监控。

6. 磁记录与读出

磁记录是当今数码产品记录与储存信息的最主要方式，由于巨磁电阻的出现，存储密度有了成百上千倍的提高。

在当今磁记录领域，为了提高记录密度，读写磁头是分离的。写磁头是绕线的磁芯，线圈中通过电流时产生磁场，在磁性记录材料上记录信息。巨磁电阻读磁头利用磁记录材料处于不同磁场中时电阻的变化读出信息。磁读写组件用磁卡做记录介质，磁卡通过写磁头时可写入数据，通过读磁头时将写入的数据读出来。

可自行设计一个二进制码，按二进制码写入数据，然后将读出的结果记录下来。

实验仪的 4 V 电压源接至磁读写组件的“巨磁电阻供电”，电路供电接口接至基本特性组件对应的电路供电输入插孔，磁读写组件接至实验仪电压表。同时按下“0/1 转换”和“写确认”键约 2 s 将读写组件初始化，初始化后才可以进行写和读。

将需要写入与读出的二进制数据记入表 6.4.6 中。

将磁卡有刻度区域的一面朝前，沿着箭头标识的方向插入划槽，按需要切换写“0”或写“1”状态(按“0/1 转换”键，当状态指示灯显示为红色表示当前为写“1”状态，绿色表示当前为写“0”状态)，按住“写确认”键不放，缓慢移动磁卡，以磁卡上各区域两边的边界线始末位置。在每个标定的区域内，磁卡的写入状态应完全相同。

完成写数据后，松开“写确认”键，此时组件就处于读状态了，将磁卡移动到读磁头处，根据刻度区域在电压表上读出电压，记录于表 6.4.6 中。

【数据处理】

表 6.4.1 巨磁电阻模拟传感器磁电转换特性的测量

电桥电压为 4 V

励磁电流/mA	磁感应强度/G	输出电压/mV	
		减弱磁场	增强磁场
100			
90			
80			
70			
60			
50			
40			
30			
20			
10			
5			
0			
−5			
−10			
−20			
−30			
−40			
−50			
−60			
−70			

续表

励磁电流/mA	磁感应强度/G	输出电压/mV	
		减弱磁场	增强磁场
−80			
−90			
−100			

根据螺线管上标明的线圈密度，由式(6.4.1)计算出螺线管内的磁感应强度大小 B。以磁感应强度大小 B 为横坐标，电压表的读数为纵坐标，作出磁电转换特性曲线。

表 6.4.2 巨磁电阻磁阻特性的测量

磁阻两端电压为 4 V

励磁电流/mA	磁感应强度/G	减弱磁场		增强磁场	
		磁阻电流/mA	磁阻/Ω	磁阻电流/mA	磁阻/Ω
100					
90					
80					
70					
60					
50					
40					
30					
20					
10					
5					
0					
−5					
−10					
−20					
−30					
−40					
−50					
−60					
−70					
−80					
−90					
−100					

根据螺线管上标明的线圈密度，由公式(6.4.1)计算出螺线管内的磁感应强度大小 B。由欧姆定律 $R=U/I$ 计算磁阻。以磁感应强度大小 B 为横坐标，以磁阻为纵坐标作出磁阻特性曲线。

外磁场的磁感应强度不同时磁阻的变化反映了巨磁电阻的磁阻特性，同一外磁场的磁感应强度下磁阻的差值反映了材料的磁滞特性。由于模拟传感器的两个磁阻位于磁通聚集器中，故与图 6.4.3 相比，我们作出的磁阻曲线斜率大了约 10 倍，磁通聚集器结构使磁阻灵敏度大大提高。

表 6.4.3 巨磁电阻开关(数字)传感器的磁电转换特性测量

高电平＝______V；低电平＝______V

减弱磁场			增强磁场		
开关动作	励磁电流/mA	磁感应强度/G	开关动作	励磁电流/mA	磁感应强度/G
关			关		
开			开		

根据螺线管上标明的线圈密度，由式(6.4.1)计算出螺线管内的磁感应强度大小 B。以磁感应强度大小 B 为横坐标，以电压表读数为纵坐标，作出巨磁电阻开关(数字)传感器的磁电转换特性曲线。

表 6.4.4 用巨磁电阻模拟传感器测量电流

待测电流/mA			300	200	100	0	−100	−200	−300
输出电压/mV	低磁偏置(约 25 mV)	减小电流							
		增大电流							
	适当磁偏置(约 150 mV)	减小电流							
		增大电流							

以电流读数为横坐标、以电压表的读数为纵坐标作图，分别作出 4 条曲线。

由测量数据及所作图形可以看出，适当磁偏置时线性较好，灵敏度(斜率)较高。由于待测电流产生的磁场远小于偏置磁场，磁滞对测量的影响也较小，根据输出电压的大小就可确定待测电流的大小。

表 6.4.5 齿轮角位移的测量

转动角度/(°)																	
输出电压/mV																	

以齿轮实际转过的度数为横坐标，以电压表的读数为纵坐标作图。

表 6.4.6 二进制数字的写入与读出

十进制数字								
二进制数字								
磁卡区域号	1	2	3	4	5	6	7	8
读出电平								

由于测试卡区域的两端数据记录可能不准确，因此实验中只记录中间的 1～8 号区域的数据。

【思考题】

(1)你认为巨磁电阻效应在哪些领域有应用前景？

(2)试分析不同磁偏置影响电流测量灵敏度的原因。

实验 6.5 密立根油滴实验测电子电量

著名的美国物理学家 R. 密立根(R. Millikan)在 1909 年到 1917 年期间所做的测量微小油滴上所带电荷的工作，即油滴实验，是物理学发展史上具有重要意义的实验之一。这一实验的设计思想简明巧妙、方法简单，而结论却具有不容置疑的说服力，因此这一实验堪称物理实验的精华和典范。密立根在这一实验工作上花费了近 10 年的心血，从而取得了具有重大意义的结果，那就是：(1)证明了电荷的不连续性；(2)测量并得到了元电荷，即电子电量，其值为 1.60×10^{-19} C。

随着科学技术的发展，对元电荷的测量精度不断提高，目前较精确的数据为

$$e=(1.602\ 177\ 33\pm0.000\ 000\ 49)\times10^{-19}\text{C}$$

正是由于这一实验的巨大成就，密立根荣获了 1923 年的诺贝尔物理学奖。

物理学的发展日新月异，近年来根据这一实验的设计思想改进的用磁漂浮的方法测量分数电荷的实验，使古老的实验又焕发了青春，也更说明密立根油滴实验是富有巨大生命力的实验。

【实验目的】

(1)验证电荷的不连续性，测量元电荷。

(2)了解 CCD 传感器、光学系统成像原理及视频信号处理技术的工程应用等。

【实验原理】

密立根油滴实验测定电子电荷的基本思想是观察和研究带电油滴在电场中的运动规律。

如图 6.5.1 所示，间距为 d 的两个带电平行板的上极板有一小孔供喷入油滴。当油滴经喷雾器喷出时，微小的油滴由于摩擦一般都已带电。按运动方式分类，油滴法测电子电量的方法可分为动态测量法和平衡测量法。

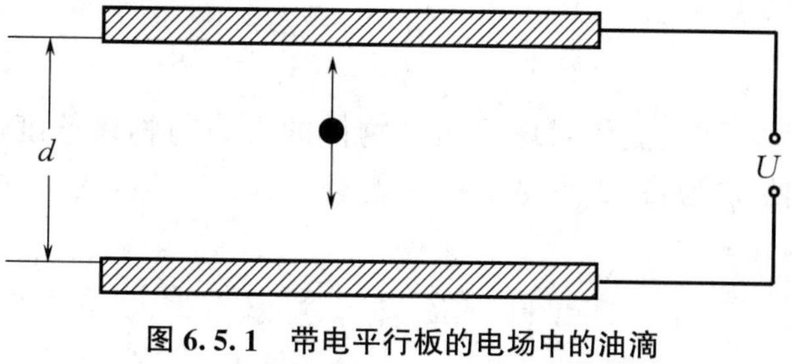

图 6.5.1 带电平行板的电场中的油滴

1. **动态测量法**

考虑重力场中一个足够小的油滴的运动，设此油滴半径为 r ，质量为 m_1，空气是黏性流体，两平行板间未加电压时，油滴在重力场中的受力情况如图 6.5.2 所示，油滴除重力和浮力外还受黏性阻力的作用。由斯托克斯定理可知，黏性阻力与物体的运动速度成正比。油滴将在重力场中加速下降，当速度达到 $\boldsymbol{v}_f$ 时，三力达到平衡，此后油滴以速度 $\boldsymbol{v}_f$ 匀速下落，则有

$$m_1 g - m_2 g = K v_f \tag{6.5.1}$$

式中，m_2 为与油滴同体积的空气的质量；K 为比例系数；g 为重力加速度。

若在两平行板间加上适当电压，设此油滴带电量为 q ，电场力 $q\boldsymbol{E}$ 的方向与重力的方向相反，油滴在均匀电场中加速上升，上升一段距离后达到受力平衡，如图 6.5.3 所示，此后以速度 $\boldsymbol{v}_r$ 匀速上升，则有

$$qE = (m_1 - m_2)g + K v_r \tag{6.5.2}$$

由式(6.5.1)和式(6.5.2)消去 K，可得

$$q = \frac{(m_1 - m_2)g}{E v_f}(v_f + v_r) \tag{6.5.3}$$

由式(6.5.3)可以看出，要测量油滴所带电量 q ，需要分别测出 m_1、m_2、E 、v_f 、v_r 等物理量。

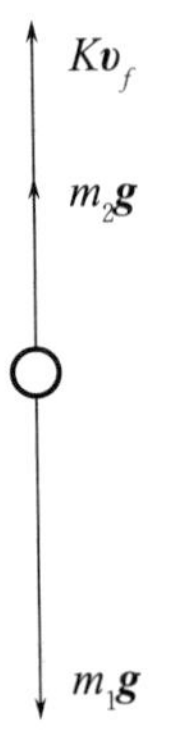

图 6.5.2　不加电场时油滴的受力情况

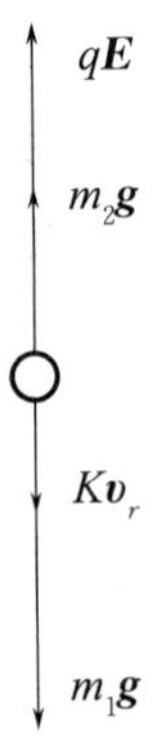

图 6.5.3　加电场时油滴的受力情况

由喷雾器喷出的小油滴的半径 r 是微米数量级，直接测量其质量 m_1 也是非常困难的，为此希望消去 m_1，而代之以容易测量的量。设油与空气的密度分别为 ρ_1、ρ_2，于是半径为 r 的油滴的视重为

$$m_1 g - m_2 g = \frac{4}{3}\pi r^3(\rho_1 - \rho_2)g \tag{6.5.4}$$

由斯托克斯定理，黏性流体对球形运动物体的阻力与物体速度成正比，其比例系数 K 为 $6\pi\eta r$ ，此处 η 为黏度系数，r 为物体半径。于是可将式(6.5.4)代入式(6.5.1)，有

$$v_f = \frac{2gr^2}{9\eta}(\rho_1 - \rho_2) \tag{6.5.5}$$

因此

$$r=\left[\frac{9\eta v_f}{2g(\rho_1-\rho_2)}\right]^{\frac{1}{2}} \tag{6.5.6}$$

将式(6.5.4)、式(6.5.6)代入式(6.5.3)并整理，得到

$$q=9\sqrt{2}\pi\left[\frac{\eta^3}{(\rho_1-\rho_2)g}\right]^{\frac{1}{2}}\frac{1}{E}\left(1+\frac{v_r}{v_f}\right)v_f^{\frac{3}{2}} \tag{6.5.7}$$

因此，测出 v_r、v_f 和 η、ρ_1、ρ_2、E 等宏观量即可得到 q 值。

考虑到油滴的直径与空气分子的间隙相当，空气已不能看作连续介质，其黏度系数 η 需作相应的修正：

$$\eta'=\eta/\left(1+\frac{b}{pr}\right)$$

式中，p 为空气压强；b 为修正常数，$b=0.008\ 23\ \text{N/m}$。因此

$$q=9\sqrt{2}\pi\left[\frac{\eta^3}{(\rho_1-\rho_2)g}\right]^{\frac{1}{2}}\frac{1}{E}\left(1+\frac{v_r}{v_f}\right)v_f^{\frac{3}{2}}\left(\frac{1}{1+\dfrac{b}{pr}}\right)^{\frac{3}{2}} \tag{6.5.8}$$

实验中，常常固定油滴运动的距离，通过测量油滴在距离 s 内的运动时间来求得其运动速度，且电场强度 $E=\dfrac{U}{d}$，d 为平行板间的距离，U 为所加的电压。因此，式(6.5.8)可写成

$$q=9\sqrt{2}\pi d\left[\frac{(\eta s)^3}{(\rho_1-\rho_2)g}\right]^{\frac{1}{2}}\frac{1}{U}\left(\frac{1}{t_f}+\frac{1}{t_r}\right)\left(\frac{1}{t_f}\right)^{\frac{1}{2}}\left(\frac{1}{1+\dfrac{b}{pr}}\right)^{\frac{3}{2}} \tag{6.5.9}$$

式(6.5.9)中有些量和实验仪器及条件有关，选定之后在实验过程中保持不变，如 d、s、ρ_1、ρ_2 及 η 等，将这些量与常数一起用 C 代表，可称为仪器常数，于是式(6.5.9)简化成

$$q=C\frac{1}{U}\left(\frac{1}{t_f}+\frac{1}{t_r}\right)\left(\frac{1}{t_f}\right)^{\frac{1}{2}}\left(\frac{1}{1+\dfrac{b}{pr}}\right)^{\frac{3}{2}} \tag{6.5.10}$$

由此可知，对于同一油滴，若 t_f 相同，U 与 t_r 不同，则其所带电量不同。

2. 平衡测量法

平衡测量法指调整两平行板间的电压使油滴在均匀电场中静止于某一位置。当油滴在电场中受力平衡时，可静止于某一位置，此时油滴在两平行板间受电场力 $q\boldsymbol{E}$、重力 $m_1\boldsymbol{g}$ 和浮力 $m_2\boldsymbol{g}$ 作用，则

$$qE=q\frac{U}{d}=(m_1-m_2)g$$

式中，U 为平衡电压。实验表明，对于同一油滴，如果改变油滴的电量（q_1、q_2、q_3……），则平衡电压（U_1、U_2、U_3……）只能是一些不连续的特定值，这说明电荷的量值是离散的，电荷存在最小的基本单元。将 $\dfrac{1}{t_r}=0$ 代入式(6.5.9)，则有

$$q=9\sqrt{2}\pi d\left[\frac{(\eta s)^{3}}{(\rho_{1}-\rho_{2})g}\right]^{\frac{1}{2}}\frac{1}{U}\left(\frac{1}{t_{f}}\right)^{\frac{3}{2}}\left(\frac{1}{1+\frac{b}{pr}}\right)^{\frac{3}{2}} \tag{6.5.11}$$

3. 元电荷的测量方法

测量油滴所带电量的目的是找出电荷的最小单位 e 。为此可以对不同的油滴分别测出其所带的电量 q_i，它们应近似为某一最小单位的整数倍，即油滴所带电量的最大公约数或油滴所带电量之差的最大公约数是元电荷。

实验中常采用紫外线、X 射线或放射源等改变同一油滴所带的电量，测量油滴所带电量的改变量 Δq_i，而 Δq_i 应是元电荷的整数倍，即

$$\Delta q_i=n_ie\ (\text{其中 } n_i \text{ 为一整数}) \tag{6.5.12}$$

也可用作图法求 e 值，根据式(6.5.12)，e 为直线方程的斜率，通过拟合直线即可求得 e 值。

【实验仪器】

油滴实验仪，由主机、CCD 成像系统、油滴盒、监视器等部件组成。

主机包括可控高压电源、计时装置、A/D 采样、视频处理等单元模块；CCD 成像系统包括 CCD 传感器、光学成像部件等；油滴盒包括高压电极、照明装置、防风罩等部件；监视器是视频信号输出设备。

CCD 成像系统用来捕捉暗室中油滴的像，同时将图像信息传给主机的视频处理模块。实验过程中可以通过调焦旋钮来改变物距，使油滴的像清晰地呈现在 CCD 传感器的窗口内。

通过电压调节旋钮可以调整极板之间的电压，用来控制油滴的平衡、下落及提升。

“计时开始/结束”键用来计时；“0V/工作”键用来切换仪器的工作状态；“平衡/提升”键用来切换油滴平衡或提升状态；“确认”键用来将测量数据显示在屏幕上，从而省去了每次测量完成后手工记录数据的过程，使操作者把更多的注意力集中到实验本质上来。

油滴盒是一个关键部件，具体构成如图 6.5.4 所示。

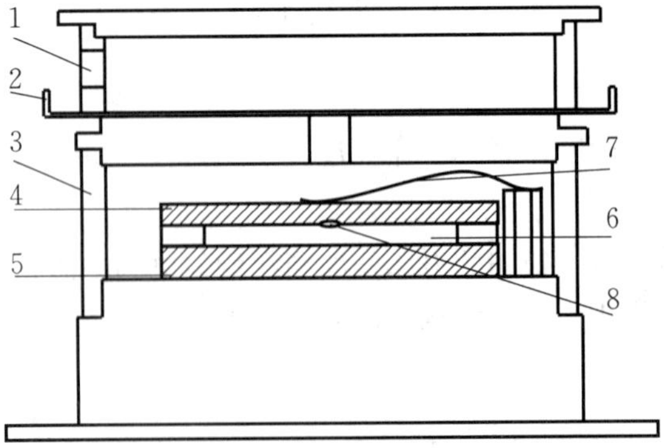

1—喷雾口；2—进油量开关；3—防风罩；4—上极板；
5—下极板；6—油滴室；7—上极板压簧；8—落油孔。

图 6.5.4 油滴盒装置示意图

上、下极板之间通过胶木圆环支撑，三者之间的接触面经过机械精加工后可以将极板间的不平行度、间距误差控制在 0.01 mm 以下，这种结构基本上消除了极板间的势垒效应及边缘效应，较好地保证了油滴室处在匀强电场之中，从而有效地减小了实验误差。

胶木圆环上开有两个进光孔和一个观察孔，光源通过进光孔给油滴室提供照明，而成像系统则通过观察孔捕捉油滴的像。

光源为带聚光的高亮发光二极管，其使用寿命长、不易损坏；油雾杯可以暂存油雾，使油雾不致过早地散逸；进油量开关可以控制落油量；防风罩可以避免外界空气流动对油滴测量造成影响。

【实验内容和步骤】

学习控制油滴在视场中的运动，并选择合适的油滴测量元电荷。要求至少测量 5 个不同的油滴，对每个油滴至少测量 5 次。

1. 调整油滴实验仪

1)水平调整

调整实验仪底部的旋钮(顺时针旋转时仪器升高，逆时针旋转时仪器下降)，通过水准仪将实验平台调平，使平衡时电场方向与重力方向平行以免引起实验误差。极板平面是否水平决定了油滴在下落或提升过程中是否会发生前后、左右的漂移。

2)喷雾器调整

实验前应对仪器油滴盒内部进行清洁，防止异物堵塞落油孔。将少量钟表油缓慢地倒入喷雾器的储油腔内，使钟表油淹没提油管下方(油不要太多，以免实验过程中不慎将油倾倒至油滴盒内堵塞落油孔)。将喷雾器竖起，用手挤压气囊，使提油管内充满钟表油。

3)CCD 成像系统调整

从喷雾口喷入油雾，此时监视器上应该出现大量运动油滴的像。若没有看到油滴的像，则需调整调焦旋钮或检查喷雾器是否有油雾喷出，直至得到清晰的油滴图像。

2. 选择适当的油滴并练习控制油滴

1)平衡电压的确认

仔细调节电压调节旋钮使油滴平衡在某一格线上，等待一段时间，观察油滴是否飘离格线。若其向同一方向飘动，则需重新调整；若其基本稳定在格线或只在格线上下做轻微的布朗运动，则可以认为其基本达到了力学平衡。由于油滴在实验过程中处于挥发状态，在对同一油滴进行多次测量时，每次测量前都需要重新调整平衡电压，以免引起较大的实验误差。事实证明，同一油滴的平衡电压将随着时间的推移会出现有规律地递减现象，且其对实验误差的贡献很大。应当注意的是，在仪器内存在高压，实验人员要避免用手接触电极。

2)控制油滴的运动

选择适当的油滴，调整平衡电压，使油滴平衡在某一格线上。将工作状态按键切换至“0 V”，绿色指示灯点亮，此时上、下极板同时接地，电场力为零，油滴将在重力、浮力及空气阻力的作用下做下落运动。当油滴下落到有“0”标记的刻度线时，立刻按下“计时开始”键，计时器开始记录油滴下落的时间；待油滴下落至有距离标志(例如 1.6)的格线时，立即按下“计时结束”键，计时器停止计时。经历一小段时间后“0V/工作”键自动切换至“工作”状态(“平衡/提升”键处于“平衡”状态)，此时油滴将停止下落，可以通过“确认”键将此次测量数据记录到屏幕上。此时仪器根据平衡或提升状态分两种情形：若置于“平衡”状态，则可以通过电压调节旋钮调整平衡电压；若置于“提升”状态，则极板电压将在原平衡电压的基础上再增加 200 V，用来向上提升油滴。

3)选择适当的油滴

要做好油滴实验，所选油滴应该质量、体积适中而带电不多。太大的油滴虽然明亮，但一般带的电荷多，下降或提升速度太快，不容易测准确；太小的油滴则受布朗运动的影响明显，测量时涨落较大，也不容易测准确。建议选择平衡电压在 150 V 和 400 V 之间、下落时间在 20 s(当下落距离为 2 mm 时)左右的油滴进行测量。实验过程中，注意调整进油量开关，应避免外界空气流动对油滴测量造成影响。

具体操作：将计时器置为“结束”，工作状态置为“工作”，“平衡/提升”置为“平衡”，通过电压调节旋钮将电压调至 400 V 以上，喷入油雾，此时监视器出现大量运动油滴的像，选取上升较慢且明亮的油滴进行观察，然后降低电压，使之达到平衡状态。随后将工作状态置为“0V”，油滴下落，在监视器上选择下落一格的时间约为 2 s 的油滴进行测量，“确认”键用来实时记录屏幕上的电压值及计时值。当记录 5 组后，按下“确认”键，在界面的左面将出现 $\bar{V}$ (5 组电压的平均值)、$\bar{t}$ (5 组下落时间的平均值)、$\bar{Q}$ (该油滴的五次测量的平均电荷量)的数值。若需继续实验，按“确认”键。

3. 正式测量

可选用平衡测量法(推荐)和动态测量法进行实验测量。

1)平衡测量法

平衡测量法是指为了减少实验的偶然误差，采用多次测量的方法。在本实验中至少测 5 个油滴，每个油滴测 5 次。设计实验表格，填入实验数据。

平衡测量法依据的公式为

$$q=9\sqrt{2}\pi d\left[\frac{(\eta s)^{3}}{(\rho_1-\rho_2)g}\right]^{\frac{1}{2}}\frac{1}{U}\left(\frac{1}{t_f}\right)^{\frac{3}{2}}\left[\frac{1}{1+\dfrac{b}{pr}}\right]^{\frac{3}{2}}$$

其中

$$r=\left[\frac{9\eta s}{2g(\rho_1-\rho_2)t_f}\right]^{\frac{1}{2}}$$

2)动态测量法(选做)

动态测量法是分别测出下落时间 t_f 、提升时间 t_r 及提升电压 U ，并代入式(6.5.9)即可求得油滴带电量 q 。动态测量法分两步完成，具体操作如下。

(1)油滴下落过程的测量。其操作同平衡测量法。完成该步骤后，如果对本次测量结果满意，则可以按下“确认”键保存这个步骤的测量结果，如果不满意，则可以删除。

(2)使油滴处于距离标志格线以下，通过“0V/工作”键和“平衡/提升”键配合使油滴下偏距离标志格线一定距离，然后调节电压调节旋钮加大电压，使油滴上升。当油滴到达距离标志格线时，立即按下“计时开始”键，计时器开始计时。当油滴上升到“0”标记格线时，立即按下“计时结束”键，计时器停止计时，但油滴继续上移。然后调节电压调节旋钮再次使油滴平衡于“0”标记格线以上。如果对本次实验结果满意，则按下“确认”键保存本次实验结果。

重复以上步骤，完成 5 次完整实验，然后按下“确认”键，出现实验结果画面。实验仪对动态测量法没有提供计算功能，需要自己记录数据，利用计算软件计算。

【数据处理】

表 6.5.1　密立根油滴实验数据表

第 1 个油滴

	下落时间 t_f/s	平衡电压 U/V	带电量 $q/10^{-19}$C	电子数 n_e
1				
2				
3				
4				
5				

第 2 个油滴

	下落时间 t_f/s	平衡电压 U/V	带电量 $q/10^{-19}$C	电子数 n_e
1				
2				
3				
4				
5				

第 3 个油滴

	下落时间 t_f/s	平衡电压 U/V	带电量 $q/10^{-19}$C	电子数 n_e
1				
2				
3				
4				
5				

第 4 个油滴

	下落时间 t_f/s	平衡电压 U/V	带电量 $q/10^{-19}$C	电子数 n_e
1				
2				
3				
4				
5				

续表

第 5 个油滴				
	下落时间 t_f/s	平衡电压 U /V	带电量 $q/10^{-19}$C	电子数 n_e
1				
2				
3				
4				
5				

【思考题】

(1)未加任何电压的情况下，一个油滴下落极快或极慢的原因是什么？对测量会带来什么影响？

(2)若一个油滴所需平衡电压太大或太小，分别说明了什么？

(3)观察中发现油滴图像变模糊，这表明出现了什么问题？为什么会发生这种现象？如何处理？

实验 6.6 混沌通信原理及应用实验

混沌通信原理及应用实验

非线性科学和复杂系统的研究是 21 世纪科学研究的一个重要方向。非线性科学的研究对生物、物理、化学、气象等学科的研究都有着重要意义。近 20 多年来，混沌作为非线性科学中的主要研究对象之一，在许多领域内都得到了应用。混沌作为一门新学科，填补了自然界决定论和概率论之间的鸿沟。混沌是对经典决定论的否定，但本身有其特有的规律。研究混沌的目的是揭示貌似随机的现象背后所隐藏的规律。

混沌运动最主要的特征是具有初值敏感性和长时间发展趋势的不可预见性。混沌研究表明，一个完全确定的系统，即使非常简单，但是由于系统内部的非线性作用，同样具有内在的随机性，可以产生随机性的非周期运动——混沌。在许多非线性动力学系统中，既有周期运动也有混沌运动。混沌运动不是由外噪声引起的，而是非线性方程所特有的一种解。混沌吸引子是由确定性方程中非线性因素直接得到的具有随机性运动的一种状态。本实验通过一个简单的电路产生混沌，讨论倍周期分岔产生混沌的过程，同时了解非线性电阻对产生混沌的作用，了解混沌现象的一些基本特征。

【实验目的】

(1)了解非线性电阻的伏安特性。

(2)调节并观察非线性电路振荡周期分岔现象和混沌现象。

(3)调试并观察混沌同步波形。

(4)用混沌电路方式传输键控信号。

(5)用混沌电路方式实现传输信号的掩盖与解密。

【实验原理】

1. 离散混沌系统的电路实验原理

一般说来，非线性离散系统可以写成

$$X_{n+1}=G(X_n, \mu) \tag{6.6.1}$$

式中，$X \in R^N$（N 维空间的矢量）；μ 为系统的参量集合；G 为非线性函数。构造离散系统的电路大致可以分两步进行：先由式(6.6.1)的 G 函数形式建立对应的模拟电路，为了简便起见，假设 G 函数是多项式的形式，且最高次幂是二阶的，这样只需用运算放大器和乘法器以及电阻和电容等器件就可以组成相应的模拟电路；然后再利用采样保持电路实现连续状态量的离散化。下面以一种最典型的离散映像——逻辑斯谛(logistic)映射为例说明具体的电路实现过程。

逻辑斯谛映射也称为虫口模型，可以用于描述某些昆虫世代繁衍的规律，方程为

$$x_{n+1}=\mu x_n(1-x_n), \ \mu \in [0, 4], \ x_n \in [0, 1] \tag{6.6.2}$$

式中，μ 是系统的可调参量；x_n 是第 n 年昆虫的数目。逻辑斯谛映射形式简单，只有二次项，在时间上离散，在状态上连续，是一个很好的研究混沌基本特性的模型。理论研究表明，随着 μ 值由小至大变化，系统出现倍周期分岔，并通过倍周期分岔通向混沌。

2. 蔡氏电路

混沌产生的必要条件是系统具有非线性因素。现讨论非线性电路系统中的一种最简单的电路——蔡氏电路，如图 6.6.1 所示。电路中一共只需要 5 个基本电路元件：L、C_1、G、C_2 和 R。

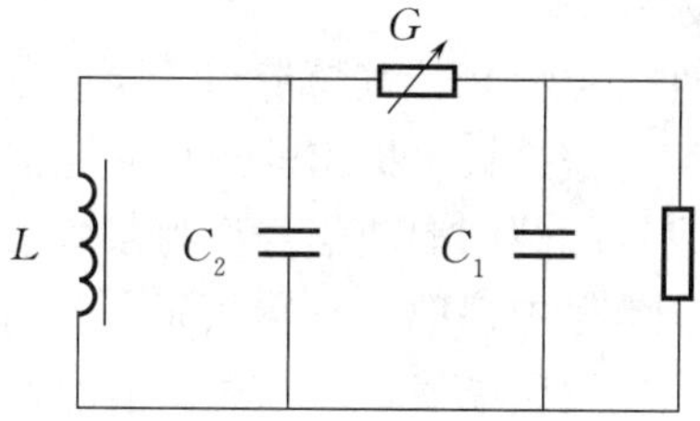

图 6.6.1　蔡氏电路原理图

在电路中电感 L 和电容 C_2 并联构成一个 LC 振荡电路；可变电阻 G 的作用是把振荡信号耦合到非线性电阻 R 上；理想的非线性元件 R 是一个分段线性的电阻。根据电路原理图可建立方程组：

$$C_1 \frac{dU_{C_1}}{d\tau}=\frac{1}{R_0}(U_{C_2}-U_{C_1})-f(U_{C_1})$$

$$C_2 \frac{dU_{C_2}}{d\tau}=i_L-\frac{1}{R_0}(U_{C_2}-U_{C_1})$$

$$L \frac{di_L}{d\tau}=-U_{C_2}$$

式中，U_{C_1}、U_{C_2} 分别是电容 C_1、C_2 上的电压；R_0 是 G 的电阻；i_L 是电感 L 上的电流；$f(U_{C_1})$ 是一个分段线性的函数。由于 $f(U_{C_1})$ 是非线性变化的，所以上面的 3 个非线性微分方程组一般没有解析解。用计算机模拟方程的解，可以看到系统从不动点解，通过倍周期分岔走向混沌的过程。事实上，在这个过程中还有许多丰富有趣的现象，如周期 3 解、阵发混沌、两带混沌等，这些现象可以在计算机模拟中通过仔细调整系统参数和初始条件得到。除计算机数值模拟外，更直接的方法是用示波器来观察混沌现象。

3. 基于混沌同步的蔡氏电路加密通信原理

1990 年，L. 佩科拉(L. Pecora)和 T. 卡罗尔(T. Carroll)首次提出了混沌同步的概念，以此研究混沌系统的完全同步以及广义同步、相同步、部分同步等问题成为混沌领域中非常活跃的课题，利用混沌同步进行保密通信也成为混沌理论研究的一个大有希望的应用方向。

我们可以对混沌同步进行如下描述：两个或多个混沌动力学系统，如果除了自身随时间的演化，还有相互耦合作用；这种作用既可以是单向的，也可以是双向的，当满足一定条件时，在耦合的影响下，这些系统的状态输出就会逐渐相近直至完全相等，称为混沌同步。实现混沌同步的方法很多，本实验介绍利用驱动-响应方法实现混沌同步。

混沌同步实验电路如图 6.6.2 所示。该电路由三部分组成，第Ⅰ部分为驱动系统(蔡氏电路 1)，第Ⅱ部分为响应系统(蔡氏电路 2)，第Ⅲ部分为单向耦合电路，用由运算放大器组成的隔离器和耦合电阻实现对单向耦合和耦合强度的控制。当耦合电阻无穷大(即蔡氏电路 1 和蔡氏电路 2 断开)时，驱动系统和响应系统为独立的两个蔡氏电路，用示波器分别观察电容 C_1 和电容 C_2 上的电压信号组成的相图 $V_{C_1}-V_{C_2}$，调节电阻 R 使系统处于混沌状态。调节耦合电阻，当混沌同步实现时，即 $V_{C_1^{(1)}}=V_{C_1^{(2)}}$，两者组成的相图为一条通过中点的 45°直线。影响这两个混沌系统同步的主要因素是两个混沌电路中元件的选择和耦合电阻的大小。在实验中当两个系统的各元件参数基本相同(相同标称值的元件也有 ±10% 的误差)时，同步态较容易实现。

由于混沌信号具有非周期性、类噪声、宽频带和长期不可预测等特点，所以适用于加密通信、扩频通信等领域。混沌掩盖是较早提出的一种混沌加密通信方式，又称混沌遮掩或混沌隐藏，其基本思想是在发送端利用混沌信号作为载体来隐藏信号或遮掩所要传送的信息，使得消息信号难以从混合信号中提取出来，从而实现加密通信。在接收端则利用与发送端同步的混沌信号解密，恢复发送端发送的信息。混沌信号和消息信号结合的主要方法有相乘、相加或加乘结合等。这里仅介绍将消息信号和混沌信号直接相加的掩盖方法，以供参考。

在混沌同步的基础上，接通图 6.6.2 所示电路中的开关 S_1、S_2，可以进行加密通信实验。

假设 $x(t)$ 是发送端产生的混沌信号，$s(t)$ 是要传送的消息信号，在实验中，消息信号为方波或正弦信号，由信号发生器输出。经过混沌掩盖后，传输信号为 $c(t)=x(t)+s(t)$。接收端产生的混沌信号为 $x'(t)$，当接收端和发送端同步时，有 $x'(t)=x(t)$，$c(t)-x'(t)=s(t)$，即可恢复消息信号。用示波器观察传输信号，并比较要传送的消息信号和恢复的消息信号。在实验中，信号的加法运算及减法运算可以通过运算放大器来实现。

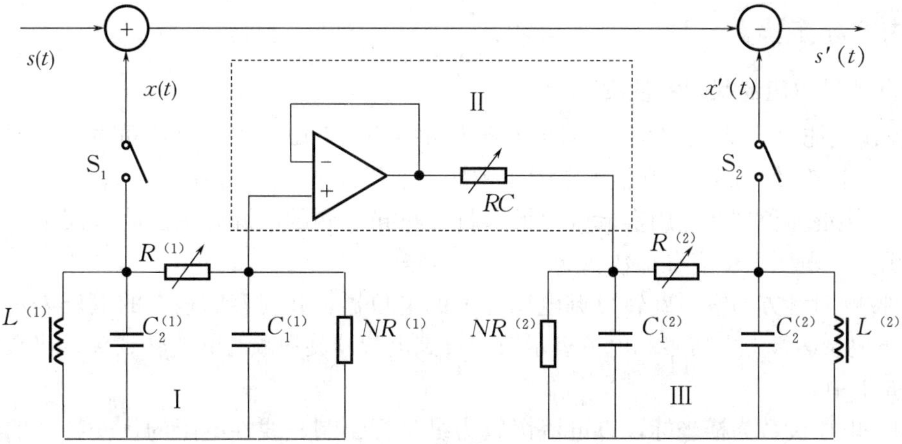

图 6.6.2　混沌同步实验电路

需要指出的是，实验中采用的是信号直接相加进行混沌掩盖，当消息信号幅度比较大而混沌信号相对比较小时，消息信号不能被掩蔽在混沌信号中，从而在传输信号中可以看出消息信号的波形，因此，实验中要求信号发生器输出的消息信号比较小。

【实验仪器】

混沌原理及应用实验仪(见图 6.6.3)、一台双通道示波器、一台信号发生器、两根电缆连接线。

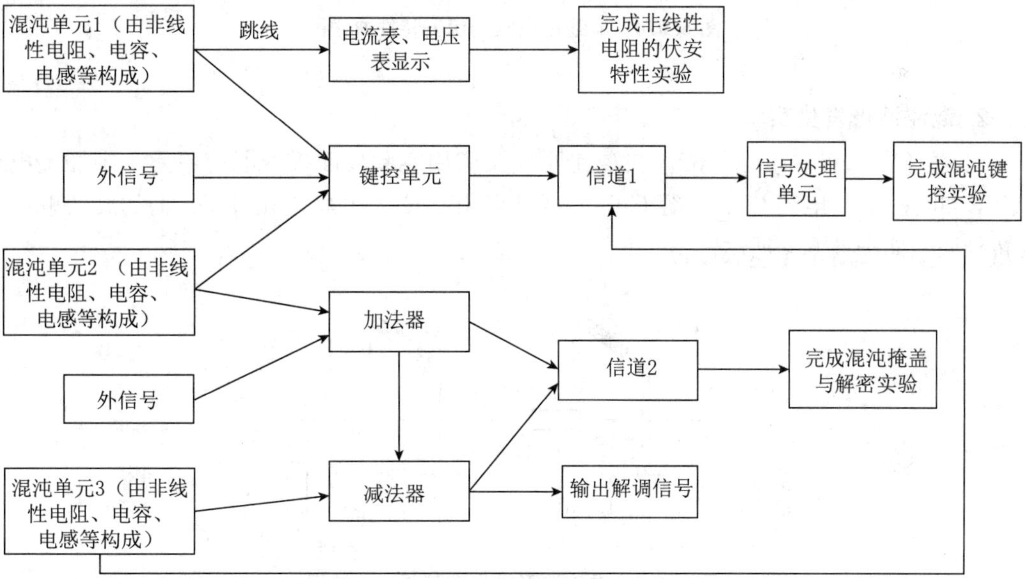

图 6.6.3　混沌原理及应用实验仪工作原理图

【实验内容和步骤】

1. 非线性电阻的伏安特性实验

（1）在混沌原理及应用实验仪面板上插上跳线模块 J01、J02，并将可调电压源处电位器旋钮逆时针旋转到最底，在混沌单元 1 中插上非线性电阻 NR_1。

（2）连接混沌原理及应用实验仪电源，打开机箱后侧的电源开关。此时面板上的电流表应有示数，电压表也应有示数。

（3）按顺时针方向慢慢旋转可调电压源上的电位器，并观察面板上的电压表示数，每隔 0.2 V 记录面板上电压表和电流表示数，直到电位器旋钮顺时针旋转到头，将数据记录于表 6.6.1 中。

（4）以电压读数为横坐标，以电流读数为纵坐标绘制非线性电阻的伏安特性曲线，如图 6.6.4 所示。

（5）找出曲线拐点，分别计算 5 个区间的等效电阻值。

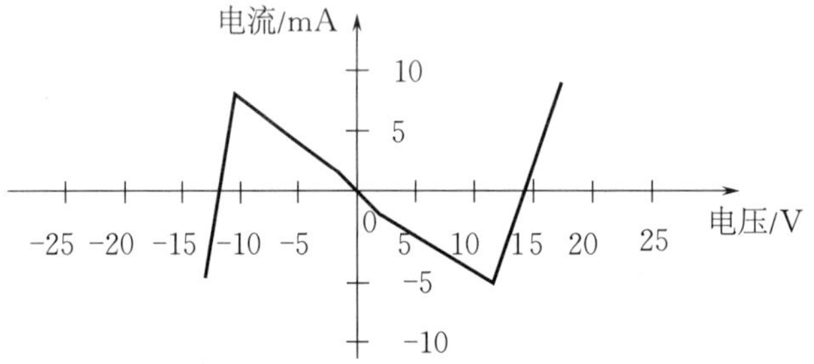

图 6.6.4　非线性电阻的伏安特性曲线图

2. 混沌波形发生实验

（1）拔除跳线模块 J01、J02，在混沌原理及应用实验仪面板的混沌单元 1 中插上电位器 W_1、电感 L_1、电容 C_1、电容 C_2、非线性电阻 NR_1，并将电位器 W_1 上的旋钮顺时针旋转到底，如图 6.6.5 所示。

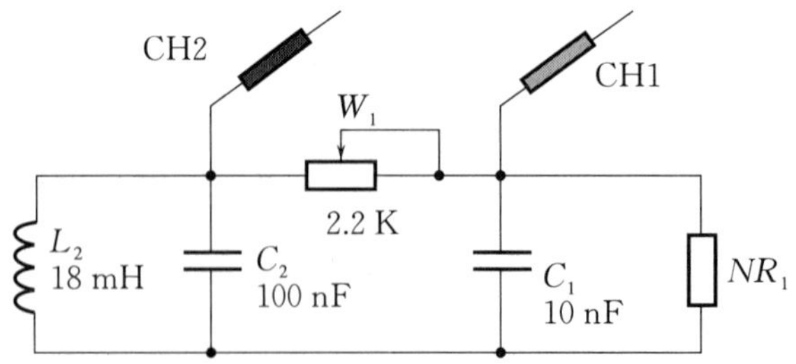

图 6.6.5　混沌波形发生实验原理连接图

（2）用两根线分别将示波器的 CH1 和 CH2 端口连接到混沌原理及应用实验仪面板上标有 Q8、Q7 座处。打开机箱后侧的电源开关。

（3）把示波器的时基挡切换到 $X-Y$ 挡。调节示波器通道 CH1 和 CH2 的电压挡位，使示波器显示屏上能显示整个波形，逆时针旋转电位器 W_1 直到示波器上的混沌波形变为一个点，然后慢慢顺时针旋转电位器 W_1 上的旋钮并观察示波器。在示波器上将逐次出现单周期分岔、双周期分岔、四周期分岔、多周期分岔、单吸引子、双吸引子波形图，如图 6.6.6 所示。

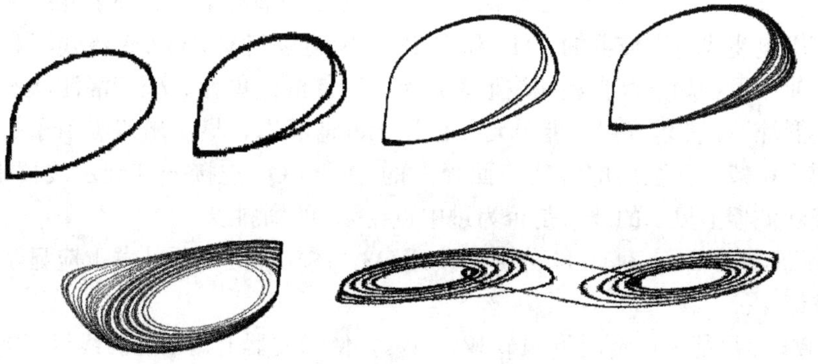

图 6.6.6　混沌波形示意图

注意，在调试出双吸引子波形图时，观察电位器的可变范围。即在某一范围内变化，双吸引子都会存在。最终应该将电位器调节到这一范围的中间点，这时双吸引子状态最为稳定，并易于观察清楚。

3. 混沌电路同步实验

由于混沌单元 2 与混沌单元 3 的电路参数基本一致，其自身的振荡周期也具有很大的相似性，只是相位不一致，所以看起来都杂乱无章，看不出它们的相似性。如果能让相位同步，将会发现它们的振荡周期非常相似。特别是对 W_2 和 W_3 进行适当调整，会发现它们的振荡波形不仅周期非常相似，幅度也基本一致，整个波形具有相当大的等同性。相位同步的方法之一就是让其中一个单元接受另一个单元的影响。受影响大，则能较快同步；受影响小，则同步较慢或不能同步。为此，在两个混沌单元之间加入"信道 1"模块。

"信道 1"模块由一个射随器、一只电位器及一个信号观测口组成。射随器的作用是单向隔离，它让前级(混沌单元 2)的信号通过，再经电位器 W_4 后去影响后级(混沌单元 3)的工作状态，而后级的信号却不能影响前级的工作状态。

混沌单元 2 的信号经射随器后，其信号特性基本可认为没发生改变，等于原来混沌单元 2 的信号，即电位器 W_4 左方的信号为混沌单元 2 的信号，右方的为混沌单元 3 的信号。

电位器 W_4 的作用为调整自身阻值改变混沌单元 2 对混沌单元 3 的影响程度。

具体操作步骤如下。

(1)插上面板上混沌单元 2 和混沌单元 3 的所有电路模块。按照实验 2 的方法将混沌单元 2 和混沌单元 3 分别调节到混沌状态，即双吸引子状态。将电位器调节到保持双吸引子状态的中点；调试混沌单元 2 时，将示波器接到 Q5、Q6 座处；调试混沌单元 3 时，将示波器接到 Q3、Q4 座处。

(2)插上"信道 1"模块和键控器，将键控器上的开关置于"1"。用电缆线将面板上的 Q3 和 Q5 分别连接到示波器上的 CH1 和 CH2，调节示波器 CH1 和 CH2 的电压挡位到 0.5 V。

(3)细心微调混沌单元 2 的 W_2 和混沌单元 3 的 W_3，直到示波器上显示的波形成为过中点约 45°的细斜线。如果两路波形完全相等，这条线将是一条非常干净的 45°直线。在波形中，45°表示两路波形的幅度基本一致，线的长度表示波形的振幅，线的粗细代表两路波形的幅度和相位在细节上的差异，所以这条线的优劣程度表示两路波形的同步程度。应尽可能地将这条线调细，但同时必须保证混沌单元 2 和混沌单元 3 处于混沌状态。

检查：用电缆线将示波器的 CH1 和 CH2 分别连接到 Q6 和 Q5 座处，观察示波器上是否存在混沌波形，如不存在混沌波形，调节 W_2 使混沌单元 2 处于混沌状态。再用同样的方法检查混沌单元 3，确保混沌单元 3 也处于混沌状态，显示出双吸引子。此时需要重复刚才的同步调节，直至用电缆线将面板上的 Q3 和 Q5 连接分别到示波器上的 CH1 和 CH2，检查示波器上显示的波形是否为过中点约 45°的细斜线。

(4)将示波器的 CH1 和 CH2 分别连接到 Q3 和 Q6 座处，示波器上应显示混沌状态的双吸引子波形图。

(5)在 W_4 尽可能大的情况下调节 W_2、W_3，使示波器上显示的斜线尽可能细。

4. 混沌掩盖与解密实验

(1)对模拟信号进行混沌加密通信的工作原理如图 6.6.7 所示。使用加法器把混沌信号加入传输信号进行掩盖，然后利用混沌同步信号进行解调。

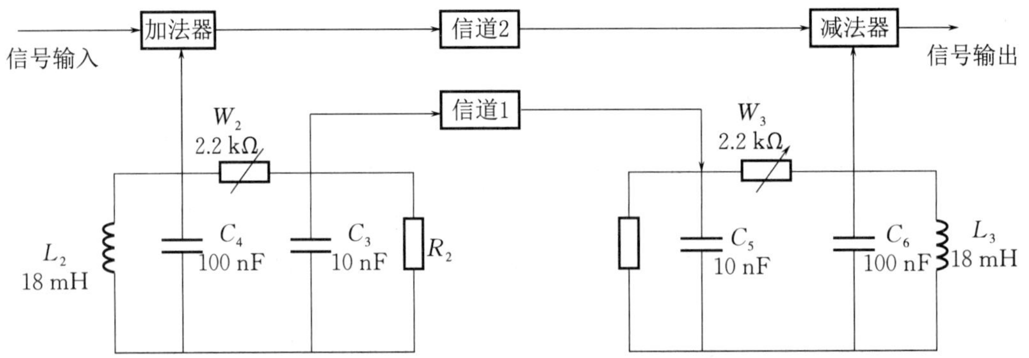

图 6.6.7 混沌掩盖与解密原理示意图

(2)首先在混沌原理及应用实验仪的面板上插上混沌单元 2 和混沌单元 3 的所有电路模块。按照实验 2 的方法将混沌单元 2 和混沌单元 3 调节到混沌状态。

(3)按照实验 3 的步骤将混沌单元 2 和混沌单元 3 调节到混沌同步状态。

(4)插上减法器、信道 1、信道 2、加法器，将示波器 CH1 端口连接到 Q2 座处。

(5)把示波器的时基切换到 $Y-T$ 挡并将电压挡旋转到 500 mV 位置、时间挡旋转到 10 ms 位置、耦合挡切换到交流位置，Q10 座处连接信号发生器的输出口，调节信号发生器的输出信号的频率为 100～200 Hz、输出幅度为 50 mV 左右的正弦信号。

(6)用示波器探头测量信道 2 上面的测试口“TEST 2”的输出波形，观察外输入信号被混沌掩盖后的加密信号波形，如图 6.6.8 所示。

(7)逆时针调节 W_4 上的旋钮，直到示波器上出现频率为输入频率、幅度约为 0.7 V 且叠加有一定噪声的正弦信号。细心调节 W_2 和 W_3，使噪声最小。如图 6.6.9 所示，比较输入信号波形与解密后的波形的差别。

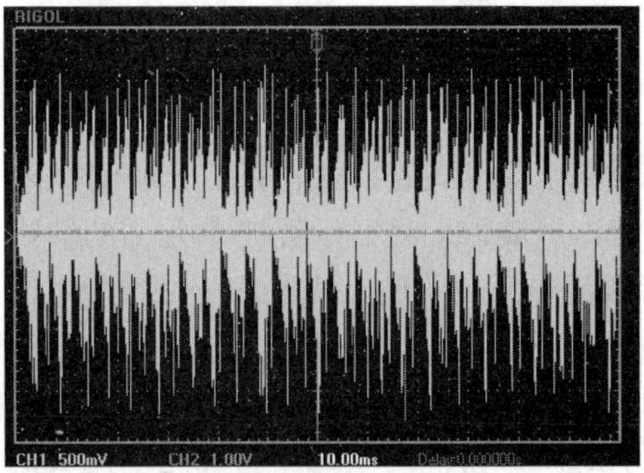

图 6.6.8 被掩盖的信号波形

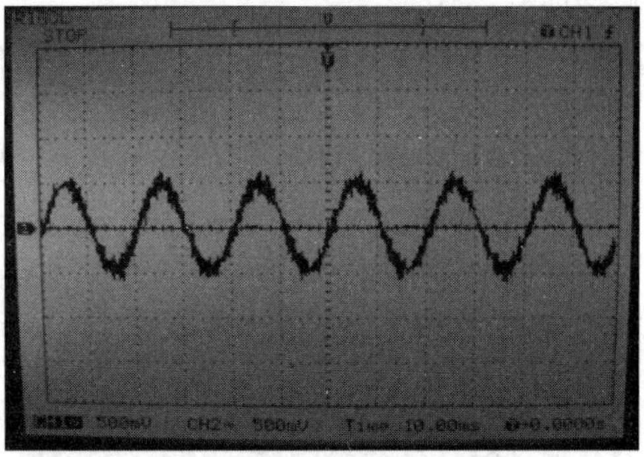

图 6.6.9 混沌解密波形

5. 混沌键控实验

混沌键控实验的目的是通过混沌信号对数字信号进行加密。

实验的操作原理图如图 6.6.10 所示。当将信号选择开关拨到“1”时，选择手动按键产生的键控信号，不按按键时输出低电平，按下按键时输出高电平，低电平为 0 V，高电平为 5 V；当将信号选择开关拨到“2”时，选择电路自身产生的方波信号，周期约为 40 ms，低电平为 0 V，高电平为 5 V；当将信号选择开关拨到“3”时，选择外部输入的数字信号，要求最高频率小于 100 Hz，低电平为 0 V，高电平为 5 V。

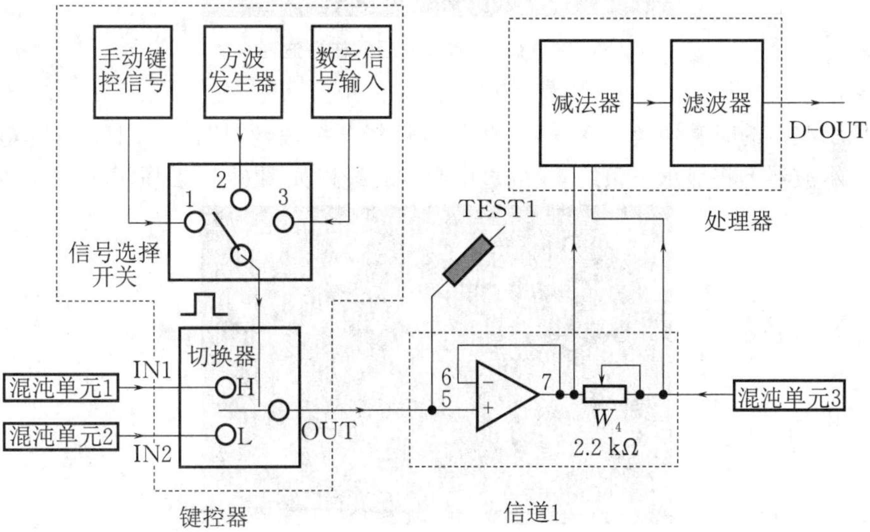

图 6.6.10 混沌键控实验原理图

(1)在面板上插上混沌单元 1、混沌单元 2、混沌单元 3，按照实验 2 的方法分别将混沌单元 1、混沌单元 2 和混沌单元 3 调节到混沌状态。按照实验 3 的方法调节混沌单元 2 和混沌单元 3 同步。

(2)在面板上插上键控器及处理器，将键控器开关拨到“1”。将 CH1 与 Q6 连接，示波器时基切换到 $Y-T$ 挡，在混沌单元 2 的混沌状态内，调整 W_2 以挑选一个峰-峰值(如 9 V)，

然后保证 W_2 不动。

(3)将 CH1 与 Q4 连接，在混沌单元 3 的混沌状态内，调整 W_3 使输出的波形峰-峰值与步骤(2)一样，然后保证 W_3 不动。

(4)在面板上插上“信道 1”，调节 W_4 置中或更大，将 CH1 与信道 1 上的测试插座“TEST 1”连接好。此时按住键控器上的蓝色按键，示波器上将显示混沌单元 1 的输出波形；松开键控器上的蓝色按键，示波器上将显示混沌单元 2 的输出波形。

(5)按下蓝色按键，在混沌单元 1 的混沌状态内，调整 W_1，使此时“混沌单元 1”的峰-峰值为 V_{pp}(如 10 V)；然后松开按键，调整 W_5，使混沌单元 2 的峰-峰值也为 V_{pp} 左右。然后将信号选择开关拨到“2”，此时示波器上显示的波形为混沌单元 1 与混沌单元 2 的交替输出的波形，如图 6.6.11 所示，此波形的峰-峰值看不出交替变化的痕迹。最后保证 W_1 和 W_5 不动。

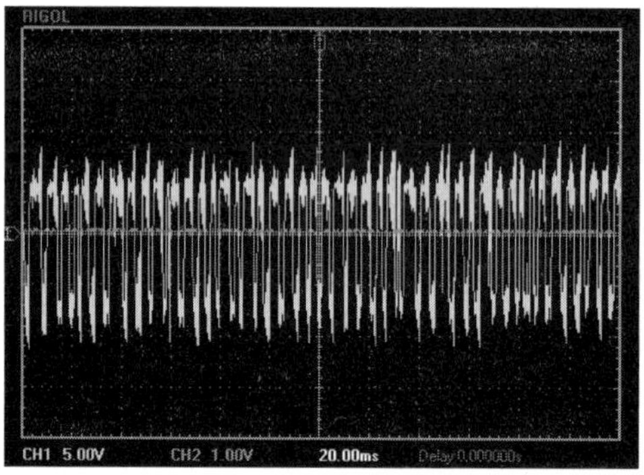

图 6.6.11 混沌加密后的信号波形

(6)把示波器的时基切换到 $X-Y$，将信号选择开关拨到“1”，将 CH1 连接 Q3，CH2 连接 Q5，示波器上将显示一条约 45°的过中心的斜线，如图 6.6.12 所示。

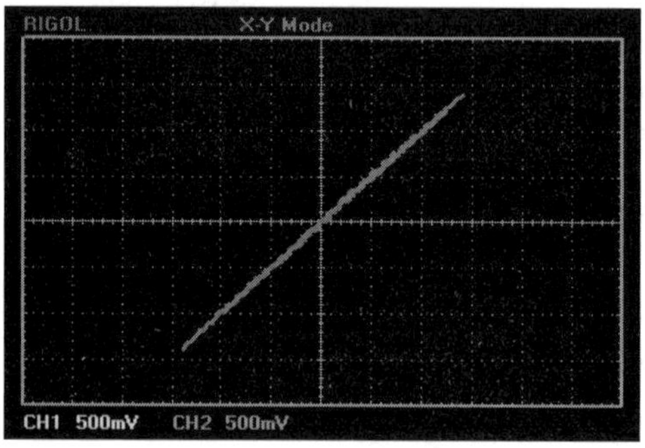

图 6.6.12 同步示意图(1)

(7)将 CH2 连接 Q7，按住“键控器”上的蓝色按键，也将出现一条约 45°的过中心的斜线。若保证前面步骤调整过程中仔细正确，可以发现此时斜线明显变粗，如图 6.6.13 所示。如果达不到要求，则可以通过返回步骤(5)，改变 W_1 与 W_5，使混沌单元 1 和混沌单元 2 的 V_{pp} 改变到一个新的值(须保证仍处于混沌状态)。如果仍然难以得到所需的实验结果，这是步骤(2)、步骤(3)设定的峰-峰值过大或过小造成的，则需根据情况重新设定峰-峰值。

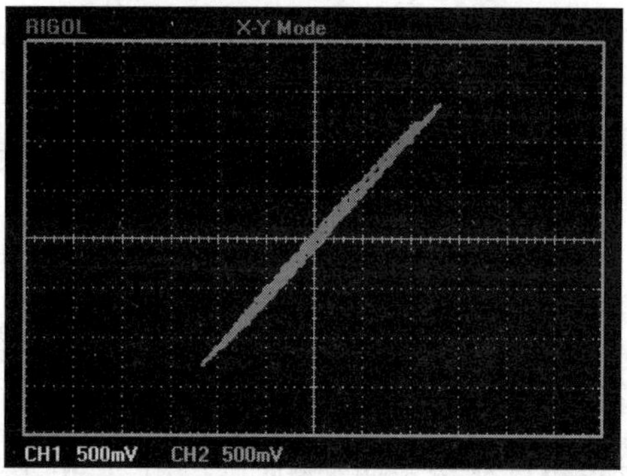

图 6.6.13 同步示意图(2)

(8)把示波器的时基切换到 $Y-T$ 挡，将 CH1 接 Q1，将信号选择开关拨到“2”，示波器将显示解密波形，如图 6.6.14 所示。注意，若想得到如图 6.6.14 所示的波形样式，可调整 W_4，使低电平尽可能地低，高电平尽可能地高。

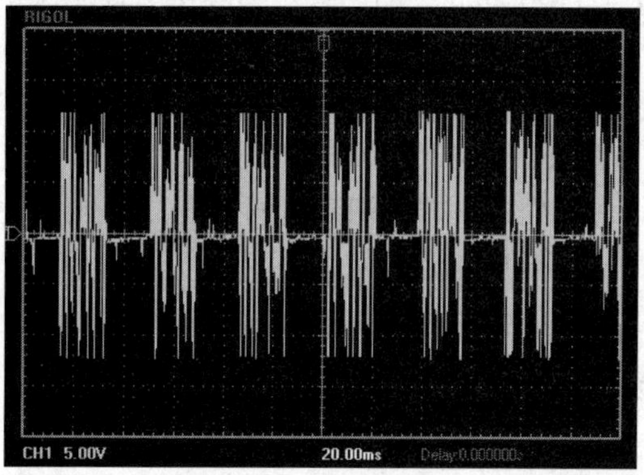

图 6.6.14 解密波形

(9)将信号选择开关拨到“1”，快速敲击手动按键，观察示波器上显示的波形随按键的变化。

(10)在控制信号为外部输入波形的情况下，对混沌加解密波形进行观察。将信号选择开关拨到“3”，此时的控制信号为外部接入信号。接入信号的位置为 Q9，外接输入信号幅值需为 0 V 到＋5 V，频率需小于 100 Hz。对于输出到示波器上的信号，当外输入为高电平时为高杂波电平，当外输入为低电平时波形幅度约为 0 V。观察输出信号周期与输入信号周期的关系，以及输入波形改变时占空比的变化。

(11)用示波器探头测量信道上面的测试座“TEST1”的输出信号波形，该波形即键控加密波形，比较该波形与外部接入信号，解调输出信号，观察键控混沌的效果。

【数据处理】

表 6.6.1 非线性电阻的伏安特性测量

电压/V	…	0	0.2	0.4	0.6	0.8	1	1.2	1.4	…
电流/mA										

【思考题】

为什么要将 W_4 尽可能调大呢？如果 W_4 很小，或者为零，代表什么意思？会出现什么现象？

实验 6.7　光电效应与普朗克常量的测定

1905 年，爱因斯坦在普朗克能量子假设的启发下，提出了光量子的概念，并成功解释了光电效应，其后，密立根精确测出了普朗克常量，二人分别于 1921 年和 1923 年获得了诺贝尔物理学奖，所得成果为量子物理学的诞生奠定了坚实的理论和实验基础。近年来，量子信息领域发展迅速，理论和实验均证实纠缠的量子态具有储存、传输和处理信息的能力，人类社会进入了量子通信时代。2022 年的诺贝尔物理学奖授予了法国物理学家 A. 阿斯佩(A. Aspect)、美国物理学家 J. 克劳泽(J. Clauser)和奥地利物理学家 A. 蔡林格(A. Zeilinger)，以表彰他们“使用纠缠光子进行实验，建立了验证贝尔不等式不成立的基础以及开创了量子信息科学”。

光电效应与
普朗克常量的测定

对光电效应的研究，使人们进一步认识到光的波粒二象性本质，促进了光电子理论和近代物理学的发展。利用光电效应制成的光电器件，如光电管、光电池、光电倍增管等，已成为生产和科研中不可或缺的传感器和换能器；光电探测器和光电测量仪的应用也越来越广泛；另外，利用光电效应还可以制造一些光控继电器，用于自动控制、自动计数、自动报警、自动跟踪等。

【实验目的】

(1)了解光的量子性和光电效应的基本规律。

(2)利用爱因斯坦方程测普朗克常量。

(3)学习光电管伏安特性曲线的处理方法。

【实验原理】

1. 光电效应

光照射在某些金属表面上时，会有电子从金属表面逸出，这种现象叫作光电效应，从金属表面逸出的电子叫作光电子。为了解释光电效应现象，爱因斯坦提出了光量子的概念，认为对于频率为 ν 的光波，每个光子的能量为

$$E = h\nu \tag{6.7.1}$$

式中，h 为普朗克常量，它的公认值是 $h = 6.626 \times 10^{-34}$ J·s。

按照爱因斯坦的理论，光电效应的实质是当光子和电子碰撞时，光子把全部能量传递给电子，电子所获得的能量，一部分用来克服金属表面对它的约束，另一部分则成为该光电子逸出金属表面后的动能。爱因斯坦提出了著名的光电效应方程

$$h\nu = \frac{1}{2}mv^2 + W \tag{6.7.2}$$

式中，ν 为入射光的频率；m 为电子的质量；v 为光电子逸出金属表面的初速度；W 为被光线照射的金属材料的逸出功；$\frac{1}{2}mv^2$ 为从金属表面逸出的光电子的最大初动能。

从式(6.7.2)可知，当 $h\nu < W$ 时，将没有光电流，产生光电效应的最低频率是 $\nu_0 = W/h$，通常称为光电效应的遏止频率。只有 $\nu > \nu_0$ 时，才能产生光电流。不同金属的逸出功数值不同，遏止频率 ν_0 也不同。

实验原理如图 6.7.1 所示，K 为光电管阴极，A 是光电管阳极，G 是微电流计，V 为电压表。无光照射阳极时，由于阴极和阳极处于断路状态，G 中无电流通过；有光照射时，光子射到阴极 K 上释放出光电子，形成光电流。当阴极 K 加正电位，阳极 A 加负电位，U_{AK} 为负值时，光电子被减速，光电流迅速减小。当 U_{AK} 到达一定量值时，光电流为零，此时的 U_{AK} 称为遏止电压，用 U_0 表示。U_0 满足方程

$$eU_0 = \frac{1}{2}mv^2 \tag{6.7.3}$$

将式(6.7.3)代入式(6.7.2)，可得

$$h\nu = eU_0 + W \tag{6.7.4}$$

$$U_0 = \frac{h\nu}{e} - \frac{W}{e} \tag{6.7.5}$$

上式表明，遏止电压 U_0 是入射光频率 ν 的线性函数，如图 6.7.2 所示，当入射光的频率 $\nu = \nu_0$ 时，遏止电压 $U_0 = 0$，此时没有光电子逸出。图 6.7.2 中直线的斜率 κ 是一个正的常数，满足方程

$$h = \frac{\kappa}{e} \tag{6.7.6}$$

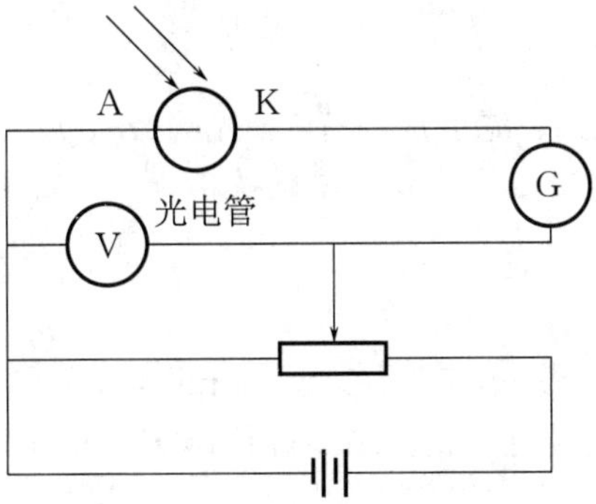

图 6.7.1　光电效应原理图

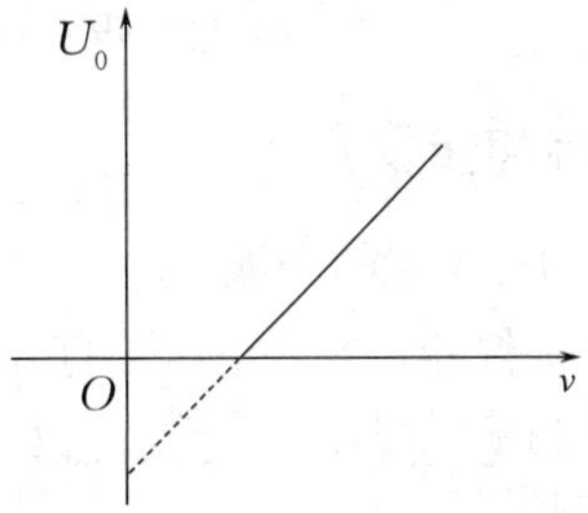

图 6.7.2　$U_0 - \nu$ 直线

由此可见，只要用作图法得到不同频率下的 $U_0 - \nu$ 曲线，并求出此曲线的斜率，就可以通过式(6.7.6)求出普朗克常量 h。其中，$e = 1.60 \times 10^{-19}$ C 是电子的电量。

2. 光电效应的伏安特性曲线

无光照射阳极时，由于阴极 K 和阳极 A 处于断路状态，G 中无电流通过。频率为 ν、光强为 P 的光线照射到阴极 K 上，即有光电子从阴极 K 逸出。由于光电子从阴极 K 逸出

时具有一定的初速度，所以当两极间的电位差为零时，仍有光电流 I 存在。如在阴极 K 和阳极 A 之间加正向电压 U_{AK}，使阴极 K 和阳极 A 之间建立起的电场对从光电管阴极逸出的光电子起加速作用，随着电压 U_{AK} 的增加，到达阳极 A 的光电子将逐渐增多。当正向电压 U_{AK} 增加到 U_0 时，光电流达到最大，不再增加，此时称为饱和状态，对应的光电流称为饱和光电流。若在两极间施加反向电压，光电流随之减少；当反向电压达到遏止电压时，光电流为零。

光电效应方程是在光电管的阴极和阳极为同种金属，且阳极很小的理想状态下导出的。实际上，阴极金属的逸出功比阳极金属的逸出功小，所以实验中存在如下问题。

(1)存在暗电流和本底电流，主要是由室温下的热电子发射及室内杂散光射入光电管所造成的。

(2)存在阳极电流，这是因为制作光电管阴极时，阳极会被溅射上阴极材料，所以光入射到阳极上或由阴极反射到阳极上时，阳极上也有光电子发射，就形成了阳极电流。阳极电流的存在，使得 $U-I$ 曲线较理论曲线下移，如图 6.7.3 所示。

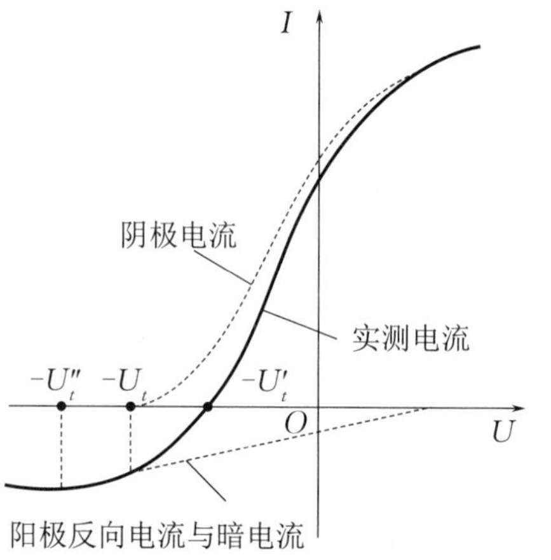

图 6.7.3 伏安特性曲线

由于以上三种电流会给实验带来误差，所以实验时要加以消除，方法如下。

(1)对暗电流：盖上遮光盖，加反向电压可测出暗电流曲线，用此曲线修正数据。

(2)对本底电流：用较长的筒罩遮光，即可消除绝大部分杂散光的影响。

(3)对阳极电流：加足够大的反向电压(－2.0 V)，看电流表指示是否为零，若不为零，可调节光阑或光电管位置，使之为零。

【实验仪器】

ZKY－GD－3 光电效应测试仪、汞灯和电源、滤色片(5 个)、光阑(2 个)、光电管。

【实验内容和步骤】

1. 普朗克常量的测量

(1)连接仪器，接好电源，打开电源开关，充分预热(不少于 20 min)。

(2)在测量电路连接完毕后，没有给测量信号时，旋转调零旋钮调零。每换一次量程，必须重新调零。

(3)取下暗盒光窗口遮光罩，换上直径为 4 mm 的光阑和 365.0 nm 滤光片，取下汞灯出光窗口的遮光罩，装好遮光筒，调节好暗盒与汞灯的距离。电流挡位为 10^{-10} A，测试距离为 400 mm。

(4)将电压选择按键开关置于－2～＋2 V 挡，将“电流量程”选择开关置于 10^{-13} A 挡。将测试仪电流输入电缆断开，调零后重新接上。

(5)从高到低调节电压，用零电流法测量该波长对应的 U_0，并记录数据。

(6)依次换上 404.7 nm、435.8 nm、546.1 nm、577.0 nm 的滤色片，重复步骤(3)～

(5)，每组数据测量三次，取平均值，记录数据于表 6.7.1 中。

2. 伏安特性的测量

将测试仪切换到伏安特性测量状态。

(1)在暗盒光窗口换上 4 mm 光阑和 365.0 nm 滤光片，缓慢调节电压，令电压输出值由 0 V 到 30 V 缓慢增加，每隔 1 V 记录一次电流值。注意，在随着电压值的增加及时调整电流表的量程，并在电流值为零处记下遏止电压值。

(2) 在暗盒光窗口依次换上 404.7 nm 和 435.8 nm 滤光片，仍用 4 mm 光阑，重复步骤(1)，记录数据于表 6.7.2 中。

【数据处理】

表 6.7.1　零电流法测普朗克常量 h

光阑 $\Phi=4$ mm

频率 ν /$\times10^{14}$ Hz						
遏止电压 U_0 /V	1					
	2					
	3					
	$\bar{U}_0$					

作出 $\bar{U}_0-\nu$ 曲线，此线应是一条直线，并由此求出斜率 a 和截距 b。

$$a=\frac{\Delta U_0}{\Delta v}=\frac{h}{e}$$

$$b=-\frac{W}{e}$$

已知电子电量 $e=1.602\times10^{-19}$ C，即可得出 h。

目前公认的普朗克常量 $h_0=6.626\times10^{-34}$ J·s。

由此计算相对误差 $E_r=\frac{|h-h_0|}{h_0}\times100\%$。

表 6.7.2　测量光电管的伏安特性曲线

光阑 $\Phi=4$ mm

U/V	I/$\times10^{11}$A	U/V	I/$\times10^{11}$A	U/V	I/$\times10^{11}$A

选择合适的坐标，分别作出三种光阑下的光电管伏安特性曲线。

【思考题】

(1)本实验有没有较为简单的操作方法?

(2)如何从实验数据和 $\overline{U}_0-\nu$ 曲线求出阴极材料的逸出功 W ?

(3)在本实验中，引起误差的主要因素是什么?

实验 6.8 LED 综合特性实验

第一只发光二极管(light emitting diode，LED)诞生于 1962 年，由通用电气公司的 N. 何伦亚克(N. Holonyak Jr.)研发。早期 LED 主要作为指示灯使用；20 世纪 80 年代，LED 的亮度有了很大提高，开始广泛应用于各种大屏幕显示；1994 年，日本科学家中村修二在氮化镓(GaN)基片上研制出了第一只蓝光 LED；1997 年诞生了蓝光芯片加荧光粉的白光 LED，使 LED 的发展和应用进入了全彩应用及普通照明阶段。

LED 是一种固态的半导体器件，它可以直接把电转化为光，具有体积小、耗电量低、易于控制、坚固耐用、寿命长、环保等优点，其主要应用领域包括大屏幕显示、液晶显示的背光源、光纤通信的光源、公共场所的各种指示灯、汽车上的各种内部照明灯、仪器上的数码显示管等。

【实验目的】

(1)测量 LED 的伏安特性。

(2)测量 LED 的电光转换特性。

(3)测量 LED 输出光空间分布特性。

(4)了解 LED 的工作原理及相关应用。

【实验原理】

LED 是由 P 型半导体和 N 型半导体组成的二极管。P 型半导体中有一定数量的空穴，几乎没有自由电子。N 型半导体中有一定数量的自由电子，几乎没有空穴。当两种半导体结合在一起形成 PN 结时，N 区的电子(带负电)向 P 区扩散，P 区的空穴(带正电)向 N 区扩散，在 PN 结附近形成空间电荷区与势垒电场。势垒电场会使载流子向扩散的反方向做漂移运动，最终扩散与漂移达到平衡，使通过 PN 结的净电流为零。在空间电荷区内，P 区的空穴被来自 N 区的电子复合，N 区的电子被来自 P 区的空穴复合，使该区内几乎没有能导电的载流子，故该区又称为结区或耗尽区，如图 6.8.1 所示。

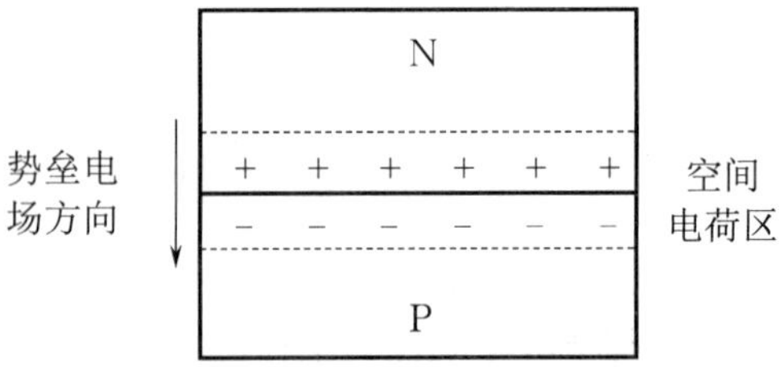

图 6.8.1 半导体 PN 结示意图

当加上与势垒电场方向相反的正向偏压时，结区变窄，在外电场作用下，P 区的空穴和 N 区的电子就向对方做扩散运动，从而在 PN 结附近产生电子与空穴的复合，并以热能或光能的形式释放能量。采用适当的材料，使复合能量以光子的形式释放，即构成

LED。LED 发射光谱的中心波长，由组成 PN 结的半导体材料的禁带能量所决定，采用不同的材料及材料组分，可以获得发射不同颜色的 LED。

LED 的光谱线宽度一般有几十纳米，可见光的光谱范围是 400～700 nm。白光 LED 一般采用三种方法形成：第一种是在蓝光 LED 管芯上涂敷荧光粉，蓝光与荧光粉产生的宽带光谱合成白光；第二种是将几种发不同色光的管芯封装在一个组件外壳内，通过色光的混合构成白光 LED；第三种是紫外 LED 加三基色荧光粉合成白光。

1. LED 的伏安特性

测量原理如图 6.8.2 所示。

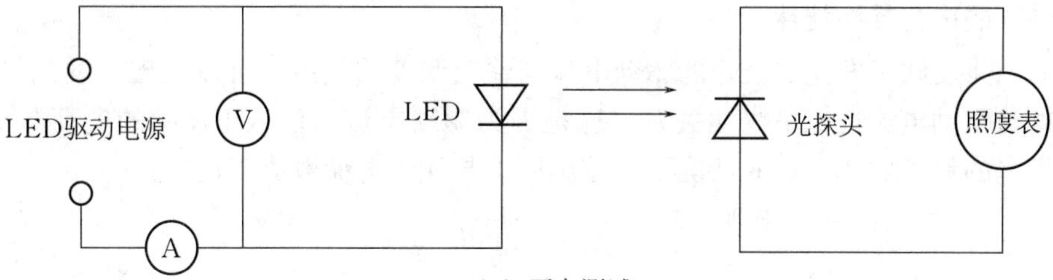

（a）正向测试

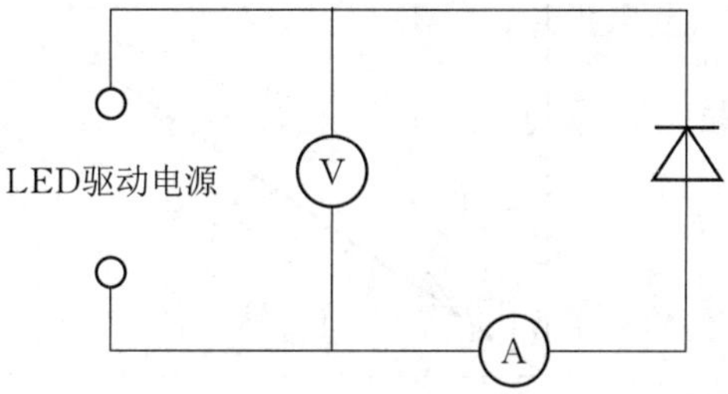

（b）反向测试

图 6.8.2　LED 伏安特性测量原理图

LED 的伏安特性反映了在 LED 两端加电压时电流与电压的关系，其曲线如图 6.8.3 所示。

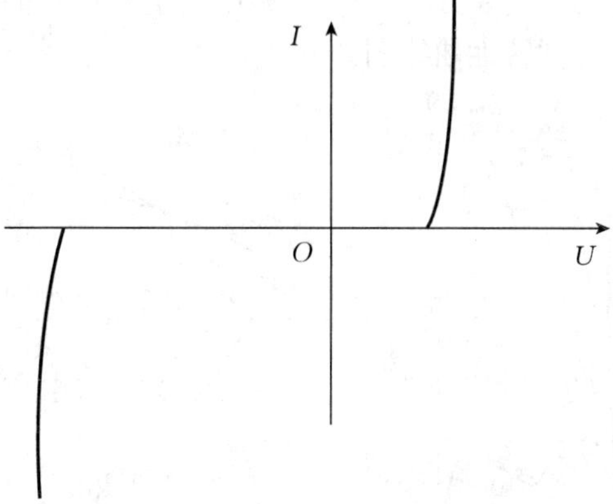

图 6.8.3　LED 的伏安特性曲线

在 LED 两端加正向电压，当电压较小，不足以克服势垒电场时，通过 LED 的电流很小。当正向电压超过死区电压(图 6.8.3 中的正向拐点)后，电流随电压的增大而迅速增大。

正向工作电流：LED 正常发光时的正向电流值。根据不同管的结构和输出功率的大小，其值在几十毫安到 1 A 之间。

正常工作电压：LED 正常发光时加在二极管两端的电压。

允许功耗：加在 LED 两端的正向电压与电流乘积的最大值。超过此值后，LED 会因过热而损坏。

LED 的伏安特性与一般二极管相似。在 LED 两端加反向电压时，只有微安极的反向电流通过。反向电压超过击穿电压(一般为几十伏)后，管被击穿损坏。为安全起见，激励电源提供的最大反向电压必须低于击穿电压。

2. LED 的电光转换特性

图 6.8.4 反映了发光二极管的驱动电流与输出照度的关系。可以发现，发光二极管的输出照度与驱动电流近似呈线性关系，这是因为驱动电流与注入 PN 结的电荷数成正比，在复合发光的量子效率一定的情况下，输出照度与注入电荷数成正比。

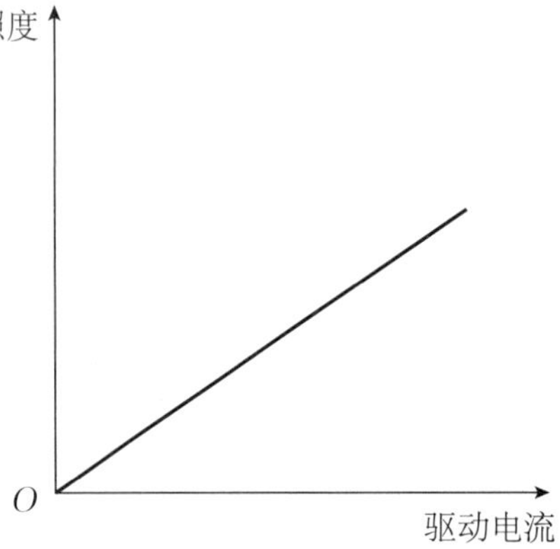

图 6.8.4 LED 电光转换特性曲线

3. LED 输出光的空间分布特性

发光二极管的芯片结构及封装方式不同，输出光的空间分布也不一样，图 6.8.5 所示为其中两种发光二极管的角度特性曲线图。

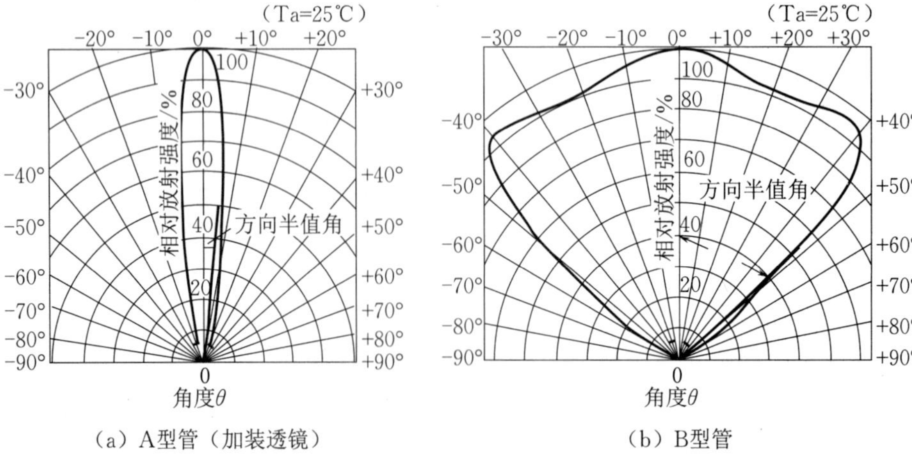

图 6.8.5 两种发光二极管的角度特性曲线图

在图 6.8.5 中，发射强度以最大值为基准，此时方向角定义为 0°，发射强度定义为 100%。当方向角改变时，发射强度也会相应改变。发射强度降为峰值的一半时，对应的角度称为方向半值角。发光二极管出光窗口附有透镜，可使其指向性更好。如图 6.8.5(a) 的曲线所示，方向半值角大约为±7°，可用于光电检测、射灯等要求出射光束能量集中的应用环境；如图 6.8.5(b)所示，未加透镜的发光二极管的方向半值角大约为±50°，可用于普通照明及大屏幕显示等要求视角宽广的应用环境。

【实验仪器】

LED 综合特性测试仪如图 6.8.6 所示，由 LED 光发射器、相对照度检测探头、激励电源、测试控制器、实验仪及 LED 试件盒组成。

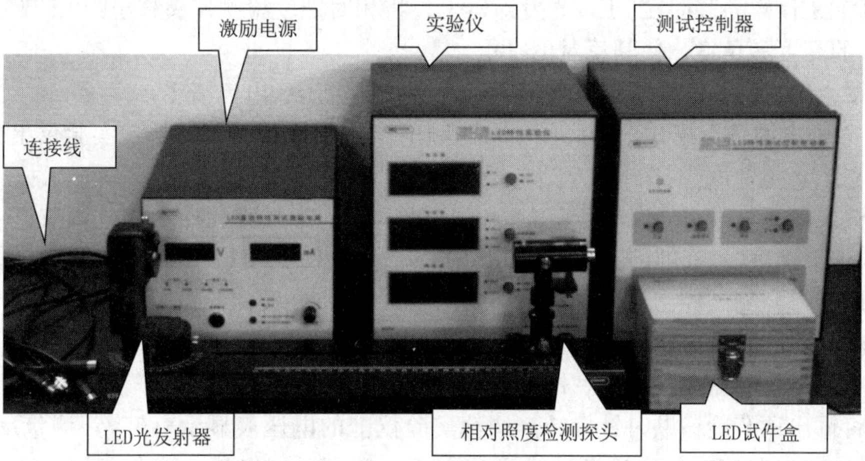

图 6.8.6 LED 综合特性测试仪示意图

LED 试件盒装有红色、绿色、蓝色、白色 4 种高亮型 LED，以及红色、绿色、蓝色、白色 4 种功率型 LED，各个试件的电学参量见各个试件表面。

LED 光发射器用于安装 LED 试件，并与 LED 试件结合构成 LED 光源，可以正反 180°旋转并由刻度盘指示旋转角度，用于测量 LED 输出光空间分布特性。

相对照度检测探头用于检测当前位置的 LED 出射光的相对照度值，相对位置可调，与实验仪的相对照度表一起检测不同位置、不同角度下 LED 的光输出值。

激励电源为 LED 提供驱动电源，有稳压与稳流两种输出模式。稳压模式分为 0～4 V 和 0～36 V 挡，稳流模式分为 0～40 mA 和 0～400 mA 挡，可通过电源面板上的按键进行相应挡位的切换，并可通过旋转调节编码开关实现电压、电流输出的大小调节。顺时针旋转增加电压电流的输出，逆时针旋转减小电压电流的输出。各挡位作用如下：

稳压 0～4 V 挡用于 LED 正向测试；

稳压 0～36 V 挡用于 LED 反向测试；

稳流 0～40 mA 挡，用于高亮型 LED 的空间分布特性测试；

稳流 0～400 mA 挡，用于功率型 LED 的空间分布特性测试。

测试控制器用于控制并驱动 LED 试件，具有对 LED 试件进行正反向测试转换、过压过流保护、电流电压检测输出等功能。

实验仪用于检测 LED 的驱动电压、电流以及相对光强，面板上有电压、电流、照度 3 个表头，是读取实验数据的窗口，每个表头都带有量程切换按键。

注意：实验仪的电流测量 200 mA 挡和 2 000 mA 挡用于 LED 正向测试，20 μA 挡和 200 μA 挡用于 LED 反向测试。当电流挡位切换后需等待 5 s 才能正确读数。由于功率型 LED 工作电流较大，所以建议使用 2 000 mA 挡用于功率型 LED 正向测试。

各部分的连线仪器上均有标示，按标示连接即可。

【实验内容和步骤】

1. 测量伏安特性与电光转换特性

(1)将 LED 样品紧固在 LED 光发射器上，将相对照度检测探头移至距 LED 20 cm 处。调节探头的高度和角度，使其正对 LED。

(2)按激励电源上的“复位”键，使激励电源输出电压、电流清零。

(3) 激励电源输出模式选为稳压，电源输出挡位选择 0～36 V 挡。实验仪上的电压表选择 20 V 挡，电流表选择 20 μA 挡，照度表选择 200 lx 挡。

(4)记录电源输出为 0 时照度表的示值，此示值是背景光和探头零位调节误差导致的背景值。记录照度时应扣除背景值。

(5)此时打开测试控制器电源，选择反向测试(严禁在反向测试时使用恒流源作为 LED 的驱动电源)，此时反向状态指示灯点亮。

(6)在测试控制器上按“测试”键，点亮测试状态指示灯。

(7)将输出调节旋钮顺时针旋转，调至实验仪上的电压表显示－9 V，测量反向电流。逆时针旋转输出调节旋钮，逐渐减小反向电压，观察反向电流的变化，记录实验数据于表 6.8.1 或表 6.8.2 中。

(8)将反向电压调节为 0 后，在测试控制器上单击“测试”按钮，待测试状态指示灯熄灭后，切换到正向测试状态。

(9)将电源挡位切换为 0～4 V，电流表选择 200 mA 挡，测量正向前三组数据(包含 0 V)。

(10)调节输出电压为 0。将电源挡位切换为“稳流，40 mA”挡(功率型选择 350 mA 挡)。

(11)实验仪电压表选择 20 V 挡，若测量高亮型 LED 的正向特性，则电流表选择 200 mA 挡；若测量功率型 LED 的正向特性，则电流表选择 2 000 mA 挡。

(12)在测试控制器上按“测试”键，开始正向测试，记录实验数据于表 6.8.1 或表 6.8.2 中。

(13)测试完成后，将输出电压调节为 0，按“测试”键，测试状态指示灯熄灭。更换样品，重复以上实验步骤。

2. LED 输出光空间分布特性测试

(1)将 LED 样品紧固在 LED 发射器上，将相对照度检测探头移至距 LED 10 cm 处。调节探头的高度和角度，使其正对 LED。

(2)按激励电源上的“复位”键，使激励电源输出电压、电流清零。

(3)打开测试控制器电源，选择正向测试。若样品为高亮型 LED，则激励电源选为“稳流，40 mA”，实验仪上的电流表选择 200 mA 挡；若样品为功率型 LED，则激励电源选为“稳流，350 mA”，实验仪上的电流表选择 2 000 mA 挡。电压表均选择 20 V 挡，照度表均选择 200 lx 挡。

(4)按测试控制器上的“测试”键，点亮测试状态指示灯。顺时针旋转输出调节旋钮至设定的驱动电流(测量高亮型 LED，驱动电流保持在 16 mA；测量功率型 LED，驱动电流保持在 128 mA)。

(5)松开 LED 光发射器底部的锁紧螺钉，缓慢旋转 LED 光发射器，观察照度的变化，使照度最大处对应的角度为 0°。若此时角度示值不为 0°，记录该差值(以后的测量角度读数减去该差值才是实际转动角度)。

(6)对于高亮型 LED，每隔 2°测量一次照度的变化，将实验数据记入表 6.8.3 中。对于功率型 LED，每隔 10°测量一次照度的变化，将实验数据记入表 6.8.4 中。

(7) 每测量完一只 LED 后，将电源调节到输出为 0，更换 LED 组件，重复以上测量。

实验中的注意事项如下。

(1)严禁在反向测试时使用恒流源作为 LED 的驱动电源。

(2)测试 LED 前必须将激励电源输出调至小于 0.3 V，否则测试控制器将报警。只有当激励电源输出小于 0.3 V 时，按测试控制器上的报警清除键才能解除测试控制器的报警。

(3)每次进行 LED 正反向测试切换前需将激励电源复位(使输出电压为 0)，切换 LED 测试方向时测试控制器自动关断 LED 测试。此时激励电源输出电压若大于 0.3 V，测试控制器将报警。

(4)每次测试 LED 时，必须在测试控制器上按“测试”键，当测试指示灯点亮后才能进行 LED 测试。

(5)LED 正向测试时，激励电源输出电压超过 3.4 V(±0.1 V)后测试控制器将预报警，报警 LED 闪烁；电压超过 3.6 V(±0.1 V)后测试控制器将报警，此时报警 LED 常亮并伴随警报声。

(6)LED 反向测试时，激励电源输出电压超过 12 V(±1 V)或 LED 反向电流超过 8 μA(±1 μA)后测试控制器将预报警，报警 LED 闪烁；电压超过 13 V(±1 V)或 LED 反向电流超过 10 μA(±1 μA)后测试控制器将报警，此时报警 LED 常亮并伴随警报声。

【数据处理】

1. 测量伏安特性与电光转换特性

表 6.8.1 高亮型 LED 伏安特性与电光转换特性的测量

照度背景值：________

LED 型号	测量结果													
红色高亮	电压/V	−9	−5	0	0.5	1.0								
	电流/mA						0.1	0.2	0.5	1	2	4	8	12
	照度/lx	—	—											
绿色高亮	电压/V	−9	−5	0	0.5	1.0								
	电流/mA						0.1	0.2	0.5	1	2	4	8	12
	照度/lx	—	—											

续表

LED 型号	测量结果												
蓝色高亮	电压/V	−9	−5	0	0.5	1.0							
	电流/mA						0.1	0.2	0.5	1	2	4	8	12
	照度/lx	—	—											
白色高亮	电压/V	−9	−5	0	0.5	1.0								
	电流/mA						0.1	0.2	0.5	1	2	4	8	12
	照度/lx	—	—											

根据表 6.8.1，画出 4 只高亮型 LED 的伏安特性曲线和电光转换特性曲线，并与图 6.8.3、图 6.8.4 比较。

表 6.8.2 功率型 LED 伏安特性与电光转换特性的测量

照度背景值：________

LED 型号	测量结果													
红色功率	电压/V	−9	−5	0	1.0	2.0								
	电流/mA						1	2	4	8	16	32	64	128
	照度/lx	—	—											
绿色功率	电压/V	−9	−5	0	1.0	2.0								
	电流/mA						1	2	4	8	16	32	64	128
	照度/lx	—	—											
蓝色功率	电压/V	−9	−5	0	1.0	2.0								
	电流/mA						1	2	4	8	16	32	64	128
	照度/lx	—	—											
白色功率	电压/V	−9	−5	0	1.0	2.0								
	电流/mA						1	2	4	8	16	32	64	128
	照度/lx	—	—											

根据表 6.8.2，画出 4 只功率型 LED 的伏安特性曲线和电光转换特性曲线，并与图 6.8.3、图 6.8.4 比较。

2. LED 输出光空间分布特性测试

表 6.8.3 高亮型 LED 输出光空间分布特性测试

LED 型号	测量结果															
红色高亮	角度/(°)	−14	−12	−10	−8	−6	−4	−2	0	2	4	6	8	10	12	14
	照度/lx															
绿色高亮	角度/(°)	−14	−12	−10	−8	−6	−4	−2	0	2	4	6	8	10	12	14
	照度/lx															
蓝色高亮	角度/(°)	−14	−12	−10	−8	−6	−4	−2	0	2	4	6	8	10	12	14
	照度/lx															

续表

LED 型号	测量结果															
白色高亮	角度/(°)	−14	−12	−10	−8	−6	−4	−2	0	2	4	6	8	10	12	14
	照度/lx															

根据表 6.8.3，画出 4 只高亮型 LED 输出光空间分布特性曲线(即实际照度与角度的关系曲线)。

表 6.8.4　功率型 LED 输出光空间分布特性测试

LED 型号	测量结果															
红色功率	角度/(°)	−70	−60	−50	−40	−30	−20	−10	0	10	20	30	40	50	60	70
	照度/lx															
绿色功率	角度/(°)	−70	−60	−50	−40	−30	−20	−10	0	10	20	30	40	50	60	70
	照度/lx															
蓝色功率	角度/(°)	−70	−60	−50	−40	−30	−20	−10	0	10	20	30	40	50	60	70
	照度/lx															
白色功率	角度/(°)	−70	−60	−50	−40	−30	−20	−10	0	10	20	30	40	50	60	70
	照度/lx															

根据表 6.8.4，画出 4 只功率型 LED 输出光空间分布特性曲线(即实际照度与角度的关系曲线)。

【思考题】

(1)解释 LED 的发光原理。

(2)根据实验数据解释 LED 的伏安特性与电光转换特性。

(3)简要介绍功率型 LED 与高亮型 LED 的区别。

实验 6.9　太阳能电池特性实验

当今，能源短缺和地球生态环境污染已经成为制约人类发展的最大问题，推广使用绿色、可再生能源如太阳辐射能、水能、风能、生物质能等是必然趋势。大力发展太阳能发电是其中重要的一部分。

太阳能发电有两种方式：光-热-电转换方式以及光-电直接转换方式。光-热-电转换方式通过利用太阳辐射产生的热能发电，一般是由太阳能集热器将所吸收的热能转换成蒸气，再驱动汽轮机发电，它的缺点是效率低且成本很高；光-电直接转换方式是利用光生伏特效应将太阳光能直接转化为电能，太阳能电池是光-电转换的基本装置。

根据所用材料的不同，太阳能电池可分为硅太阳能电池、化合物太阳能电池、聚合物太阳能电池、有机太阳能电池等，其中硅太阳能电池目前发展最成熟，在应用中居主导地位。

本实验研究单晶硅、多晶硅、非晶硅 3 种太阳能电池的特性。

【实验目的】

(1)测量太阳能电池的暗伏安特性。

(2)测量太阳能电池的开路电压和光强之间的关系。

(3)测量太阳能电池的短路电流和光强之间的关系。

(4)测量太阳能电池的输出特性。

【实验原理】

太阳能电池利用半导体 PN 结受光照射时的光伏效应发电，太阳能电池的基本结构就是一个大面积的平面 PN 结，图 6.9.1 所示为 PN 结示意图。

P 型半导体中有一定数量的空穴，几乎没有自由电子。N 型半导体中有一定数量的自由电子，几乎没有空穴。当两种半导体结合在一起形成 PN 结时，N 区的电子(带负电)向 P 区扩散，P 区的空穴(带正电)向 N 区扩散，在 PN 结附近形成空间电荷区与势垒电场。势垒电场会使载流子向扩散的反方向做漂移运动，最终扩散与漂移达到平衡，使通过 PN 结的净电流为零。在空间电荷区内，P 区的空穴被来自 N 区的电子复合，N 区的电子被来自 P 区的空穴复合，使该区内几乎没有能导电的载流子，故该区又称为结区或耗尽区。

当光电池受光照射时，部分电子被激发而产生电子-空穴对，在结区激发的电子和空穴分别被势垒电场推向 N 区和 P 区，使 N 区有过量的电子而带负电，P 区有过量的空穴而带正电，PN 结两端形成电压，这就是光伏效应。若将 PN 结两端接入外电路，就可向负载输出电能。

在一定的光照条件下，改变太阳能电池负载电阻的大小，测量其输出电压与输出电流，得到输出伏安特性，如图 6.9.2 实线所示。

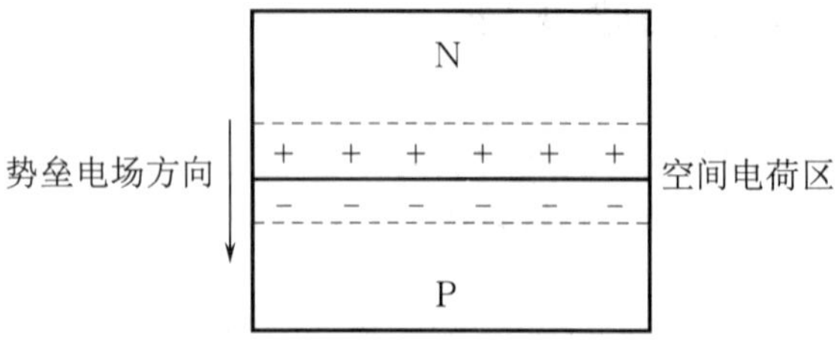

图 6.9.1 半导体 PN 结示意图

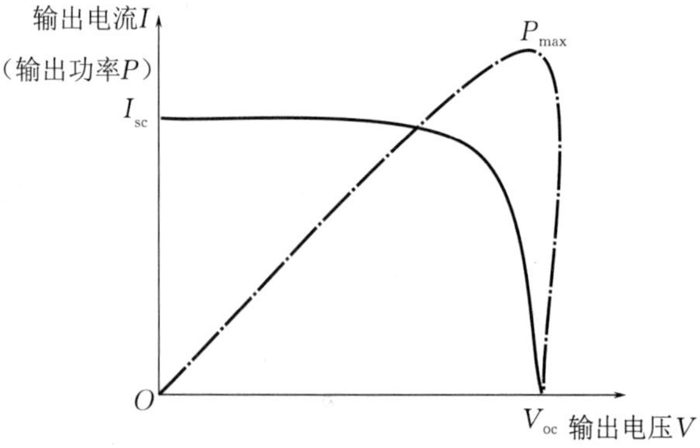

图 6.9.2 太阳能电池的输出伏安特性

负载电阻为零时测得的最大电流 I_{sc} 称为短路电流；负载断开时测得的最大电压 V_{oc} 称为开路电压。

太阳能电池的输出功率为输出电压与输出电流的乘积。在同样的电池及光照条件下，负载电阻大小不一样时，输出的功率也不一样。若以输出电压为横坐标，以输出功率为纵坐标，绘出的 $P-V$ 曲线如图 6.9.2 中的点划线所示，其中输出电压与输出电流的最大乘积值称为最大输出功率 $P_{\max}$。

填充因子 $F \cdot F$ 定义为

$$F \cdot F = \frac{P_{\max}}{V_{oc} \times I_{sc}} \tag{6.9.1}$$

填充因子是表征太阳电池性能的重要参数，填充因子值越大，电池的光电转换效率越高。一般的硅光电池 $F \cdot F$ 值在 0.75 和 0.8 之间。

转换效率 η_s 的定义式为

$$\eta_s = \frac{P_{\max}}{P_{in}} \times 100\% \tag{6.9.2}$$

式中，P_{in} 为入射到太阳能电池表面的光功率。

理论分析及实验表明，在不同的光照条件下，短路电流随入射光功率线性增长，而开路电压在入射光功率增加时只略微增加，如图 6.9.3 所示。

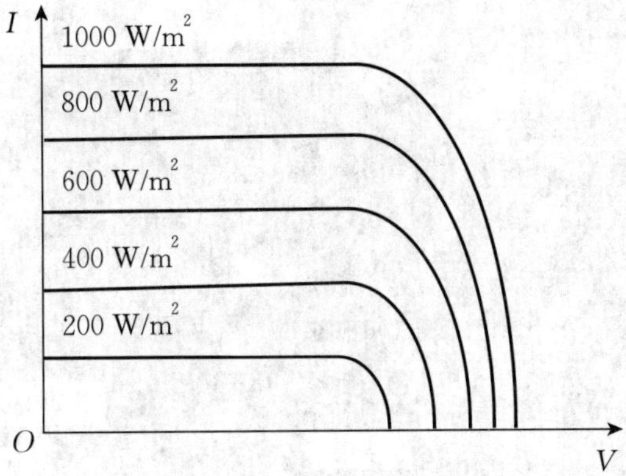

图 6.9.3　在不同光照条件下的 $I-V$ 曲线

暗伏安特性是指无光照射时，流经太阳能电池的电流与外加电压之间的关系。太阳能电池的暗伏安特性虽然类似于普通二极管，但取决于太阳能电池的材料、结构及组成组件时的串、并联关系(单个太阳能电池单元的 PN 结面积已远大于普通的二极管，在实际应用中，为得到所需的输出电流，通常将若干电池单元并联；为得到所需输出电压，通常将若干已并联的电池组串联)。

硅太阳能电池分为单晶硅太阳能电池、多晶硅薄膜太阳能电池和非晶硅薄膜太阳能电池 3 种。

单晶硅太阳能电池的转换效率最高，技术也最为成熟，实验室测得的最高转换效率为 24.7%，规模生产时的效率可达到 15%，在大规模应用和工业生产中仍占据主导地位。由于单晶硅价格高，大幅度降低其成本很困难。为了节省硅材料，人们发展了多晶硅薄膜和非晶硅薄膜作为单晶硅太阳能电池的替代产品。

多晶硅薄膜太阳能电池与单晶硅比较，成本低廉，而效率高于非晶硅薄膜太阳能电池，实验室最高转换效率为 18%，工业规模生产的转换效率可达到 10%。因此，多晶硅薄膜太阳能电池可能在未来的太阳能电池市场上占据主导地位。

非晶硅薄膜太阳能电池的成本低，重量轻，便于大规模生产，有极大的潜力。如果能进一步解决稳定性问题并提高转换率，无疑是未来太阳能电池的主要发展方向之一。

【实验仪器】

太阳能电池实验装置，如图 6.9.4 所示。

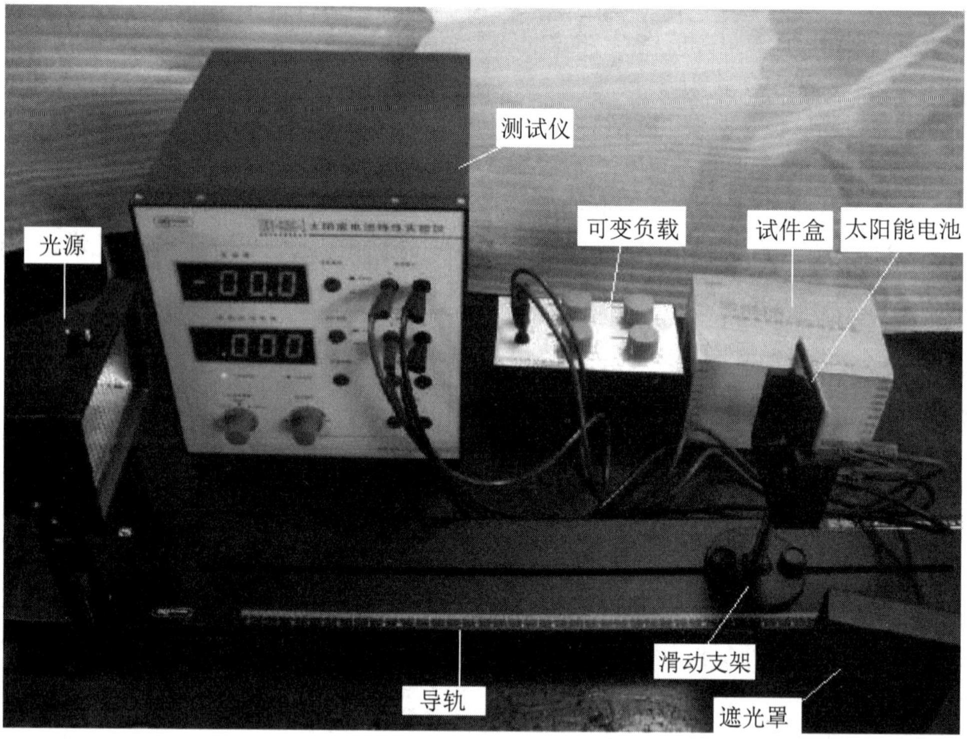

图 6.9.4 太阳能电池实验装置

光源采用碘钨灯，其输出光谱接近太阳光谱。调节光源与太阳能电池之间的距离，从而改变照射到太阳能电池上的光强，具体数值由光强探头测量。测试仪为实验提供电源，同时可以测量并显示电压、光强、电流的数值。

电压源：可以输出 0～8 V 连续可调的直流电压，为太阳能电池伏安特性的测量提供电压。

电压/光强表：通过“测量转换”键，可以测量输入“电压输入”接口的电压，或显示接入“光强输入”接口的光强探头测量到的光强数值。通过表头下方的指示灯，可以确定当前的显示状态。通过“电压量程”旋钮或“光强量程”旋钮，可以选择适当的显示范围。

电流表：可以测量并显示 0～200 mA 的电流，通过“电流量程”旋钮可选择适当的显示范围。

【实验内容和步骤】

1. 硅太阳能电池的暗伏安特性测量

本实验要求测试并画出单晶硅、多晶硅、非晶硅太阳能电池组件在无光照时的暗伏安特性曲线。

(1)用遮光罩罩住太阳能电池。

(2)接线原理图如图 6.9.5 所示。将待测的太阳能电池接到测试仪上的电压输出接口，电阻箱调至 50 Ω 后串联进电路，起保护作用。用电压表测量太阳能电池两端的电压，电流表测量回路中的电流。

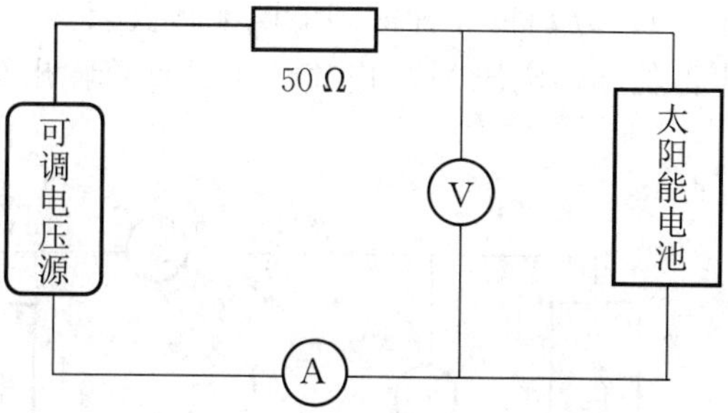

图 6.9.5　伏安特性测量接线原理图

(3)将电压源输出电压调到 0 V，然后逐渐增大输出电压，根据表 6.9.1 中给出的电压值记录对应的电流值，并填入表 6.9.1 中。

(4)将电压源输出电压调回 0 V，然后将电压输出接口的两根连线互换，即给太阳能电池加上反向的电压。逐渐增大反向电压，记录电流随电压变换的数据于表 6.9.1 中。

(5)将单晶硅太阳能电池更换为多晶硅太阳能电池，重复以上测量步骤，并记录数据。

(6)将多晶硅太阳能电池更换为非晶硅太阳能电池，重复以上测量步骤，并记录数据。

2. 开路电压、短路电流与光强关系测量

(1)打开光源开关，预热 5 min(在预热光源的时候，需用遮光罩罩住太阳能电池，以降低太阳能电池的温度，减小实验误差；光源工作及关闭后的约 1 h 期间，灯罩表面的温度都很高，请不要触摸)。

(2)打开遮光罩，将光强探头装在太阳能电池板位置，探头输出线连接到太阳能电池特性测试仪的光强输入接口上，测试仪设置为“光强测量”状态。由近及远移动滑动支架，测量距光源一定距离的光强 E，将测量到的数据记入表 6.9.2 中。

(3)将光强探头换成单晶硅太阳能电池，测试仪设置为“电压表”状态。按图 6.9.6(a)接线，根据测量光强时的距离值(光强已知)，记录开路电压值于表 6.9.2 中。

(4)按图 6.9.6(b)接线，记录短路电流值于表 6.9.2 中。

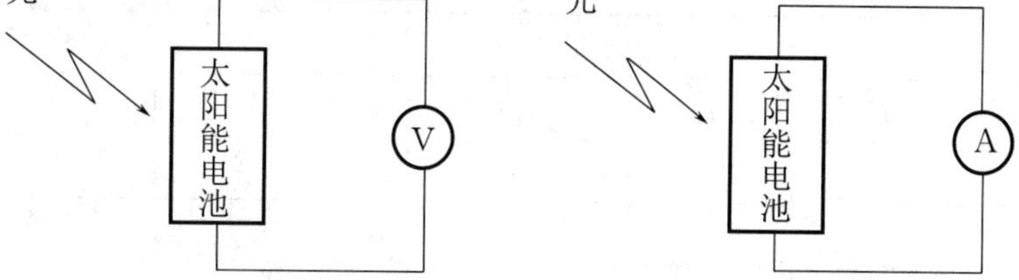

(a) 测量开路电压　　(b) 测量短路电流

图 6.9.6　开路电压、短路电流与光强关系测量示意图

(5)将单晶硅太阳能电池更换为多晶硅太阳能电池，重复以上测量步骤，并记录数据。

(6)将多晶硅太阳能电池更换为非晶硅太阳能电池，重复以上测量步骤，并记录数据。

3. 太阳能电池输出特性实验

根据图 6.9.7 接线，以电阻箱作为太阳能电池负载，在一定的光照强度下(将滑动支架固定在导轨上某一个位置)，分别将 3 种太阳能电池板安装到支架上，通过改变电阻箱的电阻值，记录太阳能电池的输出电压 V 、电流 I ，并计算输出功率 $P_0 = V \times I$ ，填于表 6.9.3 中。

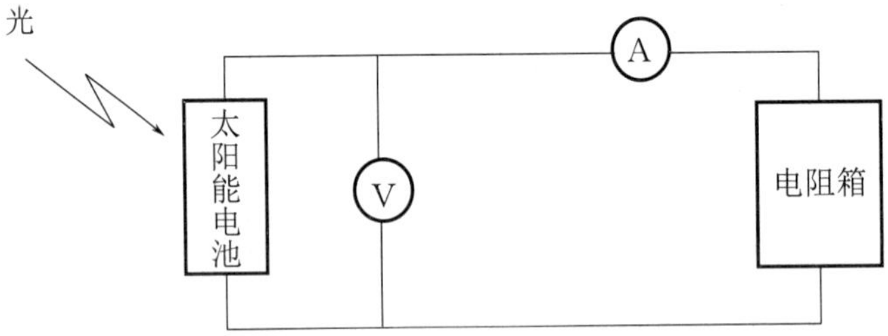

图 6.9.7 测量太阳能电池输出特性示意图

【数据处理】

1. 硅太阳能电池的暗伏安特性测量

表 6.9.1 3 种太阳能电池的暗伏安特性测量

电压/V	电流/mA		
	单晶硅	多晶硅	非晶硅
−8			
−7			
−6			
−5			
−4			
−3			
−2			
−1			
0			
0.3			
0.6			
0.9			
1.0			
1.1			
1.2			

续表

电压/V	电流/mA		
	单晶硅	多晶硅	非晶硅
1.3			
1.4			
1.5			
1.6			
1.7			
1.8			
1.9			
2.0			
2.1			
2.4			
2.7			
3.0			
3.3			
3.6			

以电压为横坐标，以电流为纵坐标，根据表 6.9.1 中的数据画出 3 种太阳能电池的伏安特性曲线，并讨论太阳能电池的暗伏安特性与一般二极管的伏安特性有何异同。

2. 开路电压、短路电流与光强关系测量

表 6.9.2　3 种太阳能电池开路电压与短路电流随光强变化关系

距离/cm		10	15	20	25	30	35	40	45	50
光强 E /(W/m^2)										
单晶硅	开路电压 V_{oc} /V									
	短路电流 I_{sc} /mA									
多晶硅	开路电压 V_{oc} /V									
	短路电流 I_{sc} /mA									
非晶硅	开路电压 V_{oc} /V									
	短路电流 I_{sc} /mA									

在坐标纸上画出 3 种太阳能电池的开路电压、短路电流随光强变化的关系曲线。

3. 太阳能电池输出特性实验

表 6.9.3 3 种太阳能电池输出特性实验

光强 $E=$_______ W/m^2

单晶硅			多晶硅			非晶硅		
输出电压 V/V	输出电流 I/A	输出功率 P_0/W	输出电压 V/V	输出电流 I/A	输出功率 P_0/W	输出电压 V/V	输出电流 I/A	输出功率 P_0/W
0.00								
0.20								
0.40								
0.60								
0.80								
1.00								
1.20								
1.40								
1.50								
1.60								
1.70								
1.80								
1.90								
2.00								
2.10								
2.20								
2.30								
2.40								
2.60								

根据表 6.9.3 中的数据作 3 种太阳能电池的输出伏安特性曲线及功率曲线，并与图 6.9.2 进行比较。找出最大功率点，对应的电阻值即为最佳匹配负载。由式(6.9.1)计算填充因子，由式(6.9.2)计算转换效率。

入射到太阳能电池板上的光功率

$$P_{in}=E\times S_E,$$

式中，E 为入射到太阳能电池板表面的光强；S_E 为太阳能电池板面积(太阳能电池板的尺寸为 4 cm×4 cm)。

【思考题】

(1)简要介绍光伏效应。

(2)描述太阳能电池特性的参数有哪些?

(3)根据实验数据描述太阳能电池开路电压、短路电流与光强变化之间的关系。

实验 6.10　核磁共振实验

核磁共振实验

磁矩不为零的微观粒子在恒定磁场的作用下，产生一系列的分立能级，这些能级与量子力学所允许的电子自旋或核自旋，以及与其相联系的磁矩的不同取向相对应，自旋磁矩同电磁辐射的交变磁场相互作用。当具有一定方位的交变磁场的频率与这些能级间的距离相当时，可观察到选择定则所允许的跃迁，产生磁共振现象，并可从交变磁场中吸收能量，得到磁共振波谱。1945 年 12 月，美国哈佛大学的 E. 珀塞尔(E. Purcell)等人，报道了他们在石蜡样品中观察到质子的核磁共振吸收的现象；1946 年 1 月，美国斯坦福大学的 F. 布洛赫(F. Bloch)等人，报道了他们在水样品中观察到质子的核感应信号的现象。两个研究小组使用了不同的方法，但几乎同时在凝聚物质中发现了核磁共振，两人因此获得了 1952 年诺贝尔物理学奖。几十年来，核磁共振已经成为一门有完整理论的新学科。

核磁共振作为分析物质的手段，由于其可深入物质内部而不破坏样品，并具有迅速、准确、分辨率高等优点，因此得以迅速发展和广泛应用。核磁共振的适用范围已经从物理学渗透到化学、生物学、地质学、医疗以及材料学等学科中，在科研和生产中也发挥着巨大作用，而在化工、石油、建材、食品、冶金、地质、国防、环保及其他工业部门，核磁共振的用途也日益广泛。核磁共振方法适合于液体和固体，而对于如今的高分辨技术，还可以将核磁技术用于半固体及微量样品的研究中。核磁谱图已经从过去的一维谱图(1D)发展到如今的二维(2D)、三维(3D)甚至四维(4D)谱图。陈旧的实验方法被摒弃，新的实验方法迅速发展，分子结构和分子间的关系将表现得更加清晰。

【实验目的】

(1)用边限振荡器扫场法观察氢的核磁共振现象，验证共振频率与磁场的关系 $2\pi f_0=\gamma B_0$。

(2)测定氢核的朗德 g 因子、旋磁比 γ 及核磁矩 μ 。

(3)观察氟的核磁共振现象，测定氟核的朗德 g 因子、旋磁比 γ 及核磁矩 μ 。

(4)改变振荡幅度，观察共振信号幅度与振荡幅度的关系，从而了解饱和过程。

(5)通过变频扫场，观察共振信号与扫场频率的关系，从而了解消除饱和的方法。

【实验原理】

氢核是最简单的原子核，也是目前在核磁共振应用中最常见的原子核。下面以氢核为主要研究对象，介绍核磁共振的基本原理和观测方法。

1. 核磁共振的量子力学描述

1)单个核的磁共振

通常将原子核的总磁矩在其角动量 $\boldsymbol{P}$ 方向上的投影 $\boldsymbol{\mu}$ 称为核磁矩，它们之间的关系通常写成

$$\boldsymbol{\mu}=\gamma \cdot \boldsymbol{p} \quad 或 \quad \boldsymbol{\mu}=g\frac{e}{2m_p}\cdot \boldsymbol{P} \tag{6.10.1}$$

式中，$\gamma=g\frac{e}{2m_p}$ 称为旋磁比；e 为电子电荷；m_p 为质子质量；g 为朗德 g 因子。

根据量子力学，原子核角动量的大小由下式决定：

$$P=I\hbar \tag{6.10.2}$$

式中，$\hbar=\frac{h}{2\pi}$，h 为普朗克常量；I 为核的自旋量子数，可以取值为 0，$\frac{1}{2}$，1，$\frac{3}{2}$，…。

将氢核放入磁感应强度为 $\boldsymbol{B}$ 的外磁场中，可以取坐标轴 z 正方向为磁感应强度 $\boldsymbol{B}$ 的方向。核的角动量在 $\boldsymbol{B}$ 方向上的投影值由下式决定：

$$P_B=m\hbar \tag{6.10.3}$$

式中，m 称为磁量子数，可以取值为 I，$I-1$，…，$-(I-1)$，$-I$。核磁矩在 $\boldsymbol{B}$ 方向上的投影值为

$$\mu_B=g\frac{e}{2m_p}P_B=g\left(\frac{eh}{2m_p}\right)m$$

可写为

$$\mu_B=g\mu_N m \tag{6.10.4}$$

式中，$\boldsymbol{\mu}_N=5.050\ 787\times10^{-27}\ \mathrm{J\cdot T^{-1}}$ 称为核磁子，是核磁矩的单位。

核磁矩为 μ 的原子核在磁感应强度为 $\boldsymbol{B}$ 的恒定磁场中具有的势能为

$$E=-\boldsymbol{\mu}\cdot\boldsymbol{B}=-\mu_B B=-g\mu_N mB$$

任何两个能级之间的能量差为

$$\Delta E=E_{m_1}-E_{m_2}=-g\mu_N B(m_1-m_2) \tag{6.10.5}$$

考虑最简单的情况，对氢核而言，自旋量子数 $I=\frac{1}{2}$，所以磁量子数 m 只能取两个值，即 $m=\frac{1}{2}$ 和 $m=-\frac{1}{2}$。磁矩在外场方向上的投影也只能取两个值，如图 6.10.1(a)所示，与此相对应的能级如图 6.10.1(b)所示。

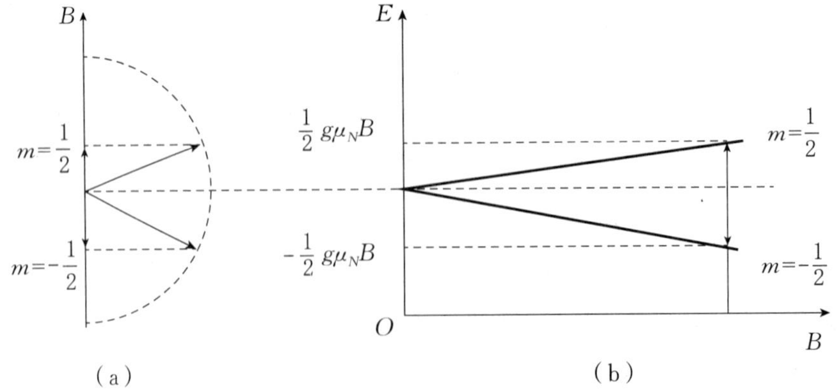

图 6.10.1　氢核能级在磁场中的分裂

根据量子力学中的选择定则，只有 $\Delta m=\pm1$ 的两个能级之间才能发生跃迁，这两个跃迁能级之间的能量差为

$$\Delta E=g\mu_N B \tag{6.10.6}$$

由这个公式可知，相邻两个能级之间的能量差 ΔE 与外磁场磁感应强度 $\boldsymbol{B}$ 的大小成正比，磁场越强，则两个能级分裂也越大。

如果实验时在该稳恒磁场区域中又叠加一个电磁波作用于氢核，假设电磁波的能量 $h\nu_0$ 恰好等于这时氢核两个能级的能量差 $g\mu_N B_0$，即

$$h\nu_0=g\mu_N B_0 \tag{6.10.7}$$

则氢核就会吸收电磁波的能量，由 $m=\frac{1}{2}$ 的能级跃迁到 $m=-\frac{1}{2}$ 的能级，这就是核磁共振吸收现象。式(6.10.7)就是核磁共振条件。为了应用上的方便，常写成

$$\nu_0=\left(\frac{g\mu_N}{h}\right)B_0, \quad 即 \quad \omega_0=\gamma B_0 \tag{6.10.8}$$

2)核磁共振信号的强度

上面讨论的是单个核置于外磁场中的核磁共振理论，但实验中所用的样品是大量同类核的集合。如果处于高能级上的核的数目与处于低能级上的核的数目没有差别，则在电磁波的激发下，高能级和低能级上的核都要发生跃迁，并且跃迁概率是相等的，吸收能量等于辐射能量，就观察不到任何核磁共振信号。只有低能级上的原子核的数目大于高能级上的原子核的数目，吸收能量比辐射能量多时，才能观察到核磁共振信号。在热平衡状态下，核的数目在两个能级上的相对分布由玻尔兹曼因子决定

$$\frac{N_2}{N_1}=\exp\left(-\frac{\Delta E}{kT}\right)=\exp\left(-\frac{g\mu_N B_0}{kT}\right) \tag{6.10.9}$$

式中，N_1 为低能级上的核的数目；N_2 为高能级上的核的数目；ΔE 为上下能级间的能量差；k 为玻尔兹曼常量；T 为绝对温度。当 $g\mu_N B_0 \ll kT$ 时，上式可以近似写成

$$\frac{N_2}{N_1}=1-\frac{g\mu_N B_0}{kT} \tag{6.10.10}$$

上式说明，低能级上的核的数目比高能级上的核的数目略多一点。对氢核来说，如果实验温度 $T=300\ \mathrm{K}$，外磁场磁感应强度 $B_0=1\ \mathrm{T}$，则

$$\frac{N_2}{N_1}=1-6.75\times10^{-6}$$

$$\frac{N_1-N_2}{N_1}\approx7\times10^{-6}$$

这说明，在室温下，每百万个低能级上的核比高能级上的核大约只多出 7 个，也就是说，在低能级上参与核磁共振吸收的每一百万个核中只有 7 个核的核磁共振吸收未被共振辐射所抵消。所以核磁共振信号非常微弱，检测如此微弱的信号，需要高质量的接收器。

由式(6.10.10)中可以看出，温度越高，粒子差数越小，对观察核磁共振信号越不利。外磁场磁感应强度 B_0 越大，粒子差数越大，越有利于观察核磁共振信号。这就是一般核磁共振实验要求磁场强一些的原因。此外，要观察到核磁共振信号，除了强磁场，还需要磁场在样品范围内高度均匀，否则磁感应强度多么大也观察不到核磁共振信号。根据式(6.10.7)，如果磁场不均匀，则样品内各部分的共振频率不同，对某个频率的电磁波，

将只有少数核参与共振，结果信号会被噪声所淹没，难以观察到核磁共振信号。

2. 核磁共振的经典力学描述

把经典理论和矢量模型用于微观粒子是不严格的，但是它对某些问题可以做一定的解释，数值上不一定正确，但可以给出一个清晰的物理图像，帮助我们了解问题的实质。

下面考虑单个核的拉莫尔进动。如果陀螺不旋转，当它的轴线偏离竖直方向时，在重力作用下，它就会倒下来；如果陀螺本身做自转运动，它就会绕着重力方向做进动而不会倒下，如图 6.10.2 所示。

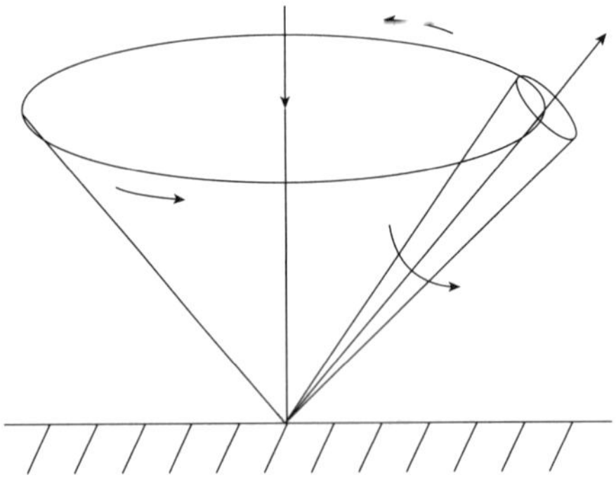

图 6.10.2 陀螺的进动

由于原子核具有自旋和磁矩，所以它在外磁场中的行为与陀螺在重力场中的行为是完全一样的。设核的角动量为 $\boldsymbol{P}$ ，磁矩为 $\boldsymbol{\mu}$ ，外磁场的碰感应强度为 $\boldsymbol{B}$ ，由经典理论可知

$$\frac{\mathrm{d}\boldsymbol{P}}{\mathrm{d}t}=\boldsymbol{\mu}\times\boldsymbol{B} \tag{6.10.11}$$

由于 $\boldsymbol{\mu}=\gamma\boldsymbol{P}$ ，所以有

$$\frac{\mathrm{d}\boldsymbol{\mu}}{\mathrm{d}t}=\lambda\boldsymbol{\mu}\times\boldsymbol{B} \tag{6.10.12}$$

写成分量的形式则为

$$\begin{cases}\dfrac{\mathrm{d}\mu_x}{\mathrm{d}t}=\gamma(\mu_y B_z-\mu_z B_y)\\ \dfrac{\mathrm{d}\mu_y}{\mathrm{d}t}=\gamma(\mu_z B_x-\mu_x B_z)\\ \dfrac{\mathrm{d}\mu_z}{\mathrm{d}t}=\gamma(\mu_x B_y-\mu_y B_x)\end{cases} \tag{6.10.13}$$

若设稳恒磁场的磁感应强度为 $\boldsymbol{B}_0$，且 z 轴沿 $\boldsymbol{B}_0$ 方向，即 $B_x=B_y=0$，$B_z=B_0$，则上式将变为

$$\begin{cases}\dfrac{\mathrm{d}\mu_x}{\mathrm{d}t}=\gamma\mu_y B_0\\ \dfrac{\mathrm{d}\mu_y}{\mathrm{d}t}=-\gamma\mu_x B_0\\ \dfrac{\mathrm{d}\mu_z}{\mathrm{d}t}=0\end{cases} \tag{6.10.14}$$

由此可见，核磁矩分量 μ_z 是一个常数，即核磁矩 $\boldsymbol{\mu}$ 在 $\boldsymbol{B}_0$ 方向上的投影将保持不变。将式(6.10.14)的第一式对 t 求导，并把第二式代入有

$$\frac{\mathrm{d}^2\mu_x}{\mathrm{d}t^2}=\gamma B_0\frac{\mathrm{d}\mu_y}{\mathrm{d}t}=-\gamma^2B_0^2\mu_x \quad 或 \quad \frac{\mathrm{d}^2\mu_x}{\mathrm{d}t^2}+\gamma^2B_0^2\mu_x=0 \tag{6.10.15}$$

这是一个简谐运动方程，其解为 $\mu_x=A\cos(\gamma B_0t+\varphi)$，由式(6.10.14)第一式得到

$$\mu_y=\frac{1}{\gamma B_0}\frac{\mathrm{d}\mu_x}{\mathrm{d}t}=-\frac{1}{\gamma B_0}\gamma B_0A\sin(\gamma B_0t+\varphi)=-A\sin(\gamma B_0t+\varphi)$$

以 $\omega_0=\gamma B_0$ 代入，有

$$\begin{cases}\mu_x=A\cos(\omega_0t+\varphi)\\ \mu_y=-A\sin(\omega_0t+\varphi)\\ \mu_L=\sqrt{(\mu_x+\mu_y)^2}=A=常数\end{cases} \tag{6.10.16}$$

核磁矩 $\boldsymbol{\mu}$ 的运动图像如图 6.10.3 所示，在稳恒磁场中的运动特点如下。

① $\boldsymbol{\mu}$ 围绕 $\boldsymbol{B}_0$ 做进动，进动的角频率为 $\omega_0=\gamma B_0$，和 $\boldsymbol{\mu}$ 与 $\boldsymbol{B}_0$ 之间的夹角 θ 无关。

② $\boldsymbol{\mu}$ 在 xOy 平面上的投影 μ_L 是常数。

③ $\boldsymbol{\mu}$ 在 $\boldsymbol{B}_0$ 方向上的投影 μ_z 为常数。

如果在与 $\boldsymbol{B}_0$ 垂直的方向上加一个旋转磁场，磁感应强度为 $\boldsymbol{B}_1$，且 $B_1\ll B_0$，会出现什么情况呢？此时 $\boldsymbol{B}_1$ 的角频率和转动方向与核磁矩 $\boldsymbol{\mu}$ 的进动角频率和进动方向都相同，如图 6.10.4 所示。这时，核磁矩 $\boldsymbol{\mu}$ 除了受到 $\boldsymbol{B}_0$ 的作用，还要受到 $\boldsymbol{B}_1$ 的影响，也就是说，$\boldsymbol{\mu}$ 除了要围绕 $\boldsymbol{B}_0$ 方向进动之外，还要绕 $\boldsymbol{B}_1$ 方向进动。所以 $\boldsymbol{\mu}$ 与 $\boldsymbol{B}_0$ 之间的夹角 θ 将发生变化。由核磁矩的势能

$$E=-\boldsymbol{\mu}\cdot\boldsymbol{B}=-\mu B_0\cos\theta \tag{6.10.17}$$

可知，θ 的变化意味着核的能量状态变化。当 θ 值增加时，核需要从旋转磁场中吸收能量。这就是核磁共振。产生共振的条件为

$$\omega=\omega_0=\gamma B_0 \tag{6.10.18}$$

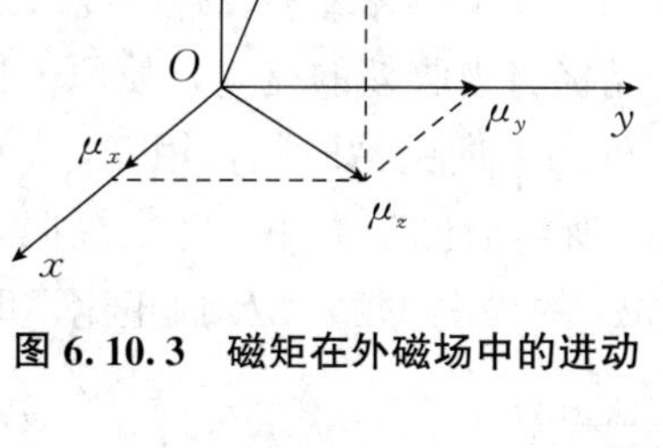

图 6.10.3 磁矩在外磁场中的进动

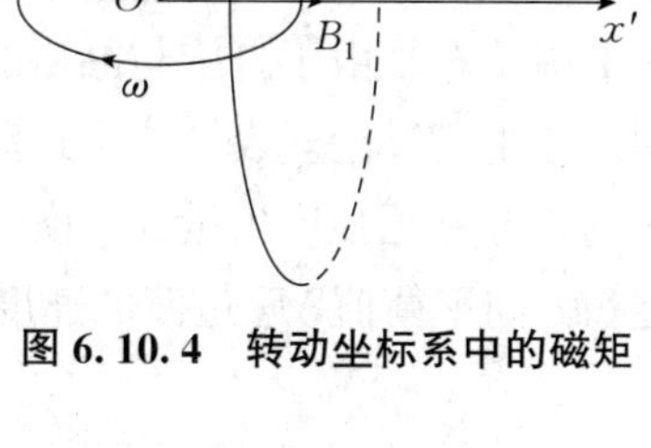

图 6.10.4 转动坐标系中的磁矩

这一结论与量子力学得出的结论完全一致。

如果旋转磁场的转动角频率 ω 与核磁矩 $\boldsymbol{\mu}$ 的进动角频率 ω_0 不相等，即 $\omega\neq\omega_0$，则角

度 θ 的变化不显著。平均说来，θ 角的变化为零。原子核没有吸收磁场的能量，因此就观察不到核磁共振信号。

上面讨论的是单个核的核磁共振。但在实验中研究的样品不是单个核磁矩，而是由这些核磁矩构成的磁化强度矢量 $\boldsymbol{M}$；另外，研究的系统并不是孤立的，而是与周围物质有一定的相互作用的。只有全面考虑了这些问题，才能建立起核磁共振的理论。

因为磁化强度矢量 $\boldsymbol{M}$ 是单位体积内核磁矩 $\boldsymbol{\mu}$ 的矢量和，所以有

$$\frac{\mathrm{d}\boldsymbol{M}}{\mathrm{d}t}=\gamma\cdot(\boldsymbol{M}\times\boldsymbol{B}) \tag{6.10.19}$$

这表明磁化强度矢量 $\boldsymbol{M}$ 围绕着 $\boldsymbol{B}_0$ 方向做进动，进动的角频率 $\omega=\gamma B_0$； 现在假定磁感应强度为 $\boldsymbol{B}_0$ 的外磁场沿着 z 轴方向，再在沿着 x 轴方向上加上一射频场，磁感应强度为

$$\boldsymbol{B}_1=2B_1\cos(\omega t)\boldsymbol{e}_x \tag{6.10.20}$$

式中，$\boldsymbol{e}_x$ 为 x 轴上的单位矢量；$2B_1$ 为振幅。这个线偏振场可以看作左旋圆偏振场和右旋圆偏振场的叠加，如图 6.10.5 所示。在这两个圆偏振场中，只有当圆偏振场的旋转方向与进动方向相同时才起作用。所以对于 γ 为正的系统，起作用的是顺时针方向的圆偏振场，即

$$M_z=M_0-\chi_0H_0=\chi_0B_0/\mu_0$$

式中，χ_0 是静磁化率；μ_0 为真空中的磁导率；M_0 是自旋系统与晶格达到热平衡时自旋系统的磁化强度。

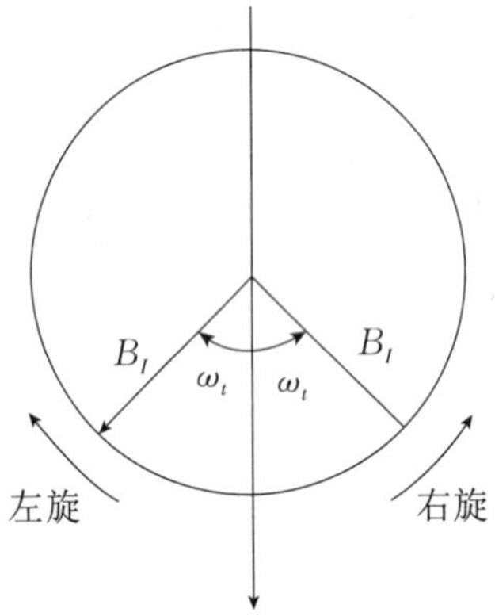

图 6.10.5　线偏振场分解为圆偏振场

原子核系统吸收了射频场能量之后，处于高能态的粒子数目增多，也使得 $M_z<M_0$，偏离了热平衡状态。由于自旋与晶格的相互作用，晶格将吸收核的能量，使原子核跃迁到低能态而向热平衡过渡。表征这个过渡的特征时间称为纵向弛豫时间，用 T_1 表示，反映了沿外磁场方向磁化强度矢量 M_z 恢复到平衡值 M_0 所需时间的大小。考虑纵向弛豫作用后，假定 M_z 向平衡值 M_0 过渡的速度与 M_z 偏离 M_0 的程度 M_0-M_z 成正比，即

$$\frac{\mathrm{d}M_z}{\mathrm{d}t}=-\frac{M_z-M_0}{T_1} \tag{6.10.21}$$

此外，自旋与自旋之间也存在相互作用，M 的横向分量也要由非平衡态时的 M_x 和 M_y 向平衡态时的值 $M_x=M_y=0$ 过渡。表征这个过程的特征时间称为横向弛豫时间，用 T_2

表示。与 M_z 类似，可以假定：

$$\begin{cases}\dfrac{\mathrm{d}M_x}{\mathrm{d}t}=\dfrac{M_x}{T_2}\\[2mm] \dfrac{\mathrm{d}M_y}{\mathrm{d}t}=-\dfrac{M_y}{T_2}\end{cases} \tag{6.10.22}$$

前面分别分析了外磁场和弛豫过程对磁化强度矢量 $\boldsymbol{M}$ 的作用。当上述两种作用同时存在时，描述核磁共振现象的基本运动方程(称为布洛赫方程)为

$$\frac{\mathrm{d}\boldsymbol{M}}{\mathrm{d}t}=\gamma(\boldsymbol{M}\times\boldsymbol{B})-\frac{1}{T_2}(M_x\boldsymbol{i}+M_y\boldsymbol{j})-\frac{M_z-M_0}{T_1}\boldsymbol{k} \tag{6.10.23}$$

式中，$\boldsymbol{i}$、$\boldsymbol{j}$、$\boldsymbol{k}$ 分别是 x、y、z 方向上的单位矢量；$\boldsymbol{B}$ 是外磁场的磁感应强度 $\boldsymbol{B}_0$ 与线偏振场 $\boldsymbol{B}_1$ 的叠加。其中，$\boldsymbol{B}_0=B_0\boldsymbol{k}$，$\boldsymbol{B}_1=B_1\cos(\omega t)\boldsymbol{i}-B_1\sin(\omega t)\boldsymbol{j}$，$\boldsymbol{M}\times\boldsymbol{B}$ 的三个分量是

$$\begin{cases}(M_yB_0+M_zB_1\sin\omega t)\boldsymbol{i}\\ (M_zB_1\cos\omega t-M_xB_0)\boldsymbol{j}\\ (-M_xB_1\sin\omega t-M_yB_1\cos\omega t)\boldsymbol{k}\end{cases} \tag{6.10.24}$$

这样，布洛赫方程可写成分量形式，即

$$\begin{cases}\dfrac{\mathrm{d}M_x}{\mathrm{d}t}=\gamma(M_yB_0+M_zB_1\sin\omega t)-\dfrac{M_x}{T_2}\\[2mm] \dfrac{\mathrm{d}M_y}{\mathrm{d}t}=\gamma(M_zB_1\cos\omega t-M_xB_0)-\dfrac{M_y}{T_2}\\[2mm] \dfrac{\mathrm{d}M_z}{\mathrm{d}t}=-\gamma(M_xB_1\sin\omega t+M_yB_1\cos\omega t)-\dfrac{M_z-M_0}{T_1}\end{cases} \tag{6.10.25}$$

通过布洛赫方程，可以解释各种核磁共振现象。一般来说，布洛赫方程中含有 $\cos\omega t$、$\sin\omega t$ 这些高频振荡项，解起来会很麻烦。如果能对其进行坐标变换，把它变换到旋转坐标系中去，解起来就容易得多。

如图 6.10.6 所示，取新坐标系 $Ox'y'z'$，z' 轴方向与原来的实验室坐标系中的 z 轴方向重合，旋转磁场的磁感应强度 $\boldsymbol{B}_1$ 方向与 x' 轴方向重合。显然，新坐标系是与旋转磁场以同一频率 ω 转动的旋转坐标系。图中 $\boldsymbol{M}_\perp$ 是 $\boldsymbol{M}$ 在垂直于恒定磁场方向上的分量，即 $\boldsymbol{M}$ 在 xOy 平面内的分量，设 u 和 v 是 $\boldsymbol{M}_\perp$ 在 x' 和 y' 方向上的分量，则

$$\begin{cases}M_x=u\cos\omega t-v\sin\omega t\\ M_y=-v\cos\omega t-u\sin\omega t\end{cases}$$

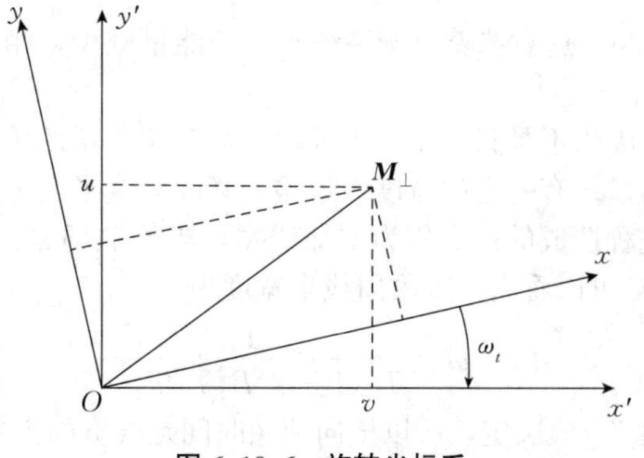

图 6.10.6　旋转坐标系

把它们代入式(6.10.25)，得

$$\begin{cases}\dfrac{\mathrm{d}u}{\mathrm{d}t}=-(\omega_0-\omega)v-\dfrac{u}{T_2}\\ \dfrac{\mathrm{d}v}{\mathrm{d}t}=(\omega_0-\omega)u-\dfrac{v}{T_2}-\gamma B_1 M_z\\ \dfrac{\mathrm{d}M_z}{\mathrm{d}t}=\dfrac{M_0-M_z}{T_1}+\gamma B_1 v\end{cases}\tag{6.10.26}$$

式中，$\omega_0=\gamma B_0$。上式表明M_z的变化是v的函数而不是u的函数，说明了磁化强度矢量的能量变化。因此，v的变化反映了系统能量的变化。

从式(6.10.26)可以看出，方程中已经不包括$\cos\omega t$、$\sin\omega t$这些高频振荡项了，但要严格求解仍是相当困难的，通常是根据实验条件来进行简化。如果磁场或频率的变化十分缓慢，则可以认为u、v、M_z都不随时间发生变化，即$\dfrac{\mathrm{d}u}{\mathrm{d}t}=0$、$\dfrac{\mathrm{d}v}{\mathrm{d}t}=0$、$\dfrac{\mathrm{d}M_z}{\mathrm{d}t}=0$，系统达到稳定状态，此时上式的解为

$$\begin{cases}u=\dfrac{\gamma B_1 T_2^2(\omega_0-\omega)M_0}{1+T_2^2(\omega_0-\omega)^2+\gamma^2 B_1^2 T_1 T_2}\\ v=\dfrac{\gamma B_1 M_0 T_2}{1+T_2^2(\omega_0-\omega)^2+\gamma^2 B_1^2 T_1 T_2}\\ M_z=\dfrac{[1+T_2^2(\omega_0-\omega)]M_0}{1+T_2^2(\omega_0-\omega)^2+\gamma^2 B_1^2 T_1 T_2}\end{cases}\tag{6.10.27}$$

式(6.10.27)称为稳态解，根据前两式可以画出u和v随ω变化而变化的函数关系曲线。根据曲线可知，当外加旋转磁场$\boldsymbol{B}_1$的角频率ω等于$\boldsymbol{M}$在磁场$\boldsymbol{B}_0$中的进动角频率ω_0时，吸收信号最强，即出现共振吸收现象。

3. 结果分析

由上面得到的布洛赫方程的稳态解可以看出，稳态共振吸收信号有几个重要特点。

①当$\omega=\omega_0$时，v达到极大值，可以表示为$v_{极大}=\dfrac{\gamma B_1 T_2 M_0}{1+\gamma^2 B_1^2 T_1 T_2}$，可见$B_1=\dfrac{1}{\gamma(T_1T_2)^{1/2}}$时，$v$达到最大值$v_{\max}=\dfrac{1}{2}\sqrt{\dfrac{T_2}{T_1}}M_0$，表明吸收信号的最大值并不是要求$B_1$无限地弱，而是要求它有一定的大小。

②共振时$\Delta\omega=\omega_0-\omega=0$，则吸收信号的表示式中包含$S=\dfrac{1}{1+\gamma B_1^2 T_1 T_2}$项，也就是说，$B_1$增大时，$S$值减小，这意味着自旋系统吸收的能量减少，相当于高能级部分逐渐饱和，所以称S为饱和因子。

③实际的核磁共振吸收不是只发生在由式(6.10.7)所决定的单一频率上，而是发生在一定的频率范围内，即谱线有一定的宽度。通常把吸收曲线半高宽所对应的频率间隔称为共振线宽。由于弛豫过程造成的线宽称为本征线宽，当外磁场$\boldsymbol{B}_0$不均匀时也会使吸收谱线加宽。由式(6.10.27)可以看出，吸收曲线半宽度为

$$\omega_0-\omega=\frac{1}{T_2(1-\gamma^2 B_1^2 T_1 T_2^{1/2})}\tag{6.10.28}$$

可见，线宽主要由T_2值决定，所以横向弛豫时间是线宽的主要参数。

硫酸铜($CuSO_4$)、甘油、氟碳、纯水在不同振荡幅度下信号的变化如图 6.10.7(a)所示，并同时表示了在多次共振状态下前次共振对下次的影响。扫场周期和弛豫时间与共振信号幅度的关系如图 6.10.7(b)所示。

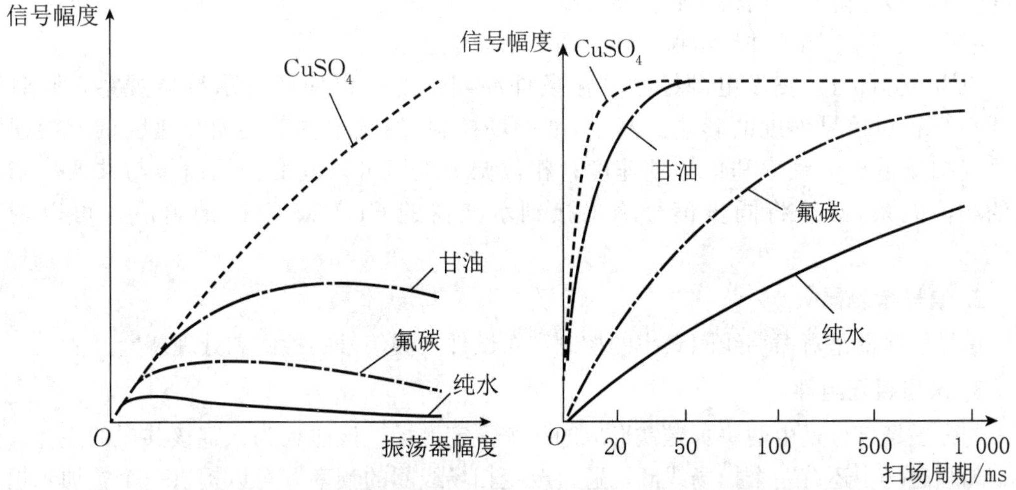

(a)振荡幅度和信号幅度的关系　(b)信号幅度和扫场周期的关系

图 6.10.7　共振信号幅度与振荡幅度、扫场周期的关系

【实验仪器】

专业级边限振荡器核磁共振实验仪、数字存储示波器、信号检测器、匀强磁场组件和观测试剂。

1. 专业级边限振荡器核磁共振实验仪

专业级边限振荡器核磁共振实验仪(见图 6.10.8 和图 6.10.9)由边限振荡器、频率计、扫场电源部分等几部分构成。

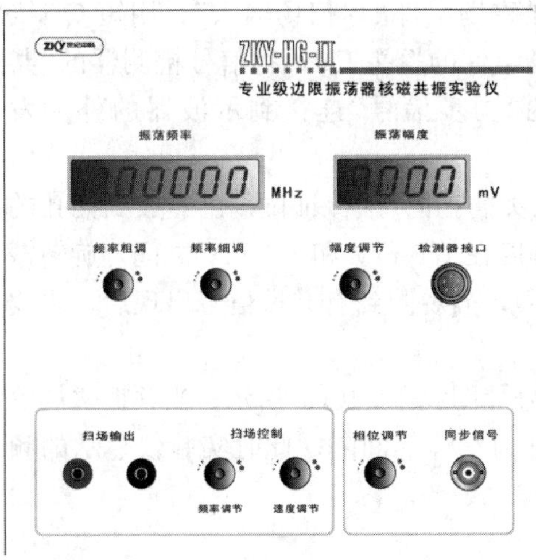

图 6.10.8　核磁共振实验仪面板示意图

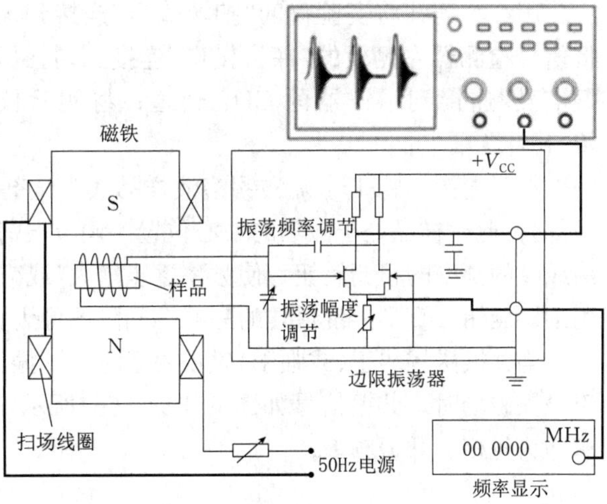

图 6.10.9　核磁共振实验仪组成原理框图

边限振荡器：处于振荡与不振荡边缘状态的 LC 振荡器(也称为边缘振荡器)。将样品放在振荡线圈中，再将振荡线圈和样品一起放在磁铁中。当振荡器的振荡频率近似等于共振频率时，在振荡线圈内射频磁场能量被样品吸收，使得振荡器停振，振荡器的振荡输出幅度会大幅度下降，从而检测到核磁共振信号。

频率计：用于调节并显示振荡线圈的频率大小和幅度。

扫场电源部分：扫场电源控制共振条件周期性发生以便通过示波器观察，同时可以减小饱和对信号强度的影响。其中，“扫场控制”的频率调节旋钮和速度调节旋钮可以改变扫场电压的频率和单周期速度；相位调节旋钮可以改变扫场信号与共振信号之间的相位关系(必须将同步信号输出接到示波器的 CH1 或 CH2 通道后才可以调节相位)。

2. 信号检测器

信号检测器是对振荡线圈频率的控制和对试件共振信号的检测和处理装置。

3. 匀强磁场组件

匀强磁场部分是由两块永磁铁形成的一个恒定磁场，该磁场为试剂核共振的主体。另外，匀强磁场中还有一个扫场线圈，通过改变扫场线圈的频率等可以提供一个叠加到恒定磁场上的旋进磁场。匀强磁场组件内部为强磁铁，不得将铁磁物质置于均匀磁场内部，并且匀强磁场组件上的螺钉不得随意拧动，否则将影响实验效果。

4. 观测试剂

观测试剂共有 6 种，分别为 1%浓度的硫酸铜溶液、1%浓度的三氯化铁溶液、1%浓度的氯化锰溶液、丙三醇、纯水和氟碳。前五种用于观测氢的核磁共振，后一种用于观测氟的核磁共振。

【实验内容和步骤】

1. 观察水中氢核的共振信号

用红黑连线将实验仪的“扫场输出”连接到匀强磁场组件的“扫场输入”；用短 Q9 线将信号检测器左侧板的“探头接口”连接到匀强磁场组件的探头 Q9；将信号检测器的“共振信号”连接到示波器的 CH2 通道；将实验仪的“同步信号”连接到示波器的外触发接口。

打开电源，将 1% 硫酸铜溶液样品放入试剂探头插孔内(须保证试剂已经放到插孔的底部)，此时样品处于磁场的中心位置。调节振荡幅度在 150 mV 和 250 mV 之间，旋转振荡线圈的频率的粗调旋钮，使频率逐步增大(或减小)，当观测到有共振信号出现后，再改用细调旋钮，直到出现最佳的三峰等间隔图像为止。

当共振磁场弱于(或强于)磁铁磁场时，共振信号如图 6.10.10(a)所示；当共振磁场等于磁铁磁场时，共振信号如图 6.10.10(b)所示，称为三峰等间隔，此时实验仪显示的频率即为氢核的共振频率。

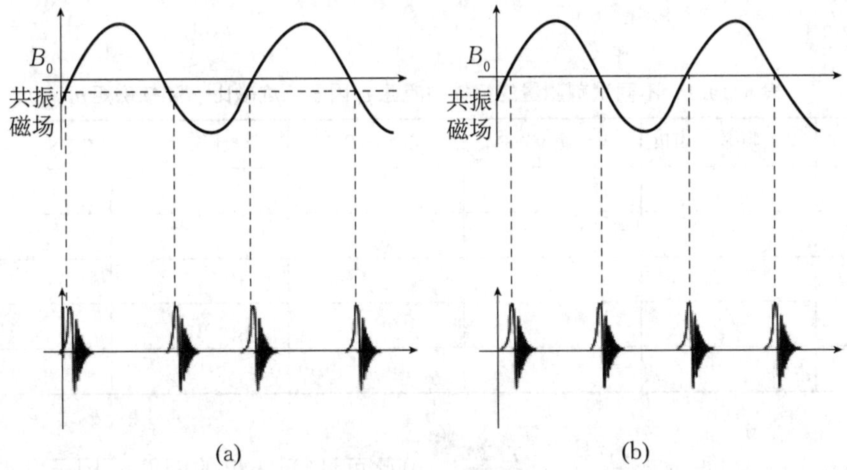

图 6.10.10　共振磁场与磁铁磁场之间的关系图

2. **测定氢核的朗德 g 因子、旋磁比 γ 及核磁矩 μ**

按照实验 1 的连接方法和调节方法，先以 1% 的硫酸铜溶液样品为测试试剂，记录共振频率于表 6.10.1 中；更换其他实验样品，调节其共振频率，记录于表 6.10.1 中。需要注意的是，要观测到纯水的共振信号，应将振荡幅度调节到足够低(最好小于 100 mV)，其他的试剂振荡幅度可调到 150～250 mV。

3. **改变振荡器振荡幅度并观察氢核的饱和现象**

饱和现象是指共振信号的幅度达到最大的过程。依次将表 6.10.2 中所列的试剂放入试剂插孔内，调节振荡频率，使之出现合适的共振信号。然后改变振荡器幅度，从示波器上读出共振信号幅度，记录于表 6.10.2 中(表 6.10.2 中的振荡幅度只是参考值，实验中可以根据实际显示的数值进行记录)。

注意：在调节振荡幅度的时候，振荡频率也会发生一定变化，这需要随时调整振荡频率，使得共振信号一直处于最佳位置。

4. **改变扫场频率并观察氢核的饱和现象**

以纯水为观测试剂(也可以用其他试剂)，调节振荡频率，使之出现合适的共振信号。然后调节扫场电源的扫场频率和扫场速度，并观察共振信号的幅度随扫场频率增减的变化关系，了解变频扫场对饱和效应的影响(使用长余辉示波器或数字记忆示波器更易观察变频扫场的饱和现象)。

5. **观察氟核的共振信号，测定氟核的朗德 g 因子、旋磁比 γ 及核磁矩 μ**

将氟样品放入匀强磁场组件的试剂插孔中，调节振荡幅度在 0.1 mV 和 1.0 mV 之间。按照 H 核的共振信号调节方法(实验 2)调出共振信号，并调节至三峰等间隔。记录共振频率，并计算氟核的朗德 g 因子、旋磁比 γ 及核磁矩 μ 。通过改变振荡幅度和扫场频率，观测氟核共振信号的饱和现象。

【数据处理】

表 6.10.1 不同试剂测量的氢核的朗德 g 因子、旋磁比 γ 和核磁矩 μ

试剂类别	共振频率 ν_0 /Hg	振荡幅度/mV	朗德 g 因子	旋磁比 γ	核磁矩 μ /(10^{-27} J/T)
硫酸铜					
三氯化铁					
氯化锰					
丙三醇					
纯水					

由式(6.10.8)可得 $g=\dfrac{\nu_0/B_0}{\mu_N/h}=\dfrac{\gamma/2\pi}{\mu_N/h}$，由此可计算 H 核的朗德 g 因子和旋磁比 γ。再根据式(6.10.1)和式(6.10.2)，并参考表 6.10.3，可得到核磁矩 μ。

表 6.10.2 振荡器振荡幅度和共振信号幅度关系表

振荡幅度/V		0.06	0.1	0.15	0.2	0.25	0.3
共振信号幅度/V	硫酸铜						
	三氯化铁						
	氯化锰						
	丙三醇						
	纯水						

根据表 6.10.2 中的数据，得到各种试剂的共振信号幅度和振荡幅度的关系曲线，与图 6.10.7(a)曲线进行比较。

表 6.10.3 ^{1}H 与 ^{19}F 的丰度、自旋数、回旋频率

元素	丰度%	自旋数	回旋频率/MHz
^{1}H	99.9	$\frac{1}{2}$	42.577
^{19}F	100	$\frac{1}{2}$	40.055

【思考题】

(1)若将核磁共振方法作为探测手段，则其探测精度如何确定和提高？

(2)不加扫场电压能否观察到共振信号？

(3)扫场线圈能否只放一个？对两个线圈的放置有什么要求？

(4)核磁共振实验中共用了几种磁场？各起什么作用？

实验 6.11　弗兰克-赫兹实验

弗兰克-赫兹实验

1913 年，丹麦物理学家 N. 玻尔(N. Bohr)提出了一个氢原子模型，并指出原子存在能级。根据玻尔的原子理论，原子光谱中的每根谱线表示原子从某一个较高能态向另一个较低能态跃迁时的辐射。1914 年，德国物理学家 J. 弗兰克(J. Franck)和 G. 赫兹(G. Hertz)对 P. 莱纳德(P. von Lénárd)用来测量电离电位的实验装置作了改进，他们同样采取慢电子(几个到几十个电子伏特)与单元素气体原子碰撞的办法，但着重观察碰撞后电子发生什么变化(莱纳德则观察碰撞后离子流的情况)。通过实验测量，电子和原子碰撞时会交换某一定值的能量，且可以使原子从低能级激发到高能级。这直接证明了原子发生跃迁时吸收和发射的能量是分立的、不连续的，说明了原子能级的存在，从而验证了玻尔理论的正确性。玻尔因其原子模型理论获 1922 年诺贝尔物理学奖，而弗兰克与赫兹也因为该实验于 1925 年获得诺贝尔物理学奖。弗兰克-赫兹实验与玻尔理论在物理学的发展史中起到了重要的作用。

弗兰克-赫兹实验至今仍是探索原子结构的重要手段之一，实验中所用的拒斥电压筛去小能量电子的方法，已成为广泛应用的实验技术。

【实验目的】

(1)研究弗兰克-赫兹管中电流变化的规律。

(2)测量氩原子的第一激发电位，证实原子能级的存在，加深对原子结构的了解。

(3)了解在微观世界中电子与原子的碰撞概率。

【实验原理】

1. 激发电位

玻尔提出的原子理论表明了原子具有以下特性。

(1)原子只能较长地停留在一些稳定状态(简称为定态)，并且处于这些状态时不发射或吸收能量；各定态有一定的能量，其数值是彼此分隔的；原子的能量不论通过什么方式发生改变，原子只能从一个定态跃迁到另一个定态。

(2)原子从一个定态跃迁到另一个定态而发射或吸收辐射时，辐射频率是一定的。如果用 E_m 和 E_n 分别代表有关两个定态的能量，辐射的频率 ν 决定于如下关系：

$$h\nu = E_m - E_n \tag{6.11.1}$$

式中，普朗克常量 $h \approx 6.626 \times 10^{-34}\ \mathrm{J \cdot s}$。

为了使原子能够从低能级向高能级跃迁，可以将具有一定能量的电子与原子相碰撞进行能量交换。设初速度为零的电子在电位差为 U_0 的加速电场作用下，获得能量 eU_0。当具有这种能量的电子与稀薄气体的原子(如氩原子)发生碰撞时，就会发生能量交换。如果用 E_1 代表氩原子的基态能量，用 E_2 代表氩原子的第一激发态能量，那么氩原子从电子吸收的能量恰好为

$$eU_0 = E_2 - E_1 \tag{6.11.2}$$

此时氩原子就会从基态跃迁到第一激发态，相应的电位差称为氩原子的第一激发电位(或称氩原子的中肯电位)。测定出该电位差U_0，就可以根据式(6.11.2)求出氩原子的基态和第一激发态之间的能量差(其他元素气体原子的第一激发电位也可依此法求得)。

2. **弗兰克-赫兹实验原理**

弗兰克-赫兹实验的原理图如图 6.11.1 所示。在充氩的弗兰克-赫兹管中，电子由阴极 K 发出，阴极 K 和第二栅极 G_2 之间的加速电压U_{G_2K}使电子加速。在板极 A 和第二栅极 G_2 之间加有反向拒斥电压U_{G_2A}。当电子通过 KG_2 空间进入 G_2A 空间时，如果有较大的能量(大于eU_{G_2A})，就能冲过反向拒斥电场到达板极形成板极电流 I_A，该电流可通过微电流计(μA)检出。如果电子在 KG_2 空间与氩原子碰撞，把自己一部分能量传给氩原子而使后者激发的话，电子本身所剩余的能量就很小，就会导致电子通过第二栅极后其剩余的能量已不足以克服拒斥电场而折回到第二栅极，这时，通过微电流计的电流将显著减小。

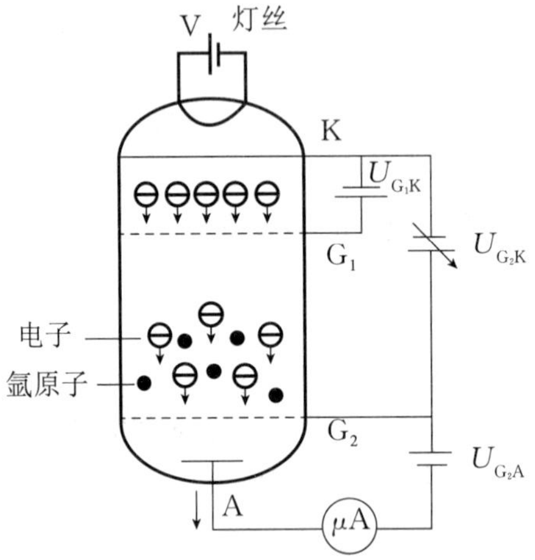

图 6.11.1 弗兰克一赫兹原理图

实验时，使U_{G_2K}逐渐增加并仔细观察微电流计的电流指示，如果原子能级确实存在，而且基态和第一激发态之间有确定的能量差的话，就能观察到如图 6.11.2 所示的 $I_A - U_{GK}$ 曲线。

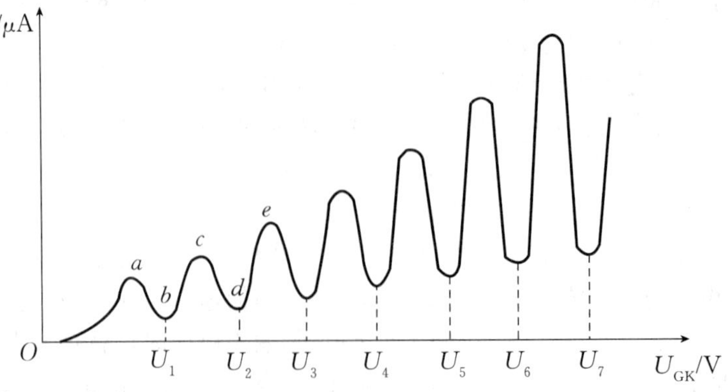

图 6.11.2 弗兰克一赫兹实验的 $I_A - U_{GK}$ 曲线

图6.11.2所示的曲线反映了氩原子在KG_2空间与电子进行能量交换的情况。当KG_2空间电压逐渐增加时，电子在KG_2空间被加速而取得越来越大的能量。但在起始阶段，由于电压较低，电子的能量较少，即使在运动过程中它与原子相碰撞也只有微小的能量交换(为弹性碰撞)，穿过第二栅极的电子所形成的板极电流I_A将随第二栅极电压U_{G_2K}的增加而增大(如图6.11.2中Oa段)；当KG_2间的电压达到氩原子的第一激发电位U_0时，电子在第二栅极附近与氩原子相碰撞，将自己从加速电场中获得的全部能量交给后者，并且使后者从基态激发到第一激发态，而电子本身由于把全部能量给了氩原子，即使穿过了第二栅极也不能克服反向拒斥电场而折回第二栅极(被筛选掉)，所以板极电流将显著减小(图6.11.2中ab段)；随着第二栅极电压的增加，电子的能量也随之增加，在与氩原子相碰撞后还留下足够的能量，可以克服反向拒斥电场而达到板极A，这时电流又开始上升(如图6.11.2中bc段)；直到KG_2间电压是氩原子的第一激发电位的2倍时，电子在KG_2间又会因二次碰撞而失去能量，因而又会造成第二次板极电流的下降(如图6.11.2中cd段)。同理，凡在

$$U_{G_2K}=nU_0 \qquad (n=1,2,3\cdots) \tag{6.11.3}$$

的地方板极电流I_A都会相应下降，形成规则起伏变化的I_A-U_{GK}曲线。而各次板极电流I_A下降相对应的阴、栅极电压差$U_{n+1}-U_n$应该是氩原子的第一激发电位U_0。本实验就是要通过实际测量来证实原子能级的存在，并测出氩原子的第一激发电位(公认值为$U_0=11.6$ eV)。

原子处于激发态时是不稳定的。在实验中被慢电子轰击到第一激发态的原子要跃迁回基态，进行这种反跃迁时，就会有eU_0的能量发射出来。由于反跃迁时，原子是以放出光子的形式向外辐射能量，因此可通过下面式子得到这种光辐射的波长：

$$eU_0=h\nu=h\frac{c}{\lambda} \tag{6.11.4}$$

对于氩原子

$$\lambda=\frac{hc}{eU_0}=\frac{6.63\times10^{-34}\times3.00\times10^{8}}{1.6\times10^{-19}\times11.5}\text{m}=1\,081\ \text{Å}$$

如果弗兰克-赫兹管中充以其他元素，则通过实验可以得到这些元素的第一激发电位(见表6.11.1)。

表6.11.1　几种元素的第一激发电位

元素	钠(Na)	钾(K)	锂(li)	镁(Mg)	汞(Hg)	氦(He)	氖(Ne)
U_0/V	2.12	1.63	1.84	3.2	4.9	21.2	18.6
λ/Å	5 898 5 896	7 664 7 699	6 707.8	4 571	2 500	584.3	640.2

【实验仪器】

智能弗兰克-赫兹实验仪、数字存储示波器。

1. 智能弗兰克-赫兹实验仪前面板说明

智能弗兰克-赫兹实验仪前面板如图 6.11.3 所示，以功能划分为以下 8 个区。

区①：弗兰克-赫兹管各输入电压连接插孔和板极电流输出插座；

区②：弗兰克-赫兹管所需激励电压的输出连接插孔，其中左侧输出孔为正极，右侧为负极。

区③：测试电流指示区，四位七段数码管指示电流值。其中，四个电流量程挡位选择按键用于选择不同的最大电流量程挡位，每一个按键都备有一个选择指示灯指示当前选择的电流量程挡位。

区④：测试电压指示区，四位七段数码管指示当前选择电压源的电压值。其中，四个电压源选择按键用于选择不同的电压源，每一个按键都备有一个选择指示灯指示当前选择的电压源。

区⑤：测试信号输入输出区，电流输入插座输入弗兰克-赫兹管板极电流，信号输出和同步输出插座可将信号输送至数字存储示波器显示。

区⑥：调整按键区，用于改变当前电压源电压设定值，并设置查询电压点。

区⑦：工作状态指示区，通信指示灯指示实验仪与计算机的通信状态，启动按键与工作方式按键共同完成多种操作。

区⑧：电源开关。

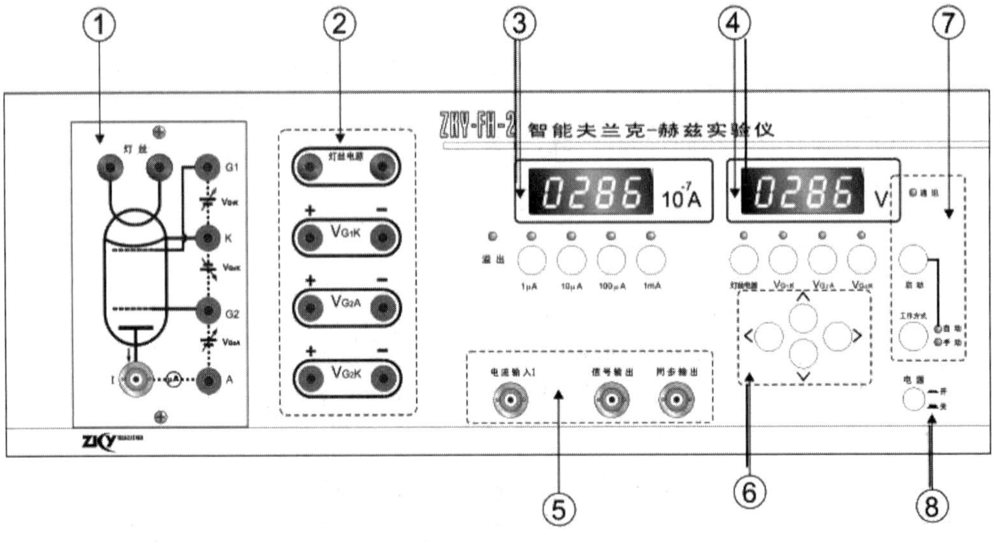

图 6.11.3　智能弗兰克-赫兹实验仪前面板示意图

2. 基本操作说明

1)连线说明

在确认供电电网电压无误后，将随机提供的电源连线插入后面板的电源插座中。连接面板上的连接线(连线图见仪器说明书)。注意，务必反复检查，切勿连错!

2)开机后的初始状态

开机后，实验仪面板状态显示如下所示。

(1)实验仪的“1 mA”电流挡位指示灯亮，表明此时电流的量程为 1 mA；若电流显示值若最后一位不为 0，也属正常现象。

(2)实验仪的“灯丝电压”挡位指示灯亮，表明此时修改的电压为灯丝电压；电压显示值最后一位在闪动，表明现在修改位为最后一位。

(3)“手动”指示灯亮，表明此时实验仪的工作方式为手动操作。

3)变换电流量程

如果想变换电流量程，则按下在区③中的相应电流量程挡位选择按键，对应的量程指示灯点亮，同时电流指示的小数点位置随之改变，表明量程已发生变换。

4)变换电压源

如果想变换不同的电压，则按下在区④中的相应电压源选择按键，对应的电压源指示灯随之点亮，表明电压源选择已完成，可以对选择的电压源进行电压值的设定和修改。

5)修改电压值

按下前面板区⑥上的“←/→”键，当前电压的修改位将进行循环移动，同时闪动位随之改变，以提示目前修改的电压位置。

按下面板上的“↑/↓”键，电压值在当前修改位增加或减少一个增量单位。

【实验内容和步骤】

1. 准备

(1)熟悉实验仪使用方法。

(2)按照仪器说明书要求连接弗兰克-赫兹管各组工作电源线，检查无误后开机。将实验仪预热 20～30 min。开机后的初始状态如下。

①实验仪的“1 mA”电流挡位指示灯亮，表明此时电流的量程为 1 mA 挡。

②电流显示值为 0 000.(10^{-7}A)。

③实验仪的“灯丝电压”挡位指示灯亮，表明此时修改的电压为灯丝电压。

④电压显示值为 000.0 V，最后一位在闪动，表明现在修改位为最后一位。

⑤“手动”指示灯亮，表明仪器工作正常。

2. 氩元素的第一激发电位测量

1)手动测试

(1)设置仪器为手动工作状态，按“手动/自动”键，“手动”指示灯亮。

(2)设定电流量程(电流量程可参考机箱盖上提供的数据)，使用相应的电流量程键，此时对应的量程指示灯会点亮。

(3)设定电压源的电压值(设定值可参考机箱盖上提供的数据)，使用“↓/↑”键和“←/→”键完成，需设定的电压源有灯丝电压 U_F、第一加速键和电压 U_{G_1K} 和拒斥电压 U_{G_2A}。

(4)按下“启动”键，实验开始。使用“↓/↑”键和“←/→”键完成 U_{G_2K} 电压值的调节，从 0.0 V 起，以 1 V(或 0.5 V)为步长调节电压源 U_{G_2K}，同步记录 U_{G_2K} 值和对应的 I_A 值，同时仔细观察弗兰克-赫兹管的板极电流值 I_A 的变化(可用数字存储示波器观察)。为保证实验数据的唯一性，U_{G_2K} 电压必须从小到大单向调节，切记不可在过程中反复；记录完成最后一组数据后，立即将 U_{G_2K} 电压快速归零。

(5)重新启动。在手动测试的过程中，按下启动按键，U_{G_2K} 的电压值将被设置为零，内部存储的测试数据以及数字存储示波器上显示的波形都会被清除，但 U_F、U_{G_1K}、U_{G_2A}、电流挡位等的状态不发生改变。这时，操作者可以在该状态下重新进行测试，或修改状态后再进行测试。此时建议手动测试 I_A-U_{GK} 一次或修改 U_F 值再测试一次。

2)自动测试

智能弗兰克-赫兹实验仪除可以进行手动测试外，还可以进行自动测试。在进行自动测试时，实验仪将自动产生 U_{G_2K} 扫描电压，完成整个测试过程；将数字存储示波器与实验仪相连接，在该示波器上可看到板极电流 I_A 随 U_{G_2K} 变化的波形。

(1)自动测试状态设置。U_F、U_{G_1K}、U_{G_2K} 和电流挡位等状态设置的操作过程，以及弗兰克-赫兹管的连线操作过程与手动测试操作过程一样。

(2) U_{G_2K} 扫描终止电压的设定。进行自动测试时，实验仪将自动产生扫描电压 U_{G_2K}。实验仪默认 U_{G_2K} 的初始值为零，U_{G_2K} 大约每 0.4 s 递增 0.2 V，直到增大至扫描终止电压。要进行自动测试，必须设置 U_{G_2K} 的扫描终止电压。先将“手动/自动”测试键按下，自动测试指示灯亮；再按下 U_{G_2K} 电压源选择键，U_{G_2K} 电压源选择指示灯亮；最后用“↓/↑”键和“←/→”键完成 U_{G_2K} 终止值的具体设定。U_{G_2K} 设定终止值建议不超过 85 V。

(3)自动测试启动。将电压源选为 U_{G_2K}，再按面板上的“启动”键，自动测试开始。在自动测试过程中，观察 U_{G_2K} 与弗兰克-赫兹管板极电流 I_A 的相关变化情况(可通过数字存储示波器观察 I_A 随 U_{G_2K} 变化的输出波形)。在自动测试过程中，为避免面板按键错误操作导致自动测试失败，面板上除“手动/自动”按键外的所有按键都被屏蔽禁止。

(4)自动测试过程正常结束。当 U_{G_2K} 的电压值大于设定的测试终止电压值后，实验仪将自动结束本次自动测试过程，进入数据查询工作状态。测试数据保留在实验仪主机的存储器中，供数据查询过程使用，所以通过数字存储示波器仍可观测到本次测试数据所形成的波形，存储器的内容直到下次测试开始时才刷新。

(5)自动测试后的数据查询。自动测试过程正常结束后，实验仪进入数据查询工作状态。这时面板按键除测试电流指示区外都已开启。自动测试指示灯亮，电流量程指示灯指示于本次测试的电流量程选择挡位；各电压源选择按键可选择各电压源的电压值指示，其中 U_F、U_{G_1K}、U_{G_2A} 三个电压源只能显示原设定电压值，不能通过按键改变相应的电压值。用“↓/↑”键和“←/→”键改变电压源 U_{G_2K} 的指示值，就可查阅到在本次测试过程中，电压源 U_{G_2K} 的扫描电压值为当前显示值时，对应的 I_A 值，记录 I_A 的峰、谷值和对应的 U_{G_2K} 值(为便于作图，在 I_A 的峰、谷值附近需多取几点)。

(6)中断自动测试过程。在自动测试过程中，只要按下“手动/自动”键，手动测试指示灯亮，实验仪就会中断自动测试过程，原设置的电压状态被清除，所有按键都再次被开启，这时可进行下一次测试的准备工作。本次测试的数据依然保留在实验仪主机的存储器中，直到下次测试开始时才被清除，所以数字存储示波器仍会观测到部分波形。

(7)结束查询过程恢复初始状态。当需要结束查询过程时，只要按下“手动/自动”键，手动测试指示灯亮，查询过程就会结束，面板按键再次全部开启。此时，原设置的电压状态和实验仪存储的测试数据都会被清除，实验仪恢复到初始状态。

建议在自动测试实验中变化两次 U_F 值，测量两组 I_A-U_{GK} 数据。若实验时间允许，还可改变 U_{G_1K}、U_{G_2A}，进行多次 I_A-U_{GK} 测试。

【数据处理】

以扫描电压 U_{G_2K} 为横坐标，以板极电流 I_A 为纵坐标作图，采用逐差法计算氩原子的第一激发电位，并计算其相对误差。

【思考题】

(1) $I_A - U_{GK}$ 曲线电流下降但并不十分陡峭，主要原因是什么？

(2)电流的谷值并不为零，而且谷值依次沿 U_{G_2K} 轴升高，如何解释该现象？

(3)第一峰值所对应的加速电压是否等于氩原子第一激发电位？原因是什么？

实验 6.12　CCD 特性实验

电荷耦合器件(charge coupled device，CCD)，是 20 世纪 70 年代在 MOS 集成电路技术基础上发展起来的新型半导体器件，为半导体技术的应用开拓了新的领域。CCD 具有光电转换、信息存贮和传输等功能，其图像传感器能实现图像信息的获取、转换和视觉功能的扩展，给出直观、真实、多层次的内容丰富的可视图像信息。CCD 具有集成度高、分辨率高、灵敏度高、功耗小、寿命长、性能稳定、便于与计算机结合等优点，被广泛应用于人民生活、军事、天文、医疗、电视、图像扫描、工业检测和自动控制等各个领域。为了对 CCD 的进一步应用打下基础，学习和掌握一些 CCD 的基本结构和工作原理，对 CCD 的基本特性进行测量是十分必要的。

【实验目的】

(1)学习和掌握 CCD 的基本工作原理，了解 CCD 正常工作所需的外部条件，以及这些条件的改变对 CCD 输出的影响。

(2)测量曝光时间、驱动周期、照明情况对输出的影响，并根据实验原理对输出进行说明。

(3)测量 CCD 的光电转换特性曲线，根据曲线得到 CCD 的灵敏度、饱和输出电压及饱和曝光量。

(4)比较 CCD 输出信号经 AD 转换和二值化处理后输出信号的差异，了解各自的应用领域。

【实验原理】

一个完整的 CCD 器件由光敏单元、转移栅、移位寄存器及一些辅助输入、输出电路组成。图 6.12.1 为某型号 CCD 的结构示意图。CCD 工作时，在设定的积分时间内由光敏单元对光信号进行取样，将光的强弱转换为各光敏单元的电荷量。取样结束后各光敏单元的电荷由转移栅转移到移位寄存器的相应单元中。移位寄存器在驱动时钟的作用下，将信号电荷顺次转移到输出端。如果将输出信号连接到计算机、示波器、图像显示器或其他信号存储、处理设备中，就可对信号进行再现或存储处理。由于 CCD 光敏单元可做得很小(约 10 μm)，所以它的图像分辨率很高。

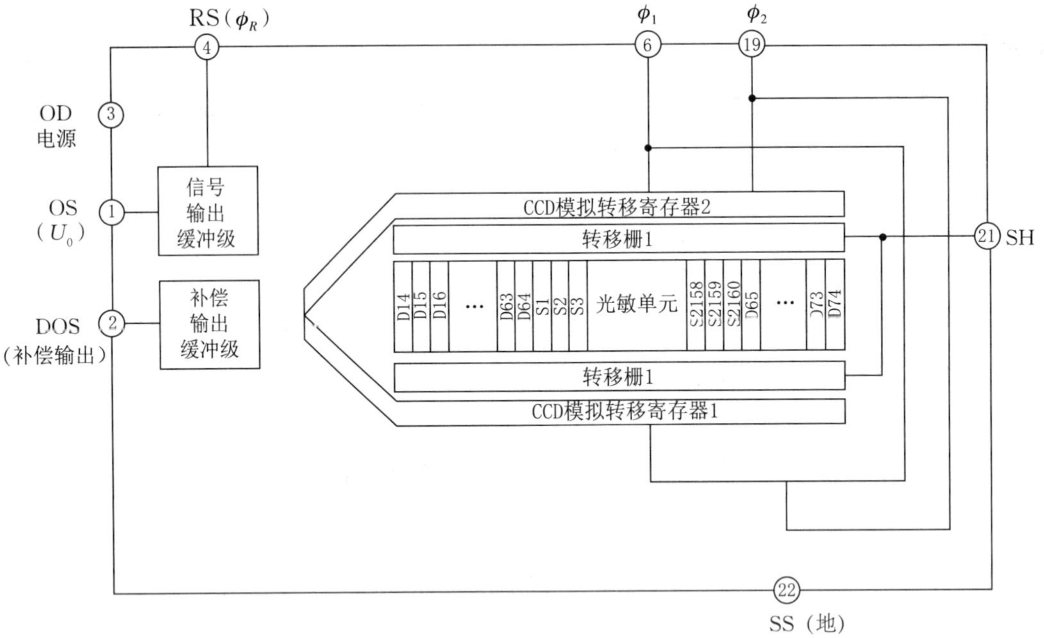

图 6.12.1　CCD 的结构示意图

【实验仪器】

CCD 特性实验仪，由线阵 CCD、CCD 驱动电路、CCD 信号处理电路、接口电路、专用软件、照度计、减光镜、柔光镜、灰度板等组成。仪器面板如图 6.12.2 所示。

线阵 CCD、CCD 驱动电路、CCD 信号处理电路、接口电路、照度计及照度值显示窗口装在了主机里。照度计的作用是实验时测量照射 CCD 的光强，照度值有的只作为参考，有的则需带入进行计算(如计算 CCD 的饱和曝光量)。

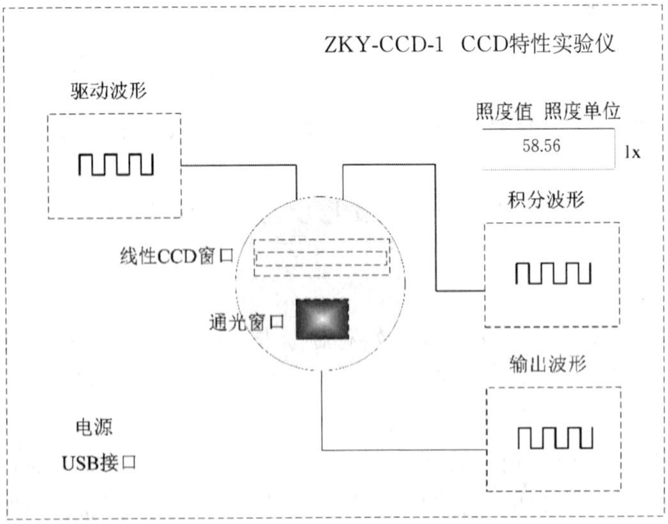

图 6.12.2　CCD 特性实验仪器面板示意图

仪器设计了强大的软件与硬件功能，可通过计算机设置工作参数，显示 CCD 输出情况。选择“实验 1”后 CCD 的操作与显示界面如图 6.12.3 所示。

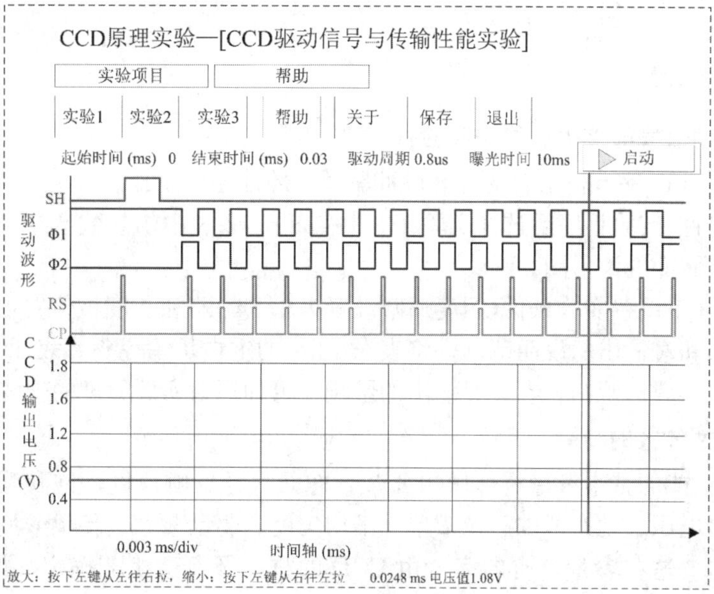

图 6.12.3　CCD 的操作与显示界面

由菜单栏输入起始时间和结束时间，选择驱动周期和曝光时间，确定显示信号的时间范围和 CCD 的工作参数；屏幕上半部显示 CCD 工作时的各路驱动信号波形，下半部显示 CCD 输出电压值；按启动后仪器开始采样并显示实时图形，按停止后显示屏上保持最后采集到的图形；停止后用鼠标指向显示屏上一点，屏幕下方将会显示鼠标指针位置纵线对应的时间值和鼠标指针位置横线对应的输出电压值，用鼠标拖曳还可放大或缩小图形，便于进一步研究；其他界面和使用方法在实验内容和步骤中予以陈述。CCD 特性实验仪配件如图 6.12.4 所示。

减光镜（含遮光罩）　　柔光镜　　灰度板

图 6.12.4　CCD 特性实验仪配件

减光镜：由两个偏振片组成，旋转调节两个偏振片的透光轴夹角，可调节透过减光镜的光的光强。

柔光镜：作用是将外界不均匀的光改变为均匀光，在实验中必须配在减光镜上同时使用。使用时，先将减光镜置于照度计和线阵 CCD 的通光窗口上(面板上圆形区域)，再将柔光镜置于减光镜上，根据照度计显示的照度值调节好减光镜。

灰度板：在同一外界照度条件下，可表现出 CCD 每个像元感应的输出电压同该像元对应光照强度之间的变化。

【实验内容和步骤】

1. CCD 驱动信号与传输性能的实验

CCD 要在若干时序严格配合的外界脉冲驱动下才能正常工作。

进入 CCD 特性实验程序后选择实验 1，并按图 6.12.3 中的参数选择结束时间，显示屏上将显示各路脉冲的波形图。

根据表 6.12.1 设置实验条件(照度通常设置为 1～4 lx)和灰度板位置，参考已经给出的输出电压图形和对输出的说明范例，将表 6.12.1 的空白填写完整。表 6.12.1 内容完成后，可自行设置参数。观测各参数对输出的影响，可加深对实验原理的理解。

2. CCD 特性参数的测量

影响 CCD 性能的基本参量有像敏单元数、像元尺寸、响应度、饱和曝光量、饱和输出电压、暗信号电压、动态范围、像敏单元不均匀度、驱动频率、传输效率、光谱响应范围、功率损耗等。这些参量，有的完全由 CCD 的材料及制造工艺确定，如像敏单元数，像元尺寸，光谱响应范围等；有的与使用条件、外围电路和信号处理电路的参数、光学系统的优劣有关系，可用实验的方法测量。

在实验项目中选择"实验 2"，屏幕上将显示输出电压，不再显示驱动信号。

光电转换特性是 CCD 最基本的特性。在实验中，改变 CCD 的曝光量(照度与曝光时间的乘积)，测量相应的输出电压。以曝光量为横轴，输出电压为纵轴，就可作出 CCD 的光电转换特性曲线，如图 6.12.5 所示。

特性曲线线性段的斜率，即为 CCD 的响应度或称灵敏度[V/(lx · s)]，表征曝光量改变时输出电压的改变程度。特性曲线的拐点对应的输出电压 V_S 为饱和输出电压，即 CCD 输出的最大电压；拐点对应的曝光量称为饱和曝光量。CCD 使用时必须保证最大曝光量低于饱和曝光量，否则会导致信号严重失真。特性曲线的起始点对应的电压 V_D 为暗信号电压，即一定曝光时间下，无光照时的输出电压。一个良好的 CCD 传感器应具有高响应度和低暗信号输出。

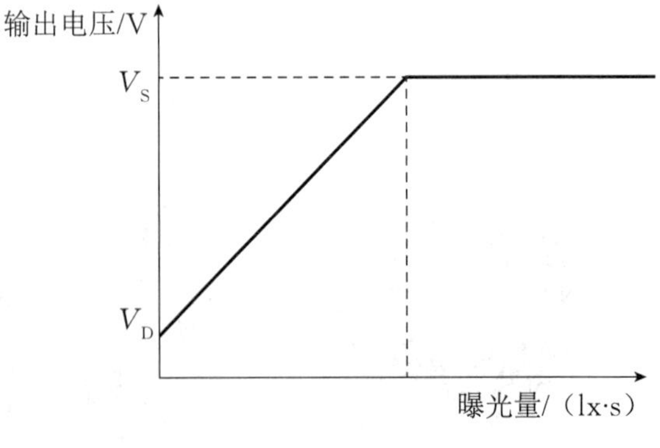

图 6.12.5　CCD 的光电转换特性曲线

根据表 6.12.2 数据设置参数，用减光镜和柔光镜调整照度(通常可设置为 1 lx 和 4 lx 之间的值，需根据每个 CCD 的自身特性参数进行设置；如果外界环境光线较暗，可适当增加照度值或增加外界光照强度，其他实验也可以采用类似的处理方法)，并记录测量到的照度值。在不同曝光时间点击启动按钮，可观察到由于噪声的影响，各单元的输出值在小范围内波动。点击停止后，用鼠标将横线对准各输出单元的输出平均值，屏幕下方将会显示横线对应的电压值，将测量到的输出电压数据记录于表 6.12.2 中。

3. CCD 输出信号的处理方式

当用数字设备(如计算机)接收和显示 CCD 采集的模拟信号时，需对信号进行数字化处理。CCD 用于图像采集时，一般是用 AD 转换器将模拟信号转换为数字信号进行传输和处理，显示时再还原出原来的模拟信号。在某些不要求图像灰度的应用中，如图纸、文件的输入，物体尺寸、位置的检测等，只需把信号作为分离的二值(0，1)处理，就可提高图像边缘的锐度，还可提高处理速度，降低成本。

在实验项目中选择“实验 3”。用灰度板作为采集对象，适当调整 CCD 照度，比较两种不同方法处理后输出信号的异同，将图像记录于表 6.12.3 中。用鼠标将纵线对准二值化图像边缘，读取对应的 CCD 输出电压值，记录于表 6.12.3 中。

实验注意事项如下。

(1)CCD 实验的光源应为自然光、直流电源供电的照明光源或采用电子镇流器(频率达几千赫兹)的荧光灯。

(2)减光镜和柔光镜属于易碎品，使用时需谨慎。

(3)请勿将灰度板弯折，照度计和线阵 CCD 通光窗口需保持干净。

(4)仪器背面接 AC 220 V 电源，使用时请注意安全。

【数据处理】

表 6.12.1　曝光时间、驱动周期、照明情况对输出的影响

起始时间为 0，照度为________ lx

结束时间 /ms	曝光时间 /ms	驱动周期 /μs	灰度板位置	CCD 输出电压图形	对输出的说明
4	4	1.6		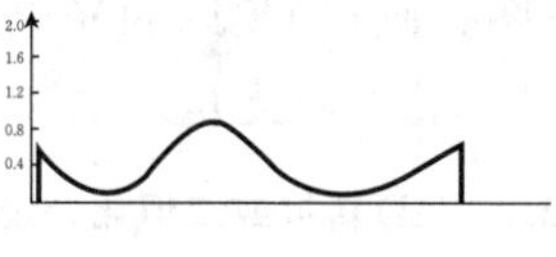	曝光时间等于显示时间，显示 1 幅完整图形。各光敏单元输出电压幅度与透过灰度板的照度成正比。由于显示时间大于驱动周期的 2 088 倍，有效信号传送完后有一段时间传送空信号
8	4	1.6			由于显示时间是曝光时间的 2 倍，显示的是 2 幅图形。横坐标(时间轴)上每格对应的时间是结束时间为 4 ms 时的 2 倍
8	4	1.6		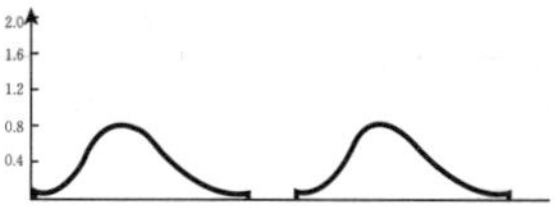	挡光片位置改变，光敏单元照明情况改变，输出也随之改变
8	8	1.6			曝光时间延长，输出电压也随之增加。由于驱动周期未变，只需 3.34 ms 就将所有信号传送到输出端，剩余时间传送的是空信号

续表

结束时间/ms	曝光时间/ms	驱动周期/μs	灰度板位置	CCD输出电压图形	对输出的说明
8	8	3.2		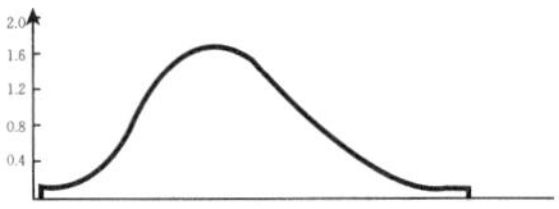	
8	8	6.4		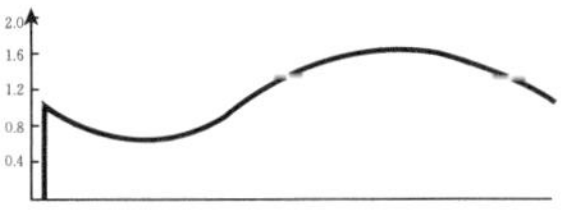	曝光时间小于驱动周期的2 088倍，移位寄存器中信号尚未全部传送到输出端，转移栅又再次开启，信号电荷混杂，导致输出失真。CCD应用中应避免这种情况出现
16	16	6.4			曝光量大于饱和曝光量，信号失真。CCD应用中应避免这种情况出现

说明：上表中的初始照度和曝光时间需根据每个CCD的自身特性参数进行设置，上表设置参数只为示例；灰度板不要遮挡照度计通光窗口。

表 6.12.2　光电转换特性的测量

起始像素为1 000，结束像素为1 050，驱动周期为0.8 μs

曝光时间/ms	2	4	6	8	10	12	14	16	18	20
实时照度/lx										
曝光量/(lx·ms)										
输出电压/V										

根据表6.12.2中数据作图，画出CCD的光电转换特性曲线，并由所作曲线计算出CCD的灵敏度、饱和输出电压、饱和曝光量。

表 6.12.3　AD转换或二值化处理后输出信号的测量

起始像素为0，结束像素为2 047，驱动周期为0.8 μs，照度为______lx

曝光时间/ms	灰度板位置	CCD输出电压图形	二值化图像	二值化图像边缘对应的输出电压值/V
5				
10				
10				

说明：上表中的初始照度和曝光时间需根据每个CCD的自身特性参数进行设置，上表设置参数只为示例。

根据表6.12.3记录的图形及输出电压值，说明二值化处理的原理。

【思考题】

作CCD的光电转换特性曲线时，如果输出电压未达到饱和，曲线将呈直线型，分析原因并提出解决方案。

实验6.13　液晶电光效应综合实验

液晶电光效应实验

液晶是介于液体与晶体之间的一种物质状态。一般的液体的内部分子排列是无序的，而液晶既具有液体的流动性，其分子又按一定规律有序排列，使其呈现晶体的各向异性。当光通过液晶时，会产生偏振面旋转、双折射等效应。液晶分子是极性分子，在电场作用下，偶极子会按电场方向取向，导致分子原有的排列方式发生变化，从而液晶的光学性质也随之发生改变，这种因外电场引起的液晶光学性质的改变称为液晶的电光效应。

1888年，奥地利植物学家F. 莱尼泽(F. Reinitzer)做有机物溶解实验时，在一定的温度范围内观察到了液晶。1961年美国RCA公司的F. 海梅尔(F. Heimeier)发现了液晶的一系列电光效应，并制成了显示器件。从20世纪70年代开始，日本公司将液晶与集成电路技术结合，制成了一系列的液晶显示器件，并至今在这一领域保持着领先地位。液晶显示器件由于具有驱动电压低(一般为几伏)、功耗极小、体积小、寿命长、环保无辐射等优点，在当今各种显示器件的竞争中有独领风骚之势。

【实验目的】

(1)在掌握液晶光开关工作原理的基础上，测量液晶光开关的电光特性曲线，并由电光特性曲线得到液晶的阈值电压和关断电压。

(2)测量驱动电压周期变化时的液晶光开关的时间响应曲线，并由时间响应曲线得到液晶的上升时间和下降时间。

(3)测量由液晶光开关矩阵所构成的液晶显示器的视角特性，以及在不同视角下的对比度，并了解液晶光开关的工作条件。

(4)了解液晶光开关构成图像矩阵的方法，学习和掌握这种矩阵所组成的液晶显示器构成文字和图形的显示模式，从而了解一般液晶显示器件的工作原理。

【实验原理】

1. 液晶光开关的工作原理

液晶的种类很多，仅以常用的TN(扭曲向列)型液晶为例说明其工作原理。TN型光开关的结构如图6.13.1所示，在两块玻璃板之间夹有正性向列相液晶，液晶分子的形状为如火柴一样的棍状。棍的长度在十几埃（$1\ \text{Å}=10^{-10}\ \text{m}$)，直径为$4\sim6\ \text{Å}$，液晶层厚度一般为$5\sim8\ \mu\text{m}$。玻璃板的内表面涂有透明电极，电极的表面预先做了定向处理(可用软绒布朝一个方向摩擦，也可在电极表面涂取向剂)，这样在透明电极表面的液晶分子就会躺倒在摩擦所形成的微沟槽里；这些液晶分子按一定方向排列，且在上、下电极的定向方向上相互垂直，在上、下电极之间的那些液晶分子因范德瓦耳斯互相作用，趋向于平行排列。然而由于上、下电极中液晶的定向方向相互垂直，所以从俯视方向看，液晶分子的排列从上电极的沿−45°方向排列逐步均匀地扭曲到下电极的沿+45°方向排列，整体扭曲了90°，如图 6.13.1(a)所示。

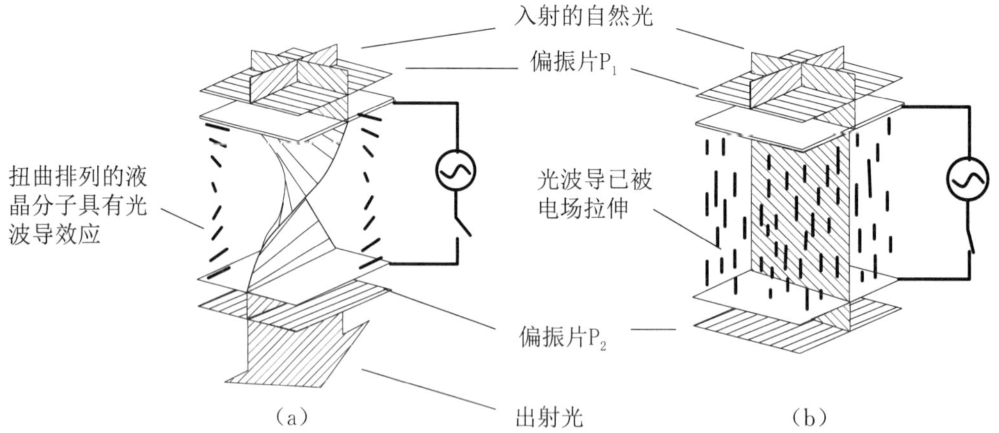

图 6.13.1 液晶光开关的工作原理

理论和实验都证明，上述均匀扭曲排列起来的结构具有光波导的性质，即偏振光从上电极表面透过扭曲排列起来的液晶传播到下电极表面时，偏振方向会旋转 90°。

取两张偏振片贴在玻璃的两面，P_1 的透光轴与上电极的定向方向相同，P_2 的透光轴与下电极的定向方向相同，于是 P_1 和 P_2 的透光轴相互正交。

在未加驱动电压的情况下，来自光源的自然光经过偏振片 P_1 后只剩下平行于透光轴的线偏振光，该线偏振光到达输出面时，其偏振面旋转了 90°，这时光的偏振面与 P_2 的透光轴平行，因而有光通过。

在施加足够电压(一般为 1～2 V)的情况下，由于静电场的作用，除了基片附近的液晶分子被基片“锚定”，其他液晶分子趋于与电场方向平行排列。于是原来的扭曲结构被破坏，成了均匀结构，如图 6.13.1(b)所示。从 P_1 透射出来的偏振光在液晶中传播时其偏振方向不再旋转，保持原来的偏振方向到达下电极。这时光的偏振方向与 P_2 正交，因而光被关断。

由于上述光开关在没有电场时能够让光透过，加上电场时光被关断，因此称为常通型光开关。若 P_1 和 P_2 的透光轴相互平行，则构成常黑模式。

液晶可分为热致液晶与溶致液晶。热致液晶在一定的温度范围内呈现液晶的光学各向异性；溶致液晶是溶质溶于溶剂中形成的液晶。目前用于显示器件的都是热致液晶，其特性随温度的改变而发生一定变化。

2. 液晶光开关的电光特性

图 6.13.2 为光线垂直液晶面入射时液晶光开关的光电特性曲线，表示本实验所用液晶相对透射率(以不加电场时的透射率为 100%)与外加电压的关系。

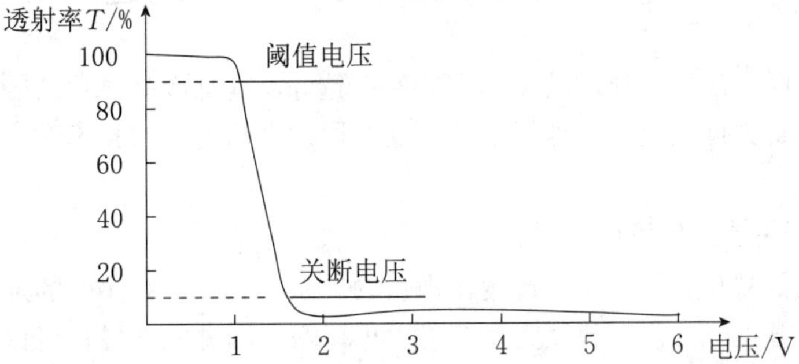

图 6.13.2　光线垂直液晶面入射角液晶光开关的电光特性曲线

由图 6.13.2 可见，对于常白模式的液晶，其透射率随外加电压的升高而逐渐降低，在一定电压下达到最低点，此后略有变化。可以根据此电光特性曲线得出液晶的阈值电压和关断电压。阈值电压为透过率为 90%时的驱动电压；关断电压为透过率为 10%时的驱动电压。

液晶的电光特性曲线越陡，即阈值电压与关断电压的差值越小，由液晶开关单元构成的显示器件允许的驱动路数就越多。TN 型液晶最多允许 16 路驱动，故常用于数码显示。在电脑、电视等需要高分辨率的显示器件中，常采用 STN(超扭曲向列)型液晶，以改善电光特性曲线的陡度，增加驱动路数。

3. 液晶光开关的时间响应特性

加上(或去掉)驱动电压能使液晶的开关状态发生改变，这是因为液晶的分子排序发生了改变，但重新排序需要一定时间，从而反映在了时间响应曲线上，该过程习可用上升时间 τ_r 和下降时间 τ_d 描述。给液晶开关加上一个如图 6.13.3 上方所示的周期性变化的电压，就可以得到液晶的时间响应曲线、上升时间 τ_r 和下降时间 τ_d ，如图 6.13.3 所示。

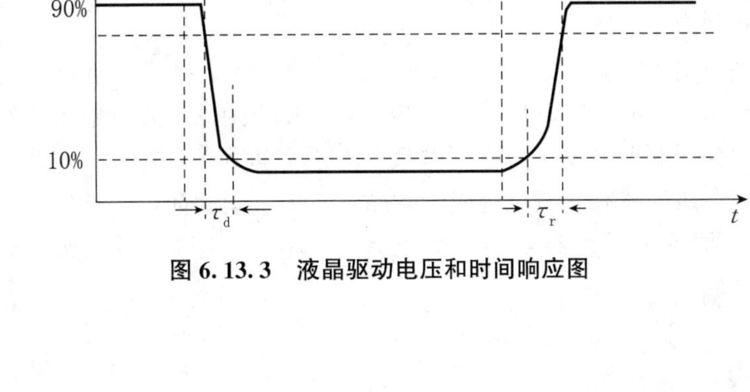

图 6.13.3　液晶驱动电压和时间响应图

上升时间为透过率由 10%升到 90%所需时间；下降时间为透过率由 90%降到 10%所需时间。

液晶的响应时间越短，显示动态图像的效果越好，这是液晶显示器的重要指标。早期的液晶显示器在这方面逊色于其他显示器，现在通过结构方面的技术改进，已达到了很好的效果。

4. 液晶光开关的视角特性

液晶光开关的视角特性表示对比度与视角的关系。其中，对比度的定义是光开关打开和关断时透射光强度之比。对比度大于 5 时，可以获得满意的图像；对比度小于 2 时，图像就模糊不清了。

图 6.13.4 表示了某种液晶视角特性的理论计算结果，其中，与原点的距离表示垂直视角(入射光线方向与液晶屏法线方向的夹角)的大小。

在图 6.13.4 中 3 个同心圆分别表示垂直视角为 30°、60°和 90°。90°同心圆外面标注的数字表示水平视角(入射光线在液晶屏上的投影与 0°方向之间的夹角)的大小。闭合曲线表示为不同对比度时的等对比度曲线。

由图 6.13.4 可以看出，液晶的对比度，与垂直视角和水平视角都有关，而且具有非对称性。若把具有视角特性的液晶开关逆时针旋转，以 220°方向向下，并由多个显示开关组成液晶显示屏，则该液晶显示屏的左右视角特性对称。在左视、右视和俯视 3 个方向中，垂直视角接近 60°时对比度为 5，观看效果较好；在仰视方向上，对比度随着垂直视角的加大迅速降低，观看效果差。

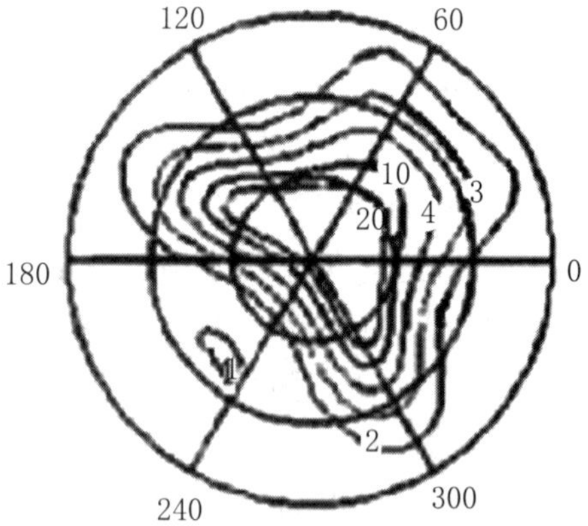

图 6.13.4 液晶视角特性的理论计算

5. 液晶光开关构成图像显示矩阵的方法

除了液晶显示器，其他显示器都靠自身发光来实现信息显示功能。这些显示器主要有以下分类：阴极射线管显示、等离子体显示、电致发光显示、发光二极管显示、有机发光二极管显示、真空荧光显示、场致发射显示。这些显示器因为要发光，所以要消耗大量的能量。而液晶显示器通过对外界光线的开关控制来完成信息显示任务，为非主动发光型显示，能耗极低。正因如此，液晶显示器在便携式装置(如电子表、万用表、手机、传呼机等)中具有不可代替的地位。下面来了解利用液晶光开关来实现图形和图像显示任务的原理。

液晶光开关采用矩阵显示方式，如图 6.13.5(a)所示，把横条形状的透明电极做在一块玻璃片上，称为行驱动电极，简称行电极(常用 X_i 表示)；把竖条形状的电极制在另一块玻璃片上，称为列驱动电极，简称列电极(常用 S_i 表示)。把这两块玻璃片面对面组合起来，液晶灌注在两片玻璃之间，构成了液晶盒。为了画面简洁，通常将横条形状和竖条形状的 ITO 电极抽象为横线和竖线，分别代表扫描电极和信号电极，如图 6.13.5(b)所示。

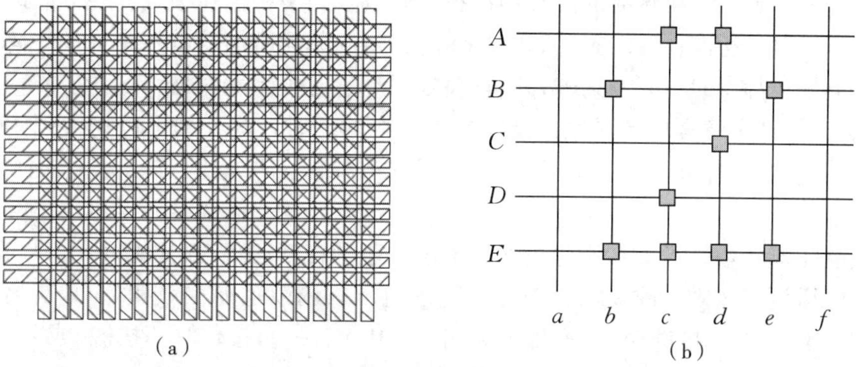

图6.13.5 液晶光开关组成的矩阵式图形显示器

矩阵型显示器的工作方式为扫描方式，显示原理可在下面进行简化介绍。

欲显示图6.13.5(b)的那些有方块的像素，首先在第A行加上高电平，其余行加上低电平，同时在列电极的对应电极c、d上加上低电平，于是第A行的那些带有方块的像素就被显示出来了；然后在第B行加上高电平，其余行加上低电平，同时在列电极的对应电极b、e上加上低电平，此时第B行的那些带有方块的像素被显示出来；之后是第C行、第D行……以此类推，最后显示出一整场的图像。这种工作方式便称为扫描方式。

这种分时间扫描每一行的方式是平板显示器共同的寻址方式，根据这种方式，可以让每一个液晶光开关按照其上的电压的幅值使外界光关断或通过，从而显示出任意文字、图形和图像。

【实验仪器】

本实验所用仪器为液晶光开关电光特性综合实验仪，其功能键如图6.13.6所示。下面简单介绍仪器各个按键的功能。

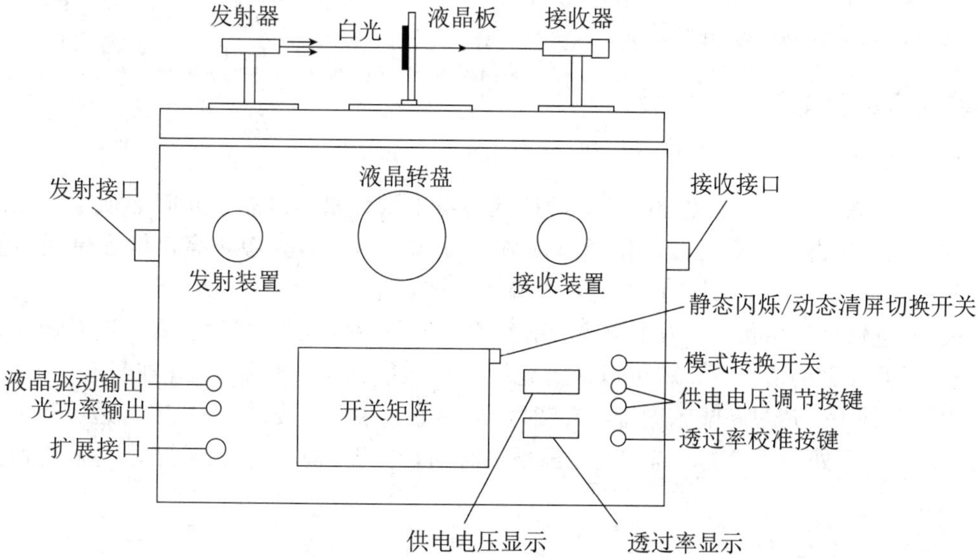

图6.13.6 液晶光开关电光特性综合实验仪功能键示意图

模式转换开关：切换液晶的静态和动态(图像显示)两种工作模式。在静态时，所有的液晶单元所加电压相同；在动态(图像显示)时，每个单元所加的电压由开关矩阵控制。同时，当开关处于静态时打开发射器，当开关处于动态时关闭发射器。

静态闪烁/动态清屏切换开关：当仪器工作在静态时，此开关可以切换到闪烁和静止两种方式；当仪器工作在动态时，此开关可以清除液晶屏幕因按动开关矩阵而产生的斑点。

供电电压显示：显示加在液晶板上的电压，范围在 0 和 7.60 V 之间。

供电电压调节按键：改变加在液晶板上的电压，调节范围在 0 和 7.60 V 之间。其中单击“＋”按键(或“－”按键)可以增大(或减小)0.01 V，一直按住“＋”按键(或“－”按键)2 s 以上可以快速增大(或减小)供电电压，但当电压大于或小于一定范围时需要单击按键才可以改变电压。

透过率显示：显示光透过液晶板后光强的相对百分比。

透过率校准按键：在接收器处于最大接收状态(即供电电压为 0 V)时，如果显示值大于“250”，则按住该键 3 s 可以将透过率校准为 100%；如果供电电压不为 0，或显示小于“250”，则该按键无效，不能校准透过率。

液晶驱动输出：接存储示波器，显示液晶的驱动电压。

光功率输出：接存储示波器，显示液晶的时间响应曲线，可以根据此曲线得到液晶响应时间的上升时间和下降时间。

扩展接口：连接 LCDEO 信号适配器的接口，通过信号适配器使用普通示波器观测液晶光开关特性的响应时间曲线。

发射器：为仪器提供较强的光源。

液晶板：本实验的测量样品。

接收器：将透过液晶板的光强信号转换为电压输入透过率显示器。

开关矩阵：此为 16×16 的按键矩阵，用于液晶的显示功能实验。

液晶转盘：承载液晶板一起转动，用于液晶的视角特性实验。

电源开关：仪器的总电源开关。

【实验内容和步骤】

1. 准备工作

(1)将液晶板金手指 1(见图 6.13.7)插入转盘上的插槽，液晶凸起面必须正对光源发射方向。打开电源，点亮光源，让光源预热 10～20 min(若光源未亮，检查模式转换开关；只有当模式转换开关处于静态时，光源才会被点亮)。

(2)检查仪器初始状态。发射器光线必须垂直入射到接收器(当没有安装液晶板时，透过率显示为“999”的情况下，就可以认为光线垂直入射到了接收器上)；在静态、0°、0 V 供电电压条件下，透过率显示大于“250”时，按住透过率校准按键 3 s 以上，透过率可校准为 100%。若不处于此状态，需增加光源预热时间，再重新调整仪器光路，直至达到上述条件为止。

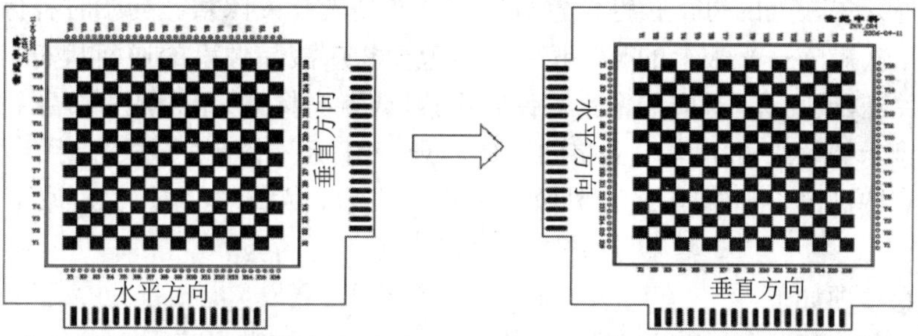

(a) 水平方向（金手指1）　　(b) 垂直方向（金手指2）

图 6.13.7　液晶板方向(视角为正视液晶屏凸起面)

2. 液晶光开关电光特性测量

将模式转换开关置于静态模式，将透过率显示校准为 100%，根据表 6.13.1 的数据改变电压，使得电压值从 0 V 到 6 V 变化，记录相应电压下的透射率数值。重复 3 次并计算相应电压下透射率的平均值，相关实验数据记录于表 6.13.1 中。依据实验数据绘制电光特性曲线，可以得出阈值电压和关断电压。

3. 液晶的时间响应的测量

用 Q9 线将液晶实验仪上的“液晶驱动输出”和“光功率输出”连接到数字示波器的通道 1 和通道 2 上。打开实验仪和示波器，将实验仪“模式转换”开关置于静态模式，液晶盘转角置于 0°，透过率显示校准到 100%，供电电压调到 2.00 V，按动静态闪烁/动态清屏切换开关，使液晶处于静态闪烁状态。调节示波器，使通道 1 和通道 2 均以直流方式耦合；调节电压和周期按钮，直到出现合适的波形为止(调节时可以从屏幕下方看到对应的电压值和周期值的变化)。用示波器观察此光开关时间响应特性曲线，通过示波器上的曲线可读出不同时间下的透过率值。选定测试项目为上升时间和下降时间，可以直接测出液晶光开关的响应时间。

4. 液晶光开关视角特性的测量

1)水平方向视角特性的测量

将模式转换开关置于静态模式。将透过率显示调到 100%，然后再进行实验。确定当前液晶板为金手指 1 插入的插槽，如图 6.13.7(a)所示。在供电电压为 0 V 时，根据表 6.13.2 中所列数据调节液晶屏与入射激光的角度，在每一个角度下测量光强透过率最大值 T_{max}；然后将供电电压设置为 2 V，再次调节液晶屏角度，测量光强透过率最小值 T_{min}，并计算其对比度。

2)垂直方向视角特性的测量

关断总电源后，取下液晶显示屏，将液晶板旋转 90°，将金手指 2(垂直方向)插入转盘插槽，如图 6.13.7(b)所示。重新通电，将模式转换开关置于静态模式，根据与步骤(1)相同的方法，可测量垂直方向的视角特性，并记录于表 6.13.3 中。

5. 液晶显示器显示原理

将模式转换开关置于动态(图像显示)模式，液晶转盘转角逆时针转到 80°，液晶供电电压调到 5 V 左右。

此时矩阵开关板上的每个按键位置对应一个液晶光开关像素。初始时各像素都处于开通状态，按1次矩阵开光板上的某一按键，可改变相应液晶像素的通断状态，所以可以利用点阵输入关断(或点亮)对应的像素，使暗像素(或点亮像素)组合成一个字符或文字。以此体会液晶显示器件组成图像和文字的工作原理。组成一个字符或文字后，可用"静态闪烁/动态清屏"按键清除显示屏上的图像。实验完成后，关闭电源开关，取下液晶板妥善保存。

实验注意事项如下。

(1)禁止用光束照射他人眼睛或直视光束本身，以防伤害眼睛。

(2)在进行液晶视角特性实验中，更换液晶板方向时，务必断开总电源后再进行操作，否则将会损坏液晶板。

(3)液晶板凸起面必须要朝向光源发射方向，否则所得结果为错误数据。

(4)在调节透过率100%时，如果透过率显示不稳定，则可能是光源预热时间不够，或光路没有对准，需要仔细检查，调节好光路。

(5)在校准透过率100%前，必须将液晶供电电压显示调到0 V或显示大于"250"，否则无法校准透过率为100%。

(6)在实验中，电压为0 V时，不要长时间按住"透过率校准"按键，否则透过率显示将进入非工作状态，本组数据为错误数据，需重新进行测试。

【数据处理】

表6.13.1 液晶光开关电光特性测量

电压/V		0	0.5	0.8	1.0	1.2	1.3	1.4	1.5	1.6	1.7	2.0	3.0	4.0	5.0	6.0
透射率/%	1															
	2															
	3															
	平均															

以电压为横坐标，以透射率为纵坐标，绘制液晶光开关的电光特性曲线，并得出阈值电压和关断电压。

表6.13.2 液晶光开关水平方向视角特性

正角度	0	5	10	15	20	25	30	35	40	45	50	55	60	65	70	75
T_{max}(0 V)/%																
T_{min}(2 V)/%																
T_{max}/T_{min}																
负角度	0	5	10	15	20	25	30	35	40	45	50	55	60	65	70	75
T_{max}(0 V)/%																
T_{min}(2 V)/%																
T_{max}/T_{min}																

以角度为横坐标，以对比度为纵坐标，绘制水平方向对比度随入射光入射角而变化的曲线，并记录入表 6.13.2 中。由上表数据可以找出比较好的水平视角显示范围。

表 6.13.3　液晶光开关垂直方向视角特性

正角度	0	5	10	15	20	25	30	35	40	45	50	55	60	65	70	75
T_{max}(0 V)/%																
T_{min}(2 V)/%																
T_{max}/T_{min}																
负角度	0	5	10	15	20	25	30	35	40	45	50	55	60	65	70	75
T_{max}(0 V)/%																
T_{min}(2 V)/%																
T_{max}/T_{min}																

由上表数据绘制视角特性雷达图，并找出比较好的垂直视角显示范围。

【思考题】

液晶光电效应的实际应用有哪些？

实验 6.14　霍尔传感器实验

霍尔传感器实验

1879 年，E. 霍尔(E. Hall)设计了一个根据运动载流子在外磁场中的偏转来确定在导体或半导体中占主导地位的载流子类型的实验。在研究通有电流的导体于磁场中受力时，霍尔发现垂直于磁场和电流的方向上导体产生了电动势，这种电磁效应称为霍尔效应。在半导体材料中的霍尔效应比在金属中的霍尔效应大几个数量级，这引起了人们的深入研究。直到现在，对于霍尔效应的研究仍是探讨半导体性质的重要实验方法，并在半导体理论的发展中起到了重要的推动作用。利用霍尔系数和电导率的联合测量，可以研究半导体的导电机构(本征导电和杂质导电)和散射机构(晶格散射和杂质散射)，并可以确定半导体的一些基本参数，如半导体材料的导电类型、载流子浓度、迁移率大小、禁带宽度、杂质电离能等。

在霍尔效应发现约 100 年后，K. 克利青(K. von Klitzing)发现了量子霍尔效应，并因此获得 1985 年诺贝尔物理学奖，量子霍尔效应不仅可作为一种新型的二维电阻标准，还可改进一些基本常量的测量精度，是当代凝聚态物理学和磁学中令人惊异的进展之一。

利用霍尔效应制成的各种霍尔元件，称为霍尔传感器，现已广泛应用于工业自动化技术、检测技术和信息处理等各个方面。

【实验目的】

(1)通过本实验掌握霍尔效应的原理。

(2)了解用霍尔传感器测量磁场的原理和方法。

(3)熟悉霍尔传感器的特性和直流、交流测量电路。

【实验原理】

1. 霍尔效应

霍尔效应从本质上讲是运动的带电粒子在磁场中受洛伦兹力的作用而引起的偏转。当带电粒子(电子或空穴)被约束在固体材料中，这种偏转就会导致在垂直电流和磁场的方向上正负电荷在不同侧的聚积，从而形成附加的横向电场。

如图 6.14.1 所示，磁感应强度为 $\boldsymbol{B}$ 的外加磁场的方向为 z 轴正方向，与之垂直的半导体薄片上沿 x 轴正向通以电流 I_S(称为控制电流或工作电流)，假设载流子为电子(N 型半导体材料)，它沿着与电流 I_S方向相反的 x 轴负方向运动。

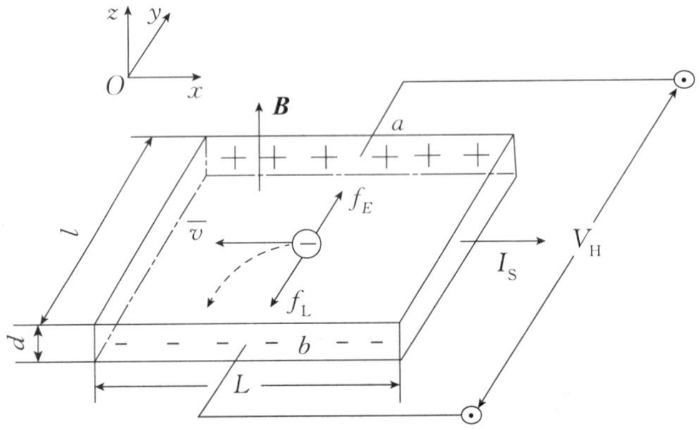

图 6.14.1　霍尔效应原理图

由于洛伦兹力 f_L的作用，电子向图中虚线箭头所指的位于 y 轴负方向的 b 侧偏转，并使 b 侧形成电子积累，而相对的 a 侧形成正电荷积累。与此同时，运动的电子还受到由于两种积累的异种电荷形成的反向电场力 f_E 的作用。随着电荷的不断积累，f_E 增大，当两个力的大小相等时，电子的积累达到了动态平衡，这时在 a、b 两端横面之间建立的电场称为霍尔电场，电场强度为 E_H，相应的电势称为霍尔电势 V_H 。

设电子以相同的速度 $\bar{v}$ 向图示的 x 轴负方向运动，在外加磁场的作用下，令正电荷所受洛伦兹力方向为正，则电子受到的洛伦兹力为

$$f_L = -e\bar{v}B \tag{6.14.1}$$

式中，e 为电子电量；$\bar{v}$ 为电子漂移的平均速度；B 为外加磁场的磁感应强度大小。

与此同时，霍尔电场作用于电子的力 f_E 可表示为

$$f_E = (-e)(-E_H) = e\frac{V_H}{l} \tag{6.14.2}$$

式中，E_H 前的负号表示电场的方向与所规定的正方向相反；l 为霍尔元件宽度；V_H 为霍尔电势。

当达到动态平衡时，两个力的代数和为零，即 $f_E + f_L = 0$，于是得

$$\bar{v}B = \frac{V_H}{l} \tag{6.14.3}$$

又因为电流密度

$$j=-ne\bar{v}$$

式中，n 为电子浓度(单位体积的电子数)；负号表示电子运动与电流方向相反。可得霍尔元件的工作电流为 $I_S=\dfrac{j}{d}=-ne\bar{v}ld$，将电子速度 $\bar{v}=-\dfrac{I_S}{neld}$ 代入式(6.14.3)，则霍尔电势为

$$V_H=-\frac{I_S B}{ned} \tag{6.14.4}$$

式中，d 为霍尔元件的厚度。

若霍尔元件采用P型半导体材料制成，则可以推导出

$$V_H=\frac{I_S B}{ped} \tag{6.14.5}$$

式中，p 为单位体积的空穴数。

由式(6.14.4)和式(6.14.5)可知，测试霍尔电势的正负能够判断霍尔元件材料的类型。

2. 霍尔系数和灵敏度

设 $R_H=\dfrac{1}{ne}$，式(6.14.4)可以写成

$$V_H=-R_H\frac{I_S B}{d} \tag{6.14.6}$$

式中，R_H 称为霍尔系数，其大小反映出霍尔效应的强弱。根据电阻率公式 $\rho=\dfrac{1}{ne\mu}$，得

$$R_H=\rho\mu$$

式中，ρ 为材料的电阻率；μ 为载流子的迁移率，即单位电场作用下载流子的运动速度。一般电子的迁移率大于空穴的迁移率，因此制作霍尔元件时多采用N型半导体材料。

当霍尔元件的材料和厚度确定时，若设

$$K_H=-\frac{R_H}{d}=-\frac{1}{ned} \tag{6.14.7}$$

将式(6.14.7)代入式(6.14.6)，则有

$$V_H=-K_H I_S B \tag{6.14.8}$$

式中，K_H 称为元件的灵敏度，表示霍尔元件在单位磁感应强度和单位工作电流下的霍尔电势的大小，其单位是[mV/(mA·T)]，一般要求 K_H 越大越好。由于金属的电子浓度很高，所以金属的霍尔系数或灵敏度都很小，不适宜制作霍尔元件。此外，制作霍尔元件片时，虽然可以采用减小 d 的方法来增加灵敏度，但不能认为 d 越小越好，因为此时元件的输入和输出电阻将会增加，对于某些材料(如锗)制作的元件是不利因素。

应当注意，当磁感应强度 $\boldsymbol{B}$ 和元件平面法线有一定角度时，如图6.14.2所示，此时实际作用于霍尔片的有效磁场是其法线方向的分量，即 $B\cos\theta$，则其霍尔电势为

$$V_H=-K_H I_S B\cos\theta \tag{6.14.9}$$

由式(6.14.2)可知，当改变(工作)电流 I_S 或磁感应强度的方向时，霍尔电势 V_H 的极性随之改变；若两者方向同时改变，则霍尔电势 V_H 的极性不变。

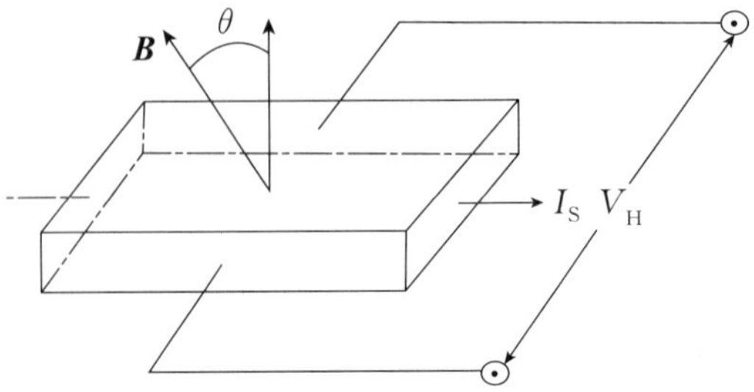

图 6.14.2　霍尔电势与外加磁场角度的关系

3. 霍尔传感器的结构特点

霍尔片一般采用 N 型锗(Ge)、锑化铟(InSb)和砷化铟(InAs)等半导体材料制成。锗元件的温度性能和线性度比较好，但它的输出小；锑化铟元件的霍尔电势比较大，但受温度的影响也大；砷化铟与锑化铟元件相比较，前者霍尔电势小，线性度较好。因此，采用砷化铟材料制成的霍尔元件受到了普遍重视。

霍尔元件的结构比较简单，是一块矩形半导体薄片，由霍尔片、引线和壳体组成，如图 6.14.3 所示。霍尔片一般用非磁性金属、陶瓷或环氧树脂封装。在短边的两个端面上焊出两根控制电流端引线(如图 6.14.3 中所示的 1、1′)；在长边中点以点焊形式焊出两根霍尔电势输出端引线(如图 6.14.3 中所示的 2、2′)。其中，焊点要求接触电阻小(即为欧姆接触)。在电路中，霍尔元件常用如图 6.14.4 所示的符号表示。

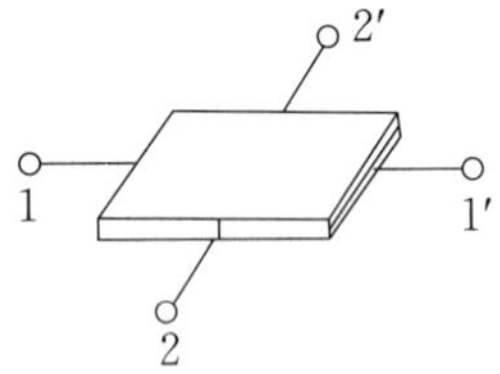

图 6.14.3　霍尔元件示意图

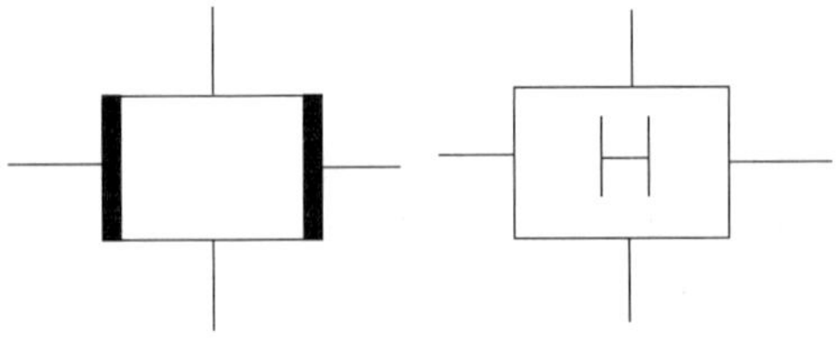

图 6.14.4　霍尔元件的符号

用霍尔元件测量磁场的基本电路如图 6.14.5 所示，将霍尔元件置于待测磁场的相应位置，并使元件平面与磁感应强度 B 垂直，在其控制端输入恒定的工作电流 I_S，霍尔元件的霍尔电势输出端接毫伏表，测量出霍尔电势 V_H 的值，即可利用公式计算出待测磁场的磁感应强度。

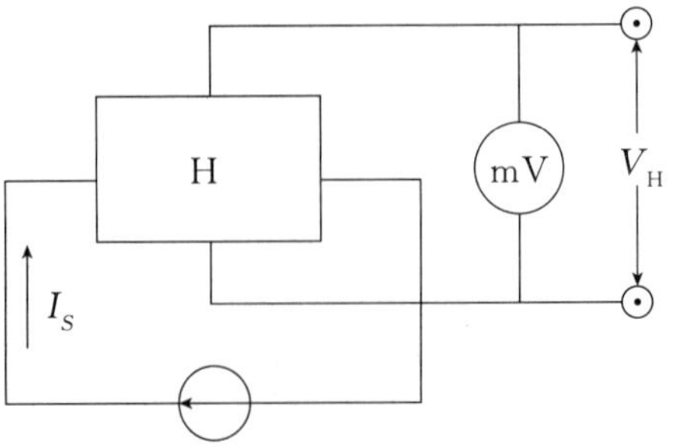

图 6.14.5　用霍尔元件测量磁场的基本电路

【实验仪器】

CSY998 型传感器综合实验仪，由实验台、激励源、显示面板和处理电路四部分组成。

【实验内容和步骤】

1. 霍尔传感器直流激励特性测试

1)实验所需部件和注意事项

(1)所需单元和部件：霍尔传感器、直流稳压电源、差分放大器、电桥平衡网络、测微器、V/F 表。

(2)有关旋钮的初始位置：直流稳压电源输出置于 0 V，V/F 表换挡开关置于 V 挡，量程开关置于 20 V。

(3)双平行梁处于水平位置(目测)时，霍尔片应处于环形磁铁的中间，如图 6.14.6(a)所示。

(4)直流激励电压不能过大，以免损坏霍尔片。

(5)本实验测出的激励特性实际上是磁场的分布情况。它的线性越好，位移测量的线性度也越好；它的变化越陡，位移测量的灵敏度也就越大。

2)实验步骤

(1)按照图 6.14.6(b)所示的电路结构，将直流稳压电源、电桥平衡网络、霍尔传感器、差分放大器、电压表连接起来，组成测试电路。

(2)转动测微器，使双平行梁处于环形磁铁的中间位置(目测)，并以此为零点。

(3)开启电源，差分放大器调零；将直流稳压电源置+2 V 挡(不能过大，以免损坏霍尔片)，差分放大器增益调于中间位置，调电桥平衡电位器 W_1，使 20 V 量程数字电压表显示为零，并稳定数分钟后，将电压表量程置于 2 V 挡，再仔细调零。

(4)上下转动测微头±6 mm，使双平行梁的自由端产生位移。每产生 0.5 mm 位移记一次电压数值，填入表 6.14.1 中。

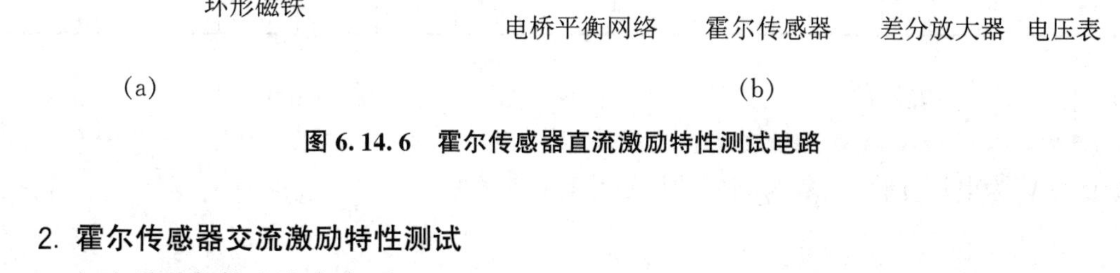

图 6.14.6　霍尔传感器直流激励特性测试电路

2. 霍尔传感器交流激励特性测试

1)实验所需部件和注意事项

(1)所需单元和部件：霍尔传感器、差分放大器、电桥平衡网络、音频振荡器、移相器、相敏检波器、测微器、V/F 表、低通滤波器等。

(2)有关旋钮的初始位置：音频振荡器频率为 2 kHz，输出幅度峰值为 2 V，V/F 表换挡开关置于 V 挡，量程开关置于 20 V。

(3)双平行梁处于水平位置时(目测)，霍尔片应处于环形磁铁的中间，如图 6.14.6(a)所示。

2)实验步骤

(1)根据图 6.14.7 所示的电路结构，将音频振荡器、电桥平衡网络、霍尔传感器、差分放大器、移相器、相敏检波器、低通滤波器、电压表等连接起来，组成一个测量线路。将示波器探头分别接至差动放大器的输出端和相敏检波器的输出端。

(2)开启电源，从音频振荡器 0°插口取出 $f=2$ kHz，$V_{0pp}\leqslant 5$ V 的交流激励信号。

(3)转动测微器，使双平行梁处于(目测)水平位置。调整电桥平衡电位器 W_1 和 W_2，使数字电压表指示为零。

(4)上下转动测微头 ±6 mm，每产生 0.5 mm 位移记一次电压数值，填入表 6.14.2 中。

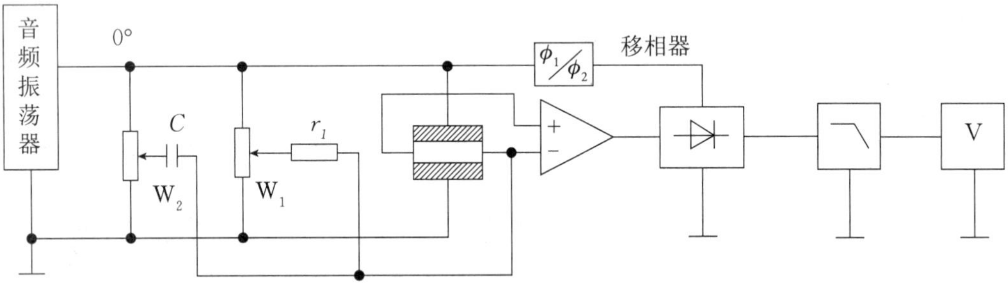

图 6.14.7 霍尔传感器交流激励特性测试电路

【数据处理】

表 6.14.1 霍尔传感器直流激励特性测试

X /mm	0	0.5	1.0	1.5	2.0	2.5	3.0	3.5	4.0	4.5	5.0	5.5	6.0
V /V													
X /mm	−0.5	−1.0	−1.5	−2.0	−2.5	−3.0	−3.5	−4.0	−4.5	−5.0	−5.5	−6.0	
V /V													

作出 V-X 关系曲线，由曲线斜率计算灵敏度 S，并分析讨论：

$$S=\Delta V/\Delta X$$

式中，ΔV 为电压变化，ΔX 为相应的梁端位移的变化。

表 6.14.2　霍尔传感器交流激励特性测试

X/mm	0	0.5	1.0	1.5	2.0	2.5	3.0	3.5	4.0	4.5	5.0	5.5	6.0
V/V													
X/mm	−0.5	−1.0	−1.5	−2.0	−2.5	−3.0	−3.5	−4.0	−4.5	−5.0	−5.5	−6.0	
V/V													

作出 $V-X$ 关系曲线，由曲线斜率计算灵敏度 S，并分析讨论：

$$S=\Delta V/\Delta X$$

式中，ΔV 为电压变化，ΔX 为相应的梁端位移的变化。

【思考题】

(1)若待测磁场不恰好与霍尔元件片的法线一致，对测量结果会有何影响？如何用实验的方法判断磁感应强度 $\boldsymbol{B}$ 的方向与元件法线是否一致？

(2)怎样确定霍尔元件的导电类型？

实验 6.15　电阻应变式传感器特性的研究

测量力、扭矩、位移、速度、加速度及流量等物理量，并将其变化量转化成由应力引起敏感器件电阻的变化，经电路输出电信号，通过这种方法制得的传感器就是电阻式传感器。目前，电阻式传感器已成为非电量电测技术中非常重要的检测手段，广泛应用于工程测量和科学实验等领域。该传感器的种类很多，其中最常用的就是利用某些金属或半导体材料制成的电阻应变式传感器。早在 1952 年就出现了金属箔式应变片，在 1958 年又出现了半导体应变片。本实验只涉及电阻应变式力学量传感器。

【实验目的】

(1)了解电阻应变式传感器的基本原理、结构、基本特性和使用方法。

(2)研究比较电阻应变式传感器配合不同转换和测量电路的灵敏度特性，从而掌握电阻应变式传感器的使用方法和使用要求。

【实验原理】

1. 应变效应

电阻应变式力学量传感器，由已粘贴了电阻应变敏感元件的弹性元件和变换测量电路组成。被测的力学量作用在具有一定形状的弹性元件上(例如悬臂梁)，使之产生形变，安放在其上的电阻应变敏感元件就将该力学量引起的形变转化为自身电阻值的变化；再通过变化测量电路，将此电阻值的变化转变为电压的变化后输出，由输出电压变化量的大小可得出该被测力学量的大小。目前，使用最多的电阻应变敏感元件是金属或半导体电阻应变片。本实验中仅介绍和使用金属箔式电阻应变片。

设有一根长为 L、截面积为 S、电阻率为 ρ 的金属丝，其电阻为

$$R=\rho L/S \tag{6.15.1}$$

如果沿导线轴线方向施加拉力或压力使之产生形变，其电阻值也会随之变化，这种现象称为应变电阻效应。将式(6.15.1)两端取对数，得

$$\ln R=\ln\rho+\ln L-\ln S \tag{6.15.2}$$

两端微分则得

$$\mathrm{d}R/R=\mathrm{d}\rho/\rho+\mathrm{d}L/L-\mathrm{d}S/S \tag{6.15.3}$$

式中，$\mathrm{d}R/R$ 为电阻的相对变化；$\mathrm{d}\rho/\rho$ 为电阻率的相对变化；$\mathrm{d}L/L$ 为金属丝长度的相对变化，用 $\varepsilon=\mathrm{d}L/L$ 表示金属丝长度方向的应变或轴向应变；$\mathrm{d}S/S$ 为金属丝截面积的相对变化。因为 $S=\pi r^2$（r 为金属丝的半径），$\mathrm{d}S=2\pi r\mathrm{d}r$，$\mathrm{d}S/S=2\mathrm{d}r/r$，其中 $\varepsilon_r=\mathrm{d}r/r$ 为金属丝半径的相对变化，即径向应变。

由材料力学的知识可知，在弹性范围内金属丝沿长度方向伸长时，径向(横向)尺寸缩小，反之亦然。轴向应变 ε 和横向应变 ε_r 存在下列关系：

$$\varepsilon_r=-\mu\varepsilon \tag{6.15.4}$$

式中，μ 为金属材料的泊松比。

根据实验研究结果，金属材料电阻率相对变化与其体积相对变化之间存在如下关系：

$$\mathrm{d}\rho/\rho=C\mathrm{d}V/V \tag{6.15.5}$$

式中，C 为金属材料的某个常数，例如，康铜(一种铜镍合金)丝 $C\approx1$；V 为体积。体积相对变化 $\mathrm{d}V/V$ 与应变 ε、ε_r 之间有下列关系：

$$V=S\cdot L \tag{6.15.6}$$

$$\mathrm{d}V/V=\mathrm{d}S/S+\mathrm{d}L/L=2\varepsilon_r+\varepsilon=-2\mu\varepsilon+\varepsilon=(1-2\mu)\varepsilon \tag{6.15.7}$$

由此得

$$\mathrm{d}\rho/\rho=C\mathrm{d}V/V=C(1-2\mu)\varepsilon \tag{6.15.8}$$

将上述各关系式全部代入式(6.15.3)，得

$$\mathrm{d}R/R=C(1-2\mu)\varepsilon+\varepsilon+2\mu\varepsilon=[(1+2\mu)+C(1-2\mu)]\cdot\varepsilon=K\cdot\varepsilon \tag{6.15.9}$$

式中，当一种金属材料在一定应变范围内时 K 为常数，将微分 $\mathrm{d}R$、$\mathrm{d}L$ 改为增量 ΔR、ΔL，可得

$$\Delta R/R=K\cdot\varepsilon,\quad \Delta L/L=\varepsilon \tag{6.5.10}$$

比例系数 K 称为金属丝的应变灵敏度系数，其物理意义为单位应变引起的电阻相对变化。由式(6.15.9)可知，K 由两部分组成。前一部分仅由金属丝的几何尺寸变化引起，后一部分与随应变而引起的电阻率变化有关。除与金属丝几何尺寸变化有关外，K 还与金属本身的特性有关。一般的金属材料在弹性范围内，其泊松比 μ 通常在 0.25 和 0.4 之间，$1+2\mu$ 在 1.5 和 1.8 之间，如康铜 $C\approx1$，$K\approx2.0$；其他金属或合金，K 一般在 1.8 和 3.6 之间。

半导体材料在受到应力作用后，其电阻率发生明显变化的现象称为压阻效应。

对于条形半导体材料，其电阻相对变化量由式(6.15.3)不难得出为

$$\mathrm{d}R/R=\mathrm{d}\rho/\rho+(1+2\mu)\varepsilon \tag{6.15.11}$$

由于对半导体材料 $\mathrm{d}\rho/\rho=\pi_r E\varepsilon$，将此代入式(6.15.11)，则得

$$\mathrm{d}R/R=\pi_r E\varepsilon+(1+2\mu)\varepsilon=(\pi_r E+1+2\mu)\varepsilon \tag{6.15.12}$$

由于 $\pi_r E$ 一般都比 $(1+2\mu)$ 大几十倍甚至上百倍，因此，引起半导体材料电阻相对变化的主要因素是压阻效应，所以式(6.15.12)也可以近似写成

$$dR/R=\pi_r E\varepsilon \tag{6.15.13}$$

式中，π_r 为压阻系数；E 为弹性模量。

2. 电阻应变片的结构

电阻应变片是目前常用的电阻应变敏感元件，其结构如图 6.15.1 所示，由敏感栅、引线、基底、盖层、黏结剂等组成。

敏感栅是应变片最重要的组成部分，由厚度为 0.003～0.010 mm 的金属箔或用直径为 0.015～0.05 mm 的金属丝制作，可以根据传感器的不同要求制成特定形状、尺寸的电阻，以此获得所需要的电阻值。一般情况下电阻应变片的电阻值为 60 Ω、120 Ω、200 Ω，其中，以 120 Ω 最为常用。

由于应变片的性质直接影响敏感元件的性能指标，故它的制造工艺(大部分是手工工艺)比较精细且有严格的要求，封装固化后的应变片可作为成品的敏感元件使用。

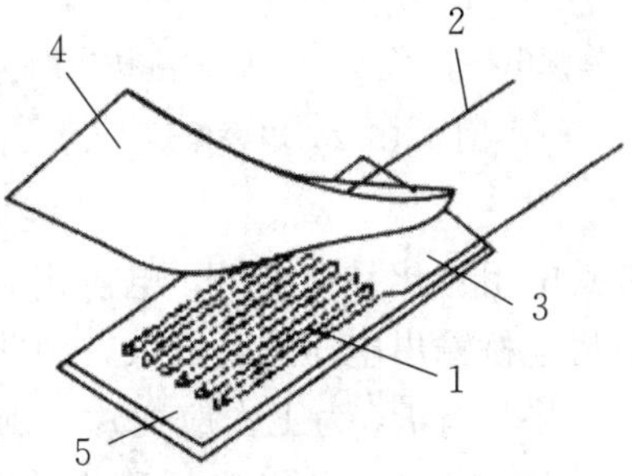

1—敏感栅；2—引线；3—黏结剂；4—盖层；5—基底。

图 6.15.1　应变片结构示意图

3. 电阻应变片的主要特性

电阻应变片有许多方面的优点，在国民经济的各个部门都得到广泛的应用。必须指出的是在不同使用场合和不同的使用条件下，对电阻应变片性能指标的要求也会有很大不同。例如使用环境温度可能是常温、高温或低温，就要求电阻应变片的温度特性要与其相适应；又如被测物件的大小、形状的复杂程度等都可能有极大的不同，这些条件也是选择电阻应变片时要考虑的条件。对每种电阻应变片来说，不太可能同时满足那么多条件相差很大的使用要求，因此，使用者需要根据不同的要求选择适宜的电阻应变片。电阻应变片的主要特性如灵敏度系数、横向效应、机械滞后、应变极限、最大工作电流、动态特性、疲劳寿命、绝缘电阻、蠕变和温度效应等，都是选择使用时要考虑的。

在实际工作中和进行实验设计时，要根据具体的实验条件、要求、用途等选择具有适当特性指标的应变片。

4. 电阻应变片式传感器的测量电路

应变片能将机械应变转换为电阻变化，为了显示和记录，通常将应变片组成电桥电路，使得由非电量引起的应变片电阻变化转化为电压或电流的变化。根据使用电源的不同，分为直流电桥和交流电桥。本实验仅分析直流电桥，其基本电路如图 6.15.2(a)所示。

由图 6.15.2(a)可知，当电源电压为U，其内阻为零时，桥臂电阻为R_1、R_2、R_3 和 R_4，负载电阻为R，根据等效电压源定理，可计算出桥路负载电流与电桥各参数之间的关系为

$$I=\frac{U(R_1R_4-R_2R_3)}{R(R_1+R_2)(R_3+R_4)+R_1R_2(R_3+R_4)+R_3R_4(R_1+R_2)} \tag{6.15.14}$$

当 $I=0$ 时电桥平衡，其条件为

$$R_1R_4=R_2R_3 \quad 或 \quad R_1/R_2=R_3/R_4 \tag{6.15.15}$$

平衡条件可表述为电桥相对两臂电阻的乘积相等，或相邻两臂的电阻比值相等。

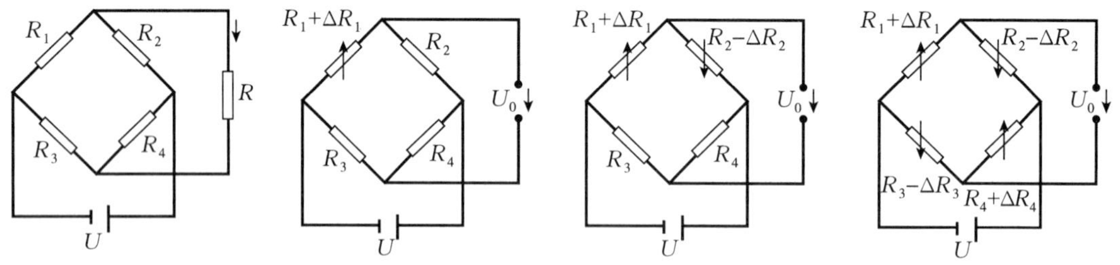

图 6.15.2 电桥电路

电阻应变片工作时，通常其电阻变化是很小的，电桥相应的输出电压也很小。要推动检测或记录仪器工作，还必须将电桥输出电压进行放大，为此必须了解 $\Delta R/R$ 与电桥输出电压的关系。在四臂电桥中，如果只有 R_1 为工作应变片，由于应变而产生相应的电阻变化为 ΔR_1，而 R_2、R_3 和 R_4 为固定电阻，则此电桥称为单臂电桥。U_0 为电桥输出电压，并设负载电阻 R 开路，电桥电路如图 6.15.2(b)所示。无应变时，$\Delta R_1=0$，电桥处于平衡状态，$U_0=0$；若应变片受力产生应变，则该臂阻值为 $R_1+\Delta R_1$ 时，电桥输出电压为

$$U_0=\frac{R_1+\Delta R_1}{R_1+\Delta R_1+R_2}U-\frac{R_3}{R_3+R_4}U=\frac{(R_4/R_3)(\Delta R_1/R_1)}{[1+(\Delta R_1/R_1)+(R_2/R_1)][1+(R_4/R_3)]}U \tag{6.15.16}$$

设电桥初始平衡时 $\frac{R_2}{R_1}=\frac{R_4}{R_3}=n$ 时，且若 $\frac{\Delta R_1}{R_1}\ll n$，略去分母中的 $\frac{\Delta R_1}{R_1}$，可得

$$U_0\approx\left[\frac{nU}{(1+n)^2}\right]\cdot\frac{\Delta R_1}{R_1} \tag{6.15.17}$$

定义 $K_V=\frac{U_0}{\Delta R_1/R_1}$ 为单臂工作应变片的电桥(输出)电压灵敏度，其物理意义是单位电阻相对变化量引起电桥(输出)电压的大小变化。

$$K_V=nU/(1+n)^2 \tag{6.15.18}$$

由式(6.15.18)可以看出 K_V 值的大小由电桥电源电压 U 和桥臂比 n 决定。电桥电源电压越高，输出电压的灵敏度越高，但提高电源电压会使应变片和桥臂电阻功耗增加，温度误差增大，因此电源电压一般取 2～4 V 为宜。根据式(6.15.18)可知 K_V 是 n 的函数，取 $\frac{dK_V}{dn}=0$ 时 K_V 取最大值，显然 $n=1$ 时，可求得最大电压灵敏度为

$$K_{V1}=U/4 \tag{6.15.19}$$

式(6.15.17)中求出的输出电压值是近似值，实际值应按式(6.15.16)计算，其结果为

$$U'_0=\frac{nU(\Delta R_1/R_1)}{(1+n)(1+n+\Delta R_1/R_1)} \tag{6.15.20}$$

因此，有非线性误差

$$\delta=\frac{(U'_0-U_0)}{U'_0}=-\frac{\Delta R_1/R_1}{1+n} \tag{6.15.21}$$

为了减小和克服非线性误差，常用的方法就是采用差分电桥，如图 6.15.2(c)所示，在试件上安装两个工作应变片，一片受拉力，另一片受压力。两者应变符号相反，接入电桥相邻桥臂，称为半桥差分电桥。输出电压为

$$U''_0=\frac{R_1+\Delta R_1}{R_1+\Delta R_1+R_2-\Delta R_2}U-\frac{R_3}{R_3+R_4}U \tag{6.15.22}$$

设电桥平衡时 $R_1=R_2=R_3=R_4$，$\Delta R_1=\Delta R_2$，则

$$U''_0=\frac{\Delta R_1/R_1}{2}U \tag{6.15.23}$$

因此，输出电压 U''_0 与电阻变化 $\frac{\Delta R_1}{R_1}$ 呈线性关系，没有非线性误差，而且电桥灵敏度 $K_{V2}=\frac{U}{2}$ 比单臂电桥时提高 1 倍，还具有温度补偿作用。

为了提高输出电压的灵敏度或进行温度补偿，在桥臂中往往安置多个应变内片。电桥也可采用四臂电桥(也称为全桥差动电桥)，如图 6.15.2(d)所示。电桥平衡时 $R_1=R_2=R_3=R_4$，若忽略高阶微小量，可得

$$U'''_0=\frac{R_1+\Delta R_1}{R_1+\Delta R_1+R_2-\Delta R_2}U-\frac{R_3-\Delta R_3}{R_3-\Delta R_3+R_4+\Delta R_4}U=U\cdot\frac{\Delta R_1}{R_1} \tag{6.15.24}$$

可见此时没有非线性误差，而且输出电压为单臂的 4 倍。

【实验仪器】

本实验使用 CSY998 型传感器实验综合实验仪，该仪器由实验台、激励源、显示面板和处理电路等四部分组成。实验台插座面板上有六片应变片，其中标志符号↑表示粘贴于平行梁上表面的应变片，↓表示粘贴于下梁下表面的应变片，←和→表示横向工作的补偿片。当梁受压力(可用称重托盘上的重物实现)时，上表面被拉长，下表面被压缩，应变片反应不同。

交流电桥

【实验内容和步骤】

1. 测量电阻应变传感器单臂电桥灵敏度

1)实验目的

了解金属箔式应变片单臂电桥的工作原理和灵敏度特性。

2)操作内容

(1)熟悉仪器各部件配置、功能、使用方法和操作注意事项等，详细阅读仪器说明书。

①所需单元和部件：直流稳压电源、差分放大器、电桥、托盘、V/F 数字电压频率表。

②有关旋钮的初始位置：直流稳压电源输出置于 0 V 挡，V/F 表功能转换开关置于 V 挡，电压量程置于 20 V 挡，差动放大器增益旋钮置于最小。

③差分放大器调零：将差分放大器的同相端和反相端与地线短接，输出接到数字电压表输入端，调整增益旋钮使增益达到最大(顺时针转到底)，然后调整调零电势差计，使数字电压表显示 0.000。

(2)观察传感器结构及应变片位置，熟悉仪器上的电桥电路，电桥单元上所示的四个桥臂电阻并未安装，仅作为组桥示意标记，表示在组桥时应外接桥臂电阻。R_1、R_2、R_3 作为备用的桥臂电阻，按需接入桥路。根据图 6.15.3 所示的电路结构，将一个应变片接在电桥电路中，其他桥臂用固定电阻，加上平衡电路，构成单臂电桥。

(3)检查线路确实无误后，接通总电源及单元电路电源，注意电源电压输出不允许大于±4 V，否则应变片因过热而损坏。托盘上不放任何重物，调整电桥平衡电位器 W_1，使数字电压表指示为 0.000；将砝码逐渐放入托盘，分别记录输出电压，填入表 6.15.1 中，最多不超过 200 g。

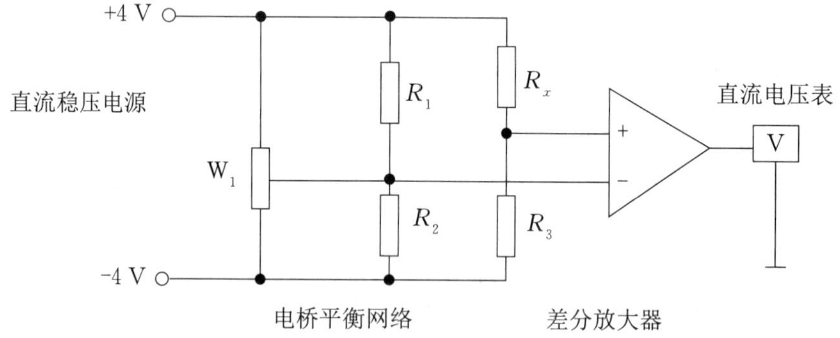

图 6.15.3 实验用的电桥电路

2. 比较单臂、半桥和全桥电路的灵敏度

1)实验目的

比较单臂、半桥和全桥电路的灵敏度。

2)操作内容

(1)应变片半桥实验：断开电源，将图 6.15.3 中 R_3 换成与 R_x 相反的另一个应变片，形成半桥，实验操作与实验 1 中的步骤(3)相同，将所得数据填入表 6.15.2 中。

(2)应变片全桥实验：断开电源，将图 6.15.3 中四个桥臂电阻全部换成应变片，形成全桥，注意对角桥臂要相等，实验操作与实验 1 中的步骤(3)相同，将数据填入表 6.15.3 中。

注意：直流稳压电源不能超过±4 V，以免损坏应变片；在实验过程中如发现数字电压表量程过载，应将量程扩大。

【数据处理】

表 6.15.1　单臂电桥灵敏度测量

重量/g	20	40	60	80	100
增重电压/mV					
减重电压/mV					
平均电压/mV					

根据表 6.15.1 作输出电压（V）与加载重物（W）关系曲线，计算出灵敏度（$S=\Delta V/\Delta W$）的大小。作 ΔW 上升和下降两条曲线，观察两条曲线是否一致，讨论为什么出现该现象。

表 6.15.2　半桥电路灵敏度测量

重量/g	20	40	60	80	100
增重电压/mV					
减重电压/mV					
平均电压/mV					

表 6.15.3　全桥电路灵敏度测量

重量/g	20	40	60	80	100
增重电压/mV					
减重电压/mV					
平均电压/mV					

根据表 6.15.2 和表 6.15.3 测量数据绘制半桥和全桥电路的输出电压与重量变化特性曲线，分别求出半桥和全桥电路的灵敏度（$S=\Delta V/\Delta W$）。并比较分析单臂、半桥、全桥电路的电压-重量特性曲线差异。

【思考题】

交流全桥实验

(1)什么是金属的电阻应变效应？金属丝应变灵敏度的物理意义是什么？

(2)在测量电路中，单臂、半桥、全桥电路有什么共同点和不同点？

(3)比较直流电桥和交流电桥有什么特点？

实验 6.16　色度的测量和计算

【实验目的】

(1)掌握色度学的一些基本原理。

(2)了解色度的测量和计算方法。

(3)熟悉 WGS－9 型色度实验装置的使用方法。

色度的测量和计算

【实验原理】

1. 术语介绍

CIE 1931 标准色度系统：物体颜色的定量是复杂的，它涉及观察者的视觉生理、视觉心理、照明条件、观察条件等许多问题，为了能够得到一致的度量效果，国际照明委员会(简称 CIE)规定了一套标准色度系统，称为 CIE 1931 标准色度系统。该系统是近代色度学的基础组成部分，是一种混色系统，它是基于每一种颜色都能用三个选定的原色按适当比例混合而成的基本事实建立起来的。

三刺激值：指在 CIE 1931 标准色度系统中，混合某一种颜色时所需的三个基本颜色(即原色)的数量。

主波长：指一种颜色 s_λ 的主波长，即某一种光谱色的波长，这种光谱色按一定比例与一种确定的参照光源相混合，能匹配出颜色 s_λ。

色纯度：指样品的颜色同主波长光谱色接近的程度，有兴奋纯度和色度纯度两种表示法。

兴奋纯度：指主波长的光谱色在样品中所占亮度的比例。在 CIE 色度图上，用白光到样品点的距离，与样品点到主波长点的距离的比例表示。一种颜色的兴奋纯度是指一种主波长的光谱色被白光冲淡的程度，实质上是表示主波长光谱色的三刺激值在样品三刺激值中所占的比重，这在 CIE 色度图上无法表示出来。

色度纯度：用亮度的比例来表示样品颜色的纯度，指主波长的光谱色在样品中所占亮度的比重。

标准光源：能发光的物理辐射体，如灯、太阳。CIE 1931 标准色度系统规定了“标准光源”实现标准照明体的光谱分布。

标准照明体：指特定的光谱分布，这样的光谱分布不一定能用一个具体的光源来实现。CIE 标准色度系统中的“标准照明体”是由相对光谱分布来定义的，并以表格的函数形式给出。

2. 色度学基础

自然界中所有的颜色分黑白和彩色两个系列。黑、灰、白以外的所有颜色均为彩色系列，如红、橙、黄、绿、青、蓝、紫等，其波长范围为 380～780 nm。彩色有 3 个特性，即明度(也称亮度纯度)、色调(也称主波长或补色主波长)、色度纯度(也称饱和度)。

为定量表示颜色，采用三刺激值是一种可行的方法。首先必须研究人眼的颜色视觉特性，测出光谱的三刺激值。实验证明不同观察者的视觉特性是有差别的，但是具有正常颜色视觉的人此差异是不大的，故可以根据一些观察者进行的颜色匹配实验，将他们的实验数据加以平均，确定一组匹配等能光谱色所需的三原色数据。此数据称为“标准色度观察者光谱三刺激值”，以此来代表人眼的平均颜色视觉特性。当时，不少科学工作者进行了这类实验，但是由于选用的三原色不同及确定三刺激值单位的方法不一致，因而数据无法统一。1931 年，在英国剑桥举行的 CIE 第 8 次会议上，统一了上述实验结果，提出了最早的推荐书——《CIE 标准色度观察者和色度坐标系统》，并规定了三种标准光源(A，B，C)，对测量反射面的照明观测条件进行了标准化，从而建立起 CIE 1931 标准色度系统。

CIE 1931 标准色度系统指定在色度测量中使用的 3 种标准(照明)光源：S_A，工作在色温 2 856 K 的钨丝灯；S_B，中午的太阳光；S_C，全日平均太阳光。

在说明某一样品的颜色时，要指出 3 种基本颜色(即原色)的相对含量，也就是说，把这 3 种颜色加在一起时，刚好与在这 3 种标准光源之一的照明下样品的颜色一样。

在 CIE 1931 标准色度系统中，3 个基本颜色被称为“基础激励”，而每个颜色都是由它的三色激励值(又称三刺激值)表示的。3 个基础激励 x、y、z 相应于红(R)、绿(G)、蓝(B)。这三者却不是真正的颜色，只是，任何颜色都可以用 $\bar{x}$ 数量的 x、$\bar{y}$ 数量的 y、$\bar{z}$ 数量的 z 混合起来加以说明。例如 560 nm 的纯光谱色，在单位辐射通量时，看起来等价于 $\bar{x}=0.595$、$\bar{y}=0.995$、$\bar{z}=0.0039$ 组合而成的混合色，这里的 $\bar{x}$、$\bar{y}$、$\bar{z}$ 是三色激励值。

在理论上为了定量表示颜色，采用平面直角色度坐标

$$x=\frac{X}{X+Y+Z},\quad y=\frac{Y}{X+Y+Z},\quad z=\frac{Z}{X+Y+Z} \tag{6.16.1}$$

其中 X、Y、Z 为三刺激值，所有的光谱色在色坐标上为一个马蹄形曲线，该图称为 CIE 1931 色度图(见图 6.16.1)，在图中红、绿、蓝三基色坐标为顶点，围成的三角形内的所有颜色均可以由三基色按照一定的量匹配生成。

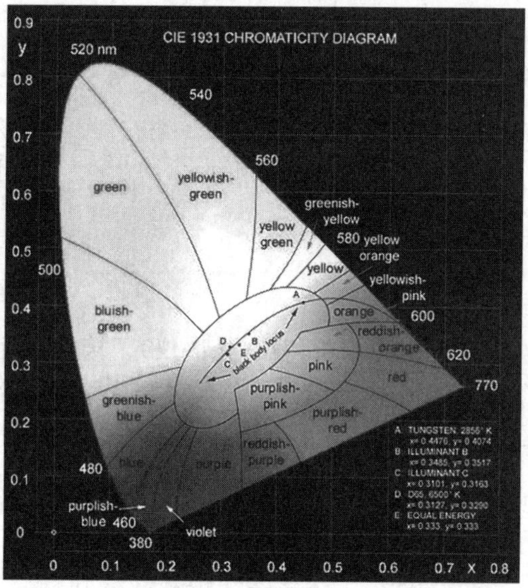

图 6.16.1　CIE 1931 **色度图**

任意一个颜色 $M(x, y)$ 的色调是由其照明光源坐标点(如 A 点光源)到 M 点连线并延长与光谱轨迹相交于 N 点，N 点的光谱色调，即为主波长(或补色波长)。

M 的饱和纯度

$$P=\frac{AM}{AN}=\frac{x_M-x_A}{x_N-x_A} \tag{6.16.2}$$

M 的色纯度

$$M=\frac{AM}{MN}=\frac{x_M-x_A}{x_N-x_M} \tag{6.16.3}$$

为测量某光源(发光体)的色坐标，必须先测量其光谱组成的功率分布 $s(\lambda)$，然后查表找出各光谱的三刺激值 $x(\lambda)$、$y(\lambda)$、$z(\lambda)$，则光源的三刺激值为

$$X=K\sum_{\lambda}s(\lambda)\bar{x}(\lambda)\Delta\lambda,\quad Y=K\sum_{\lambda}s(\lambda)\bar{y}(\lambda)\Delta\lambda,\quad Z=K\sum_{\lambda}s(\lambda)\bar{z}(\lambda)\Delta\lambda \tag{6.16.4}$$

式中，K 为调整因数，是将发光体的 Y 值调整为 100 时得到的值。K 的计算公式为

$$K=\frac{100}{\sum_{\lambda}S(\lambda)\bar{y}(\lambda)\Delta\lambda} \tag{6.16.5}$$

色坐标为

$$x=\frac{X}{X+Y+Z},\quad y=\frac{Y}{X+Y+Z},\quad z=\frac{Z}{X+Y+Z} \tag{6.16.6}$$

为测量某透射或反射样品的色坐标，必须先测量其样品的透射或反射曲线 $T(\lambda)$，然后再查表找出各光谱的三刺激值 $\bar{x}(\lambda)$、$\bar{y}(\lambda)$、$\bar{z}(\lambda)$ 及参考光的功率分布 $s(\lambda)$，则

$$X=\sum_{\lambda}s(\lambda)T(\lambda)\bar{x}(\lambda),\quad Y=\sum_{\lambda}s(\lambda)T(\lambda)\bar{y}(\lambda),\quad Z=\sum_{\lambda}s(\lambda)T(\lambda)\bar{z}(\lambda) \tag{6.16.7}$$

该样品的色坐标为

$$x=\frac{X}{X+Y+Z},\quad y=\frac{Y}{X+Y+Z},\quad z=\frac{Z}{X+Y+Z} \tag{6.16.8}$$

【实验仪器】

1. 基本组成

WGS-9 型色度实验系统，由光栅单色仪(光谱仪)、接收单元、扫描系统、电子放大器、A/D 采集单元、计算机及打印机等组成。该设备集光学、精密机械、电子学、计算机技术于一体。各部分之间的连接如图 6.16.2 所示(各部分的连线插头均唯一，不会出现插错现象)。

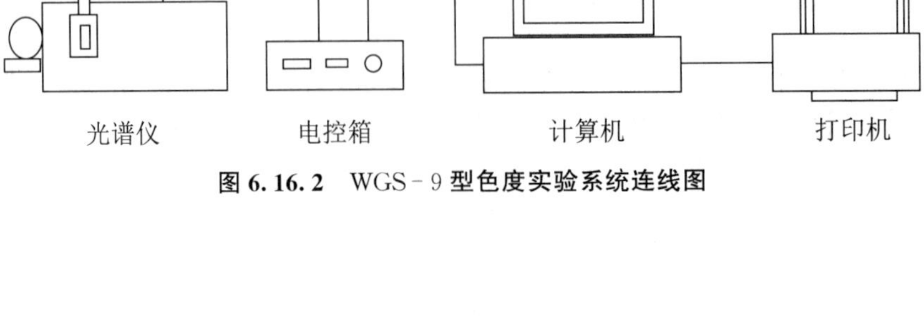

图 6.16.2 WGS-9 型色度实验系统连线图

2. **仪器结构**

光谱仪由单色器外壳、狭缝、吸收池、积分球、接收单元、光栅驱动系统以及光学系统等组成。

(1)仪器采用双出缝的方式，使得在不同模式测量时，既能有较方便的操作，又能提供足够的能量，使得在测量中有较好的信噪比，如图6.16.3所示。

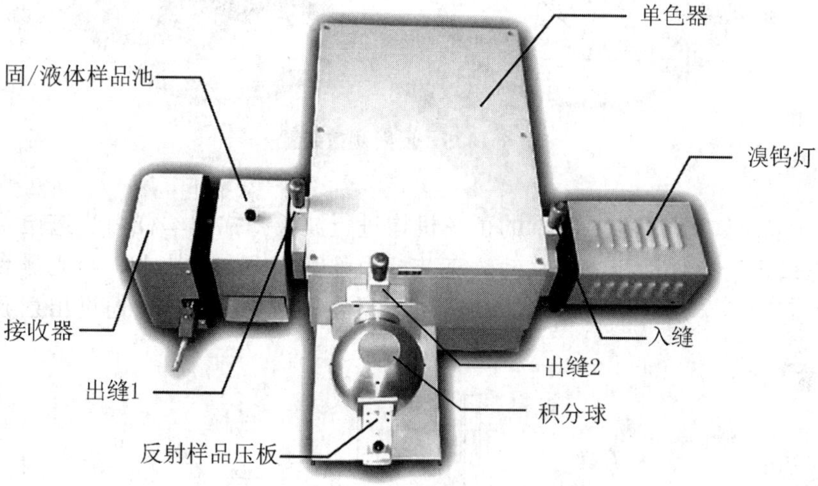

图6.16.3　光谱仪外形图

(2)固/液体样品池：采用液体样品池、固体样品架及光阑组合的方式，使得固体和液体都能方便地测量。此外，光阑的存在使得对固体样品的大小要求较低(直径大于5 mm)，如图6.16.4所示。

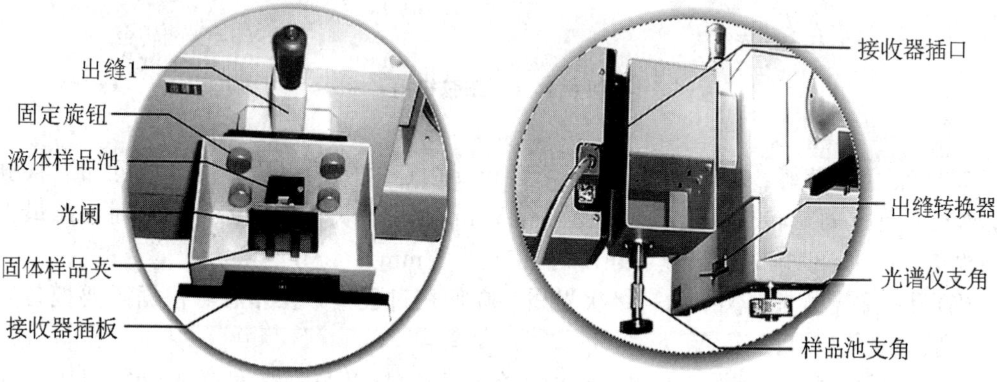

图6.16.4　样品池结构

(3)反射测量装置：具体结构如图6.16.5所示。

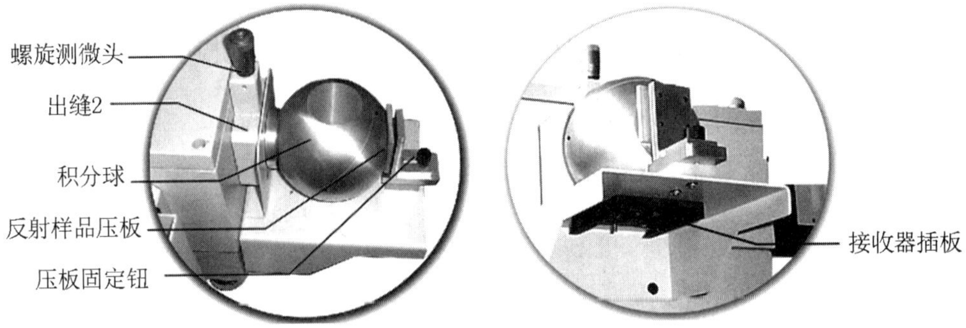

图 6.16.5　反射测量装置

(4)仪器采用如图 6.16.6 所示的正弦机构进行波长扫描，丝杠由步进电机通过同步带驱动，螺母可沿丝杠轴线方向移动，正弦杆由弹簧拉靠在滑块上，与光栅台连接，并绕光栅台中心回转，从而带动光栅转动，使不同波长的单色光依次通过出射狭缝而完成扫描。

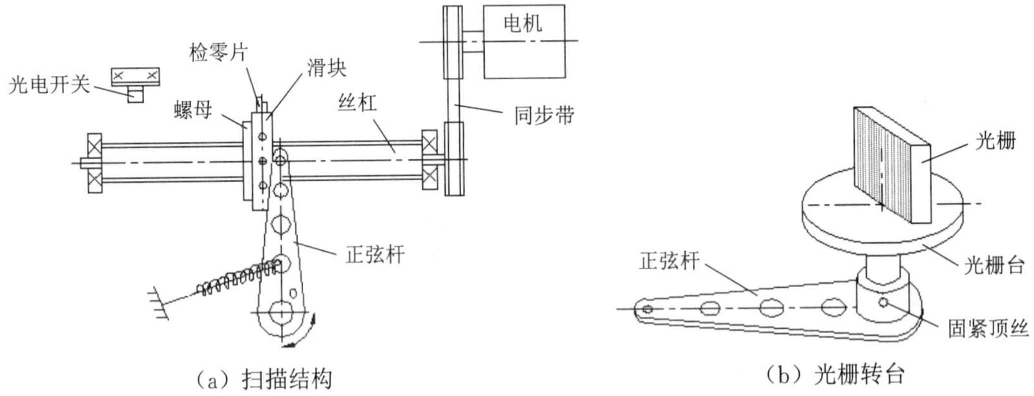

图 6.16.6　正弦机构

(5)狭缝为直狭缝，在宽度范围 0～2.5 mm 内连续可调，顺时针旋转可加大狭缝宽度，反之减小，每旋转一周狭缝宽度变化 0.5 mm。为延长使用寿命，调节时注意最大不超过 2.5 mm，不使用时，狭缝最好开到 0.1～0.5 mm。

(6)为去除光栅光谱仪中的高级次光谱，在使用过程中，操作者可根据需要把备用的滤光片插入缝插板上。

(7)电控箱：控制光谱仪工作，并把采集到的数据及反馈信号送入计算机中，如图 6.16.7 所示。

3. 光路系统

光谱仪的光路如图 6.16.8 所示，采用的是光栅分光系统(C-T 型)。入射狭缝、出射狭缝均为直狭缝，在宽度范围 0～2.5 mm 内连续可调。光源发出的光束进入入射狭缝 S_1，S_1 位于反射式准光镜 M_2 的焦面上，通过 S_1 射入的光束经 M_2 反射成平行光束投向平面光栅 G 上，衍射后的平行光束经物镜 M_3 成像在 S_2 或 S_3 上(通过转镜调节)。

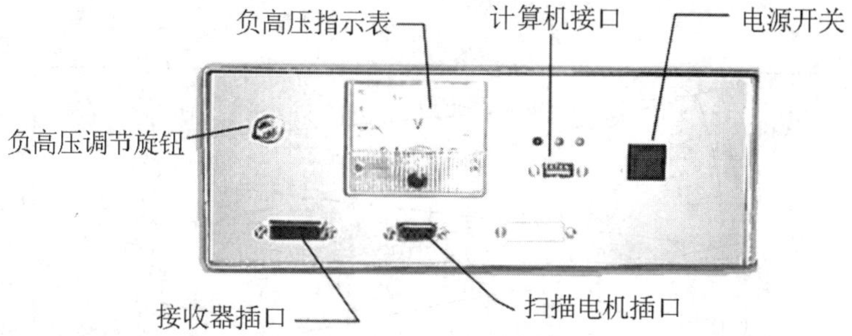

图 6.16.7　电控箱

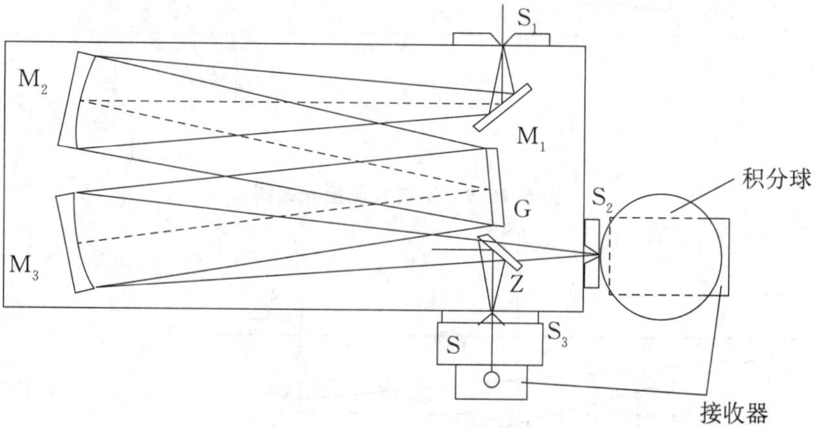

M_1—反射镜；M_2—准光镜；M_3— 物镜；G—平面衍射光栅；Z—转镜；
S_1—入射狭缝；S_2—光电倍增管接收处；S_3—观察口；S—样品池。

图 6.16.8　光路图

4. 仪器使用说明

1)开机

确认各条信号线及电源线连接好后，按下电控箱上的电源开关，启动仪器。

2)透过率测量

如果当前接收器不是放在出缝1端，那么先关闭电源，把接收器移到出缝1端，并把转镜打到出缝1端，完成以上步骤后，再进行后续操作。打开样品池盖，把有液体样品的比色皿放入液体样品池或把固体样品直接插在固体样品架上，然后开机测量(当测量透过率时，要先放空白样品做透过基线)，光路如图6.16.9所示。

3)反射率测量

如果当前接收器不是放在出缝2端，那么先关闭电源，把接收器移到出缝2端，并把转镜打到出缝2端，完成以上步骤后，再进行后续操作。当放置样品时，拉开样品压板，把样品放在积分球的样品反射口处，并压上压板，然后开机测量(在测量反射率前，要先放标准白板做反射基线)，光路如图6.16.10所示。

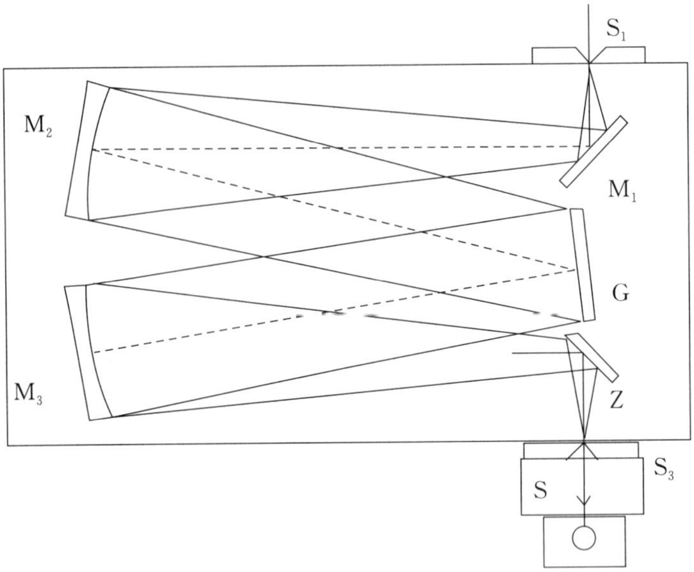

图 6.16.9 透过率测量光路图

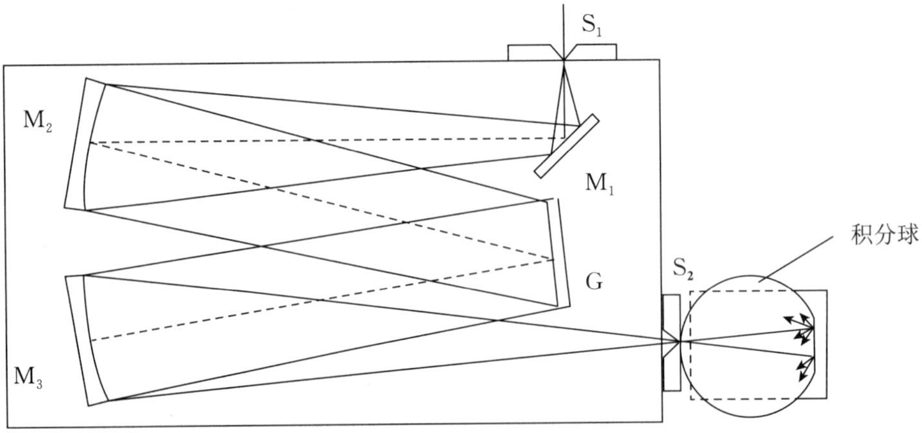

图 6.16.10 反射率测量光路图

4)关机

先检索波长到 400 nm 处，使机械系统受力最小，然后关闭应用软件，最后按下电控箱上的电源按钮关闭仪器电源。

【实验内容和步骤】

1. 测量透射样品的色度

(1)开仪器电源及光源，选择出射狭缝 1，启动计算机并启动控制软件。

(2)在软件参数设置区，将电机延时定为 10 ms，采集次数定为 300，选择“透过基线”工作模式与“寄存器 1”。样品池置空，调节负高压(约为 300 V)及狭缝，使测量到的透射基线比较大(一般在 20%～40%)，但信号又不会溢出(此步骤可能要反复多次才能得到理想结果)。

(3)在以上条件不变的情况下，测量空气的透过率曲线，确定透射基数。

(4)工作模式选择为“透过率”，放入红色滤光片，选择“寄存器 2”，测量其透射率曲线。

(5)打开“色度计算”窗口，选择“寄存器 2”和“参照光源”后，计算样品在参照光源下的色度坐标及其他参数(光源是工作在色温 2 856 K 的钨丝灯，所以选择标准 A 光源)，数据填入表 6.16.1 中。

(6)将红色滤光片分别换成绿、蓝两种滤光片，对应寄存器 3 和寄存器 4，测量其透射率曲线，重复步骤(5)计算样品在参照光源下的色度坐标及其他参数，并填入表 6.16.1 中。

注意：在更换样品时若没有改变电机延时和采集次数，则不需要重测透射基线。

2. 反射样品的测量方法

(1)在开机的情况下，选择出射狭缝 2，在参数设置区，将电机延时定为 10 ms，采集次数定为 300 次，选择“反射基线”工作模式与“寄存器 1”。

(2)将标准白板放入反射测量样品池，调节负高压(450 V 左右)及狭缝，使测量到的反射基线比较大(一般在 20%～40%)，但信号又不会溢出(此步骤可能要反复多次才能得到理想结果)。

(3)在以上条件不变的情况下，使用标准白板做反射基线。

(4)模式选择为“反射率”，将白板拿出，放入样品 1(蓝色纸片)，在寄存器 2 中测量样品的反射率。

(5)打开“色度计算”窗口，选择“寄存器 2”和“参照光源”后，计算该样品在参照光源下的色度坐标及其他参数(选择标准 A 光源)，并填入表 6.16.2 中。

(6)更换样品 2(红色纸片)，选择“寄存器 3”，测量其反射率和其他参数，并填入表 6.16.2 中。

注意：测量结束后，先把样品取出，再切断电源；投射样品和反射样品测量切换时，要将光电倍增管的电压先调到 0，然后再切换，否则易使光电倍增管损毁。

【数据处理】

表 6.16.1　透射率测量实验

	透射基线	红	绿	蓝
电机延时：10 ms　　采集次数：300				
色度纯度				
饱和纯度				
主波长理论/nm				
主波长测量/nm				
误差/%				
色坐标				
X				
Y				
Z				

表 6.16.2 反射率测量实验

	反射基线 1	样品 1(蓝)	反射基线 2	样品 2(红)
电机延时：10 ms 采集次数：300				
主波长/nm				
饱和纯度				
色度纯度				
色坐标				
X				
Y				
Z				

【思考题】

(1)测量反射式样品和透射式样品时有何不同?

(2)色度学是如何应用于彩色电视机颜色系统上的?

实验 6.17 光栅光谱仪实验

【实验目的】

光栅光谱仪实验

(1)了解光栅光谱仪的结构与工作原理，掌握利用光栅光谱仪进行测量的技术。

(2)验证氢同位素的存在。用光栅光谱仪测量氢、氘原子光谱巴耳末线系的前四对谱线波长(410～650 nm)，并计算氢、氘的里德伯常量。

(3)通过实验计算氢和氘的原子核质量比 M_D/M_H 。

【实验原理】

氢原子光谱是最简单、最典型的原子光谱。用电激发氢放电管(氢灯)中的稀薄氢气(压力在 10^2 Pa 左右)，可得到线状氢原子光谱。瑞士物理学家 J. 巴尔末(J. Balmer)根据实验结果给出了氢原子光谱在可见光区域的经验公式：

$$\lambda_H = \lambda_0 n^2/(n^2-4) \tag{6.17.1}$$

式中，λ_H 为氢原子谱线在真空中的波长；$\lambda_0 = 364.57$ nm 为经验常数；n 取 3、4、5 等整数。

若用波数 $\tilde{\nu}_H$ 表示，则上式可变为

$$\tilde{\nu}_H = \frac{1}{\lambda_H} = R_H\left(\frac{1}{2^2} - \frac{1}{n^2}\right) \tag{6.17.2}$$

式中，R_H 称为氢的里德伯常量。测出氢的巴耳末线系各谱线的波长后，便可由式(6.17.2)算出氢的里德伯常量。

根据玻尔理论，对氢和类氢原子的里德伯常量进行计算，得

$$R_Z=\frac{2\pi^2 me^4 Z^2}{(4\pi\varepsilon_0)^2 ch^3(1+m/M)} \tag{6.17.3}$$

式中，M 为原子核质量；m 为电子质量；e 为电子电量；c 为光速；h 为普朗克常量；ε_0 为真空介电常量；Z 为原子序数。

当 $M\to\infty$ 时，可得出相当于原子核不动时的里德伯常量(普适的里德伯常量)

$$R_\infty=\frac{2\pi^2 me^4 Z^2}{(4\pi\varepsilon_0)^2 ch^3} \tag{6.17.4}$$

所以

$$R_Z=\frac{R_\infty}{1+m/M} \tag{6.17.5}$$

质子数相同、中子数不同(或质量数不同)的同一元素的不同核素互为同位素。氢原子核中只有1个质子，没有中子，其质量为 M_H；氘(D，又叫重氢)是氢的同位素，它的原子核由1个质子和1个中子组成，其质量为 M_D。

由式(6.17.5)可知，氢原子的里德伯常量为

$$R_H=\frac{R_\infty}{1+m/M_H} \tag{6.17.6}$$

氘原子的里德伯常量为

$$R_D=\frac{R_\infty}{1+m/M_D} \tag{6.17.7}$$

氘与氢具有相同的能级结构，因而光谱结构也相同，但 R_D 和 R_H 是有差别的。这导致氘的谱线相对于氢的谱线有微小位移，称为同位素位移。氢光谱的每一组谱线都是由两条波长非常接近的谱线组成的，一条是氢原子的谱线，一条是氘原子的谱线。因此通过实验测得氢、氘的巴尔末线系的前几条谱线的波长 λ_H、λ_D(见表6.17.1)，就可以计算出 R_H、R_D 和里德伯常量 R_∞，最终可计算出氘和氢的原子核质量比，即

$$\frac{M_D}{M_H}=\frac{m}{M_H}\frac{\lambda_H}{\lambda_D-\lambda_H+\lambda_D m/M_H} \tag{6.17.8}$$

式中，$M_H/m=1\,836$ 为已知值。

表6.17.1　氢、氘的巴尔末线系前4条谱线的标准波长表

谱线符号		α	β	γ	δ
波长/nm	氢	656.2	486.13	434.047	410.174
	氘	656.1	486.01	433.928	410.062

值得注意的是，计算 R_H 和 R_∞ 时，应该用氢谱线在真空中的波长，而实验是在空气中进行的，所以应将空气中的波长转换成真空中的波长，即 $\lambda_{真空}=\lambda_{空气}+\Delta\lambda$。氢的巴尔末线系前4条谱线的修正值如表6.17.2所示。

表 6.17.2 波长修正值

氢谱线	H_α	H_β	H_γ	H_δ
$\Delta\lambda$ /nm	0.181	0.136	0.121	0.116

【实验仪器】

WGD－8A 型组合式多功能光栅光谱仪、计算机、汞灯、氢-氘灯。

WGD－8A 型组合式多功能光栅光谱仪由光栅单色仪、接收单元、扫描系统、电子放大器、A/D 采集单元、计算机组成。如图 6.17.1 所示，入射狭缝、出射狭缝均为直狭缝，在宽度范围 0～2.5 mm 内连续可调，光源发出的光束进入入射狭缝 S_1，S_1 位于反射式准光镜 M_2 的焦面上，通过 S_1 入射的光束经 M_2 反射成平行光束投向平面光栅 G，衍射后的平行光束经物镜 M_3 成像在 S_2 和 S_3 上，通过 S_3 可以观察光的衍射情况，以便调节光栅；光通过 S_2 后用光电倍增管接收，输入计算机进行分析。

在光栅光谱仪中常使用反射式闪耀光栅，如图 6.17.2 所示，其中，锯齿形是光栅刻痕形状。现考虑光线 PQ 和 $P'Q'$ 以 I 角入射到相邻刻槽的对应点上，QR 和 $Q'R'$ 是以 I' 角衍射的两条光线。PQR 和 $P'Q'R'$ 两条光线之间的光程差是 $b(\sin I+\sin I')$，其中，b 是相邻刻槽间的距离，称为光栅常数。当光程差满足光栅方程

$$b(\sin I+\sin I')=k\lambda \qquad (k=0,\ \pm1,\ \pm2,\ \cdots) \tag{6.17.9}$$

时，光强有一极大值，或者说将出现一亮的光谱线。对同一个 k 值，根据 I、I' 可以确定衍射光的波长 λ，这就是光栅测量光谱的原理。闪耀光栅将同一波长的衍射光集中到某一特定的 k 上。

为了对光谱扫描，将光栅安装在转盘上，由电机驱动转盘转动，改变入射角 I 和波长范围，实现较大波长范围的扫描。软件中的初始化工作，就是为了改变 I 的大小和测试波长范围。

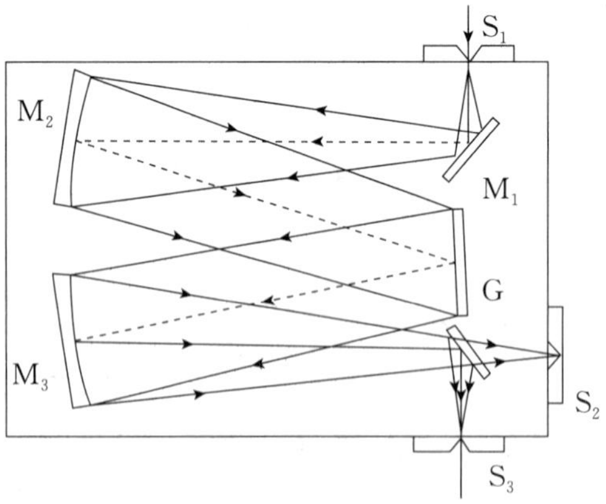

图 6.17.1 光栅光谱仪光路

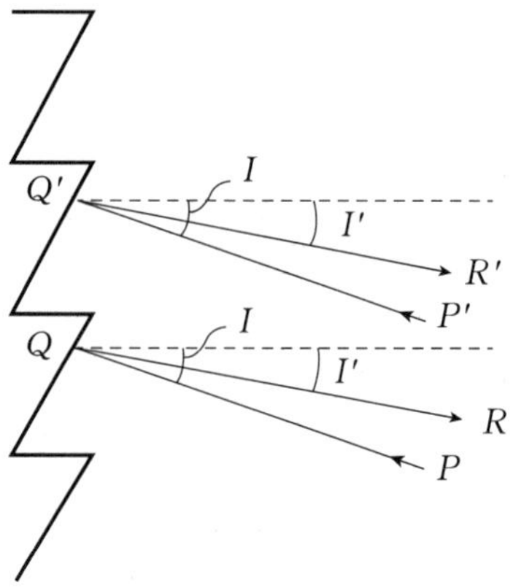

图 6.17.2 反射式闪耀光栅

【实验内容和步骤】

1. 光谱谱线校正

光栅光谱仪由于运输过程中晃动等各种原因，可能会使波长准确度产生偏差，因此在第一次使用前须用已知的光谱线来校准仪器的波长准确度。此外，在日常使用中，也应定期检查仪器的波长准确度。

(1)开机之前，请认真检查光栅光谱仪的各个部分(单色仪主机、电控箱、接受单元、计算机)连线是否正确，保证准确无误。

(2)运行 WGD－8A 倍增管系统软件，系统自动进行检索。

(3)利用汞灯的五根谱线的波长值(标准值为 404.7 nm、435.8 nm、546.1 nm、577.0 nm、579.0 nm)来进行校准仪器。步骤为打开汞灯电源开关，汞灯对准光栅光谱仪的入射狭缝。

(4)设置系统参数。

工作方式设置为“能量”模式，间隔为 0.01 nm；工作范围设置为起止波长范围为 400～660 nm，最大值为 1 000 nm，最小值为 0 nm；采集次数设置为 30。

利用光栅光谱仪电源上的负高压调节旋钮，将电压调节到 400 V。

(5)数据扫描。单击“单程”选项，仪器开始扫描，对汞的原子谱线进行测定。根据谱图情况反复调整入射狭缝宽度及光谱仪电压，使得谱线的强度在可测量范围内的 70%～100%。在“读取数据”项下对曲线进行寻峰并读出波长，与光源的标准波长相比较，并对波长进行修正。

2. 测量氢原子和氘原子的巴耳末线系谱线

将光源换为氢-氘灯，设置系统参数(调整起止波长范围)，粗调出射及入射狭缝宽度及光谱仪电压，使得谱线的强度在可测量范围内的 70%～100%，然后仔细微调出射及入射狭缝宽度，使得谱线中氢、氘谱线分离。分别定量测量氢原子和氘原子的巴耳末线系谱线，将测量结果填入表 6.17.3 和表 6.17.4 中。

实验的注意事项如下。

(1)仪器的入射狭缝和出射狭缝均为直狭缝，在宽度范围 0～2 mm 内连续可调，顺时针旋转会加大狭缝宽度，反之减小。每旋转一周狭缝宽度变化 0.5 mm，最大调节宽度为 2 mm。为延长使用寿命，调节狭缝宽度时应注意最大不要超过 2 mm，若入射狭缝已经关闭，不要再逆时针旋动螺栓，以免损坏狭缝；仪器测量完毕或日常不使用时，狭缝最好调节到 0.1～0.5 mm。

(2)氢、氘的谱线相隔很近，因此要求非常高的灵敏度(间隔 0.01 nm)，需要保持室内安静。同时，由于氢-氘灯的电压很高(4 000 V 左右)，在使用过程中不要轻易触摸。

(3)为了保证测量仪器的安全，在测量中不要任意切换光电倍增管和 CCD。

(4)在使用结束后，一定要注意调节负高压调节旋钮，使负高压归零，然后再关闭电控箱。

【数据处理】

表 6.17.3 氢原子测量数据

n	谱线	标准值/nm	工作范围	光谱仪电压/V	测量结果	$\Delta\lambda$ /nm	修正值	里德伯常量	平均值
			起止波长/nm		$\lambda_{空气}$/nm		$\lambda_{真空}$/nm	R_H	$\overline{R_H}$
3	H_α	656.2				0.181			
4	H_β	486.13				0.136			
5	H_γ	434.047				0.121			
6	H_δ	410.174				0.116			

表 6.17.4 氘原子测量数据

n	谱线	标准值/nm	工作范围	光谱仪电压/V	测量结果	$\Delta\lambda$ /nm	修正值	里德伯常量	平均值
			起止波长/nm		$\lambda_{空气}$/nm		$\lambda_{真空}$/nm	R_D	$\overline{R_D}$
3	D_α	656.1				0.181			
4	D_β	486.01				0.136			
5	D_γ	433.928				0.121			
6	D_δ	410.062				0.116			

根据谱线在空气中的波长，将其修正为真空中的波长 $\lambda_{真空}$，修正公式为 $\lambda_{真空}=\lambda_{空气}+\Delta\lambda$，其中，$\Delta\lambda$ 参照表 6.17.2 可得。根据公式

$$\frac{1}{\lambda_H}=R_H\left(\frac{1}{2^2}-\frac{1}{n^2}\right) \tag{6.17.10}$$

$$\frac{1}{\lambda_D}=R_D\left(\frac{1}{2^2}-\frac{1}{n^2}\right) \tag{6.17.11}$$

对氢光谱进行处理，计算氢和氘的里德伯常量。

由式(6.17.8)计算氢、氘的原子核质量比，填入表 6.17.5 中。

表 6.17.5 氢、氘原子核质量比

n	3	4	5	6
M_D/M_H				

【思考题】

(1)简述光谱仪的分光原理。

(2)如何提高光谱仪的分辨率?

实验6.18　金属电子逸出功的测定

在无线电电子学发展史上，真空管曾经发挥过十分重要的作用。电子在真空管中从通电加热的金属丝阴极表面逸出的现象称为热电子发射现象。早在20世纪初，英国科学家O. 理查森(O. Richardson)就已经系统研究了灼热金属表面电子发射的规律，发现了电子发射密度与阴极温度、阴极金属材料逸出功之间的定量关系。由于在热离子领域所取得的成就，里查孙获得了1928年诺贝尔物理学奖。

金属电子逸出功的测定实验，综合性地应用了直线测定法、外延测量法和补偿测量法等基本实验方法，在数据处理方面有比较好的技巧性训练。我们从中不仅要研究热电子发射的基本规律，更要认真学习如何利用实验来研究物理规律，同时掌握实验数据处理的基本技巧，从而更好地提高我们的科学实验素养。

【实验目的】

(1)了解热电子发射的基本规律。

(2)用理查森直线法测定钨的逸出功。

(3)学习直线测量法、外延测量法和补偿测量法等基本实验方法。

【实验原理】

若真空二极管的阴极(用被测金属钨丝做成)通过电流加热，并在阳极上加以正电压时，连接这两个电极的外电路中将有电流通过，如图6.18.1所示。这种电子从热金属丝发射的现象，称为热电子发射。研究热电子发射的目的之一是用以选择合适的阴极材料。虽然可以在相同加热温度下通过测量不同阴极材料的二极管的饱和电流，比较结果再选择材料，但通过对阴极材料物理性质的研究掌握其热电子发射的性能更为重要。

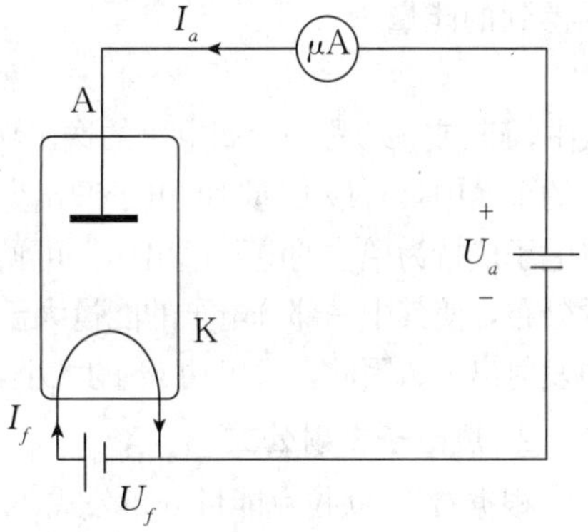

图6.18.1　金属逸出功实验原理图

1. 电子的逸出功

根据固体物理学中金属电子理论，金属中的电子能量分布遵从费米-狄拉克分布，即

$$f(E)=\frac{\mathrm{d}N}{\mathrm{d}E}=\frac{4\pi}{h^3}(2m)^{\frac{3}{2}}E^{\frac{1}{2}}\left[\exp\left(\frac{E-E_F}{kT}\right)+1\right]^{-1} \tag{6.18.1}$$

式中，h 为普朗克常量；k 为玻尔兹曼常量；m 为电子质量；E_F 为费米能级。

在绝对零度时电子的能量分布如图6.18.2中曲线(1)所示。这时电子所具有的最大能量为 E_F 。当温度 $T>0$ 时，电子的能量分布曲线如图6.18.2中曲线(2)、曲线(3)所示。其中，能量较大的少数电子具有比 E_F 更高的能量，其数量随能量的增加而指数减少。

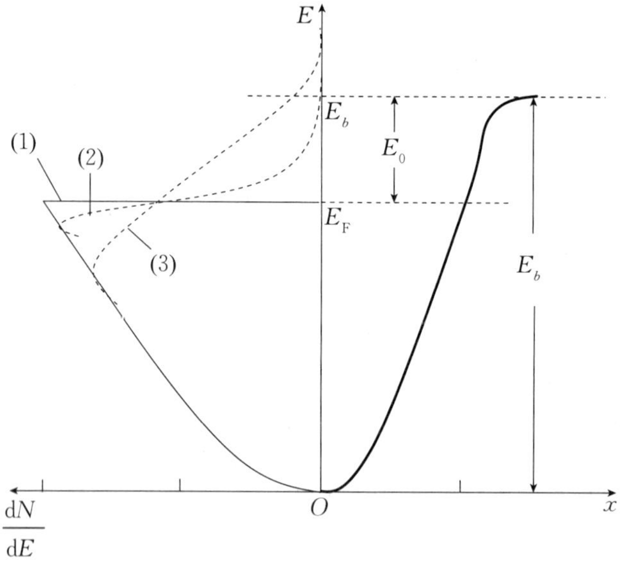

图 6.18.2 金属-真空界面表面势垒曲线

在通常温度下由于金属表面与外界(真空)之间存在一个势垒 E_b， 所以电子要从金属中逸出，至少需要能量 E_b 。从图 6.18.2 可见，在绝对零度时电子逸出金属至少需要从外界得到的能量为

$$E_0 = E_b - E_F = e\varphi$$

式中，E_0(或 $e\varphi$)称为金属电子的逸出功，其常用单位为 eV(电子伏特)，表示要使处于绝对零度下的金属中具有最大能量的电子逸出金属表面所需要给予的能量；φ 称为逸出电位，其数值等于以电子伏特为单位的电子逸出功。可见，热电子发射是用提高阴极温度的办法来改变电子的能量分布，使其中一部分电子的能量大于势垒 E_b 。这样，能量大于势垒 E_b 的电子就可以从金属中发射出来。因此，逸出功 $e\varphi$ 的大小，对热电子发射的强弱具有决定性作用。

2. 热电子发射公式

根据费米-狄拉克能量分布公式(6.18.1)，可以导出热电子发射的理查森-杜什曼公式

$$I = AST^2 \exp\left(-\frac{e\varphi}{kT}\right) \tag{6.18.2}$$

式中，I 为热电子发射的电流强度；A 为与阴极表面的化学纯度有关的系数，单位为 $A \cdot m^{-2} \cdot K^{-2}$；$S$ 为阴极的有效发射面积；T 为发射热电子的阴极的绝对温度；$k = 1.38 \times 1^{-23}\ J \cdot K^{-1}$， 为玻尔兹曼常量。

原则上，只要测出 I、A、S 和 T， 就可以根据式(6.18.2)计算出阴极材料的逸出功 $e\varphi$ 。但困难在于 A 和 S 这两个量难以直接测定，所以在实际测量中常用下述的理查森直线法，避开 A 和 S 的测量得到逸出功。

3. 理查森直线法

将式(6.18.2)两边除以 T^2， 再取以 10 为底的对数得

$$\lg \frac{I}{T^2} = \lg AS - \frac{e\varphi}{2.30kT} = \lg AS - 5.04 \times 10^3 \varphi \frac{1}{T} \tag{6.18.3}$$

从式(6.18.3)中可知，$\lg \frac{I}{T^2}$ 与 $\frac{1}{T}$ 呈线性关系。若以 $\lg \frac{I}{T^2}$ 为纵坐标，以 $\frac{1}{T}$ 为横坐标作图，根据所得直线的斜率，即可求出电子的逸出电位 φ，从而得到电子的逸出功 $e\varphi$。该方法称为理查森直线法，优点是不必求出 A 和 S 的具体数值，直接从 I 和 T 得出 φ 的值，A 和 S 的影响只是使 $\lg \frac{I}{T^2}-\frac{1}{T}$ 直线产生平移。类似的处理方法在实验和科研中很有用处。

4. 从加速电场外延求零场电流

为了维持阴极发射的热电子能连续不断地飞向阳极，必须在阴极和阳极间外加一个加速电场。然而加速电场的存在会使阴极表面的势垒 E_b 降低，导致逸出功减小，发射电流增大，这一现象称为肖特基效应。可以证明，在阴极表面加速电场的作用下，阴极发射电流 I_a 与加速电场的电场强度大小 E_a 有如下的关系：

$$I_a = I\exp\left(\frac{0.439\sqrt{E_a}}{T}\right) \tag{6.18.4}$$

式中，I 为没有加速电场时的发射电流，称为零场电流。对式(6.18.4)取以 10 为底的对数得

$$\lg I_a = \lg I + \frac{0.439}{2.30T}\sqrt{E_a} \tag{6.18.5}$$

如果把阴极和阳极做成共轴圆柱形，并忽略接触电位差和其他影响，则加速电场的电场强度大小可表示为

$$E_a = \frac{U_a}{r_1 \ln \frac{r_2}{r_1}} \tag{6.18.6}$$

式中，r_1 和 r_2 分别为阴极和阳极的半径；U_a 为阳极电压。将式(6.18.6)代入式(6.18.5)得

$$\lg I_a = \lg I + \frac{0.439}{2.30T}\frac{1}{\sqrt{r_1 \ln \frac{r_2}{r_1}}}\sqrt{U_a} \tag{6.18.7}$$

由式(6.18.7)可知，对于一定尺寸的管子，当阴极的温度 T 一定时，$\lg I_a$ 和 $\sqrt{U_a}$ 呈线性关系。如果以 $\lg I_a$ 为纵坐标，$\sqrt{U_a}$ 为横坐标作图，如图 6.18.3 所示，这些直线的延长线与纵坐标的交点为 $\lg I$，由此即可求出在一定温度下加速电场为零时的发射电流 I。

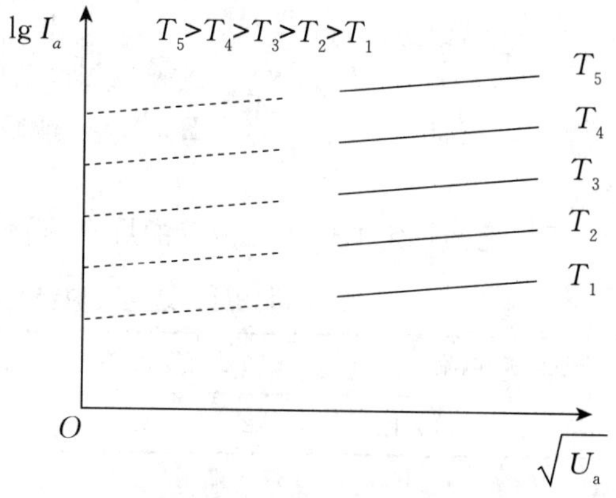

图 6.18.3　发射电流的确定

综上所述，要测定金属材料的逸出功，首先应该要将被测材料做成二极管的阴极。当测定了阴极温度 T、阳极电压 U_a 和发射电流 I_a 后，通过上述的数据处理，得到零场电流 I。再根据式(6.18.3)，即可求出逸出功 $e\varphi$（或逸出电位 φ）。

【实验仪器】

整个仪器包括理想(标准)二极管、组合数字电表及相对应的控制旋钮。

(1)理想(标准)二极管的结构如图 6.18.4 所示。为了测定钨的逸出功，将钨看作理想二极管的阴极(灯丝)材料。所谓“理想”是指把电极设计成能够严格地进行分析的几何形状，如本实验将体系设计成同轴圆柱形系统；“理想”的另一含义是把待测的阴极发射面限制在温度均匀的一定长度内，并近似能把电极看成是无限长的，即无边缘效应的理想状态。为了避免阴极的冷端效应(两端温度较低)和电场不均匀等的边缘效应，在阳极两端各装一个保护(补偿)电极，将它们在管内相连后再引出管外，但阳极和它们绝缘。因此保护电极虽和阳极加相同的电压，但其电流并不包括在被测热电子发射电流中，这是一种用补偿测量的仪器设计。在阳极上还开有一个小孔(辐射孔)，通过它可以看到阴极，以便用光测高温计测出阴极温度。

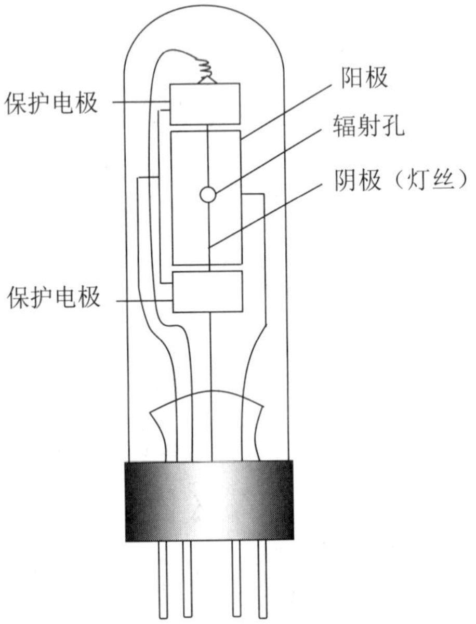

图 6.18.4 理想二极管结构示意图

根据已经标定的理想二极管的灯丝(阴极)电流 I_f，查表 6.18.1 可得到阴极温度。

表 6.18.1 理想二极管的灯丝电流 I_f 对应的阴极温度

灯丝(阴极)电流 I_f /A	0.50	0.55	0.60	0.65	0.70	0.75	0.80
阴极温度 T /10^3 K	1.72	1.80	1.88	1.96	2.04	2.12	2.20

(2)组合数字电表及相对应的控制旋钮面板已标明。

(3)实验电路如图 6.18.5 所示。

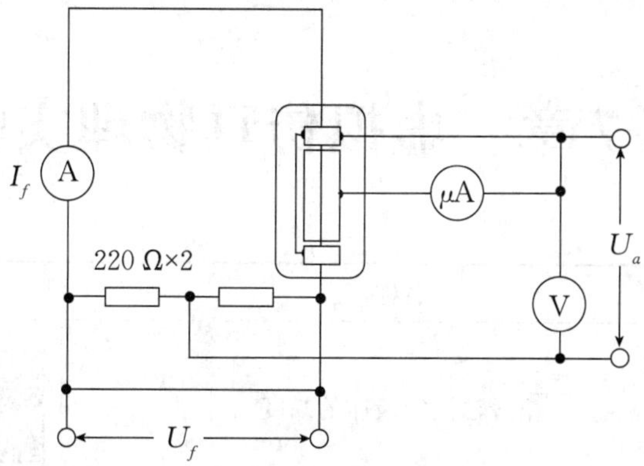

图 6.18.5　实验电路图

【实验内容和步骤】

(1)熟悉仪器装置，根据图 6.18.5 连接好实验电路。接通电源，预热 10 min。

(2)取理想二极管灯丝电流 I_f(0.55～0.75 A)，每间隔 0.05 A 进行一次测量。对应每一个灯丝电流，在阳极上依次加 25 V，36 V，49 V，…，144 V 电压，各测出一组阳极电流 I_a。每改变一次灯丝电流值，就要恒温 5 min，使阴极达到热平衡。

实验注意事项如下。

(1)在插入理想二极管时，要注意二极管上的凸处对应管座的凹处，插入后检查线路无误方能通电。

(2)管子内的灯丝一般都经过高温老化处理，导致灯丝性脆，所以管子要轻拿轻放，且不能随便把管子拿下来；加温与降温必须缓慢，尤其灯丝加热后应避免强烈振动。

(3)灯丝电流不宜超过 0.75 A，而本实验只做到 0.70 A，以延长管子使用寿命。

【数据处理】

(1)根据数据作出 $\lg I_a - \sqrt{U_a}$ 图线。求出截距 $\lg I$，即可得到在不同阴极温度时的零场热电子发射电流。

(2)作出 $\lg \frac{I}{T^2} - \frac{1}{T}$ 图线。由直线斜率求出钨的逸出功 $e\varphi$(或逸出电位 φ)。

直线斜率 $m=$________，逸出功 $e\varphi=$________ eV。

逸出功公认值 $e\varphi=4.54$ eV，相对误差 $E_r=$________%。

【思考题】

(1)什么是逸出功？改变阴极温度是否改变了阴极材料的逸出功？

(2)理查森直线法有何优点？

第 7 章　虚拟仿真物理实验

序号	名称	二维码
实验 7.1	落球法测定液体的黏度	
实验 7.2	交流谐振电路及介电常数测量	
实验 7.3	整流滤波电路实验	
实验 7.4	热电偶特性及其应用研究	
实验 7.5	半导体温度计的设计	
实验 7.6	液体表面张力系数的测定	
实验 7.7	太阳能电池的特性测量	
实验 7.8	动态磁滞回线的测量	
实验 7.9	霍尔效应实验	

续表

序号	名称	二维码
实验 7.10	热敏电阻温度特性研究实验	
实验 7.11	拉曼光谱实验	
实验 7.12	光电效应和普朗克常量的测定	
实验 7.13	交流电桥实验	
实验 7.14	偏振光的观察与研究	

参考文献

[1]游泳，邓建杰，张静，等. 大学物理实验[M]. 北京：北京理工大学出版社，2019.

[2]吴泳华，霍剑青，熊永红. 大学物理实验：第一册[M]. 北京：高等教育出版社，2001.

[3]谢行恕，康士秀，霍剑青. 大学物理实验：第二册[M]. 北京：高等教育出版社，2001.

[4]李志超，轩植华，霍剑青. 大学物理实验：第三册[M]. 北京：高等教育出版社，2001.

[5]褚圣麟. 原子物理学[M]. 北京：高等教育出版社，1979.

[6]戴乐山，戴道宣. 近代物理实验[M]. 上海：复旦大学出版社，1995.

[7]戴逸松. 微弱信号检测方法及仪器[M]. 北京：国防工业出版社，1994.

[8]丁慎训，张连芳. 物理实验教程[M]. 2版. 北京：清华大学出版社，2002.

[9]方俊鑫，陆栋. 固体物理学：上册[M]. 上海：上海科学技术出版社，1980.

[10]方俊鑫，陆栋. 固体物理学：下册[M]. 上海：上海科学技术出版社，1981.

[11]付丽萍. 大学物理实验[M]. 厦门：厦门大学出版社，2007.

[12]沙振舜，黄润生. 新编近代物理实验[M]. 南京：南京大学出版社，2002.

[13]廖耀发，梁荫中，陶作花，等. 大学物理教程：第一册[M]. 3版. 武汉：武汉测绘科技大学出版社，1996.

[14]廖耀发，梁荫中，陶作花，等. 大学物理教程：第二册[M]. 3版. 武汉：武汉测绘科技大学出版社，1996.

[15]廖耀发，梁荫中，陶作花，等. 大学物理教程：第三册[M]. 3版. 武汉：武汉测绘科技大学出版社，1996.

[16]林木欣. 近代物理实验教程[M] 北京：科学出版社，1999.

[17]王银峰，陶纯匡，汪涛，等. 大学物理实验[M]. 北京：机械工业出版社，2005.

[18]刘振玉. 光电技术实验[M]. 北京：兵器工业出版社，2004.

[19]钟鼎. 大学物理实验[M]. 2版. 天津：天津大学出版社，2011.

[20]王化祥，张淑英. 传感器原理及应用[M]. 3版. 天津：天津大学出版社，2007.

[21]谭永红. 智能数字示波器的使用[J]. 现代仪器，2006(1)：59—60.

[22]徐滔滔. 大学物理实验教程[M]. 北京：科学出版社，2008.

[23]赵海发，辛丽，方光宇，等. 大学物理实验[M]. 2版. 北京：高等教育出版社，2015.

[24]郑发农. 大学物理实验教程[M]. 合肥：中国科学技术大学出版社，2015.

[25]李林．大学物理实验[M]．北京：清华大学出版社，2012.
[26]谢超然．大学物理实验[M]．北京：机械工业出版社，2015.
[27]江兴方．物理实验[M]．2版．北京：科学出版社，2012.
[28]吕江．大学物理实验[M]．上海：上海交通大学，2016.